教育部高等学校材料科学与材料工程教学指导委员会
金属材料与冶金工程教学指导委员会 规划教材（冶金资源造块系列）

烧结球团厂设计原理

PRINCIPLE OF DESIGN FOR SINTERING AND PELLETIZING PLANT OF IRON ORE

主　编　范晓慧
副主编　杨永斌　陈许玲

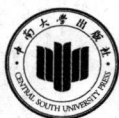

中南大学出版社
www.csupress.com.cn

内容简介

　　全书共分 11 章，系统介绍了烧结厂和球团厂设计的基本知识，包括生产工艺流程的选择与论证、生产过程计算、工艺设备的选择与计算、工艺建筑物布置与车间配置等。通过分析论证不同工艺流程和设备的特点，确定了工艺流程和设备的选择原则；应用生产实例详细介绍了配料、物料平衡和热平衡的计算方法。此外，还介绍了烧结球团厂设计图纸绘制的基本规定和要求，以及工程概算和技术经济评价。比较全面地反映了目前国内外烧结球团技术的发展动向。

　　本书可作为大专院校烧结球团专业方向本科生的专业课教材，也可供钢铁冶金和矿物加工专业的教师、研究生以及从事相关专业的科研、设计和生产人员参考。

图书在版编目(CIP)数据

烧结球团厂设计原理/范晓慧主编.
—长沙:中南大学出版社,2016.4
ISBN 978-7-5487-0852-0

Ⅰ.烧... Ⅱ.范... Ⅲ.烧结厂-球团厂-设计-高等学校-教材
Ⅳ.TF08

中国版本图书馆CIP数据核字(2013)第069854号

烧结球团厂设计原理

SHAOJIE QIUTUAN CHANG SHEJI YUANLI

范晓慧 主编

□责任编辑 邓立荣 胡业民 余海钊
□责任印制 易红卫
□出版发行 中南大学出版社
社址:长沙市麓山南路 邮编:410083
发行科电话:0731-88876770 传真:0731-88710482
□印 装 湖南地图制印有限责任公司

□开 本 787×1092 1/16 □印张 18 □ 字数 441 千字
□版 次 2016年4月第1版 □印次 2016年4月第1次印刷
□书 号 ISBN 978-7-5487-0852-0
□定 价 45.00 元

图书出现印装问题,请与经销商调换

教育部高等学校材料科学与材料工程教学指导委员会
金属材料与冶金工程教学指导委员会 **规划教材**
（冶金资源造块系列）

编审委员会

丛书主编
邱冠周

编委会委员（姓氏笔画为序）
白晨光　　朱德庆　　杨永斌　　李光辉

沈峰满　　张建良　　范晓慧　　姜　涛

郭宇峰　　黄柱成

序

冶金资源造块(烧结、球团等)是处于选矿与金属提炼之间的加工作业,是以高炉－转炉为主体的钢铁生产流程的第一个工序,担负着为钢铁冶炼制备优质炉料的任务。

现代钢铁生产工艺可以分为以高炉－转炉为主体的长流程和以电炉为中心的短流程,前者以烧结矿和球团矿为冶炼炉料,后者以废钢和直接还原铁为炉料。目前,发达国家钢产量中电炉钢比已接近50%,我国因废钢和直接还原铁短缺,电炉钢比仅约10%。我国钢铁生产每年消耗各类含铁原料约10亿t,这些原料绝大部分需要经过进行造块加工后才能进行冶炼生产,这使得铁矿造块作业成为现代钢铁联合企业中物料处理量居于第二位、能耗居于第三位的重要工序。巨大的钢铁生产规模也使得我国成为产量连续多年占世界50%以上的人造块矿第一生产大国。

进入新世纪以来,我国钢铁工业持续快速发展,对广大造块工作者提出了更高的要求。此外,钢铁高效、节能、清洁生产的需要不仅要求造块生产本身高效、清洁、低耗,而且对造块产品质量提出了更高的要求,如严格的粒度组成、理想的化学成分和优良的冶金性能等。此外,我国优质铁矿资源严重短缺和进口矿价的起伏不定,要求我国造块生产不仅能利用磁铁矿、赤铁矿等传统原料,还必须尽可能多地利用各类难处理的非传统含铁资源,如褐铁矿、镜铁矿、复杂共生铁矿以及钢铁、化工、有色冶金企业的含铁二次资源。这就要求我国造块与炼铁科技工作者努力开拓创新,深入探索和研究造块新概念、新理论,不断开发含铁资源高效清洁造块新方法、新技术。

经过多年特别是近十年广大造块工作者的努力,我国铁矿造块生产不仅在产量上遥遥领先世界其他国家,在产品质量和技术水平上也取得长足进步。设备大型化、自动化水平显著提高,造块新方法、新技术不断涌现并投入工业应用,褐铁矿等难处理资源得到大量利用,一批重点大中型企业的技术经济指标跨入世界先进行列。当今我国的造块生产及技术水平与20世纪90年代相比,已经不可同日而语。

冶金工业的持续发展需要大批掌握现代科学技术的专业人才,而教材建设是人才培养的重要基础。冶金资源造块专业目前使用的教材,大多是20世纪80—90年代编写出版的。近十年冶金资源造块理论、方法、技术和装备都得到快速发展,原有教材已无法适应新时期人

才培养、科学研究和生产管理的要求。此外，过去出版的造块专业教材大多只介绍造块原理与工艺技术，而在工厂设计机械设备和研究测试方法方面很少看到公开出版的教材，相关高校一般采用自编讲义教授相关内容，这不仅影响人才培养质量，也使从事科研、设计和生产的造块工作者深感可供参考的书籍太少。因此，尽快编写出版一套反映21世纪造块科学技术最新发展，包括造块原理、工艺、设备、工厂设计和研究方法等内容的冶金资源造块专业教材不仅十分必要，而且非常紧迫。

创建于1956年的原中南矿冶学院的团矿专业，经过近60年的发展，已成为我国冶金资源造块领域高级专门人才培养中心和科研开发基地。此次编写工作，集中该校造块专业(方向)的优秀教师和国内相关高校的知名专家组成编委会，确定了编写原则和要求，制订了编写大纲和编写计划，各分册均由经验丰富的专家领衔主编。在长达数年的编写过程中，编写人员参阅了大量国内外文献，并对书稿进行了多次修改、补充，形成了内容新颖、系统完善、相互独立而又相互支撑的系列教材。相信这套教材的出版对我国资源造块领域高级专门人才的培养一定能够起到应有的促进作用，对从事造块科研、设计和生产的科技工作者也有较大的参考价值。

感谢参加教材编写工作的全体教师以及在编写过程中给予帮助和支持的所有人员，感谢中南大学出版社热情周到的服务。

邱冠周

2015年10月

前　言

我国自 1996 年粗钢产量突破 1 亿 t/a 以来，钢铁工业进入高速发展时期，作为炼铁炉料主要生产工艺的烧结球团也有了长足的进步，呈现出设备大型化、资源复杂化、技术先进、自动化水平高等特征，从而对工艺设计提出了更高的要求，因此急需编写反映现代烧结球团厂设计原理与实践的教材。

本书在《烧结球团厂设计》和《烧结球团厂设备》等讲义的基础上，根据钢铁工业的发展现状和教学改革的需要而编写，其特点主要体现在以下几个方面：

（1）结构模块化。炼铁炉料制备主要包括烧结和球团两大方法，因此本书也分为烧结厂设计和球团厂设计两大部分。

（2）内容循序渐进。根据烧结球团厂设计程序确定内容顺序：工艺流程的选择和论证、生产过程计算、设备选择和计算、厂房布置等。

（3）设计理念与时俱进。结合烧结球团生产设备、工艺技术等的发展现状，将新工艺、新技术、新设备、新规范等融入本书。

（4）实用性强。为了加强学生绘图能力，增加了设计图纸绘制的规范和 CAD 绘图的基本方法；为了增强学生的计算能力，应用实际生产数据，介绍了生产过程计算示例。

本书由范晓慧担任主编和全书统稿工作。参加编写的有范晓慧（第 1 章、第 2 章、第 4 章、第 5 章、第 8 章、第 10 章之 1~3 节和第 11 章），杨永斌（第 6 章），朱忠平（第 10 章之 4~5 节），陈许玲（第 7 章、第 9 章），甘敏（第 3 章）。在本书编写过程中，中南大学姜涛教授、李思导教授、傅菊英教授、庄剑鸣教授、刘仲辉副教授、白国华副教授，中冶长天国际工程有限公司夏耀臻教授级高工、黎前程高工对本书提出了宝贵意见，在此表示诚挚的谢意！对书中的不足、疏漏之处，恳请各位读者批评指正。

作　者

2015 年 5 月于长沙

目 录

第 1 章　烧结球团厂设计概论

《现代汉语词典》解释说，设计是正式做某项工作之前，根据一定的目的要求；预先制定方法、图样等。因此设计是面向未来、规划未来、开发未来的一项工作，其工作的结果是两个方面：一是根据一定的目的要求，按照系统的基本理论和专业知识而制定的方法；二是说明其方法的文字和图样。

工厂设计是指为新建、扩建或改建工厂进行的规划、论证和编制成套设计文件。工厂设计是一项技术与经济相结合的综合性设计工作。广义的工厂设计还包括对建设项目的投资决策。

烧结、球团工艺统称为造块工艺。造块的目的之一是将粉状物料加工成块状物料，以满足高温冶金的需要；另一个目的是改善原料的性能，使原料在物理性能、化学组成、矿物组成等方面能更好地适应高炉冶炼的需要。

国内外高炉冶炼生产实践表明，高碱度烧结矿配加酸性球团矿是较为理想的高炉冶炼的炉料结构。因此，烧结、球团厂设计的目的，就是要使设计出的工厂能够为钢铁厂加工各种含铁原料，并且生产出优质高炉炉料，做到技术先进、经济合理、安全适用，争取最优的经济效益。

烧结球团厂设计应遵循以下原则：

(1)合法性：设计原则和设计方案的确定，应当符合国家工业建设的方针和政策，以及行业标准。

(2)客观性：设计所选用的指标和技术方案都有可靠的数据作为依据，做出的设计经得起全面客观的评审，与生产的和提议的各种方案比较，保证所采用的方案有坚实的基础，并且能成功地付诸实践。

(3)先进性：设计应反映该领域的最新成就和其发展趋势，要求在建设结束和投产后，工厂应比现有的水平更高。

(4)经济性：在厂址、产品、工艺流程等多方案的比较中，选择最经济的方案，使得单位产品投资最低、成本最低、经济效益最佳。

(5)综合性：在设计过程中，各部分的设计方案要互相联系，局部方案应与总体方案相一致，各专业的设计应服从工艺部分。

(6)发展远景：要考虑车间将来发展的可能性，适当保留车间发展所需的土地、交通和服务设施。

(7)安全和环保：保证各领域和工作岗位都能安全生产，不受污染，排出的废水、废气应达到国家环保法的要求。

(8)标准化：在设计中尽可能采用各种标准设计，这样可减小设计工作量和缩短建设周期。

(9)美学原则：车间和工作环境具有良好的布局和较好的劳动条件。在厂内应具有排列美观、色彩明快、安全宜人的环境，以减少疲乏和提高劳动生产率。

1.1 烧结球团厂设计基本规定

1.1.1 烧结厂设计基本规定

根据中华人民共和国国家标准《烧结厂设计规范》(GB50408—2015)，烧结厂设计基本规定如下：

1. 设计依据和设计基础资料

设计依据主要有国家有关法律法规、政策，批准的可行性研究报告，有关文件，建设项目的有关合同和协议等。

设计基础资料主要包括各种计划、规划书，项目建议书，可行性研究报告，烧结试验报告，地形图，气象、水源及地质资料，建设项目外部条件的有关协议书，厂址选择报告及其周围的生态、环境资料及环境影响评价报告等。

2. 厂址选择

烧结厂厂址应选择在钢铁公司内且靠近高炉与原料混匀料场，并充分考虑地形、工程地质、水文、地震、环境保护及历史上的洪水标高、气象、自然、生态和社会经济环境、工业交通、区域经济以及钢铁公司生产要求等因素。

3. 总图布置

烧结厂总图布置应流程顺畅、紧凑、利用地形、节约用地、减少土石方量，并根据规划需要确定是否预留发展余地。

4. 规模

烧结厂规模的确定，应在原料落实的基础上，根据公司发展规划和高炉炉料结构对烧结矿的数量和质量要求确定，并考虑少量富余能力。

烧结机的规模和准入应符合下列条件：

(1)大型烧结机单机使用面积等于或大于 360 m^2。

(2)中型烧结机单机使用面积等于或大于 200 m^2 且小于 360 m^2。

(3)小型烧结机单机使用面积等于或大于 180 m^2 且小于 200 m^2。

(4)新建或改建烧结厂烧结机单机使用面积不应小于 180 m^2。

(5)大中型烧结机应采用带式烧结机。

5. 烧结试验

(1)对常用的含铁原料只进行烧结杯试验，包括优化配矿试验等；如有类似条件的试验或生产数据，也可不进行试验。

(2)对复杂或尚无生产实践的含铁原料及特殊的工艺流程，应在烧结杯试验的基础上，再进行半工业性试验或工业性试验。

6. 利用系数

烧结机利用系数是确定烧结机生产能力的重要技术经济指标，根据原料物理、化学性质由烧结试验确定，也可参照同类条件的试验或生产数据选定。

铁矿粉含量等于或大于 70% 时，烧结机利用系数应等于或大于 1.35 $t/(m^2 \cdot h)$；

铁精矿含量大于 50% 时，烧结机利用系数应等于或大于 1.25 $t/(m^2 \cdot h)$；

以钒钛矿、褐铁矿、菱铁矿为原料时，应通过试验或实际生产指标进行确定。

7. 工作制度

烧结厂的工作制度应按连续工作制进行设计，每年365天，每天三班，每班8 h。

8. 作业率

作业率以正常生产中设备实际的作业时间与日历时间的百分比表示。设计中作业率应根据工艺流程、装备水平、检修条件，以及参照类似生产厂的实践，并适当留有余地选取。

烧结厂日历作业率宜取90% ~95%，大型厂取中上限值，中型厂取中下限值。

9. 设备选型

(1)主要设备应采用国内先进、安全可靠、节能和环保型的设备，当国产设备不能满足要求时，可考虑引进技术或设备，引进的技术或设备必须先进实用、环境友好。

(2)辅助设备的规格和性能应与烧结机匹配，并留有一定的富余。

(3)严重影响烧结机作业率的主要生产设备，可考虑设置备用机或备用系统。

(4)严禁采用国内外淘汰的二手烧结生产设备。

10. 余热利用与环保

(1)设计时必须同时开展余热回收和脱硫设计。

(2)同时开展脱硝设计，满足国家氮氧化物排放标准。

(3)设计时不应选取容易产生二噁英的原料。

1.1.2 球团厂设计基本规定

根据中华人民共和国国家标准《球团厂设计规范》(GB50491—2009)，球团厂设计基本规定如下：

(1)开展铁矿球团工程设计应具备下列条件：

①应有确定的厂址和工程范围的内、外部条件及相关的基础资料。

②应有可供确定主工艺流程和产品方案的模拟工业性试验报告。

③应符合国家产业政策和环境保护的要求。

(2)铁矿球团工程规模的划分应符合下列规定：

①大型：主机(窑、炉)单系统年产量等于或大于300万 t。

②中型：主机(窑、炉)单系统年产量等于或大于120万 t且小于300万 t。

③小型：主机(窑、炉)单系统年产量小于120万 t。

(3)对不同的原料、燃料、辅料应进行模拟工业试验研究，其结果应作为工程设计的依据。

(4)铁矿球团工厂的工作制度应为连续工作制。

(5)大、中型球团工厂的年日历作业率应等于或大于90.4%。

(6)工艺和设备选择应符合下列要求：

①主工艺和主要设备，应采用先进、高效可靠、安全节能的设备。

②辅助系统设备的规格和性能应与主系统匹配，并应留有余量。

③不应采用国内外淘汰的二手设备。

1.2　烧结球团厂设计程序和内容

烧结、球团厂设计是在工程项目总设计师(工程项目总负责人)的组织下,以烧结、球团工艺专业为主体,其他相关专业相辅助,共同完成的整体设计。

按照工作步骤分为三个阶段,即设计前期工作阶段、设计工作阶段和配合施工及试生产阶段。

1.2.1　设计前期工作

烧结、球团厂设计前期工作主要包括:①文件工作的编制;②制订入厂原料条件和产品质量指标;③提出试验要求,参加试验,审查试验报告;④参与制订有关协议,收集资料。

1.2.1.1　设计前期的文件编制工作

文件主要包括:①企业建设规划;②项目建议书;③可行性研究报告;④设计任务书;⑤厂址选择报告。

1. 企业建设规划

企业建设规划是国家、地区、部门的规划,是烧结、球团厂设计前期工作中最先进行的一项工作,目的是为安排基本建设计划和进行可行性研究提供基本参考资料。其任务是:

(1)初步提出烧结(球团)厂的建设规模、服务年限、原则流程、产品方案等。

(2)初步估算建设投资。

(3)初步评价建厂经济效益。

2. 项目建议书

凡拟列入长期计划或建设前期计划的项目,都应编制项目建议书。它是向上级领导建议的企业长远规划、地区或企业规划,目的是为项目初步决策提供依据。建议书的主要任务是在企业建设规划的基础上,通过调查研究,对拟建项目的主要原则问题(如市场需求、资源情况、外部条件、产品方案、建设规模、基建投资、建设效果、存在问题等)作出初步论证和评价,据此说明项目提出的必要性和依据。

3. 可行性研究报告

可行性研究是对建设项目的一些主要问题,如市场需求、资源条件、工业布局、产品品种、工艺流程、建设规模、外部条件、基建投资、建设进度、经济效果、竞争力等在技术、工程和经济上是否合理和可行,进行全面分析和论证,作多方案比较,作出评价,目的是为编制和审批计划任务书,为投资决策提供可靠的决策依据。其任务是对拟建项目的技术、工程、经济指标进行深入细致的调查研究、全面分析和多方案比较,从而对拟建项目是否应该建设,以及如何建设作出论证和评价。

可行性研究按其研究的内容范围和深度不同,通常分为投资机会研究、初步可行性研究、详细可行性研究3个主要阶段。投资机会研究的投资和成本的估算误差可达 ±30%,初步可行性研究的投资和成本的估算误差约为 ±20%,详细可行性研究(最终可行性研究,简称可行性研究)的允许误差在 ±10% 以内,它是投资决策前的一个关键步骤。

4. 设计任务书

设计任务书是编制初步设计文件的主要依据。所有新建、改建、扩建项目,在编制初步

设计文件之前,都要编制设计任务书。

设计任务书编制有以下两种情况:

一种是拟建项目经过了可行性研究阶段。这时的设计任务书由上级主管部门对可行性研究报告审查批准,并对工程建设的主要原则问题(如规模、产品方案、流程、投资、建设进度、水电供应等)进行批复,其批复文件就是设计任务书。

另一种是拟建项目未经可行性研究,设计任务是在项目建议书(甚至企业建设规划)基础上进行编制的。这种编制又有两种方式:①由上级主管部门主持编制,设计单位参加;②由上级主管部门委托设计单位代行编制,然后经审查批准,以上级正式下达的设计任务书为准。

其文件有正文和附件,正文是一些原则问题,附件是正文的详细说明,它的内容、深度和所需基础资料与可行性研究报告一致。

设计任务书的下达,标志着设计前期工作基本结束,设计条件基本具备,设计工作即将开展。因此,对设计任务书的编制必须慎重对待、认真研究。

5. 厂址选择

厂址选择和布置的基本原则和注意事项如下:

(1)厂址不宜选择在断层、流砂层、淤泥层、滑坡层、9 度以上地震区、人工或天然孔洞或三级以上湿陷性黄土层上,且不应选择于洪水水位之下。

(2)应贯彻执行有关环境保护规定,厂址应布置于居民区常年最小频率风向的上风侧,并与居民区保持有关规定的卫生防护距离。

(3)有较好的供水、供电及交通条件等。

(4)厂址应进行多方案技术经济比较,选择最佳方案。

(5)贯彻国家有关土地条例,不占良田或尽量少占良田,在可能条件下结合施工造田。

1.2.1.2　入厂原料条件和产品质量指标

1. 烧结厂原料条件和烧结矿质量指标

(1)含铁原料进入烧结厂的条件

①含铁原料的粒度为 $0 \sim 8$ mm,轧钢皮和钢渣的粒度应分别小于 8 mm 和 5 mm。特殊铁粉矿和铁精矿的粒度要求应根据试验确定。

②含铁原料应混匀,混匀矿铁品位波动的允许偏差为 $\pm 0.5\%$,SiO_2 波动的允许偏差为 $\pm 0.2\%$。

③磁铁精矿水分小于 10%,赤铁精矿水分小于 11%。

(2)熔剂进入烧结厂的条件

①石灰石粒度为 $0 \sim 80$ mm,CaO 含量不小于 52%,SiO_2 含量不大于 2.2%,水分小于 3%。

②生石灰粒度小于或等于 3 mm,CaO 含量等于或大于 85%。

③消石灰粒度小于或等于 3 mm,水分为 18% ~ 20%,CaO 含量等于或大于 60%。

④白云石粒度为 $0 \sim 80$ mm,水分小于 4%,MgO 含量等于或大于 19%,SiO_2 含量小于或等于 3%。

⑤蛇纹石粒度为 $0 \sim 40$ mm,水分小于 5%,(CaO + MgO)含量大于 35%。

⑥轻烧白云石粉粒度为 $0 \sim 3$ mm,CaO 含量等于或大于 52%,MgO 含量等于或大于 32%,SiO_2 含量小于或等于 3.5%。

⑦菱镁的粒度为0~80 mm，水分小于4%，MgO含量等于或大于19%，SiO₂含量小于或等于3%。

（3）燃料进入烧结厂的条件

①碎焦粒度为0~25 mm，固定碳含量大于80%，水分小于12%。

②无烟煤粒度为0~40 mm，水分小于10%，灰分小于15%，挥发分小于5%，S小于1%，固定碳大于75%。

③烧结点火采用焦炉煤气、天然气、转炉煤气、高热值煤气或其他气体燃料，采用焦炉煤气、天然气、转炉煤气及混合煤气作点火燃料时，烧结冷却室附近煤气压力不应低于4000 Pa；采用高炉煤气时，不应低于7000 Pa。各种煤气含尘量均应小于10 mg/m³。

（4）烧结矿质量

高炉对高碱度烧结矿的质量要求见表1-1。

表1-1 高炉对高碱度烧结矿的质量要求

炉容级别/m³	1000	2000	3000	4000	5000
铁品位（R）波动/%	≤±0.5	≤±0.5	≤±0.5	≤±0.5	≤±0.5
碱度（R）波动/%	≤±0.08	≤±0.08	≤±0.08	≤±0.08	≤±0.08
铁品位（R）和碱度波动的达标率/%	≥80	≥85	≥90	≥95	≥98
FeO/%	≤9.0	≤8.8	≤8.5	≤8.0	≤8.0
FeO波动/%	≤±1.0	≤±1.0	≤±1.0	≤±1.0	≤±1.0
转鼓指数（+6.3 mm）/%	≥71	≥74	≥77	≥78	≥78

2. 球团厂原料条件和球团矿质量指标

（1）铁矿

①铁矿中TFe含量大于66.5%，波动允许偏差为±0.5%；SiO₂含量小于4.5%，波动允许偏差为±0.2%。

②铁矿的水分含量小于10%。

③铁矿的比表面积和粒度，根据矿石性质和造球工艺要求不同，圆盘造球为1800~2000 cm²/g，圆筒造球为2000~2200 cm²/g。

（2）黏结剂和添加剂

①选用膨润土作黏结剂时，对其造球性能的优劣进行比较，应选用造球性能好的膨润土，且经模拟工业性试验证实。在满足生球质量的前提下，减少膨润土用量，其用量小于或等于干基混合料量的1.2%。

②有机黏结剂和复合黏结剂的使用，应根据其来源、价格和性能、效果等因素综合评价后确定。

（3）燃料

①带式焙烧和链算机-回转窑焙烧采用天然气、焦炉煤气或具有较高热值的煤气时，燃气的热值不低于16 MJ/m³，到运焙烧区的压力不低于5000 Pa。

②用于回转窑焙烧和精矿干燥的烟煤及生球内配用煤的质量要求见表 1－2。

表 1－2　用于回转窑焙烧和精矿干燥的烟煤及生球内配用煤的质量要求

煤　种	发热值	挥发分	灰　分	灰熔点	含硫量	细度	结圈指数 R_p	沉积指数 D_p
烟煤	≥29MJ/kg	17%～25%	<12%	>1400℃	≤0.5%	－0.074 mm≥85%	≤150	≤300
无烟煤	高	低	低	—	低	－0.045 mm≥90%	—	—

（4）成品球团矿的质量

高炉炼铁和直接还原铁生产对球团矿的质量要求见表 1－3。

表 1－3　成品球团矿的质量要求

	项　目	高炉用球团矿	直接还原用球团矿
化学成分	TFe/%	≥64±0.3	≥66±0.3
	R(CaO/SiO₂)	≤0.3 或≥0.8±0.025	≥0.8±0.025
	FeO/%	≤1.0	≤1.0
	S、P/%	S≤0.02 P≤0.03	S≤0.02 P≤0.03
粒度组成	8～16mm/%	≥90	≥90
	－5mm/%	≤3	≤3
物理性能	转鼓强度（+6.3 mm）/%	≥92	≥95
	耐磨指数：（－0.5 mm）/%	≤5	≤5
	抗压强度（N/个球）	≥2200	≥2800
冶金性能	还原度指数（RI）/%	≥65	≥65
	还原膨胀指数（RSI）/%	≤15	≤15
	低温还原粉化率（+3.15 mm）/%	≥65	≥65

1.2.1.3　烧结、球团试验

1. 烧结试验

烧结机利用系数，原则上应根据烧结试验确定。所以，烧结厂设计前，原则上应进行烧结试验，特别对较复杂或尚无生产实践的含铁原料以及特殊的工艺流程必须进行烧结试验。对熟悉的含铁原料，亦可根据原料性质，参照类似试验和生产数据确定。对特别复杂的工艺，应进行半工业性试验或工业性试验，以取得可靠的设计和指导生产的数据。

2. 球团试验

在球团厂设计前，一般都要进行实验室试验或工业模拟试验。小型试验包括造球、预热和焙烧等。带式焙烧球团采用有干燥、预热和焙烧的焙烧杯进行模拟试验，其风流系统要求能抽风和鼓风；链算机－回转窑球团采用能模拟干燥、预热的焙烧罐和小型回转窑进行模拟

试验。对比较复杂的原料和流程，以及对新开发的技术和新的工艺，应在扩大性试验基础上，再进行半工业试验，以取得可靠的设计和指导生产的数据。

1.2.2 设计工作

一般情况下，烧结、球团厂设计采用两段设计，即初步设计和施工图设计。

技术上复杂的特大型烧结、球团厂设计，或者首次试验成功的新工艺、新设备的设计，可根据建设单位的要求，按照初步设计、技术设计和施工图设计三个阶段进行。

小型建设项目，设计内容可适当简化，可按"设计方案"和施工图设计两个阶段进行。国外工程设计的阶段视具体情况而定。

1.2.2.1 初步设计

初步设计是将设计任务书规定的内容进行具体设计的工作步骤。因此，它有比较详细的设计说明书，有标注了数量和质量的流程图，有反映车间布置和设备配置的平断面图，有供货用的设备清单和材料清单，还有全厂组织机构及劳动定员表等。

整个初步设计由各专业共同完成，各自分别编写其专业设计说明书和绘制设计图纸。

初步设计成品分为四卷：初步设计说明书、设备卷、图纸和概算书。

初步设计工艺专业主要包括以下内容：

1. 概述

主要说明设计依据、规模和服务年限；处理的矿石类型、储量和储量等级；生产系统和建设顺序，对扩建的意见；厂址的特点；原矿和产品的运输、供电、供水、供热及"三废"处理的条件；采样及烧结、球团试验的工作单位及其工作评价；工艺流程的设计依据和流程概述；工厂规模、工作制度及产品方案；设计中需要特别说明的问题以及设计中存在的问题和解决措施的建议。

2. 原料、熔剂和燃料

包括原料、熔剂和燃料的品种及来源、年供给量、运距及运输方式，化学成分、粒度组成、烧损及堆密度等；碎焦或无烟煤还包括其固定炭、挥发分、灰分、发热值及灰分的化学成分等；点火燃料还包括发热值、含尘量、需要量（m^3/h）、引入烧结车间接点处的压力（Pa）等。（具体原料入厂条件参考 1.2.1.2）

3. 工艺流程和物热平衡（参考第 2 章、第 3 章、第 6 章和第 7 章的相关内容）。

4. 主要设备的选择与计算以及设备配置（参考第 4 章、第 5 章、第 8 章、第 9 章的相关内容）

5. 附图

设计文件的重要组成部分是有关设计的各种图纸，它是编制工程概算的主要依据。图纸包括总平面图、工艺流程图、设备联系图、设备配置图、建筑物联系图及胶带机性能表等。

（1）工艺流程图：表示工艺过程各作业的相互联系或各作业产品质量关系的图样。工艺流程一般要求如下：

①说明作业的名称，如破碎、筛分、混合、造球等。图中每一项作业即代表每一种工艺设备的加工过程，但对某些辅助作业，如运输、贮存等，习惯上不示出。

②标示各作业的流程。

③标出混合料各组分及各组分之和、各工序产物之流向。

④最终产品的质量、粒度、分配量及其流向。

⑤标出添加水及煤气数量。

⑥工艺流程图上是否标注设备名称、规格或数量，可根据工程的具体情况自行决定。

(2)设备联系图:采用设备形象地表示工艺过程各作业之间的连接关系及所采用设备的图纸。设备联系图的一般要求如下:

①设备联系图内应绘出全厂的工艺设备和电动机的检修设备。

②应绘出与工艺密切相关的建、构筑物(如矿仓和沉淀池等)。

③在设备联系图中编制设备表。

(3)车间配置图:按工艺要求标示车间内工艺设备、辅助设备及金属构件等总的布置图样。车间配置图包括:

①按比例画出各工艺设备、辅助设备和金属构件的外形尺寸和特征,并标示出其与车间的配置关系。

②按比例画出主视图、俯视图及左视图。当配置关系复杂时可适当增加剖视图。

③在施工图设计的车间配置图中应编制设备表及金属构件表。

(4)工艺建筑物系统图:表示各建筑物之间相互联系的图样。它包括平面图、剖面图。一般只绘出各建筑物的轮廓、地坪、通廊及联系厂房的带式输送机等;在工艺建筑物系统图中应编制建筑物一览表。

6.附表

附表包括以下内容:

(1)设备清单和材料清单(包括金属材料和木材等);

(2)定员表(包括全厂组织机构及劳动定员等);

(3)概算表(包括总成本概算、固定资产投资概算等);

(4)原、燃料物化性质表;

(5)物料平衡表;

(6)配料槽贮存一览表;

(7)单位产品(烧结矿、球团矿)的配料组成;

(8)产品(烧结矿、球团矿)化学成分表;

(9)主要技术经济指标。

1.2.2.2　施工图设计

施工图设计是在初步设计报请上级机关审查批准后进行的。在开展施工图设计之前,必须认真研究和落实上级机关对初步设计的审批意见。落实建设单位设备订货的具体情况,了解施工单位的技术力量和装备水平。然后根据建设进度的要求,详细编制施工图设计进度计划表。

在一般情况下,施工图设计一般不得违反初步设计的原则方案。如果因设备订货情况或其他条件发生变化,涉及到更改初步设计原则方案时,必须呈报原初步设计审查单位批准后方得变更,同时应相应编制修改说明书。

在正常情况下,整个设计阶段的成品主要是施工图纸。对图纸深度的要求,以满足施工或制作要求为原则,同时应满足概算专业能够编制详细的工程概算的要求。具体要求如下:

(1)满足非标准设备和金属结构件的制作要求;

（2）满足设备和材料的订货要求；

（3）满足施工单位编制施工预算和施工计划的要求；

（4）满足指导施工的要求。

烧结、球团工艺部分施工图纸主要包括：工艺流程图、设备联系图、建筑物系统图、车间配置图、设备安装图、结构件制造图和非标准设备的设计等。这里只介绍设备安装图和非标准设备的设计，其他见初步设计的内容。

（1）设备安装图：表示机械设备安装时必需的尺寸及技术要求的图样，它包括运输设备（如带式输送机、螺旋运输机及斗式提升机等）和工艺设备的安装图。

当某些简易设备（如简易闸板阀等）在配置图上能清楚地表示出安装关系时，可不另绘设备安装图。

（2）非标准设备的设计：当常规的工艺设备不能满足工程要求时，需要进行非标准设备设计，设计通常由工艺专业提出非标准设备的性能参数，并与设备专业确定结构形式。

在开展工艺施工图设计前，非标准设计施工图阶段的总装配图应已经完成。同理，非标准设备技术设计的总装配图必须在开展工艺初步设计前完成。

1.2.3　配合施工及试生产

配合施工及试生产阶段主要有以下工作：①交代设计意图；②解释设计文件；③解决施工中出现的问题；④监督施工质量；⑤参加试生产及交工验收；⑥设计总结和现场回访。

思考题

1. 烧结机规模和球团工程规模划分的原则是什么？

2. 烧结机利用系数确定的依据是什么？

3. 厂址选择应注意哪些问题？

4. 初步设计应完成哪些工作？

5. 施工图设计应达到什么要求？

6. 烧结球团实验包括哪些内容？

7. 烧结厂、球团厂设计的基本规定有哪些？

8. 烧结厂、球团厂进厂原料的要求是什么？

9. 为什么要进行初步设计？

10. 名词解释

（1）工艺流程图

（2）设备联系图

（3）工艺建筑物系统图

（4）车间配置图

（5）利用系数

（6）作业率

第2章 烧结生产工艺流程选择与论证

2.1 烧结生产工艺流程概述

烧结是将粉状物料(如粉矿、精矿)进行高温加热,在不完全熔化的条件下烧结成块的方法,所得产品称为烧结矿,外形为不规则多孔状。烧结所需热能由配入烧结料内的燃料与通入过剩的空气经燃烧提供,故又称氧化烧结。烧结矿主要靠液相黏结(又称熔化烧结),固相固结仅起次要作用。

近代烧结生产是一种抽风烧结过程,将混合料(铁矿粉、燃料、熔剂及返矿)配以适量的水分,混合、制粒后,铺在带式烧结机上,点火后用一定负压抽风,使烧结过程自上而下进行。烧结矿从烧结台车上卸下,经破碎、冷却、整粒、筛分,分出成品烧结矿、返矿和铺底料。图2-1为现行常用的烧结生产工艺流程。

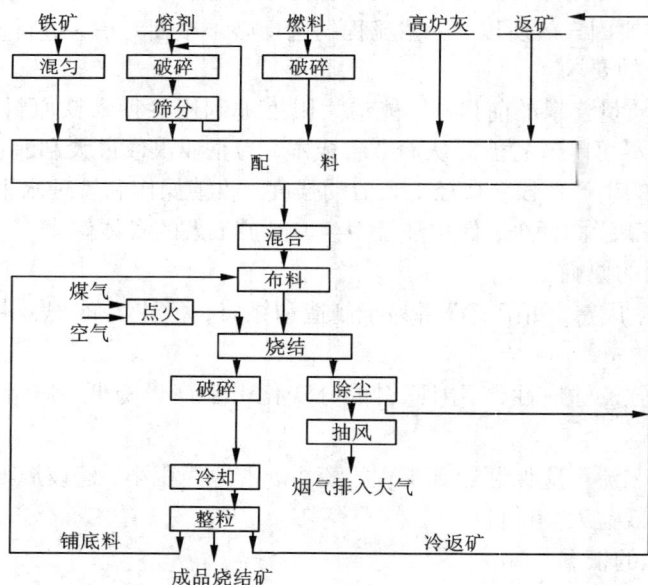

图2-1 烧结生产工艺流程

较典型的烧结生产工艺流程可分为6个工序系统:

(1)原料的接受、贮存与准备:包括进厂原料的接受、运输和贮存,燃料的破碎、熔剂的破碎和筛分,为配料工序准备好符合生产要求的原料、熔剂和燃料。

(2)配料:烧结厂处理的原料种类繁多,且物理化学性质差异也较大。为此,必须把不

同成分的含铁原料、熔剂和燃料等,根据烧结矿化学成分、烧结矿质量的要求和原料的供应量进行配料。

(3)混合和制粒:混合作业的目的有两个,一是将混合料中的各组分混匀,从而得到质量较均匀的烧结混合料;二是加水润湿和制粒,得到粒度适宜,具有良好透气性的烧结混合料。根据原料条件不同,混合作业可分为两段式混合和三段式混合。

(4)烧结:包括铺底料与混合料的布料、点火和烧结等过程。主要任务是将混合料烧结成合格的烧结矿。

(5)烧结矿的处理:包括热破碎、冷却、整粒及成品运输等。该工序的主要任务在于分出成品烧结矿、铺底料以及冷返矿。

(6)抽风与烟气净化:抽风系统主要是根据原料性质和料层厚度等因素提供烧结过程所需的风量;烟气净化是指用电除尘器系统将烧结后的(大烟道)烟气净化后排入大气(烧结机尾部卸矿处、冷却及整粒系统各处扬尘点的废气,也将经过除尘器净化后排入大气)。

2.2 烧结生产工艺流程选择原则

工艺流程就是生产过程若干工序的总和。工艺流程的选择是设计过程的重要环节,一个新建烧结厂的全部设计内容都是围绕着确定的工艺流程而展开的。

合理的工艺流程,是充分发挥设备能力,合理组织生产,保证生产连续进行,获得先进的技术经济指标的重要因素。所以,工艺流程的选择必须全面考虑,进行多方案比较。

1. 选择工艺流程的要求

(1)在确保产品质量要求的前提下,能最大限度地利用各种含铁原料,并获得较高的生产率和设备利用率,尽可能节省能源从而节省成本,为企业谋取最大利润;

(2)利用现代化的生产手段,减轻工人劳动强度,改善操作和管理水平;

(3)考虑根治"三废"的污染,保护环境卫生,保护工人的身体健康。

2. 确定工艺流程的原则

(1)技术上先进、成熟、可靠,设备易于制造和维修,各种熔剂、燃料易就地解决,因地制宜;

(2)对原料有较强的适应性,不因原料成分变化引起产量降低、质量变坏,使企业处于被动局面;

(3)所选择的工艺流程应保证做到工程投资少、占地面积小、建设周期短;

(4)投产后经济效益大、利润高。

3. 确定工艺流程的依据

(1)原料条件,即入厂原料、熔剂、燃料的物理、化学性质;

(2)产品方案,即冶炼部门对产品的物理、化学性质及产品运输方式的要求;

(3)试验结论,即烧结工艺提出的特殊要求,提出的高产、优质、低耗和提高作业率的要求;

(4)操作经验,类似烧结厂的生产数据。

2.3　原料的接受、贮存及准备

2.3.1　原料的接受

钢铁厂未设置混匀料场时，烧结厂应考虑原料的接受。

翻车机是一种大型卸车设备，广泛应用于大中型烧结厂，具有卸车效率高、生产能力大的特点，适用于翻卸各种散状物料。大中型烧结机的铁粉矿等大宗原料受料宜采用翻车机。

受料仓是一种仅用于受料而不用于贮存的设施，多用于接受钢铁厂杂料(如高炉灰、轧钢皮、转炉吹出物、硫酸渣等)和辅助原料，对于中、小钢铁厂，受料仓也接受铁矿石和熔剂。采用汽车运输时，可设专用汽车受料仓。

受料仓设计应考虑采用机械化卸车设备，最常见和采用最多的是螺旋卸车机和链斗卸车机。螺旋卸车机适应性比较广泛，对于铁粉矿、铁精矿、散状含铁料、碎焦、无烟煤、石灰石等都适用。

2.3.2　原料的贮存

混匀料场设在原料厂时，烧结厂不再单独设置原料仓库，原料在料场混匀后直接由胶带输送机送至烧结配料槽；而烧结厂是否设置熔剂、燃料仓库，视料场和烧结厂具体情况而定。生石灰由密封罐车运至配料室并采用气动输送系统送至配料槽内。

混匀料场设在烧结厂时，需设置原料仓库贮存一定数量的原料、熔剂和燃料以稳定烧结生产。在多雨或严重冰冻地区可考虑设置室内混匀设施。

在没有设混匀料场的情况下，中、小型烧结厂一般不单独设熔剂、燃料料仓，而与含铁原料共用一个仓库；大型烧结厂可以与含铁原料共用仓库，也可以单独设置熔剂、燃料仓。

熔剂、燃料仓库采用圆筒式仓库，其排料设备根据物料的流动性决定，通常采用圆盘给料机或直拖式皮带给料机。

熔剂和燃料仓库需要一定的贮存时间：有专用运输线时贮存时间宜为 3~5 d，无专用运输线宜为 5~7 d。消耗少的品种或供矿点分散、运输条件差、运距远、运输方式复杂等不利因素多时，贮存天数可适当增加，但最多不超过 7 d，反之贮存天数可适当减少至 3 d；当采用水运时，气候等其他因素影响较多，贮存天数可适当增加，但最多不超过 7 d。

2.3.3　熔剂和燃料准备

熔剂和燃料的破碎筛分车间一般设在烧结厂。

2.3.3.1　熔剂的准备

石灰石、白云石一般的入厂粒度为 0~80 mm，蛇纹石的入厂粒度为 0~40 mm，熔剂产品的粒度要求是小于 3 mm 的应占 90% 以上，且大于 5 mm 的含量应小于 5%。

石灰石、白云石应采用闭路破碎筛分流程，破碎前应设除铁装置。常用的熔剂破碎筛分流程有两种，带检查筛分的闭路流程(图 2-2)以及检查筛分和预先筛分相结合的闭路流程(图 2-3)。

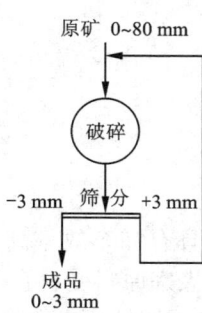

图 2－2　设检查筛分的闭路流程　　　　图 2－3　检查筛分和预先筛分相结合的闭路流程

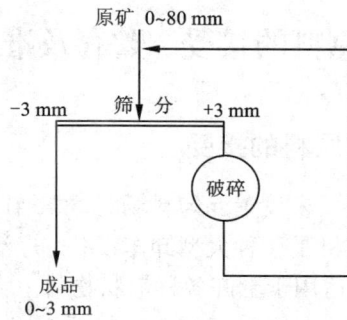

　　熔剂的破碎筛分流程是根据其进厂粒度和性质确定的。当石灰石、白云石原矿中 0～3 mm 粒级含量 30% 以上时，采用图 2－3 所示的预先筛分流程。我国进厂石灰石原矿含 0～3 mm 粒级较少，一般在 20% 以下，故设置预先筛分作用不大，一般不采用预先筛分流程。图 2－2 所示的流程筛下物为成品，筛上物返回重新破碎，满足生产要求，所以一般烧结厂采用此流程。

　　破碎设备可采用锤式破碎机或反击式破碎机，筛分设备一般采用自定中心振动筛。

2.3.3.2　燃料的准备

　　碎焦的入厂粒度一般为 0～25 mm，无烟煤的一般为 0～40 mm，少数的有 0～80 mm。燃料产品的粒度要求：采用铁精矿时，碎焦和无烟煤的最终粒度小于 3 mm 的应分别占 85% 以上和 75% 以上；全部采用进口矿时，分别为 75% 和 65% 以上。

　　常用的燃料破碎筛分流程有以下几种：①一段开路破碎流程（见图 2－4）；②两段开路破碎流程（见图 2－5）；③设预先筛分的一段开路破碎流程（见图 2－6）；④设预先筛分的两段开路破碎流程（见图 2－7）；⑤设两段检查筛分和两段破碎的闭路流程（见图 2－8）。

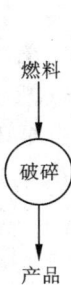

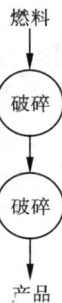

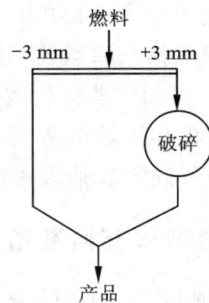

图 2－4　一段开路破碎流程　　图 2－5　两段开路破碎流程　　图 2－6　设预先筛分的一段开路破碎流程

　　固体燃料破碎筛分流程的选择、破碎筛分设备效率和最终产品质量，都取决于固体燃料粒度和水分。粒度大小影响破碎段数的多少，水分高低影响破碎筛分效率。进入烧结厂的碎焦，要采取措施控制其粒度和水分。

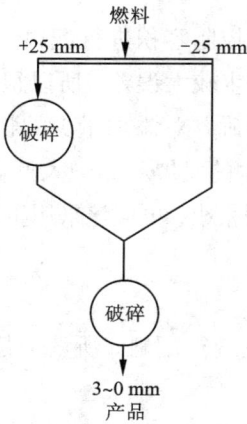

图 2 - 7   设预先筛分的
两段开路破碎流程

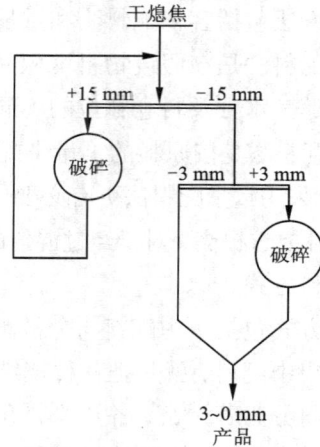

图 2 - 8   设两段检查筛分和
两段破碎的闭路流程

对于水熄焦，当粒度小于 25 mm 时，可采用图 2 - 4 所示的一段破碎开路流程，或者图 2 - 5 所示的两段开路破碎流程。因为碎焦水分高，采用闭路流程会堵筛孔，使筛分困难，筛分效率降低。两段开路流程的最大特点是工艺简单、生产可靠、效率高、产品质量好；当粒度小于 10 mm、水分含量小于 10%，且小于 3 mm 粒级的碎焦含量占 30% 以上时，可采用预先筛分一段开路破碎流程（见图 2 - 6）；当粒度大于 25 mm 粒级含量占约 10% 以上时，可采用预先筛分分出大块，再用两段开路破碎流程（见图 2 - 7）。增加预先筛分是为了防止过粉碎和最大限度发挥破碎设备的能力，仅一段开路破碎不能保证产品最终粒度。设检查筛分因碎焦中的水分高而使筛分难以进行，因此用增加第二段破碎来保证最终产品粒度。

对于干熄焦粉，可采用带预先筛分和检查筛分的两段闭路破碎流程。图 2 - 8 所示的流程是宝钢以干熄焦为原料所采用的，第一段破碎采用反击式破碎机，第二段破碎采用棒磨机。

对于无烟煤破碎，可根据粒度、水分等具体条件采用两段开路破碎流程（图 2 - 5），小于 3 mm 粒级含量占 30% 以上且水分含量小于 10% 时，可在一段破碎前增加预先筛分（图 2 - 6）。

固体燃料的破碎应避免采用易于产生过粉碎的破碎设备。一段破碎流程一般选择四辊破碎机；两段破碎流程中，第一段破碎设备为对辊破碎机，第二段破碎设备为四辊破碎机。

不同品种或理化性能相差较大的固体燃料，需要分开破碎，破碎前应设除铁装置。

2.4   配料工艺

烧结配料目的一方面是要满足高炉对烧结矿化学成分的要求，减少成分的波动对高炉操作的影响，另一方面是要考虑原料的供应情况和烧结矿产质量的要求，稳定烧结生产。

1.配料方法

配料方法包括容积配料法和重量配料法。

容积配料法是在假设物料堆积密度一定的情况下，通过控制容积进行配料。但由于原料堆积密度随其水分及料仓料位的不同而有变化，配料比易产生较大误差，所以很少采用。

重量配料法是按原料的重量来配料。重量配料法配料准确。对添加量少的物料（如燃料、生石灰等）采用重量配料法更有必要。尤其目前随着冶炼技术的发展和高炉大型化，对入炉原料的稳定性要求提高，对于经过混匀的原料，其品位波动范围很小，更应该采用重量配料法。

2.配料方式

配料方式包括集中配料与分散配料。

所谓集中配料，就是把各种烧结原料全部集中到配料室进行配料；所谓分散配料，就是把烧结原料分为若干类，各类原料在不同的地方配料。

与分散配料相比，集中配料具有如下优点：

（1）配料准确。在系统启动和停机时或改变配比时不会发生配比紊乱，各种原料集中在配料室配料时，配料仓位置差异对配料的影响，可以借助计算机通过延迟处理使各矿仓的排料量设定值能按矿仓位置的先后顺序给出，从而使配料系统在顺序启动、停机或改变配比时不发生紊乱。而分散配料时，矿仓位置的差异对配料带来的影响不易消除。

（2）便于操作管理，利于实现配料自动化。

（3）配合料输送设备少，有利于提高作业率。

所以，新建烧结厂一般采用集中配料方式。

2.5 混合工艺

混合的目的一是保证烧结混合料的化学成分和物理性质混匀；二是通过加水润湿和制粒，保证烧结适宜的水分和混合料粒度，使烧结过程具有良好的透气性。

混合作业可分为一段混合、两段混合和三段混合。一段混合工艺是在一台设备上完成混匀和制粒，目前在烧结厂已经很少采用。两段混合工艺是将混合料依次在两台设备上进行，一次混合的主要任务是加水润湿和混匀，或兼有部分制粒功能，使混合料中的水分、粒度及混合料中的各组分均匀分布，其加水量占总加水量的80%～90%。二次混合除继续混匀外，主要目的是制粒，并使混合料达到要求的水分与润湿效果，其加水量占10%～20%。为了强化制粒和实现固体燃料外滚的工艺，新建的烧结厂增加了三次混合。

影响混匀与制粒效果的因素很多，主要有原料性质、添加剂种类、加水量、加水方式、混合制粒设备参数、设备安装状况以及操作等。

混合与制粒设备一般采用圆筒混合机和圆筒制粒机；采用小球烧结法时，也可采用圆盘造球机制粒。

2.6　烧结工艺

2.6.1　布料

1. 铺底料

铺底料技术是多年来烧结技术发展的主要成果之一，它不仅具有保护台车算条、保护风机转子和降低漏风率等作用，而且可以稳定操作、提高烧结矿的产量和质量，净化烟气从而减少烧结烟气含尘量，目前已在国内外烧结厂普遍采用。

对铺底料的要求是粒度适中、厚度均一。根据烧结试验结果和生产实践，铺底料的适宜粒度为 10～20 mm，厚度一般为 20～40 mm。铺底料是通过整粒系统产生的 10～20 mm 烧结矿。

铺底料槽贮料时间，应大于烧结时间、冷却时间、整粒系统分出铺底料的时间及胶带输送时间的总和(为 60～100 min)，因此，铺底料槽铺底料贮存时间应考虑为 60～120 min。

2. 混合料

混合料布料要求沿台车宽度方向不产生偏析，混合料的粒度、化学组成和水分等均匀，料面平整；沿台车高度方向，从上到下粒度由小到大，燃料分布逐渐减小，压密适度，保证良好的透气性。

烧结原料以粉矿为主时，采用梭式布料机、缓冲矿槽、圆辊给料机和自动清扫的反射板或辊式布料器；以铁精矿为主时，也可采用上述方式，或者采用摇头皮带机或梭式布料机、宽胶带机和辊式布料器。

2.6.2　点火

点火的目的一方面是供给混合料表层以足够的热量，使表层的固体燃料着火燃烧；另一方面使表层混合料在点火器内的高温烟气作用下干燥、脱碳和烧结，并借助于抽风使烧结过程自上而下进行。点火好坏直接影响烧结过程的正常进行和烧结矿的质量。因此，要求烧结点火具有足够高的点火温度、一定的点火时间、适宜的点火负压、点火烟气中含氧量充足、以及沿台车宽度方向点火均匀。目前对于高料层烧结工艺重点要求混合料表层燃料点着。

点火参数包括点火温度和点火时间。

点火温度的高低主要取决于烧结生成物的熔融温度。烧结混合料组成不同，点火温度也各异。特殊原料的适宜点火温度应由试验确定。实践证明，点火温度不应大于 1200℃，我国烧结厂点火温度一般控制在 1050～1200℃之间。

点火时间的长短与点火温度和点火时的总供热量有关。点火温度过高，时间过长，会使料层表面熔化；反之，温度过低又会使烧结料烧不好，烧结矿质量下降。国内外经验表明，点火时间为 1～1.5 min。

为了减少因表层烧结矿温度急剧下降而对其质量的不利影响，烧结厂设置了保温段，保温时间可按 1～2 min 选取。

目前，我国烧结厂点火燃料普遍用的是高热值煤气或高热值煤气与低热值煤气配合使用。煤粉、发生炉煤气，因其投资大、成本高以及环保等原因，不宜采用。重油点火虽然热值高，但由于存在许多缺点并且供应困难，也不宜采用。

过去，我国烧结厂普遍采用单功能的点火炉，这种点火炉能耗高，混合料表层点火质量不好。近年已逐步采用多功能的点火保温炉，由点火段和保温段组成。优点是表层烧结矿质量改善。预热点火炉是防止点火时混合料产生爆裂的点火炉，多用于褐铁矿、锰矿烧结。

点火保温设备应采用新型节能点火保温炉。

2.6.3　烧结

抽风带式烧结机具有生产能力大、机械化程度高、自动控制装置比较完善、劳动生产率较高、环境保护较好等优点，在铁矿烧结生产中得到了广泛采用。影响烧结过程的工艺因素很多，合理选择烧结工艺参数，与烧结矿产质量提高有密切关系。它主要包括料高、风量、负压等工艺参数。

1.烧结料层高度

厚料层烧结是指采用较高的料层进行烧结。厚料层烧结的自动蓄热作用可以减少燃料用量，降低燃料消耗。低燃料用量使烧结料层的氧化气氛加强，烧结矿中 FeO 的含量降低，形成以针状铁酸钙为主要黏结相的高强度烧结矿，提高烧结矿质量，改善烧结矿还原性。此外，由于是厚料层烧结，质量较差的表层烧结矿比例减少，使烧结生产的成品率提高。厚料层烧结在采取改善料层透气性的措施后，烧结机产量不受影响。所以，目前新设计的大中型烧结机均采用厚料层烧结。其料层厚度（包括铺底料厚度）以铁精矿为主时，等于或大于 600 mm；以铁粉矿为主时，等于或大于 700 mm。特殊情况应通过试验或借鉴同类厂经验确定。

2.烧结风量

烧结抽风风量必须满足固体燃料的燃烧，排除烧结过程中产生的各种气体，以及漏入的风量等的要求。所以，一般单位烧结面积的适宜风量为 (90 ± 5) m³（工况）/（m² · min），处理以褐铁矿、菱铁矿为主要原料时可超过 95 m³（工况）/（n² · min）。在正常操作条件下抽风机实际抽风量均接近于风机额定风量。

3.烧结负压

烧结负压对耗电影响很大，必须慎重选定。抽风机压力应根据原料性质、料层厚度、算条和管道及除尘器阻力、海拔高度合理确定。对于薄料层烧结，主抽风机的负压约为 11.8 kPa。目前采用厚料层烧结且设计的每分钟单位烧结面积平均风量有所上升，大中型烧结机主抽风机前的负压相应提高，为 16 ~ 18 kPa。我国近年投产和设计的部分大中型烧结机每分钟单位烧结面积平均风量和主抽风机前的负压几乎都在这一范围内。

2.7　烧结矿的处理

为了保证烧结矿的运输、贮存和高炉正常生产，需要对从烧结机上卸下来的大块、高温（600 ~ 1000℃）的烧结饼进一步处理。烧结矿处理的常见工艺流程见图 2 - 9、图 2 - 10、图 2 - 11 和图 2 - 12。

与图 2 - 10 相比，图 2 - 9 中的流程没有取消热振筛，图 2 - 11 的流程没有完善的整粒系统，不能提供铺底料，图 2 - 12 中的流程是属于机上冷却系统。

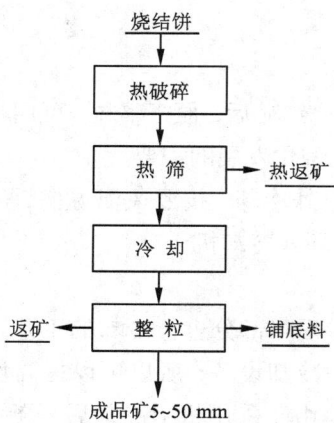

图 2-9　烧结矿处理流程之一

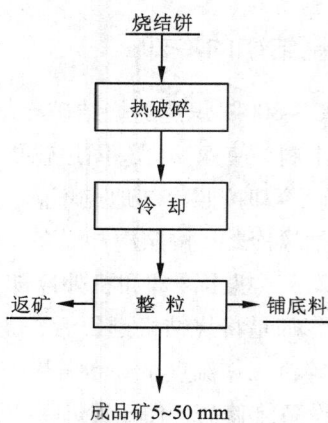

图 2-10　烧结矿处理流程之二

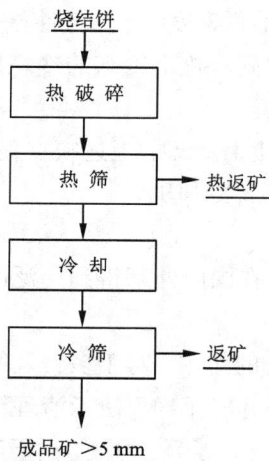

图 2-11　烧结矿处理流程之三

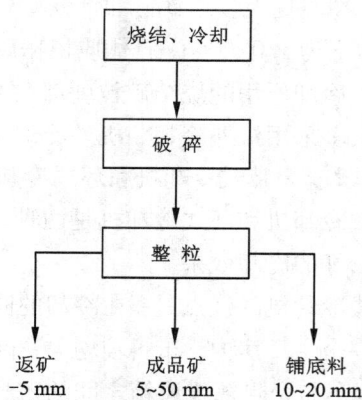

图 2-12　烧结矿处理流程之四

2.7.1　烧结饼的处理

为了便于运输和冷却，目前普遍采用单辊破碎机对烧结饼进行破碎，破碎后粒度达到 150 mm 以下。

过去，烧结机尾都采用热矿筛分工艺。筛分设备为固定筛或振动筛，筛出的热返矿预热混合料。主要优点是利用了热返矿的热能，缺点是很难稳定烧结生产、环境差。我国近年投产和设计的大中型烧结机，以粉矿为主要原料的几乎都取消了热矿筛。以铁精矿为主要原料的，即使在寒冷的地区也有部分厂取消了热矿筛。如混合料水分偏高或不足以将混合料预热到需要的温度时也可保留热矿筛。有热返矿时，在烧结机尾直接参加配料，但返矿槽应有一定的容积，并将热矿筛偏离矿槽中心，以保证返矿配料的稳定，防止对筛子的直接热辐射。

取消热矿筛分工艺后，主要优点是简化了烧结工艺，消除了热矿筛和处理热返矿这两大

薄弱环节，节省了投资，提高了烧结机作业率，烧结生产也得到了稳定。

2.7.2 烧结矿的冷却

将 700～800℃ 炽热的烧结矿冷却至 100～150℃ 的冷烧结矿后，便于整粒，可用带式输送机运输和上料，使钢铁厂总图运输更加合理，适应高炉大型化发展的需要。

烧结矿冷却按照冷却地点不同，可分为机上冷却和机外冷却，按照风流方向，可分为鼓风冷却和抽风冷却，按照冷却设备，可分为带式冷却机、环式冷却机。

2.7.2.1 机上冷却和机外冷却

机上冷却是将烧结机延长后，烧结矿直接在烧结机的后半部分进行冷却的工艺。其优点是单辊破碎机工作温度低，不需热破碎、热矿筛和单独的冷却设备，所以可以提高设备作业率，降低设备维修费，便于冷却系统和环境的除尘；但是由于采用机上冷却后，烧结设备庞大，投资大，难以实现设备大型化，而且冷却效率低，电耗高，废气余热不利于回收利用。另一方面，矿石性能对机上冷却工艺的影响比较大。对于褐铁矿，由于其所需冷却时间短，冷烧比小，采用机上冷却比较有利；对于磁铁矿，因为烧结矿堆积密度大、透气性差，所以冷却时间长、冷烧比大。赤铁矿和针铁矿处于褐铁矿和磁铁矿之间。机上冷却的冷烧比，国内比国外的高，为 1.0 左右。具体应根据原料的不同，由试验确定。

机外冷却所用的烧结矿粒度都在 150 mm 以下，避免了机上冷却的上述缺点，所以，目前烧结厂大多采用机外冷却。机外冷却又分为带式冷却机和环式冷却机。

2.7.2.2 带式冷却机和环式冷却机

带式冷却机和环式冷却机是两种比较成熟的冷却设备，在国内外都得到广泛的应用。它们都有较好的冷却效果。

带式冷却机的优点是：在冷却的同时能起到运输和提升的作用，对于多台烧结机可同时布置于一个主厂房内，布料较均匀；台车卸料时翻转 180°，卸料干净，便于清理台车箅条的堵料，台车与密封罩或风箱之间的密封结构简单，冷却效果好，等等；但是，由于其空行程台车数量较多，占一半以上，故设备重量大，与相同处理能力的环式冷却机比较，设备重量需增加四分之一。

由于环式冷却机具有台车利用率高、占地面积小、结构简单、便于操作、易于维护、设备费低、厂房布置紧凑等优点，故我国大中型烧结机都广泛采用。

2.7.2.3 鼓风冷却和抽风冷却

带式冷却机和环式冷却机又分别有抽风冷却和鼓风冷却两种方式。

20 世纪 60 年代初盛行抽风冷却机，60 年代后期出现了鼓风冷却机。由于鼓风冷却的优点（见表 2-1），特别是随着烧结机大型化，冷却机的规格也相应增大，结构更加完善，从而更加显示出鼓风冷却的优越性。因此近年来鼓风冷却机得到迅速的发展，抽风式冷却机已逐步淘汰。

表 2 – 1　鼓风冷却与抽风冷却的性能对比

项　目	鼓风冷却	抽风冷却
料层高度	1400 ~ 1500 mm	200 ~ 400 mm
冷却时间	约 60 min	约 30 min
冷却面积	冷却面积小，冷却面积与烧结面积之比为 0.9 ~ 1.2	冷却面积大，冷却面积与烧结面积之比为 1.25 ~ 1.50
冷却风量	料层高，烧结矿与冷却风热交换较好，2200 ~ 2500 m³(标)/(t−s)	料层低，烧结矿与冷却风的有效热交换较差，3500 ~ 4800 m³(标)/(t−s)
风机电容量	风机是在常温下吸风，风机电容量小	风机在高温下吸风，风机电容量大
风机压力	高	低
风机维护	风机小，风机转子磨损小，维修量小	风机大，风机转子磨损大，维修量大
风机安装地点	安装在地面，容易维修	安装在高架上，不易维修

　　烧结矿冷却一般应选用机外冷却，对于褐(菱)铁矿，也可考虑选用机上冷却。大中型烧结机采用鼓风环式冷却机，布置困难时，也可采用鼓风带式冷却机。

2.7.3　烧结矿的整粒

　　烧结矿整粒系统一方面可减少烧结矿粉末量，改善烧结矿粒度组成，有利于强化高炉冶炼；另一方面可以分出铺底料，改善烧结机工作状态，强化烧结过程。因此，我国近年新建和改、扩建的大中型烧结机都采用了冷烧结矿整粒工艺。

2.7.3.1　整粒流程的确定原则

　　(1)整粒流程应根据建设场地、烧结矿性能和高炉要求等因素确定。除个别大块较多者外，一般不采用烧结矿冷破碎设备，仅设三段冷筛分工艺，筛分设备采用振动筛。

　　(2)设置烧结矿冷破碎设备时，采用双齿辊破碎机，并设四次冷筛分工艺，一次筛分为固定筛，二、三、四次筛分为振动筛。烧结矿冷破碎前应设自动除铁装置。

　　(3)通过整粒输出的成品烧结矿、铺底料和返矿，粒度需要符合下列规定：①无冷破碎时，烧结矿粒度为 5 ~ 150 mm，其中，粒度大于 50 mm 的烧结矿小于或等于 8%，小于 5 mm 的小于或等于 5%；有冷破碎时，烧结矿粒度为 5 ~ 50 mm。其中：粒度大于 50 mm 的烧结矿含量小于或等于 5%，粒度小于 5 mm 的烧结矿含量小于或等于 5%。②铺底料粒度为 10 ~ 20 mm。③返矿粒度宜小于 5 mm。

　　(4)烧结矿整粒系统应根据条件设置备用系列，或备用筛分设备，或设旁通系统。

　　(5)机上冷却的整粒的具体条件确定："七五"以来，我国很多烧结机都采用烧结矿冷破碎和四次筛分的流程(见图 2 – 13)，日本很多烧结机也都采用这种流程。自从我国实现高铁低硅烧结后，大块烧结矿很少。因此，目前新建和改扩建的大中型烧结机一般都不用冷破碎设备，仅设三段冷筛分工艺(见图 2 – 14)。上述两种流程能够较合理地控制烧结矿上、下限粒度和铺底料粒度，成品粉末少、检修方便、布置整齐，是一个较好的流程。而很多烧结机采用的是其改良型，即先分出小粒度的烧结矿进三筛(见图 2 – 15)。

2.7.3.2　双系列整粒系统的形式

整粒系统布置为双系列时,其系统生产能力的确定有三种:

(1)每个系列的能力为总能力的50%,设置有可移动的备用振动筛作整体更换,以保证系统的作业率。

(2)每个系列的能力等于总生产能力,一个系列生产,一个系列备用。

(3)每个系列能力为总生产能力的70%~75%,中间不设置整体更换备用筛分机。当一个系列发生故障时,只能以70%~75%的能力维持生产。

由于受筛子能力的限制,大型偏大的烧结机大多采用第一、三种形式。而第二种形式多用在中型或大型偏小的烧结机,但一些中型偏小的烧结机也可采用一个成品整粒系列并设旁通。

从基建投资方面来看,如果第一种形式的投资费用为100,则第二、三种形式分别为90和70。

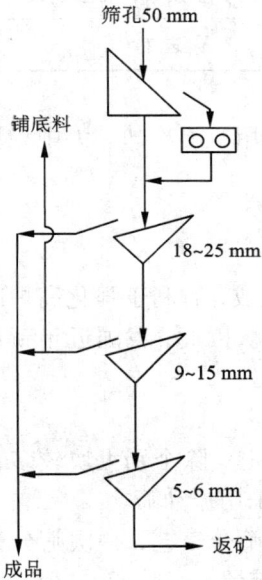

图 2-13　四段筛分流程图　　图 2-14　三段筛分流程图　　图 2-15　改良型的三段筛分流程图

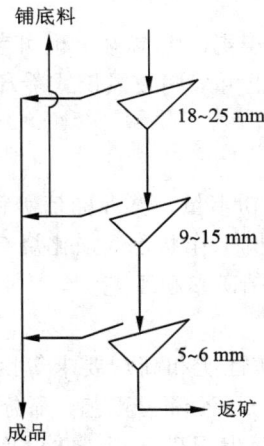

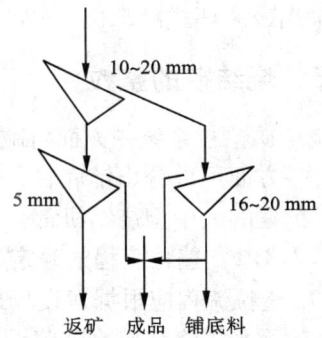

2.7.4　成品烧结矿的贮存

由于炼铁和烧结工作制度和作业率有差异,设备检修及设备事故处理不协调,为了保证高炉生产,提高烧结机作业率,有必要考虑成品烧结矿贮存。

烧结矿应设置直接送至高炉矿槽的运输系统,同时应设贮存设施。烧结矿贮存根据不同情况,可在原料场贮存,也可设成品矿仓贮存。原料场贮存烧结矿的贮存时间为3~7 d,矿仓贮存时间为8~12 h。烧结矿产量应为烧结厂输出的成品烧结矿量。

思考题

1. 烧结生产工艺流程选择的原则是什么?

2. 原料场的作用是什么?

3. 熔剂破碎、筛分流程有哪几种? 各适用于什么情况?

4. 燃料破碎流程有哪几种? 各适用于什么情况?

5. 铺底料的作用是什么? 获得铺底料的方法有哪些?

6. 烧结混合料布料要求是什么? 怎样才能达到此要求?

7. 取消热振动筛有何优、缺点?

8. 烧结矿为什么要整粒? 整粒流程有哪几种基本类型? 各有何优缺点?

9. 烧结矿为什么要冷却? 冷却的方式有哪些? 各有什么优缺点?

10. 烧结生产的主要工艺参数有哪些? 对烧结矿产质量有什么影响?

11. 点火工艺参数有哪些? 对烧结生产有什么影响?

12. 烧结生产设置混合工艺的目的是什么?

第3章 烧结生产过程计算

为了保证烧结矿产品质量，合理选择烧结设备，控制烧结生产操作过程，核算烧结生产经济效益，需要进行烧结生产过程的计算。内容包括配料计算、物料平衡计算和热平衡计算。

3.1 配料计算

3.1.1 计算的依据和原则

配料计算的目的是保证烧结矿化学成分（R、TFe、SiO_2、CaO、MgO、Al_2O_3 等）的稳定，满足原料供应量、原料成本等生产管理的需要。配料计算也是物料平衡、热平衡、设备选择等的计算基础。

配料计算以原料的化学成分、烧结矿化学成分和产品质量的要求、原料供应情况、烧结试验结果和经济效益为依据。

配料计算的原则是：

（1）原料除烧损、90% 的 S（脱 S 率为 90%）外，其余全部进入烧结矿。

（2）燃料的灰分进入烧结矿。

（3）TFe、CaO、SiO_2、MgO、Al_2O_3 在烧结过程中质量不发生变化。

（4）配料计算过程中不考虑机械损失。

3.1.2 配料计算方法

烧结配料计算方法包括三种，即经验配料计算法、理论配料计算法和线性规划配料计算法。

经验配料计算法主要是应用于现场生产，其特点是速度快，但误差比较大。其计算思路是首先根据原料种类和化学成分以及烧结矿化学成分要求，设置原料配比，根据烧结矿化学成分的化验结果进行验证，再根据上一个班的生产情况、现在的生产情况，估计一个配料比进行验算，再进行调整，当验算结果与烧结矿质量指标相符合，确定为最终的配料比。

理论配料计算法的特点是计算准确，速度快，但其适合的原料种类较少。计算依据是TFe、CaO、SiO_2、MgO、Al_2O_3 在烧结过程中质量不变化，按照所需计算原料的种类（即未知数的多少），分别根据氧平衡方程、碱度平衡方程、铁平衡方程、SiO_2 平衡方程、MgO 平衡方程等，计算原料配比。

线性规划法是解决多变量最优决策的方法，是在各种相互关联的多变量约束条件下，解决或规划一个对象的线性目标函数最优的问题，当资源限制或约束条件表现为线性等式或不等式，目标函数表示为线性函数时，可运用线性规划法进行决策。线性规划配料计算法的特

点是计算准确，考虑了经济技术指标，适合于多种原料种类的计算。

3.1.2.1　理论配料计算

假设生产 100 kg 烧结矿需要第一种铁矿 x kg，第二种铁矿 y kg，石灰石 z kg，高炉灰 m kg，焦炭 n kg（其中 x、y、z 为未知数，m、n 为已知数）。烧结矿的化学成分表示为 $Fe_烧$、$SiO_{2烧}$、$CaO_烧$ 等，其他原料化学成分的表示方法依此类推。

根据配料计算的原则，可以列出铁平衡方程、碱度平衡方程和氧平衡方程：

（1）铁平衡方程

$$Fe_烧 = (Fe_x \cdot x + Fe_y \cdot y + Fe_z \cdot z + Fe_m \cdot m + Fe_z \cdot n)/100 \qquad (3-1)$$

（2）碱度（R）平衡方程

$$R = (CaO_x \cdot x + CaO_y \cdot y + CaO_z \cdot Z + CaO_m \cdot m - CaO_n \cdot n)$$
$$/(SiO_{2x} \cdot x + SiO_{2y} + SiO_{2Z} + SiO_{2m} + SiO_{2n}) \qquad (3-2)$$

（3）氧平衡方程

烧结过程中 FeO 的变化：$\Delta FeO = (Q_烧 FeO_烧 - \sum Q_i \cdot FeO_i)/100$

烧结过程中 O_2 的变化：$\Delta O_2 = \sum Q_i \cdot a_i/100 - Q_烧$

氧平衡方程为：

$$\frac{1}{9}(Q_烧 \cdot FeO_烧 - \sum Q_i \cdot FeO_i)/100 = \sum Q_i \cdot a_i/100 - Q_烧(9a_x + FeO_x) \cdot x +$$
$$(9a_y + FeO_y) \cdot y + (9a_z + FeO_z) \cdot z = 100FeO_烧 + 90000 - m(9a_m + FeO_m) - n(9a_n + FeO_n) \qquad (3-3)$$

由公式（3-1）、式（3-2）和式（3-3）组成三元一次方程组：

$$\begin{cases} Fe_x \cdot x + Fe_y \cdot y + Fe_z \cdot z = 100 \cdot Fe_烧 - m \cdot Fe_m - n \cdot Fe_n \\ (CaO_x - R \cdot SiO_{2x}) \cdot x + (CaO_y - R \cdot SiO_{2y}) \cdot y + (CaO_z - R \cdot SiO_{2z}) \cdot z \\ = (R \cdot SiO_{2m} - CaO_m) \cdot m + (R \cdot SiO_{2n} - CaO_n) \cdot n \\ (9a_x + FeO_x) \cdot x + (9a_y + FeO_y) \cdot y + (9a_z + FeO_z) \cdot z \\ = 100FeO_烧 + 90000 - m(9a_m + FeO_m) - n(9a_n + FeO_n) \end{cases} \qquad (3-4)$$

式中：$\dfrac{1}{9}$——1kg FeO 氧化或还原时相应 O_2 的变化为 $\dfrac{1}{9}$kg；

a_i——原料的烧残率，%；$a_i = 100 - LOI_i - 0.9S_i$，$i$ 表示各种原料；

Q_i——各种原料的用量，kg；

$Q_烧$——烧结矿的质量，kg。

求解上述方程组就可以得到各原料的配比。

在实际计算过程中，也可以根据原料情况和烧结矿质量的要求，列出 SiO_2、MgO 平衡方程（可参考铁平衡方程）。根据未知数个数列出二元、三元、四元方程组。

3.1.2.2　线性规划配料计算法

线性规划法就是在线性等式或不等式的约束条件下，求解线性目标函数的最大值或最小值的方法。其中目标函数是决策者要求达到目标的数学表达式，用一个极大或极小值表示。约束条件是指实现目标的能力资源和内部条件的限制因素，用一组等式或不等式来表示。

建立线性规划的数学模型必须具备以下几个基本条件：

（1）变量之间的线性关系。

（2）问题的目标可以用数字表达。

（3）问题中应存在能够达到目标的多种方案。

（4）达到目标是在一定的约束条件下实现的，并且这些条件能用不等式加以描述。

线性规划数学模型由三部分构成：

（1）变量：也称为未知数，用 x_1，x_2，$\cdots$，x_n（非负数）表示。

（2）约束条件：实现系统目标的限制因素，它涉及到企业内部条件和外部环境。例如：资源的限制、计划指标、产品质量要求和市场销售状况等。

（3）目标函数：是决策者要达到的最优目标与变量之间关系的数学模型，是一个极值问题。

举例：某烧结厂的原料条件如表 3 - 1 所示，烧结矿化学成分的要求如表 3 - 2 所示。原料用量的要求是进口矿 A 大于 300 kg/(t·s)，进口矿 C 大于 100 kg/(t·s)，三种进口矿（进口矿 A + 进口矿 B + 进口矿 C）的用量超过 700 kg/(t·s)，精矿 1 的用量为 30 ~ 50 kg/(t·s)，生石灰用量少于 30 kg/(t·s)，石灰石用量大于 60 kg/(t·s)，焦粉用量为 50 ~ 70 kg/(t·s)。

表 3 - 1　原料化学成分和价格

种类	TFe/%	FeO/%	SiO_2/%	CaO/%	Al_2O_3/%	MgO/%	S/%	P/%	H_2O/%	LOI/%	单价*/元·t^{-1}
进口矿 A x_1	62.54	2.12	4.75	0.04	3.00	0.07	0.016	0.079	4.34	2.96	530
进口矿 B x_2	61.74	1.31	7.32	0.06	1.83	0.14	0.004	0.024	4.24	1.40	520
进口矿 C x_3	65.62	0.14	4.10	0.06	0.88	0.06	0.009	0.025	5.53	1.07	540
精矿 1 x_4	58.00	2.32	13.00	—	1.88	—	0.027	0.212	8.10	2.00	530
精矿 2 x_5	63.00	21.20	5.45	2.38	1.20	—	2.161	0.017	9.50	0.50	580
精矿 3 x_6	66.22	0.43	5.88	0.08	2.53	0.05	0.013	0.065	3.75	0.75	530
生石灰 x_7	—	—	3.75	92.7	—	1.83	—	—	—	2.00	300
石灰石 x_8	—	—	0.86	54.4	—	0.40	—	—	1.5	43.00	40
白云石 x_9	—	—	1.20	31.0	—	21.20	—	—	1.5	45.00	60
焦粉 x_{10}	—	—	9.54	2.30	0.19	1.30	0.02	—	5.48	83.27	210

*原料价格只作为计算举例用，与市场价格有一定差别。

表 3 - 2　烧结矿成分要求

TFe/%	FeO/%	CaO/%	MgO/%	Al_2O_3/%	S/%	R
56 ~ 57	7 ~ 8	10 ~ 11	2 ~ 2.5	1.5 ~ 3	< 0.10	1.96

约束方程为：

$$[x_1 \cdot (TFe)_{x_1} + x_2 \cdot (TFe)_{x_2} + \cdots + x_{10} \cdot (TFe)_{x_{10}}]/100 < 57 \qquad (3-5)$$

$$[x_1 \cdot (TFe)_{x_1} + x_2 \cdot (TFe)_{x_2} + \cdots + x_{10} \cdot (TFe)_{x_{10}}]/100 > 56 \qquad (3-6)$$

$$[x_1 \cdot (SiO_2)_{x_1} + x_2 \cdot (SiO_2)_{x_2} + \cdots + x_{10} \cdot (SiO_2)_{x_{10}}]/100 < (11/1.96) \qquad (3-7)$$

$$[x_1 \cdot (SiO_2)_{x_1} + x_2 \cdot (SiO_2)_{x_2} + \cdots + x_{10} \cdot (SiO_2)_{x_{10}}]/100 > (10/1.96) \qquad (3-8)$$

$$[x_1 \cdot (CaO)_{x_1} + x_2 \cdot (CaO)_{x_2} + \cdots + x_{10} \cdot (CaO)_{x_{10}}]/100 < 11 \qquad (3-9)$$

$$[x_1 \cdot (CaO)_{x_1} + x_2 \cdot (CaO)_{x_2} + \cdots + x_{10} \cdot (CaO)_{x_{10}}]/100 > 10 \qquad (3-10)$$

$$[x_1 \cdot (MgO)_{x_1} + x_2 \cdot (MgO)_{x_2} + \cdots + x_{10} \cdot (MgO)_{x_{10}}]/100 < 2.5 \qquad (3-11)$$

$$[x_1 \cdot (MgO)_{x_1} + x_2 \cdot (MgO)_{x_2} + \cdots + x_{10} \cdot (MgO)_{x_{10}}]/100 > 2 \qquad (3-12)$$

$$[x_1 \cdot (Al_2O_3)_{x_1} + x_2 \cdot (Al_2O_3)_{x_2} + \cdots + x_{10} \cdot (Al_2O_3)_{x_{10}}]/100 < 3 \qquad (3-13)$$

$$[x_1 \cdot (Al_2O_3)_{x_1} + x_2 \cdot (Al_2O_3)_{x_2} + \cdots + x_{10} \cdot (Al_2O_3)_{x_{10}}]/100 > 1.5 \qquad (3-14)$$

$$[x_1 \cdot (S)_{x_1} + x_2 \cdot (S)_{x_2} + \cdots + x_{10} \cdot (S)_{x_{10}}]/1000 < 0.1 \qquad (3-15)$$

$$x_1 > 30 \qquad (3-16)$$

$$x_3 > 10 \qquad (3-17)$$

$$x_1 + x_2 + x_3 > 700 \qquad (3-18)$$

$$x_4 > 30 \qquad (3-19)$$

$$x_4 < 50 \qquad (3-20)$$

$$x_7 < 30 \qquad (3-21)$$

$$x_8 > 60 \qquad (3-22)$$

$$x_{10} > 50 \qquad (3-23)$$

$$x_{10} < 70 \qquad (3-24)$$

目标函数：

$$f = \min(0.53x_1 + 0.52x_2 + \cdots) \quad 元/(100kg \cdot s) \qquad (3-25)$$

根据上述约束条件和目标函数，可计算出各种原料配比和烧结矿成本。各种原料配比的计算结果如表 3 - 3 所示。

表 3 - 3　各种原料的配矿量和配比

	x_1	x_2	x_3	x_4	x_5	x_6	x_7	x_8	x_9	x_{10}
配矿量 /kg · (100 kg · s)$^{-1}$	30.00	3.58	36.42	5.00	7.04	6.00	2.20	10.70	8.38	6.90
配比/%	25.81	3.08	31.34	4.30	6.06	5.16	1.89	9.21	7.21	5.94

目前，随着烧结用含铁原料种类的增加，实际生产（或实验）过程中常用两步法进行计算，具体步骤如下：

（1）计算混匀矿配比

根据生产（或实验）目的、原料的供应情况、价格、烧结特性和化学成分，按照对混匀矿的一些控制条件（包括 TFe、SiO_2、Al_2O_3、S、P、Sb、Zn 等成分要求，以及混匀矿成本等），计算混匀矿中各种含铁原料配比。

（2）计算各种原料配比

确定混匀矿、各种熔剂、燃料、返矿的配比。返矿配比可按返矿平衡选择；燃料用量按试验要求确定；生石灰用量按制粒要求确定；石灰石用量按烧结矿碱度要求进行计算；白云石用量按烧结矿 MgO 要求进行计算。

未知数有混匀矿、石灰石和白云石三个，通过物料平衡方程、碱度平衡方程、MgO 平衡方程等三个方程进行求解。

3.1.3 烧结矿产量和化学成分的计算

1. 烧结矿产量的计算

（1）不考虑烧结过程中 FeO 的变化

$$Q_{烧} = \sum Q(100 - LOI - 0.9S)/100 \qquad (3-26)$$

式中：$Q_{烧}$——烧结矿的产量，t；

$\quad$ Q——各种原料的用量，t；

$\quad$ LOI——各种原料的烧损，%；

$\quad$ S——各种原料的含硫量，%；

$\quad$ 0.9——烧结过程中的脱硫率为 90%。

（2）考虑 FeO 在烧结过程中的变化

由公式（3-3）可以推导出如下公式：

$$Q_{烧} = \sum Q[9(100 - LOI - 0.9S) + FeO]/(900 + FeO_{烧}) \qquad (3-27)$$

式中：$FeO_{烧}$——烧结矿中的 FeO 含量，%；

$\quad$ FeO——各种原料中的 FeO 含量，%；

$\quad$ 其他符号意义同前。

2. 烧结矿化学成分计算

（1）TFe、CaO、SiO_2、MgO、Al_2O_3 的含量

$$X_{烧} = [\sum Q_i \cdot (X)_i]/(100 \cdot Q_{烧}) \qquad (3-28)$$

式中：$X_{烧}$——烧结矿中 TFe、CaO、SiO_2、MgO、Al_2O_3 等成分的含量，%；

$\quad$ $(X)_i$——各种原料中 TFe、CaO、SiO_2、MgO、Al_2O_3 等成分的含量，%；

$\quad$ i——各种含铁原料、熔剂和燃料；

$\quad$ 其他符号意义同前。

（2）硫（S）含量

$$S_{烧} = [0.1 \sum Q_i(S)_i]/(100 \cdot Q_{烧}) \qquad (3-29)$$

式中：$S_{烧}$——烧结矿中 S 的含量，%；

$\quad$ S_i——各种原料中 S 的含量，%；

$\quad$ 其他符号意义同前。

（3）FeO 含量

烧结矿 FeO 含量与烧结过程氧化还原反应有关，所以不能应用简单计算的方法。有关烧结矿化学成分的要求见表 3 - 1。

根据表 3 - 1 和表 3 - 3，应用上述方法计算的烧结矿化学成分如表 3 - 4 所示。

表 3 - 4　烧结矿化学成分的计算值

TFe/%	SiO_2/%	CaO/%	Al_2O_3/%	MgO/%	S/%	R
56	5.5	10.82	1.63	2	0.01	1.91

3.2　烧结过程物料平衡

烧结过程物料平衡遵循物质不灭定律，即进入烧结过程的物料总质量等于排出的各种产物的总质量。其计算的目的是：

（1）确定各工序处理的物料量。

（2）确定中间物料的组成。

（3）确定产品及“三废”物质的数量及组成。

计算过程中以单位质量成品矿所需要的物料为单位[kg/(t·s)]计算，使用国际统一单位 kg、t 等。

烧结过程的收入部分包括：①各种烧结原料；②返矿；③铺底料；④混合料水分；⑤点火煤气；⑥点火空气；⑦烧结空气(包括漏风)。

烧结过程的支出部分包括：①成品烧结矿；②返矿；③铺底料；④点火、烧结过程产生的废气。

3.2.1　物料的收入

1. 各种原料用量 $G_{料}$

$$G_{料} = \sum_{i=1}^{n} G_i \qquad (3-30)$$

式中：G_i——各种原料的质量，kg/(t·s)；

　　　n——原料种类；

　　　其他符号意义同前。

通过配料计算(见表 3 - 3)得到单位质量烧结矿所需各种原料用量见表 3 - 5。

表 3 - 5　生产 1t 烧结矿的各种原料用量

	进口矿 A	进口矿 B	进口矿 C	精矿 1	精矿 2	精矿 3	生石灰	石灰石	白云石	焦粉	合计
符号	G_1	G_2	G_3	G_4	G_5	G_6	G_7	G_8	G_9	G_{10}	$G_{料}$
质量/(kg·t^{-1})	300	35.76	364.24	50	70.41	60	22	107	83.79	69	1162.20

2. 返矿量 $G_{返}$

$$G_{返} = G_{料} \cdot f / (100 - f) \tag{3-31}$$

式中：f——返矿配比，%，根据生产实践或烧结试验确定，一般为混合料的 30% ~ 35%；

　　　$G_{返}$——返矿量，kg；

　　　$G_{料}$——各种原料用量，kg；

当返矿配比取 30% 时，根据表 3-5 的数据，返矿量为：

$$G_{返} = 1162.20 \times 30 / 70 = 498.09 \ kg/t$$

3. 铺底料量 $G_{铺}$

$$G_{铺} = G_{烧} \cdot p \tag{3-32}$$

式中：p——铺底料质量占成品烧结矿质量的比例，%。一般为成品烧结矿的 10% ~ 15%，其值视料层高度而定，厚料层烧结时取低值；

　　　$G_{烧}$——成品烧结矿的质量，kg；

　　　$G_{烧}$——铺底料的质量，kg。

当 p 取 10% 时，生产 1 t 烧结矿的铺底料质量为：

$$G_{铺} = 1000 \times 10\% = 100 \ kg/t$$

4. 混合料总水量 $G_{水}$

$$G_{水} = (G_{料} + G_{返}) \cdot w / (100 - w) \tag{3-33}$$

式中：w——混合料的水分，%，一般为 7% ~ 8%；

　　　$G_{水}$——混合料总含水量，kg；

　　　其他符号意义同前。

当混合料适宜水为 8% 时，混合料总水量为：

$$G_{水} = (1162.20 + 498.08) \times 8 / (100 - 8) = 144.372 \ kg/t$$

5. 点火煤气量

$$V_{煤气} = Q_{点火} / q_{煤气} \tag{3-34}$$

$$G_{煤气} = V_{煤气} \cdot \gamma_{煤气} \tag{3-35}$$

式中：$Q_{点火}$——点火所需热量，kJ/t，一般取 125400kJ/(t·s)；

　　　$q_{煤气}$——煤气发热值，kJ/m³；

　　　$\gamma_{煤气}$——点火煤气密度，kg/m³；

　　　$V_{煤气}$——点火煤气体积量，m³/t；

　　　$G_{煤气}$——点火煤气质量，kg/t。

某厂点火用焦炉煤气的化学组成如表 3-6 所示，其发热值为 19258 kJ/m³，密度为 0.47 kg/m³，则：

$$V_{煤气} = 125400 / 19258 = 6.512 \ m^3/t$$

$$G_{煤气} = 6.512 \times 0.47 = 3.061 kg/t$$

表 3-6 焦炉煤气化学组成/%

CO_2	CO	H_2	CH_4	C_mH_n	O_2	N_2
3.4	10.4	53	24	3.0	0.6	5.6

6. 点火空气量 $G_{空气}^{点火}$

（1）以 1 m^3 煤气为单位计算化学反应所需空气量（煤气成分见表 3-6）

①CO 燃烧需氧量 $L_{O_2}^{CO}$

$$L_{O_2}^{CO} = 0.5 \times W_{CO} = 0.5 \times 0.104 = 0.052 \ m^3 \qquad (3-36)$$

式中：W_{CO}——煤气中 CO 的含量，% ；

其他符号意义同前。

②H_2 燃烧需氧量 $L_{O_2}^{H_2}$

$$L_{O_2}^{H_2} = 0.5 \times W_{H_2} = 0.5 \times 0.53 = 0.265 \ m^3 \qquad (3-37)$$

式中：W_{H_2}——煤气中 H_2 的含量，% ；

其他符号意义同前。

③CH_4 燃烧需氧量 $L_{O_2}^{CH_4}$

$$L_{O_2}^{CH_4} = 2 \times W_{CH_4} = 2 \times 0.24 = 0.48 \ m^3 \qquad (3-38)$$

式中：W_{CH_4}——煤气中 CH_4 的含量，% ；

其他符号意义同前。

④C_2H_2 燃烧需氧量 $L_{O_2}^{C_2H_2}$

$$L_{O_2}^{C_2H_2} = 2.5 \times W_{C_2H_2} = 2.5 \times 0.03 = 0.075 \ m^3 \qquad (3-39)$$

式中：$W_{C_2H_2}$——煤气中 C_2H_2 的含量，% ；

其他符号意义同前。

1 m^3 煤气燃烧所需氧气量 L_{O_2}

$$L_{O_2} = L_{O_2}^{CO} + L_{O_2}^{H_2} + L_{O_2}^{CH_4} + L_{O_2}^{C_2H_2} - L_{O_2}^{煤气} = 0.866 \ m^3 \qquad (3-40)$$

式中：$L_{O_2}^{煤气}$——1m^3 煤气中 O_2 的量，m^3 ；

其他符号意义同前。

为了保证煤气完全燃烧，通常实际供应的空气量大于理论计算的空气量，实际供应的空气量与理论空气量的比值称为过剩空气系数，以 α_0 表示。过剩空气系数根据点火燃料发热量 $H_低$ 和理论燃烧温度 t_0 查燃烧计算图表即可得到。理论燃烧温度的计算公式如下：

$$t_0 = t/\eta \qquad (3-41)$$

式中：η——高温系数，按 0.75~0.8 选取；

t——实际点火温度，一般取 1000~1200℃ 。

考虑空气过剩系数 $\alpha_0 = 1.4$，则 1 m^3 煤气燃烧所需空气量 $L_{空气}$ 为：

$$L_{空气} = L_{氧气}/(0.21 \times \alpha_0) = 0.866/(0.21 \times 1.4) = 5.774 \ m^3 \qquad (3-42)$$

式中：0.21——空气中氧气的体积含量为 21% ；

其他符号意义同前。

（2）点火所需空气量 $G_{空气}^{点火}$

$$G_{空气}^{点火} = V_{煤气} \cdot L_{空气} \cdot \rho_{空气} = 6.512 \times 5.774 \times 1.293 = 48.617 \ kg/t \qquad (3-43)$$

式中：$\rho_{空气}$——空气密度，kg/m^3，为 1.293 kg/m^3 ；

其他符号意义同前。

7. 烧结过程所需空气量 $G_{空气}^{烧结}$

（1）固体燃料燃烧所需氧量 $G_{O_2}^{碳}$

$$G_{O_2}^{碳} = G_{燃料} \cdot C^f \times 2.667 \tag{3-44}$$

$$V_{O_2}^{碳} = G_{O_2}^{碳}/\rho_{O_2} \tag{3-45}$$

式中：C^f——固体燃料的固定碳含量，%；

2.667——1 kg 固定碳氧化需要氧的量；

$V_{O_2}^{碳}$——固体燃料燃烧所需氧的体积量，m^3/t；

ρ_{O_2}——氧气（O_2）的密度，为 1.429 kg/m^3。

其他符号意义同前。

表 3-7 为焦粉的工业分析结果，应用公式（3-44）和公式（3-45）的计算结果如下：

$G_{O_2}^{碳} = 69 \times 0.76 \times 2.667 = 139.840$ kg/t

$V_{O_2}^{碳} = 139.840/1.429 = 97.859$ m^3/t

表 3-7　焦粉工业分析/%

W_f	C_f	V_f	A_f
5.48	76.0	3.48	15.04

（2）硫氧化物氧化所需氧量 $G_{O_2}^{硫化物}$

铁矿石中的硫多以 FeS_2 形式存在，故首先将化学分析中的 S 换算成 FeS_2：

$$G_{(FeS_2)_i} = 1.875 \times S_i \cdot G_i \tag{3-46}$$

式中：$G_{(FeS_2)_i}$——各原料中 FeS_2 的量，kg；

1.875——S 换算成 FeS_2 的系数；

S_i——各原料中硫的含量，%；

G_i——各原料的质量，kg。

根据表 3-1 和表 3-5 的数据，应用公式（3-46），计算结果如表 3-8。

表 3-8　各种原料带入的 S 及 FeS_2 量

原料种类	进口矿 A	进口矿 B	进口矿 C	精矿 1	精矿 2	精矿 3	合计
含 S 量/%	0.016	0.004	0.009	0.027	2.161	0.013	
带入 S/kg	0.048	0.001	0.033	0.014	1.521	0.008	1.62
换算 FeS_2/kg	0.090	0.002	0.062	0.026	2.852	0.015	3.047

考虑烧结过程的脱硫率为 90%，硫氧化物氧化所需氧量 $G_{O_2}^{硫化物}$ 为：

$$G_{O_2}^{硫化物} = 0.733 \times 0.9 \times \sum_{i=1}^{n} (FeS_2)_i = 0.733 \times 0.9 \times 3.047 = 2.010 \text{ kg/t} \tag{3-47}$$

$$V_{O_2}^{硫化物} = G_{O_2}^{硫化物}/\rho_{O_2} = 2.010/1.429 = 1.407 \text{ } m^3/t \tag{3-48}$$

式中：$G_{O_2}^{硫化物}$——硫氧化物氧化所需氧量，kg；

0.733——1kg FeS_2 氧化需要的氧量；

0.9——烧结过程的脱硫率为 90%；

$\sum\limits_{i=1}^{n} FeS_2$——混合料含 FeS_2 的总和，kg；

$V_{O_2}^{硫化物}$——硫化物氧化所需氧的体积量，m^3/t；

ρ_{O_2}——O_2 的密度，kg/m^3，为 1.429 kg/m^3；

其他符号意义同前。

（3）FeO 氧化需氧量 $G_{O_2}^{FeO}$

混合料原料中的 FeO 含量包括 FeS_2 中的 Fe^{2+}，前面计算已经考虑了 FeS_2 氧化需要的 O_2，所以计算时需要去掉这部分 FeO。

$$G_{O_2}^{FeO} = [\sum(G_i \cdot FeO_i) - FeO_{烧} - 1.125\sum S_i \times 0.9]/9 \tag{3-49}$$

式中：G_i——各种原料的质量，kg；

FeO_i，S_i——各种原料中 FeO、S 的含量，%；

$FeO_{烧}$——烧结矿中 FeO 的质量，kg；

1.125——S 换算成 FeO 的系数；

0.9——烧结过程 90% 的脱硫率。

$$G_{O_2}^{FeO} = [23.682 - 70 - 1.125 \times 1.625 \times 0.9]/9 = -5.329 \ kg/t$$

（4）烧结过程化学反应所需的总氧量为：

$$G_{O_2}^{烧结} = G_{O_2}^{碳} + G_{O_2}^{硫化物} + G_{O_2}^{FeO} = 136.521 \ kg/t \tag{3-50}$$

烧结所需的空气量 $G_{空气}^{烧结}$ 为：

$$G_{空气}^{烧结} = \alpha \cdot G_{O_2}^{烧结}/0.232 = 741.450 \ kg/t$$

式中：α——烧结过程空气过剩系数，一般取 1.26；

0.232——空气中氧气质量百分比；

其他符号意义同前。

8. 烧结过程漏入空气量 $G_{空气}^{漏风}$

烧结过程漏风率一般为 30% ~40%，本计算取 40%。

$$G_{空气}^{漏风}/(G_{空气}^{烧结} + G_{空气}^{漏风}) = 40\% \tag{3-51}$$

$$G_{空气}^{漏风} = \frac{2}{3}G_{空气}^{烧结} = 494.300 \ kg/t \tag{3-52}$$

3.2.2　物料的支出

1. 成品烧结矿 $G'_{成品}$

以生产 1 t 烧结矿计算，$G'_{成品} = 1000 \ kg/t$ （3-53）

2. 返矿量 $G'_{返矿}$

按照返矿平衡原理，$G'_{返矿} = G_{返矿} = 498.08 \ kg/t$ （3-54）

3. 铺底料 $G'_{铺}$

铺底料在烧结过程中不发生变化，所以：

$$G'_{铺} = G_{铺} = 100 \ kg/t \tag{3-55}$$

4. 点火废气量

（1）以 1 m^3 煤气为单位计算（煤气成分见表 3 – 6）

①CO 燃烧产生的 CO_2 量 $L_{CO_2}^{CO}$

$$L_{CO_2}^{CO} = CO = 0.104 \ m^3 \tag{3-56}$$

②H_2 燃烧产生水蒸气量 $L_{H_2O}^{H_2}$

$$L_{H_2O}^{H_2} = H_2 = 0.53 \ m^3 \tag{3-57}$$

③CH_4 燃烧产生的 CO_2 量 $L_{CO_2}^{CH_4}$ 和水蒸气量 $L_{H_2O}^{CH_4}$

$$L_{CO_2}^{CH_4} = CH_4 = 0.24 \ m^3 \tag{3-58}$$

$$L_{H_2O}^{CH_4} = CH_4 \times 2 = 0.24 \times 2 = 0.48 \ m^3 \tag{3-59}$$

④C_2H_2 燃烧产生的 CO_2 量 $L_{CO_2}^{C_2H_2}$ 及水蒸气量 $L_{H_2O}^{C_2H_2}$

$$L_{CO_2}^{C_2H_2} = C_2H_2 \times 2 = 0.03 \times 2 = 0.06 \ m^3 \tag{3-60}$$

$$L_{H_2O}^{C_2H_2} = C_2H_2 = 0.03 \ m^3 \tag{3-61}$$

（2）点火烟气中 CO_2、H_2O、N_2 和 O_2 的组成

①二氧化碳

$$V_{CO_2}^{点火} = V_{煤气} \cdot (L_{CO_2}^{CO} + L_{CO_2}^{CH_4} + L_{CO_2}^{C_2H_2} + L_{CO_2}^{煤气})$$
$$= 6.512 \times (0.104 + 0.24 + 0.06 + 0.034) = 2.852 \ m^3/t$$
$$G_{CO_2}^{点火} = V_{CO_2}^{点火} \cdot \rho_{CO_2} = 2.852 \times 1.977 = 5.638 \ kg/t \tag{3-62}$$

式中：$L_{CO_2}^{煤气}$——1 m^3 煤气中 CO_2 的量，m^3，见表 3 – 6；

$G_{CO_2}^{点火}$，$V_{CO_2}^{点火}$——点火烟气中 CO_2 的质量和体积，kg/t，m^3/t；

ρ_{CO_2}——CO_2 的密度 kg/m^3，为 1.977 kg/m^3。

其他符号意义同前。

②水蒸气量

$$V_{H_2O}^{点火} = V_{煤气} \cdot (L_{H_2O}^{H_2} + L_{H_2O}^{CH_4} + L_{H_2O}^{C_2H_2} + L_{H2O}^{煤气})$$
$$= 6.512 \times (0.53 + 0.48 + 0.03 + 0) = 6.772 \ m^3/t$$
$$G_{H_2O}^{点火} = V_{H_2O}^{点火} \cdot \rho_{H_2O} = 6.772 \times 0.804 = 5.445 \ kg/t \tag{3-63}$$

式中：$L_{H_2O}^{煤气}$——1m^3 煤气中 H_2O 的量，m^3，见表 3 – 6；

$G_{H_2O}^{点火}$，$V_{H_2O}^{点火}$——点火烟气中 H_2O 的质量和体积，kg/t，m^3/t；

ρ_{H_2O}——水蒸气的密度 kg/m^3，为 0.804 kg/m^3。

其他符号意义同前。

③N_2 量

$$V_{N_2}^{点火} = V_{煤气} \cdot (L_{空气} \cdot 0.79 + L_{N_2}^{煤气}) = 6.512 \times (5.774 \times 0.79 + 0.056) = 30.069 \ m^3/t$$
$$G_{N_2}^{点火} = V_{N_2}^{点火} \cdot \rho_{N2} = 30.069 \times 1.251 = 37.616 \ kg/t \tag{3-64}$$

式中：$L_{N_2}^{煤气}$——1 m^3 煤气中 N_2 的量，m^3，见表 3 – 6；

0.79——空气中 N_2 的含量为 79%；

$G_{N_2}^{点火}$，$V_{N_2}^{点火}$——点火烟气中 N_2 的质量和体积，kg/t，m^3/t；

γ_{N2}——N_2 的密度 kg/m^3，为 1.251 kg/m^3。

其他符号意义同前。

④O_2 量 $G_{剩O_2}^{点火}$

点火过程中剩余的 O_2 即为点火烟气的 O_2，计算公式如下：

$$V_{\text{剩}O_2}^{\text{点火}} = (L_{O_2} \cdot \alpha_{\text{点火}} - L_{O_2} + L_{O_2}^{\text{烟气}}) \cdot V_{\text{煤气}} = (0.866 \times 1.4 - 0.866 + 0.006) \times 6.512 = 2.295 \text{ m}^3/\text{t}$$

$$G_{\text{剩}O_2}^{\text{点火}} = V_{\text{剩}O_2}^{\text{点火}} \cdot \rho_{O_2} = 2.295 \times 1.429 = 3.280 \text{ kg/t} \tag{3-65}$$

式中：$V_{\text{剩}O_2}^{\text{点火}}$，$G_{\text{剩}O_2}^{\text{点火}}$——点火烟气中 O_2 的质量和体积，kg/t，m^3/t；其他符号意义同前。

点火烟气组成如表 3-9 所示。

表 3-9 点火烟气组成

成　分	CO_2	H_2O	N_2	O_2	总计
体积含量/m^3	2.852	6.772	30.069	2.295	41.988
体积百分数/%	6.792	16.128	71.613	5.467	100.00

5. 烧结过程产生的废气

（1）CO_2 量 $G_{CO_2}^{\text{烧结}}$

烧结过程产生的 CO_2 主要来源于固体燃料燃烧。

$$G_{CO_2}^{\text{烧结}} = G_{\text{燃料}} \cdot C^f \times 3.667 \tag{3-66}$$

$$V_{CO_2}^{\text{烧结}} = G_{CO_2}^{\text{烧结}} / \rho_{CO_2} \tag{3-67}$$

式中：3.667——1 kg 固定碳氧化产生 CO_2 量；

$G_{CO_2}^{\text{烧结}}$，$V_{CO_2}^{\text{烧结}}$——固体燃料燃烧产生 CO_2 的质量和体积量，kg/t，m^3/t；

ρ_{CO_2}——CO_2 的密度 kg/m^3，为 1.977 kg/m^3。

其他符号意义同前。

以表 3-7 的焦粉工业分析结果，计算结果如下：

$$G_{CO_2}^{\text{烧结}} = 69 \times 0.76 \times 3.667 = 192.280 \text{ kg/t}$$

$$V_{CO_2}^{\text{烧结}} = G_{CO_2}^{\text{烧结}} / \rho_{CO_2} = 192.280 / 1.977 = 97.258 \text{ m}^3/\text{t}$$

（2）SO_2 量 $G_{SO_2}^{\text{烧结}}$

烧结过程产生的 SO_2 主要来源于硫氧化物氧化。

$$G_{SO_2}^{\text{烧结}} = 1.067 \times 0.9 \times \sum FeS_2 = 1.067 \times 0.9 \times 3.047 = 2.926 \text{ kg/t} \tag{3-68}$$

$$V_{SO_2}^{\text{烧结}} = G_{SO_2}^{\text{烧结}} / \rho_{SO_2} = 2.926 / 2.857 = 1.024 \text{ m}^3/\text{t}$$

式中：1.067——1 kg FeS_2 氧化产生 SO_2 量；

$G_{SO_2}^{\text{烧结}}$，$V_{SO_2}^{\text{烧结}}$——烧结过程产生 SO_2 的质量和体积量，kg/t，m^3/t；

ρ_{SO_2}——SO_2 的密度 kg/m^3，为 2.857 kg/m^3。

其他符号意义同前。

（3）N_2 量 $G_{N_2}^{\text{烧结}}$：

$$G_{N_2}^{\text{烧结}} = G_{\text{空气}}^{\text{烧结}} - G_{O_2}^{\text{烧结}} = 569.434 \text{ kg/t} \tag{3-69}$$

（4）O_2 量 $G_{\text{剩}O_2}^{\text{烧结}}$：

$$G_{\text{剩}O_2}^{\text{烧结}} = G_{O_2}^{\text{烧结}} \times \alpha - G_{O_2}^{\text{烧结}} = 35.495 \text{ kg/t} \tag{3-70}$$

6. 烧结过程漏风

O_2量：$G_{O_2}^{漏风} = G_{空气}^{漏风} \times 0.232 = 494.300 \times 0.232 = 114.678$ kg/t　(3-71)

N_2量：$G_{N_2}^{漏风} = G_{空气}^{漏风} - G_{O_2}^{漏风} = 494.300 - 114.678 = 379.622$ kg/t　(3-72)

7. 碳酸盐分解产生的 $CO_2 \ G_{CO_2}^{分解}$

当烧结原料配加石灰石和白云石时，$CaCO_3$ 和 $MgCO_3$ 会分解产生 CO_2。

$$G_{CO_2}^{分解} = G_{石灰石} \cdot (07857 \times CaO + 1.1 \times MgO) + G_{白云石} \cdot (07857 CaO + 1.1 MgO)$$
$$= 46.205 + 39.949 = 86.154 \text{ kg/t} \qquad (3-73)$$

式中：$G_{石灰石}$，$G_{白云石}$——石灰石、白云石的配加量，kg；

　　　0.7875——$CaCO_3$ 中含 1kg CaO 产生的 CO_2 量；

　　　1.1——$MgCO_3$ 中 1kg MgO 产生的 CO_2 量。

8. 消石灰分解产生水蒸气 $G_{H_2O}^{分解}$

$$G_{H_2O}^{分解} = 0.321 \times CaO \times G_{消} \qquad (3-74)$$

式中：$G_{消}$——消石灰的配加量，kg；

　　　0.321——$Ca(OH)_2$ 中含 1 kg CaO 产生的 CO_2 量。

9. 烧结废气组成计算

烧结过程的废气包括点火烟气、烧结过程产生废气和漏入的风。

$$G_{N_2} = G_{N_2}^{点火} + G_{N_2}^{烧结} + G_{N_2}^{漏风} = 37.616 + 569.434 + 379.622 = 986.672 \text{ kg/t} \qquad (3-75)$$
$$V_{N_2} = G_{N_2}/\rho_{N_2} = 986.672/1.251 = 788.707 \text{ m}^3/\text{t}(标)$$

$$G_{O_2} = G_{剩O_2}^{点火} + G_{剩O_2}^{烧结} + G_{O_2}^{漏风} = 3.280 + 35.495 + 114.678 = 153.453 \text{ kg/t} \qquad (3-76)$$
$$V_{O_2} = G_{O_2}/\rho_{O_2} = 153.453/1.429 = 107.385 \text{ m}^3/\text{t}(标)$$

$$G_{CO_2} = G_{CO_2}^{点火} + G_{CO_2}^{烧结} + G_{CO_2}^{分解} = 5.638 + 192.280 + 86.154 = 284.072 \text{ kg/t} \qquad (3-77)$$
$$V_{CO_2} = G_{CO_2}/\rho_{CO_2} = 284.072/1.977 = 143.688 \text{ m}^3/\text{t}(标)$$

$$G_{H_2O} = G_{H_2O}^{点火} + G_{水} = 5.445 + 144.372 = 149.817 \text{ kg/t} \qquad (3-78)$$
$$V_{H_2O} = G_{H_2O}/\rho_{H_2O} = 149.817/0.804 = 186.340 \text{ m}^3/\text{t}(标)$$

$$G_{SO_2} = G_{SO_2}^{烧结} = 2.926 \text{ kg/t} \qquad (3-79)$$
$$V_{SO_2} = G_{SO_2}/\rho_{SO_2} = 2.926/2.857 = 1.024 \text{ m}^3/\text{t}$$

烧结废气量：$G'_{废气} = 1576.94$ kg/t；$V'_{废气} = 1227144$ m^3/t(标)　(3-80)

烧结废气组成如表 3-10 所示。

表 3-10　烧结废气组成

组成	N_2	O_2	CO_2	SO_2	H_2O	合计
质量/kg·t^{-1}	986.672	153.453	284.072	2.926	149.817	1580.88
质量百分比/%	62.41	9.71	17.97	0.19	9.47	100
体积/m^3·t^{-1}(标)	788.707	107.385	143.688	1.024	186.340	1230.294
体积百分比/%	64.11	8.73	11.68	0.08	15.15	100

＊CO 根据烧结生产确定。

烧结过程物料平衡如表 3-11 所示。

表 3 - 11 烧结过程物料平衡表

物料收入				物料支出			
符号	项目	质量/kg·t^{-1}	百分比/%	符号	项目	质量/kg·t^{-1}	百分比/%
G_1	进口矿 A	300.00	9.40	$G'_{成品}$	成品烧结矿	1000.00	31.33
G_2	进口矿 B	35.76	1.12	$G'_{返矿}$	返矿	498.08	15.60
G_3	进口矿 C	364.24	11.41	$G'_{铺}$	铺底料	100.00	3.13
G_4	精矿 1	50.00	1.57	$G'_{废气}$	烧结废气	1576.94	49.40
G_5	精矿 2	70.41	2.21	其中			
G_6	精矿 3	60.00	1.88	G_{N_2}	氮气	986.67	30.91
G_7	生石灰	22.00	0.69	G_{O_2}	氧气	153.45	4.81
G_8	石灰石	107.00	3.35	G_{CO_2}	二氧化碳	284.07	8.90
G_9	白云石	83.79	2.62	G_{SO_2}	二氧化硫	2.93	0.09
G_{10}	焦粉	69.00	2.16	G_{H_2O}	水蒸气	149.82	4.69
$G_{返}$	返矿	498.09	15.60		机械损失	17.07	0.54
$G_{铺}$	铺底料	100.00	3.13				
$G_{水}$	水	144.37	4.52				
$G_{煤气}$	点火煤气	3.06	0.10				
$G^{点火}_{空气}$	点火空气	48.62	1.52				
$G^{烧结}_{空气}$	烧结空气	741.45	23.23				
$G^{漏风}_{空气}$	烧结漏风	494.30	15.49				
合计		3192.09	100.00	合计		3192.09	100.00

3.3 烧结过程热平衡

烧结过程热平衡计算是根据能量守恒定律，即进入烧结机系统的热量等于烧结机支出的热量，研究热量的供应和分配状况。计算的目的是：

（1）评价烧结机的热效率水平；

（2）为热工设备结构的设计和改造提供数据；

（3）使热工设备在最佳条件下，达到高产优质。

参照《烧结机热平衡测定与计算方法暂行规定》，热平衡计算有如下规定：

（1）热平衡计算时，基准温度为 0℃；

（2）以单位质量成品烧结矿需要热量为单位[kJ/(t·s)]；

（3）固体或气体燃料发热值，使用低位发热值；

①固体燃料或点火用气体、液体燃料采用应用基低位发热值；

②煤气采用湿煤气低位发热量；

(4)使用国际统一单位 J、kJ、MJ、GJ 等。

烧结过程的热收入包括物理热和化学热两部分，物理热即原料、煤气、空气等带入的热量，化学热即固定碳、煤气等燃烧放热以及硫化物、氧化物等反应热。具体包括如下项目：①混合料带入热量；②铺底料带入热量；③点火煤气带入热量；④点火空气带入热量；⑤点火煤气燃烧热；⑥烧结空气带入热量；⑦固定碳燃烧放热；⑧高炉灰或高炉返矿残碳等燃烧放热；⑨化学反应热（硫化物、氧化物放热，成渣热等）。

热支出包括：①废气带走热；②化学反应吸热，如 $MgCO_3$、$CaCO_3$、$Ca(OH)_2$ 分解吸热；③烧结饼带走热量；④碳燃烧不完全损失的热量；⑤烧结矿残碳；⑥设备散热、辐射热等。

3.3.1　热量的收入

1. 混合料带入的物理热 $Q_{混合料}$

$$Q_{混合料} = (G_料 + G_返) \cdot C_{混合料} \cdot t_{混合料} + G_水 \cdot C_水 \cdot t_{混合料}$$
$$= (1162.20 + 498.09) \times 0.891 \times 50 + 144.37 \times 4.184 \times 50 = 104168.14 \text{ kJ/t}$$

$$(3-81)$$

式中：$C_{混合料}$——干混合料的平均比热容，$kJ/(kg \cdot ℃)$，一般取 0.891 $kJ/(kg \cdot ℃)$；

$t_{混合料}$——混合料的温度，℃，（本计算以混合料预热温度50℃为准）；

$C_水$——水比热容，$kJ/kg \cdot ℃$，为 4.184 $kJ/(kg \cdot ℃)$；

其他符号意义同前。

2. 铺底料带入的物理热 $Q_铺$

$$Q_铺 = G_铺 \cdot C_铺 \cdot t_铺 = 100 \times 0.8368 \times 100 = 8368 \text{ kJ/t} \qquad (3-82)$$

式中：$C_铺$——铺底料的比热容，$kJ/(kg \cdot ℃)$，0.8368 $kJ/(kg \cdot ℃)$；

$t_铺$——铺底料的温度，℃，（本计算以铺底料100℃为准）；

其他符号意义同前。

3. 点火煤气带入的物理热 $Q_{煤气}$

$$Q_{煤气} = V_{煤气} \cdot C_{煤气} \cdot t_{煤气} = 6.512 \times 1.338 \times 25 = 217.83 \text{ kJ/t} \qquad (3-83)$$

式中：$t_{煤气}$——煤气的温度，℃，取25℃；

$C_{煤气}$——煤气的平均比热容，$kJ/(m^3 \cdot ℃)$，其他符号意义同前。

4. 点火助燃空气带入的物理热 $Q_{点空}$

$$Q_{点空} = V_{点空} \cdot C_{空气} \cdot t_{空气} = 5.774 \times 6.512 \times 1.30 \times 25 = 1222.01 \text{ kJ/t} \qquad (3-84)$$

式中：$t_{空气}$——空气的温度，℃，取25℃；

$C_{空气}$——空气的平均比热容，$kJ/m^3 \cdot ℃$，1.30 $kJ/m^3 \cdot ℃$；

其他符号意义同前。

5. 点火煤气燃烧热 $Q_{点火}$

$$Q_{点火} = V_{煤气} \cdot Q_{DW}^{湿} \qquad (3-85)$$

式中：$Q_{DW}^{湿}$——湿煤气低（位）发热量，kJ/m^3；

其他符号意义同前。

设计过程中单位烧结矿点火热量根据烧结试验或同类型烧结厂的生产数据决定：

$$Q_{点火} = 125400 \text{ kJ/t}$$

6. 烧结过程空气带入的物理热 $Q_{烧空}$

$$Q_{烧空} = (G_{空气}^{烧结} + G_{空气}^{漏风}) \cdot C_{空气} \cdot t_{空气} = (741.45 + 494.30) \times 1.08 \times 25$$
$$= 33365.25 \text{ kJ/t} \tag{3-86}$$

式中：$C_{空气}$——空气的比热容，kJ/(kg·℃)，1.08 kJ/(kg·℃)；

$t_{空气}$——空气的温度，℃，取 25℃；

其他符号意义同前。

7. 固体燃烧的化学热 $Q_{固燃}$

原冶金部颁发的《烧结机热平衡测定与计算方法暂行规定》中规定，以固体燃料的应用基低发热量为收入热量，而以挥发分和固定碳的不完全燃烧的热损失作为支出热量计算。

$$Q_{固燃} = G_C^Y \cdot Q_{DW}^Y = G_C^g/(1-w) \cdot Q_{DW}^Y = 69/(1-0.0548) \times 2629.59 = 1919589 \text{ kJ/t}$$
$$\tag{3-87}$$

式中：Q_{DW}^Y——固体燃料应用基低位发热值，kJ/kg；

根据门捷列夫公式，焦炭应用基低位发热值为：

$$Q_{DW}^Y = [79.8C^Y + 246H^Y - 26(O^Y - S^Y) - 6W^Y] \times 4.18$$

无烟煤应用基低位发热值为：

$$Q_{DW}^Y = [81C^Y + 246H^Y - 26(O^Y - S^Y) - 6W^Y] \times 4.18$$

C^y, H^y, O^y, S^y——固体燃料中各元素含量，%，见表 3-12；

W^y——固体燃料物理水，%，见表 3-7。

$$Q_{DW}^Y = [79.8 \times 77.04 + 246 \times 0.77 - 26 \times (0.64 - 0.12) - 6 \times 5.48] \times 4.18 = 2629.59 \text{ kJ/kg}$$

表 3-12 焦粉应用基元素分析/%

C^y	N^y	H^y	O^y	S^y
77.04	0.91	0.77	0.64	0.12

8. 高炉灰或高炉返矿残炭的化学热量 $Q_{残碳}$

$$Q_{残炭} = 79.8 \times G_{炉灰} \cdot C_c \quad \text{kJ/t} \tag{3-88}$$

式中：$G_{炉灰}$——高炉灰或高炉返矿质量，kg/t；

C_C——高炉灰或高炉返矿中残留固定碳，%；

其他符号意义同前。

9. 化学反应放热 $Q_{反应}$

（1）硫化物氧化放热 $Q_{硫化物}$

$$Q_{硫化物} = q_{FeS_2} \cdot G_{FeS_2} \times 0.9 = 6901.18 \times 3.047 \times 0.9 = 18924.33 \text{kJ/kg} \tag{3-89}$$

式中：q_{FeS_2}——1kg FeS_2 完全氧化放出的热量，kJ/kg，为 6901.18kJ/kg；

G_{FeS_2}——混合料中 FeS_2 的总和，kg，见表 3-8；

0.9——烧结过程 90% 的脱硫率。

（2）FeO 氧化放热 Q_{FeO}

$$Q_{FeO} = q_{FeO} \cdot G_{FeO} = q_{FeO} \cdot [\sum (G_i \cdot FeO_i) - FeO_{烧} - 1.125 \sum S_i \times 0.9]$$
$$= 1952.06 \times (23.682 - 70 - 1.125 \times 1.625 \times 0.9) = -93621.55 \text{kJ/t} \tag{3-90}$$

式中: q_{FeO}——1 kg FeO 完全氧化放出热量, kJ/kg, 1952.06kJ/kg;

其他符号意义同前。

(3) 成渣化学热 $Q_{成渣}$

① 当有矿相鉴定时

$$Q_{成渣} = (1000 - G_{炉灰}) \cdot \sum \Delta H_i \cdot P_i / 100 \text{kJ/t} \tag{3-91}$$

式中: ΔH_i——生成 i 种矿物的放热量, kJ/kg;

P_i——生成 i 种矿物的质量百分比, %。

② 当无矿相鉴定时

$$Q_{成渣} = (3\% \sim 4\%) \times Q_{总} = (3\% \sim 4\%) \times \left[\sum Q_i / (0.97 \sim 0.96) \right] \tag{3-92}$$

当无矿相鉴定, 成渣热占总热量取3%时,

$$Q_{成渣} = 0.03 \times (Q_{混合料} + Q_{铺} + Q_{煤气} + Q_{点空} + Q_{点火} + Q_{固燃} + Q_{空气} + Q_{硫化物} + Q_{FeO})/0.97$$
$$= 65494.37 \text{kJ/t}$$

$$Q_{反应} = Q_{硫化物} + Q_{FeO} + Q_{成渣} = -9202.86 \text{kJ/t} \tag{3-93}$$

3.3.2 热量的支出

1. 混合料水分蒸发热 $Q_水'$

$$Q_水' = q_水 \cdot G_水 = 2487.1 \times 144.37 = 359067.60 \text{kJ/t} \tag{3-94}$$

式中: $q_水$——单位质量水分的蒸发热, 为 2487.1kJ/kg。

2. 消石灰分解吸热 $Q_消'$

$$Q_消' = G_消 \cdot CaO \cdot q_消 \tag{3-95}$$

式中: $G_消$——消石灰的质量, kg;

CaO——消石灰中 CaO 的含量, %;

$q_消$——消石灰分解 1 kg CaO 所需热量, kJ/kg, 为 1955.1kJ/kg。

3. 碳酸盐分解吸热 $Q'_{碳酸盐}$

$$Q'_{碳酸盐} = G_{碳酸盐} \cdot (q_{CaO} \cdot CaO + q_{MgO} \cdot MgO) \tag{3-96}$$

式中: q_{CaO}——碳酸盐分解 1 kg CaO 所吸的热量 3189.3 kJ/kg;

q_{MgO}——碳酸盐分解 1 kg MgO 所吸的热量 2516.4 kJ/kg;

CaO, MgO——碳酸盐中 CaO 和 MgO 的含量, %。

$$Q'_{碳酸盐} = G_{石灰石}(3189.3 \cdot CaO_{石灰石} + 2516.4 \cdot MgO_{石灰石})$$
$$+ G_{白云石}(3189.3 \cdot CaO_{白云石} + 2516.4 \cdot MgO_{白云石})$$
$$= 107 \times (3189.3 \times 54.40 + 2516.4 \times 0.4)/100 + 83.79 \times (3189.3 \times 31.00 + 2516.4 \times 21.20)/100$$
$$= 314263.77 \text{ kg/t}$$

4. 废气带走的物理热 $Q'_{废气}$

$$Q'_{废气} = G'_{废气} \cdot C_{废气} \cdot t_{废气} = 1579.97 \times 1.436 \times 120 = 277380.06 \text{ kJ/t} \tag{3-97}$$

式中: $C_{废气}$——废气的比热容, 1.436 kJ/(kg·℃);

$t_{废气}$——废气的温度, ℃。

5. 烧结饼带走的热量 $Q'_{烧结饼}$

$$
\begin{aligned}
Q'_{烧结饼} &= (G'_{成品} + G'_{返矿} + G'_{铺}) \cdot C_{烧} \cdot t_{烧} = (1000 + 498.08 + 100) \times 0.857 \times 650 \\
&= 890198.21 \text{ kJ/t}
\end{aligned}
\tag{3-98}
$$

式中：$C_{烧}$——烧结矿的比热容，0.857 kJ/(kg·℃)；

$\quad t_{烧}$——烧结矿的温度，℃。

6. 不完全燃烧损失热量 $Q'_{损失}$

$$
Q'_{损失} = G_{燃料}(Q^{Y}_{DW} - 33858 \cdot C^{Y})/(1 - W^{Y}) + V^{s}_{废气} \cdot (12633.6 \cdot CO^{S'})
\tag{3-99}
$$

式中：$33858C^{Y}$——考虑了不完全燃烧的因素，固定碳燃烧实际放热；

$\quad 12633.6$——1 m^3 CO 燃烧放出的热量，kJ/m^3；

$\quad$ 其他符号意义同前。

$$
\begin{aligned}
Q'_{损失} &= 69 \times (26295.59 - 33858 \times 0.76)/(1 - 0.0548) + 1229.551 \times 12633.6 \times 0.19/100 \\
&= 70650.41 \text{ kJ/t}
\end{aligned}
$$

7. 烧结矿残炭损失的化学热 $Q'_{残炭}$

$$
Q'_{残炭} = 33356.4 \cdot G'_{成品} \cdot C_{C} = 33356.4 \times 1000 \times 0.17/100 = 56705.88 \text{ kJ/t}
\tag{3-100}
$$

式中：33356.4——1 kg 残炭放出热量，kJ/kg；

$\quad C_{C}$——烧结矿中残炭含量，0.17%。

烧结过程热平衡见表 3-13。

表 3-13　热平衡表

\multicolumn{3}{热收入}			热支出		
符号	项　目	热量/kJ·t^{-1}	百分比/%	符号	项　目	热量/kJ·t^{-1}	百分比/%
Q_1	点火燃料化学热	125400	5.74	Q'_1	水分蒸发吸热	359067.60	16.45
Q_2	点火燃料物理热	217.83	0.01	Q'_2	石灰石分解吸热	186719.79	8.55
Q_3	点火助燃空气物理热	1222.01	0.06	Q'_3	白云石分解吸热	127543.98	5.84
Q_4	固体燃料的化学热	1919589.20	83.97	Q'_4	烧结矿带走的物理热	890198.21	40.78
Q_5	混合料带入的物理热	104168.14	4.77	Q'_5	废气带走的物理热	277380.06	12.70
Q_6	铺底料带入的物理热	8386	0.38	Q'_6	化学不完全燃烧损失的热	70650.41	3.24
Q_7	烧结过程中空气带入的物理热	33365.25	1.53	Q'_7	烧结矿残炭损失的热	56705.88	2.60
Q_8	化学反应放出的热	9202.86	0.42	Q'_8	其他热损失	214879.64	9.84
	合　计：2183145.57		100		合　计：2183145.57		100

思考题

1. 烧结设计中为什么要进行配料计算、物料平衡计算和热平衡计算?
2. 三种配料计算方法各有什么特点?
3. 实验研究过程中如何进行配料计算?
4. 为什么返矿要参加配料计算?
5. 点火、烧结过程空气过剩系数高低与烧结过程有什么关系?
6. 热平衡计算包括哪些内容? 其对烧结过程的意义是什么?
7. 物料平衡计算包括哪些内容?

第 4 章 烧结工艺设备选择与计算

4.1 设备选择和计算的原则和依据

4.1.1 设备选择的原则

工艺设备选择应遵循以下原则:

(1)所选择的设备应能满足既定的生产能力要求,并且适应工艺操作特点(高温作业)。

(2)设备的型号、规格、台数应适应于所建厂的规模及自然条件。

(3)设备要便于操作、易于维修、工作可靠、最大限度节省投资和经营费用。

(4)尽量采用"I"产品。

4.1.2 设备计算的依据

进行设备计算的依据如下:

(1)烧结厂设备台数的确定取决于工作制度、总产量、设备的台时生产能力以及设备的作业率,见公式(4-1)。

(2)烧结厂为连续工作制,但熔剂、燃料制备系统,每班按 6 h 选用设备台数。

(3)根据高炉年需烧结矿量,并增加5%左右的富裕系数来计算设备台数。

(4)设备作业率,考虑了设备的大、中、小修时间以及一般事故、交接班检查、停电等影响因素。烧结厂主要设备的作业率如表 4-1 所示。

(5)物料平衡是设备计算的基础。

(6)为了保证烧结厂的正常生产和设备的必要检修,在决定设备台数时,必须考虑备用系数。一般烧结设备的备用台数用式(4-1)计算。

$$N = \frac{K \cdot Q_{年}}{365 \times 24 \times q \cdot \eta} = \frac{K \cdot Q_{平日}}{24 \times q \cdot \eta} = \frac{K \cdot Q_{正日}}{24q} = \frac{Q_{设日}}{24q} \qquad (4-1)$$

式中:N——设备计算台数,台;

K——生产不均匀系数(翻车机 $K=1$,其他设备可按 $K=1.02 \sim 1.05$ 选取);

q——设备单机生产机能力,$t/h \cdot$ 台;

η——设备作业率,%;

$Q_{年}$、$Q_{平日}$、$Q_{正日}$、$Q_{设日}$——产品量或物料年处理量、平均日产量、正常日常量和设计日产量,t/a。

表4-1 烧结厂主要设备的作业率

设备名称	设备年工作日/d	设备作业率/%
翻车机	219	60
锤式破碎机	274	75
振动筛(熔剂)	274	75
四辊破碎机	274	75
圆盘给料机	310~329	85~90
烧结机(冷矿)	310~329	85~90
烧结矿冷却设备	310~329	85~90
双齿辊破碎机(冷烧结矿)	310~329	85~90
振动筛(冷烧结矿)	310~329	85~90
抓斗起重机	310	85

4.2 原料的接受及贮存设备

钢铁厂未设置混匀料场时,烧结厂内考虑原料的接受。

4.2.1 翻车机

翻车机是铁路受料系统的大型卸车设备。它具有卸车效率高、生产能力大、适用于翻卸各种散装物料的特点,在大中型钢铁企业得到广泛应用。翻车机主要分为侧翻式和转子式两种,其中转子式翻车机又分"O"形和"C"形两种结构。

目前应用最广泛的是"C"形转子式翻车机(见图4-1),其端环呈不封闭的"C"形,便于翻车机臂头通过机内送重车和排空车。

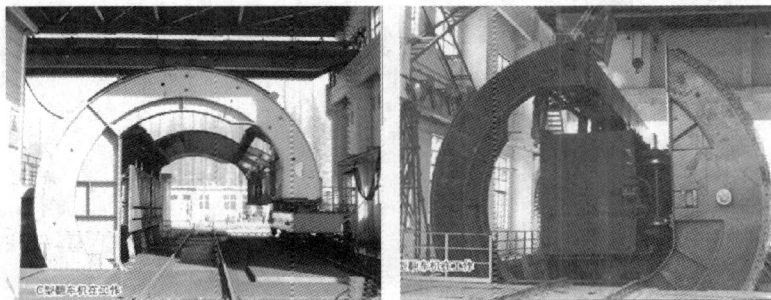

图4-1 "C"形转子式翻车机

翻车机生产能力可概略计算,并参照类似翻车机实际操作的先进平均指标综合分析后选定。计算公式如式(4-2)所示。

$$Q = (60/t) \cdot G \qquad\qquad (4-2)$$

式中：Q——翻车机连续运转的生产能力，t/h；

　　　G——铁路车辆平均载重量，一般每辆按 54t 计算；

　　　t——翻车循环时间（见表 4-2），min。

表 4-2　翻车机翻车循环时间/min

翻车机类型	松散无黏性散状料	有黏性或轻微冻结散料
转子式	3	3~5
侧翻式	4	5~6

4.2.2　受料仓

4.2.2.1　受料仓的卸车设备

（1）门式链斗卸车机

门式链斗卸车机多用于仓库接受和存贮原料的中、小型烧结厂或球团厂。它适应的物料粒度范围较宽（如 DDK-65 门形卸车机，适应铁矿粒度 0~75 mm），卸车能力大（190~230 t/h），但经门式卸车机卸料后，车辆还需进行人工清料。包括人工清料的时间在内，卸 50 t 散车的时间约 10 min。

（2）螺旋卸车机

烧结厂受料仓上部卸料设备多采用螺旋卸车机，适用于不太坚硬的中等块度以下的散装料，如煤、石灰石、碎焦、轧钢皮、高炉灰等。设备生产能力根据所选用螺旋卸车机的规格、性能和所卸物料性质确定，螺旋卸车机生产能力参考值见表 4-3。

表 4-3　螺旋卸车机生产能力参考值

项目	原煤、洗煤		石灰石
	干、松散	湿、较黏	
卸料能力/(t·h⁻¹)	310~450	220~270	270~310
卸一车时间/min	6~9	10~12	8~10

注：表中时间包括人工清料。

4.2.2.2　受料仓的结构形式及排料设备

对于粉状物料，如富矿粉、精矿、煤粉等，采用圆锥形金属仓斗，仓壁倾角≥70°；对于水分大、粒度细、易黏结的物料，为防止堵料，可采用指数曲线形式的料仓。排料设备均可采用圆盘给料机。对于块状物料槽，如熔剂槽、粗焦槽仓壁倾角≥65°即可，排料设备一般采用振动给料机。

4.2.3　原料仓库

（1）抓斗桥式起重机

抓斗桥式起重机是仓库的主要生产设备，在选择设备时应考虑抓斗在抓取原料时由于挤压而引起物料堆积密度增大的因素，在同容积的抓斗中选取起重量大、能满足生产需要的设备。同时考虑抓斗操作频繁，应选用重级工作制抓斗起重机。

（2）排料设备

当配料室不在原料仓库内时，精矿和粉矿从仓库运出的方式有两种：一种是固定式矿仓，下设圆盘给料机排料；一种是移动式漏斗，下由胶带给料机直接排料。

固定式矿仓可用圆锥形钢结构。其下口面积大，排料畅通，对原料水分变化的适应性强，矿仓角度为70°。移动漏斗由于尺寸小，漏斗角度的设计受到限制，容易堵料。

4.3　熔剂、燃料破碎和筛分设备

熔剂和燃料的破碎设备主要包括锤式破碎机、反击式破碎机以及双辊和四辊破碎机。破碎设备类型及规格与所处理原料物理性质（包括水分、粒度和硬度）、生产能力、产品粒度及设备配置有关。所选用的设备必须满足产品粒度和生产能力的要求，同时能装入给矿中的最大块度的物料。对于粗碎，原料的最大块度不应大于破碎机给矿口宽度的 0.8～0.85 倍，对中、细碎破碎机，不大于 0.8～0.9 倍。固体燃料的破碎应避免采用易于产生过粉碎的破碎设备。一段破碎流程一般选择四辊破碎机；两段破碎流程中，第一段破碎设备为对辊破碎机，第二段破碎设备为四辊破碎机，宝钢采用棒磨机作为焦炭的第二段破碎设备。

熔剂破碎设备可采用锤式破碎机或反击式破碎机。

筛子的种类很多，有固定格子、滚轴筛、圆筒筛、摇动筛和振动筛。烧结厂的熔剂、燃料筛分设备主要是振动筛。因为它具有结构简单，操作维修方便，应用范围广，可用于粗、中、细筛，筛分效率及生产率高，耗电量少等优点。

4.3.1　锤式破碎机

4.3.1.1　锤式破碎机的特点

锤式破碎机是利用锤子的冲击作用将物料破碎。当物料给入破碎机后即受到高速回转锤子的冲击而破碎。破碎的物料从锤子处获得动能后高速向机壳内壁破碎板和箅条上冲击而受到第二次破碎。小于箅条缝隙的物料从缝隙中排出，而较大的物料在破碎板和箅条上还将受到锤子的再次冲击或研磨而破碎。同时，在破碎过程中也有物料之间的冲击破碎。

锤式破碎机的类型较多，可大致归纳为以下几种：

（1）按破碎机转子旋转方向可分为可逆和不可逆两种。单转子不可逆锤式破碎机［图 4-2（a）］的转子只能向一个方向旋转。当锤子端部磨损到一定程度后，必须停车调换锤子的方向（转180°）或更换新的锤子；可逆式锤式破碎机［见图 4-2（b）］的转子首先向某一方向旋转，对物料进行破碎。该方向的衬板、筛板和锤子端部即受到磨损。磨损到一定程度后，使转子反方向旋转，此时破碎机利用锤子的另一端及另一方的衬板和筛板工作，从而连续工作的寿命几乎可提高一倍。

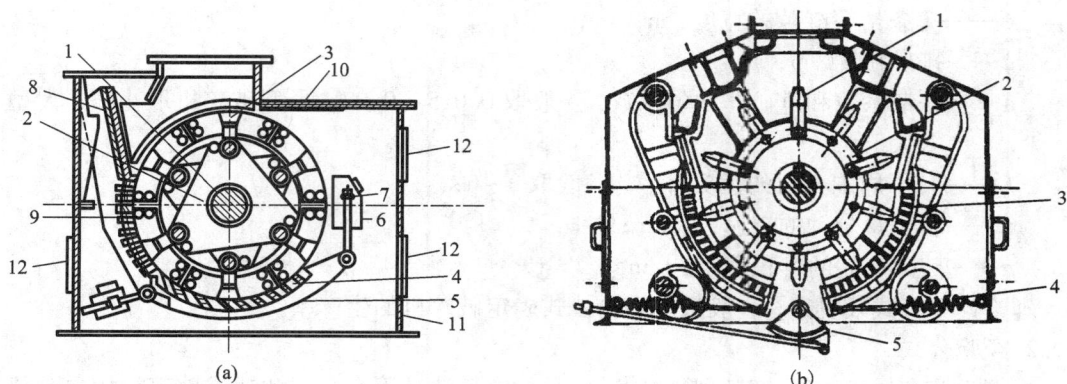

图 4 - 2　单转子锤式破碎机的示意图

(a)不可逆式；(b)可逆式

(a)：1—主轴；2—三角形盘子；3—锤子；4—箅条；5—横梁；6—模板；7—螺帽；8,9—破碎板；10—上机壳；11—下机壳；12—小门。(b)：1—锤头；2—圆盘；3—箅条；4—弹簧；5—金属捕集器。

(2)按转子的数量可分为单转子及双转子两种，双转子的破碎比大，粉碎程度高，但设备较重。

(3)按锤头在转子上排列区分，有多排(锤头分布在几个回转平面上)及单排(只有一排宽的锤头分布在一个回转平面上)两种，其中单排锤头主要用于粗破碎，多排锤头用于细碎。

(4)按锤头与转子的连接方式可分为铰接及固定两种，其中铰接对锤头的更换方便。

锤式破碎机的优点是生产能力高、破碎比大、破碎机较宽，给矿粒度一般为 80 mm 左右，甚至可达 200 mm，因此大块物料及冬季时的冻块对破碎作业均不会带来较大困难；构造简单、机器尺寸紧凑、功率消耗少、工作时维护简单，修理和更换零件较容易等；其缺点是因机器高速旋转，锤头、圆盘及轴承磨损较快，特别是锤头易磨损引起不稳定的运转。当破碎物料水分大(超过 15%)时或含有较多的黏性物料时，破碎机的箅条容易堵塞。从而降低生产率，有时也会造成事故。

锤式破碎机适用于对脆性物料以及中硬或软矿石的中碎和细碎，很少用于粗碎。烧结厂主要采用锤式破碎机破碎石灰石、白云石和蛇纹石等熔剂。

锤式破碎机的规格尺寸是用锤头端部所绘出的圆周直径 D 和转子长度 L 来表示，转子直径与长度之比通常为 $D/L = 0.5 \sim 0.8$，有时取 $D/L = 0.5 \sim 1.3$，锤头的圆周速度一般为 $u = 25 \sim 55$ m/s。物料硬度愈大，粒度愈大，所需要的破碎比愈大，则速度也愈大，锤头的数目也应愈多，单转子破碎机的破碎比 $i = 10 \sim 15$，转数 $n = 600 \sim 2800$ r/min，破碎石灰石，破碎比 $i = 8 \sim 12$ 时，每吨产品的功率为 $1 \sim 2$ kW。

4.3.1.2　锤式破碎机生产能力计算

锤式破碎机的生产能力计算方法分为理论计算和经验计算两种方法。

1. 理论计算公式

$$Q = 60ZLCd\mu Kn\rho \qquad (4 - 3)$$

式中：Z——破碎机箅条缝隙数；

L——箅条格筛的长度(即转子长度)，m；

    C——算条格筛缝隙的宽度，m；

    d——排矿粒度，m；

    μ——松散系数和排矿非均匀系数，一般取 0.015 ~ 0.07，小型破碎机取小值，大型的取大值；

    K——转子周围方向的锤头排数，一般取 3 ~ 6；

    n——转子每分钟的转速，r/min；

    ρ——破碎产品的堆积密度，t/m^3。

理论计算公式较复杂，一般采用经验公式确定破碎机的生产率。

  2. 经验公式

    根据生产和试验表明，破碎单位质量成品的电耗波动不大。因此锤式破碎机用电动机功率计算破碎机产量，可作为设计时选择设备用，计算方法如下：

    (1)首先计算经过破碎后，产品中 3 ~ 0 mm 石灰石的产量。

$$q_{3\sim0} = \frac{N}{a} \tag{4-4}$$

式中：$q_{3\sim0}$——按破碎后 3 ~ 0 mm 级别计算的石灰石产量，t/h；

       N——电动机功率，kW；

       a——破碎单位质量成品石灰石所需要的平均电耗，kW·h/t。

    根据生产经验，当石灰石水分≤3%，给矿中 3 ~ 0 mm 粒级小于 30%，给矿量使破碎机满负荷运转，锤头与算条间隙在 10 ~ 20 mm 范围时，破碎后新生 3 ~ 0 mm 产品的平均单位电耗为 2.5 ~ 3 kW·h/t(注：煤为 2.0 kW·h/t)。

    (2)考虑到石灰石筛分时的效率，以及烧结对石灰石成品中 3 ~ 0 mm 级别的要求为 90%，破碎机产量为：

$$q = \eta \cdot q_{3\sim0} / c \tag{4-5}$$

式中：η——筛分效率，%，一般取 70%；

       c——烧结要求成品石灰石中 3 ~ 0 mm 的含量，一般为 90%。

    决定破碎机产量就采用上述公式计算，并连同筛分设备一同考虑。

    (3)所需破碎机台数

$$n = Q/q \tag{4-6}$$

式中：n——设计需要的破碎机台数；

       Q——破碎作业的设计产量，t/h。

    选择 Q 值时，需考虑破碎机作业率，一般取 75%。

4.3.2 反击式破碎机

4.3.2.1 反击式破碎机的特点

    反击式破碎机是利用冲击作用进行破碎的。矿石物料在板锤回转范围内，受到板锤打击后，沿板锤运动的切线方向高速抛向反击板，再次受到冲击。然后又从反击板回到板锤的回转空间来，继续重复上述过程。矿石物料在板锤和反击板间的往返途中，还有相互碰撞的作用。由于矿石物料受到板锤、反击板的多次冲击和相互间的碰撞，使得矿石物料不断地沿本身的解理面产生裂缝、松散而破碎。当破碎后的矿石物料粒度小于板锤与反击板之间的缝隙

时，就从机内下部排出，即为破碎后的产品。

反击式破碎机也是一种锤式破碎机，它的工作原理与锤式破碎机基本相同，不过其更多地利用冲击作用，主要区别在于：

（1）反击式破碎机转子上空有很大的破碎空间，使反击弹下来的矿块有足够的机会在此空间与转子新抛掷上来的矿石互相碰撞；而锤式只有很小的破碎空间，矿石的反击和相互碰撞作用较少。

（2）反击式工作的板锤是向上迎接矿石并将它向上侧反击板抛掷，能充分利用整个转子的能量；而锤式的锤头是顺着矿石的落下方向将它向旁边或下侧的破碎板或算条上打击，同时还存在有挤压和研磨的作用，因而能量利用率低。

（3）反击式破碎机的反击板是悬空地挂在破碎空间中，并有拉杆支承，当机器进入异物时不受影响，同时振动也较小；而锤式的破碎板是装在机体内侧壁上，进入异物时，机器受到影响，振动也较大。

（4）单转子反击式破碎机没有算条，故不存在堵塞现象，佀其出料粒度一般比锤式的要大些。

反击式破碎机的优点是：

（1）矿石受到高速、多次冲击后，解理分界处和组织脆弱的地方便被击裂，因此破碎效率高。

（2）反击式破碎机是利用动能，每块矿石所吸收的能量与它的质量成正比（$E=\frac{1}{2}mv_0^2$，E—动能；m—矿块质量；v_0—矿块飞动速度，这一速度比转子圆周速度要大）。因此，大块矿石受到较大的破碎，而小的矿石，在一定条件下则不再被破碎，所以产品粒度均匀。

（3）破碎比大，$i=150$ 或以上（对于石灰石一般在 $25\sim50$）。因而破碎段数可以减少，简化了生产流程。

（4）适应性很强，可破碎硬性、脆性、黏性、较潮湿的矿石，特别是破碎脆性物料（如石灰石等）效果更好。

（5）可进行选择性破碎，有用矿物和脉石之间总是有临界面和结晶面的，在冲击破碎过程中，就易于使有用矿物单体分离，因而起到选别设备的作用。

（6）机器结构简单、重量轻、体积小、动力消耗少，金属材料消耗比锤式破碎机少。

（7）工作较安全，不会受外来的杂物和超负荷的影响。

反击式破碎机最大的缺点是板锤及反击板的磨损较大。

反击式破碎机按转子个数不同可分为两种：单转子与双转子反击式破碎机。单转子的结构简单，双转子较为复杂。图 4-3 为单转子反击式破碎机构造图。它主要由上下机体、转子、反击板等部分组成。

目前，煤炭、非金属矿山的破碎作业已广泛采用反击式破碎机。化工、水泥建材等工业部门亦广泛用来破碎各种矿石物料，如炉渣、焦炭、石灰石及其他中等硬度的物料。烧结厂采用它来破碎石灰石、白云石及粗破碎焦炭等。

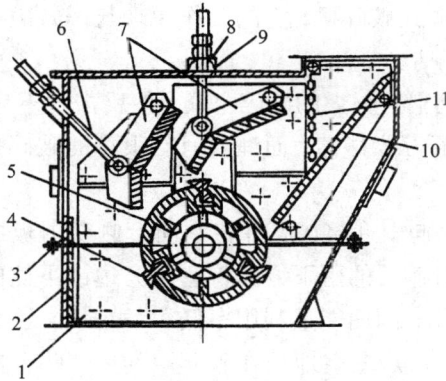

图 4 – 3 单转子反击式破碎机

1—防护衬板；2—下机体；3—上机体；4—板锤；5—转子；6—螺钉；
7—反击板；8—球面垫圈；9—锥面垫圈；10—冷矿溜板；11—链幕。

4.3.2.2 反击式破碎机的生产能力计算

$$Q = 60K_1 m(h+s)dbn\rho \tag{4-7}$$

式中：Q——破碎机的生产能力，t/h；

K_1——修正系数，一般取 0.1；

m——转子板锤数目；

h——板锤高度，m；

s——板锤与反击板间的距离，m；

d——排矿粒度，m；

b——板锤宽度，m；

n——转子的转速，r/min；

ρ——矿石堆积密度，t/m^3。

4.3.3 可逆双反击锤式破碎机

可逆双反击锤式破碎机是结合反击式破碎机和锤式破碎机双重性能优点的一种新型破碎机械设备，在结构上采用大转子、短销轴、组合式锤头，进行上下同步调节，机体进口处设置耐磨齿板，其耐磨性好；无箅条结构，对物料水分适应性增强，排料畅通，破碎细度调节范围大。可逆双反击锤式破碎机广泛应用于中等硬度及脆性物料的破碎，进料粒度大，产品粒度细且粒型均匀。

其工作原理主要是利用冲击作用对物料进行破碎：当物料进入破碎机后，遇到高速旋转的锤头而被打击到破碎机进口处的可调耐磨齿板上，进行首次破碎；破碎后粒度基本相同的物料均匀地进入主破碎腔内，从锤头再次获得动能，高速冲向反击腔内部的锯齿形衬板上，经过锯齿衬板的向上反弹，再次被锤头破碎，与此同时物料还受到彼此间的撞击而破碎。如此反复循环，在反击腔内多次破碎，被破碎的物料从最终出料口排出。

4.3.4 辊式破碎机

辊式破碎机的工作机构是两个相对转动的圆辊(见图 4-4),两个辊之间的距离大小可以调节,即决定产品粒度的大小。物料从上面落在两辊之间,由于物料与辊子之间的摩擦作用,转动的辊子把物料卷入两辊子所形成的空间内而逐渐被压碎。破碎产品在重力作用下自破碎机下方排出。当不能破碎的物料落入破碎机中时,辊子可借弹簧的作用自动移开,使辊子之间的间隙增大,则过硬物料落下排出,从而保护机器不被损坏。

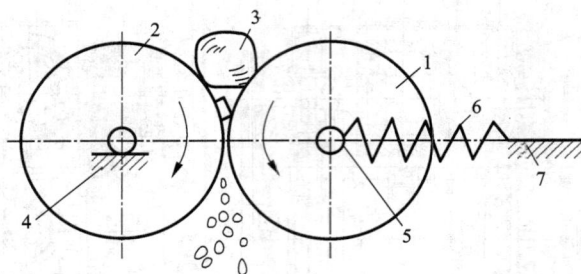

图 4-4 辊式破碎机工作原理
1、2—辊子;3—破碎物料;4—固定轴承;5—活动轴承;6—弹簧;7—机架

辊式破碎机有双辊及多辊破碎机。辊式破碎机的辊子表面有光滑的、槽形的和齿形的。

光面辊式破碎机的破碎作用主要是压碎,附带有研磨作用。这种破碎机主要用于中碎和细碎硬度中等的物料,破碎比一般为 3~8。

齿面辊式破碎机的破碎作用主要是劈碎,附带有研磨作用。这种破碎机适合于脆性和软性矿石的粗碎和中碎,其破碎比可达 10~15。

辊式破碎机具有构造简单、修理容易、破碎产品粒度均匀、不产生过粉碎现象等优点,但该机器设备重、占地面积大、处理能力低、辊皮易磨损等。在烧结厂中多用双辊和四辊光面破碎机来破碎燃料(煤或焦炭)。

双辊破碎机结构的示意图如图 4-5,它是由机架、破碎辊、支承装置、弹簧保险装置和传动装置所组成。辊式破碎机的规格用辊子的直径及其长度表示。辊子的长度通常比其直径小。

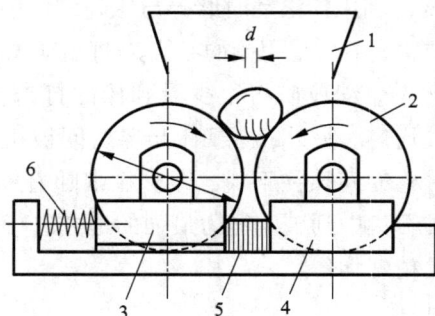

图 4-5 双辊破碎机结构示意图
1—加料斗;2—破碎辊;3—活动轴承;4—固定轴承;5—填块;6—弹簧

四辊破碎机的主要部件及工作原理基本上与双辊破碎机相同，即是将两台双辊破碎机变成一台破碎机，其特点是能在一个机器里完成中碎和细碎。这样可以节省厂房面积，简化生产流程，操作较集中，提高破碎机的破碎比。在烧结厂多用来破碎燃料。但该机器的体积较大，产量不高。四辊破碎机结构示意图如图 4 - 6 所示。

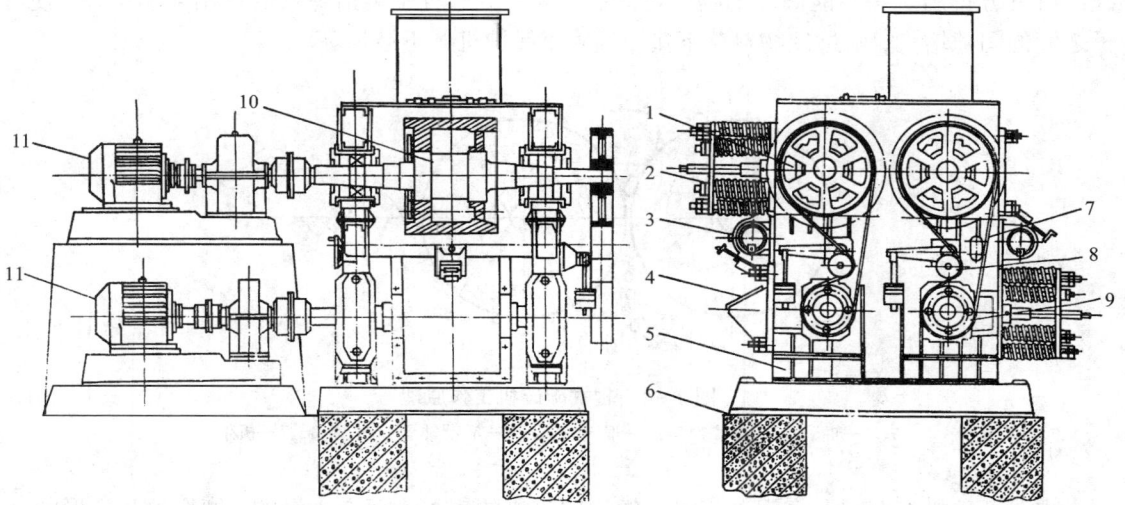

图 4 - 6　四辊破碎机结构示意图

1—被动辊；2—弹簧；3—切削架；4—保护罩；5—机架；

6—地基；7—传动皮带；8—压轮；9—被动轮；10—主动辊；11—电机

4.3.5　棒磨机

棒磨机多用于粗磨，给矿粒度一般不应超过 25 mm，产品粒度多在 3 mm 以下，它的优点是产品粒度均匀。宝钢采用棒磨机作为焦炭的第二段破碎设备，焦粉粒度小于 3 mm 的占 80%，小于 1.25 mm 的占 20% 以下，焦粉平均粒度 1.5 mm。

棒磨机是用钢棒作为磨矿介质。棒的直径通常为 40 ~ 100 mm，棒的长度一般比筒体长度短 25 ~ 50 mm。棒磨机主要是利用棒滚动时磨碎与压碎的作用将矿石粉碎。当棒磨机转动时，棒在棒磨机中互相转移位置，不只是用棒的某点来打击矿石，而是以棒的全长来压碎矿石，因此在大块矿石没有破碎前，细粒矿石很少受到棒的打击。这样就减少了矿石的过粉碎，因而所得产品的粒度比较均匀。另外，由于棒与棒之间被粗大的矿粒隔开，在上升过程中还起筛分作用，细矿粒沿着棒的间隙往下流，大矿粒则随着棒一同上升到每层的最高点。这种筛分作用，能把大粒的矿石集中到破碎能力最强的地方进行粉碎。因此棒磨机用于细碎和粗磨时的效率较高，且产品精度均匀。

棒磨机结构示意图见图 4 - 7。

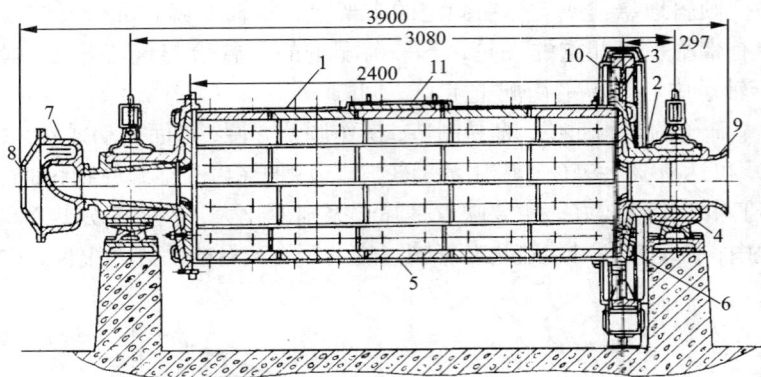

图 4 – 7　棒磨机结构示意图

1—筒体；2—端盖；3—传动齿轮；4—主轴承；5—筒体衬板；
6—端盖衬板；7—给矿器；8—给矿口；9—排矿口；10—法兰盘；11—检查孔

装棒量可用公式(4 – 8)作粗略计算。

$$G = \rho\varphi \cdot \frac{\pi}{4}D^2L \tag{4 – 8}$$

式中：ρ——棒的堆密度，一般取 6.5 t/m^3；

　　　D、L——棒磨机筒体的内径和长度，m；

　　　φ——棒系数。

影响棒磨机生产能力的因素很多，目前尚无精确计算产量的公式，但可参照公式(4 – 9)计算。

$$Q = V \cdot q/(q_2 - q_1) \tag{4 – 9}$$

式中：V——棒磨机筒体容积，m^3；

　　　q_1——给矿中小于 3 mm 级别含量，%；

　　　q_2——产品中小于 3 mm 级别含量，%；

　　　q——按小于 3 mm 计算单位生产能力，其值由试验确定，或根据类似工厂经验数据确定，t/(m^3·h)。

4.3.6　振动筛

4.3.6.1　振动筛的种类

振动筛根据其结构和作用原理可分为偏心振动筛、惯性振动筛和共振筛。烧结厂常用惯性振动筛和共振筛。

1. 惯性振动筛

惯性振动筛是利用振动器的偏心质量所产生的离心惯性来驱使筛框振动。根据皮带轮中心线的振动位置和振动轨迹，又分为纯惯性振动筛、自定中心振动筛和直线振动筛。纯惯性振动筛由于皮带轮中心线也在空间运动，造成皮带时紧时松，电机工作不稳定，目前使用较少。

（1）自定中心振动筛：为了克服纯惯性振动筛的缺点，制造了使皮带轮中心线在振动时保持不动的自定中心惯性振动筛。这种筛子的结构及工作原理见图 4 – 8。在自定中心振动

筛中，弹簧将筛框倾斜地悬挂或支撑在固定的支架上，横轴的偏心部分安装在筛框上的轴承中，轴的两端装有带不平衡配重的飞轮，不平衡配重的位置恰与偏心轮轴颈的位置相对应。皮带轮中心位于轴承中心与不平衡配重重心之间。

它的优点是：筛子的结构简单，容易制造；操作调整方便；筛面振动强烈，物料不易堵塞筛孔；筛分效率高，可达 90% ~ 95%；应用范围较广，适用于粗、中、细粒物料的筛分。由于能自定中心，电动机工作稳定性较好。主要缺点是筛子振幅变化大，影响筛分效率的稳定。筛子在起动与停机过程中，振动较大对建筑物有影响。烧结厂石灰石的筛分多用自定中心振动筛。

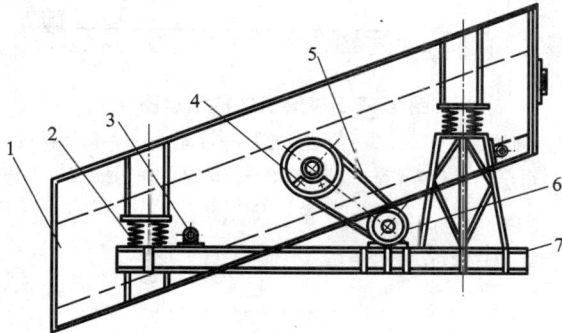

图 4 - 8　自定中心振动筛示意图

1—筛箱；2—螺旋弹簧；3—阻尼器；4—振动器；5—三角皮带；6—电动机；7—底架

（2）直线振动筛（见图 4 - 9）：它的运动轨迹是直线。筛面水平安装，配置高度小、振幅大、筛面大、生产能力高，筛分效率高，应用范围广，可用于粗、中、细粒物料的筛分，也可用于脱水、脱泥等。主要缺点是：结构复杂，成本高，制造精度要求高，要求较好的润滑条件。

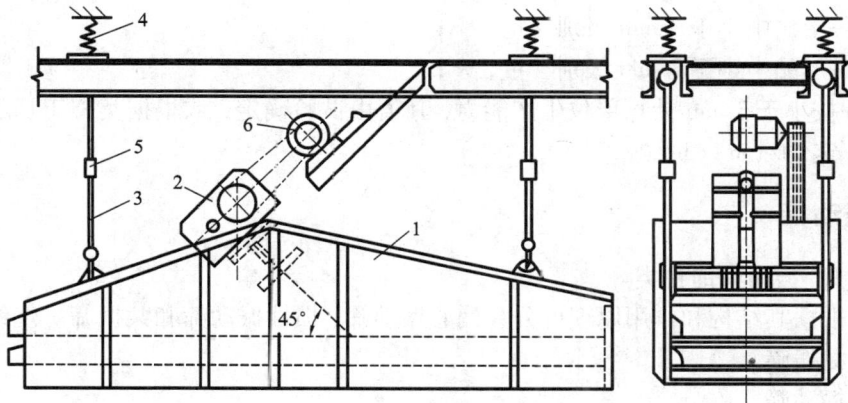

图 4 - 9　直线振动筛示意图

1—筛箱；2—激振器；3—钢丝绳；4—隔振弹簧；5—防摆配重；6—电动机

2. 共振筛

共振筛是一种接近在共振状态下进行工作的筛分设备。如图 4 - 10 所示，它是由带有筛

网的上筛箱、下筛箱、传动机构、橡胶缓冲器、板弹簧、机架、支撑弹簧和张紧轮等组成。电动机通过三角皮带带动传动机构的偏心轴转动，装在偏心轴上的弹性连杆迫使上筛箱和下筛箱在振动朝45°方向作相对运动，此时，装在上下筛箱上的橡胶缓冲器就不断地进行能量交换，使筛子获得振动。

该设备产量大，筛分效率高，动力消耗少，约为其他振动筛的1/10～1/5；传动机构简单，振幅稳定性好，工作平稳，对基础没有特殊要求，可安装于厂房上层，应用范围广，可用于各种物料的筛分。主要缺点是设备重量大、价格高，给料要求均匀。

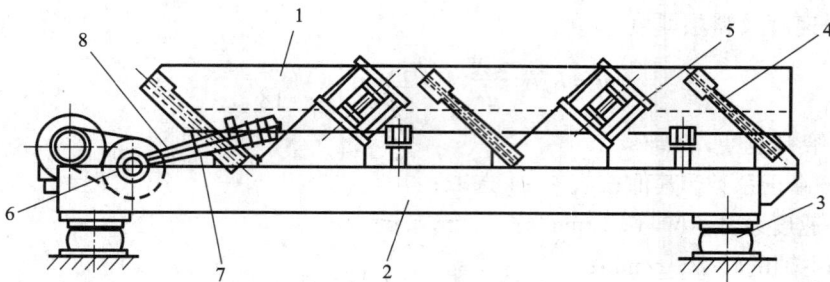

图 4 - 10   共振筛示意图

1—筛箱；2—平衡架；3—隔振弹簧；4—导向板弹簧；5—主振弹簧；6—偏心轴；7—传动弹簧；8—连杆

4.3.6.2   振动筛的基本参数计算

1. 工作参数

振动筛工作参数的合理选择是保证机器正常与有效工作的重要条件。所选择的这些参数应保证筛子不仅有较高的筛分效率，而且有较高的生产率。

筛子的筛分效率和生产率与物料在料面上的运动特性有着密切的关系。物料在筛面上的运动状态可能会出现正向滑动、正向和反向滑动、轻微跳动和滑动、急剧跳动和滑动，以及抛射状态。实践证明，只有急剧跳动和滑动状态是较为理想的。因此，必须合理选择工作参数，保证物料的这种运动状态。

（1）振幅（λ）

$$\lambda = 0.15a + 1 \qquad (4-10)$$

式中：λ——振幅，mm；

a——筛孔尺寸，mm。

根据实践表明，当筛孔尺寸较小时，按此式计算的振幅值一般偏低，需要进行校正。一般采用的振幅为 2～4 mm。

（2）振动次数

$$n \geqslant Q = ArqKLMNOP \qquad (4-11)$$

式中：n——振动次数，次/min；

其他符号意义同前。

（3）筛面倾角

$$a = \frac{1.15Q_1}{1 + 0.0375Q_1} \qquad (4-12)$$

式中：a——筛面倾角，(°)；

Q_1——每小时每米筛面宽度的生产率，$[m^3/(m \cdot h)]$。

$$Q_1 = \frac{Q}{B_o \delta} \qquad (4-13)$$

式中：Q——筛子的生产率，t/h；

B_o——筛面的工作宽度，$B_o = 0.95B$，B 为筛面宽度；

δ——被筛分物料的堆密度，t/m^3。

当被筛分物料的堆密度 $\delta \geq 2$ t/m^3 时，则筛面倾角应按上式计算后再增加 2°~3°。

（4）给料速度及料层厚度

$$u = K_o N \frac{n^2 \lambda}{g} (1 + 22\tan^{\frac{3}{2}} \alpha)(\frac{\alpha}{18°}) \qquad (4-14)$$

式中：u——给料速度，mm/s；

K_o——修正系数，其值按表 4-4 选取；

N——速度系数，$N = 0.2$ mm/s；

n——主轴的转数，r/min；

λ——振幅，m；

g——重力加速度，$g = 9.8$ m/s^2；

α——筛面倾角，(°)。

筛面上物料层的厚度见公式(4-15)。

$$h = Q_1/3.6u \qquad (4-15)$$

式中：h——料层厚度，mm。

表 4-4 作圆周运动的振动筛的给料速度的修正系数

筛子的排出能力 Q_1 /($m^3 \cdot m^{-1} \cdot h^{-1}$)	单位面积的当量产率(筛长为2500mm 时)q_o /($m^3 \cdot m^{-2} \cdot h^{-1}$)	速度的修正系数 K_o
25	10	1.70
30	12	1.40
35	14	1.35
40	16	1.15
45	18	1.05
50	20	1.00
55	22	0.95
60	24	0.92
70	28	0.88
80	32	0.85
100	40	0.80
120	48	0.78
180	72	0.75

2. 筛分效率

在筛分过程中，评定筛子工作的主要指标之一是筛分效率。筛分效率是指筛下产物的质量与原始给料中筛下级别质量之比。其比值小于1，筛分效率以百分数表示，也可用小数表示。

$$\eta = \frac{a-\gamma}{a(100-\lambda)} \times 10^4 \qquad (4-16)$$

式中：η——筛分效率，%；

α——原料中筛下级别的含量，%；

γ——筛上产物中筛下级别的含量，%。

实践证明：影响筛分效率的因素很多，主要有物料的水分、"难筛颗粒"的含量、物料颗粒的形状、筛孔的排列和形状、筛子的工作参数(振幅、频率、筛面倾角等)、筛面的运动形式以及筛子的生产率等。

3. 生产率

$$Q = A\rho q KLMNOP \qquad (4-17)$$

式中：Q——筛子处理量，t/h；

A——振动筛筛分面积，m^2；

ρ——物料堆积密度，t/m^3；

q——单位筛面平均生产能力，$m^3/(m^2 \cdot h)$；（见表 4-5）

K、L、M、N、O、P——校正系数，具体数值见表 4-6。

表 4-5 单位筛面生产率 q 值

筛孔尺寸 /mm	q 值 /($m^3 \cdot m^{-2} \cdot h^{-1}$)	筛孔尺寸 /mm	q 值 /($m^3 \cdot m^{-2} \cdot h^{-1}$)	筛孔尺寸 /mm	q 值 /($m^3 \cdot m^{-2} \cdot h^{-1}$)
0.16	1.9	2	5.5	20	28
0.20	2.2	3.15	7.0	25	31
0.30	2.5	5	11	31.5	34
0.40	2.8	8	17	40	38
0.60	3.2	10	19	50	42
0.80	3.7	13	22	80	56
1.17	4.4	16	25.5	100	63

表 4-6 系数 K、L、M、N、O、P 值

系数	考虑的因数	筛分条件及各系数值									
K	细粒的影响	给料中粒度小于筛孔 1/2 的颗粒含量/%	0	10	20	30	40	50	60	70	80	90
		K 值	0.2	0.4	0.6	0.8	1.0	1.2	1.4	1.6	1.8	2.0
L	粗粒的影响	给料中大于筛孔的颗粒含量/%	10	20	25	30	40	50	60	70	80	90
		L 值	0.94	0.97	1.0	1.03	10.9	1.18	1.32	1.55	2.0	3.36
M	筛分效率	筛分效率/%	40	50	60	70	80	90	92	94	96	98
		M 值	2.3	2.1	1.9	1.6	1.3	1.0	0.9	0.8	0.6	0.4
N	颗粒和物料的形状	颗粒形状	各种破碎后的物料（煤除外）			圆形颗粒			煤			
		N 值	1.0			1.25			1.5			

续表 4 - 6

系数	考虑的因数	筛分条件及各系数值				
O	湿度的影响	物料的湿度	筛孔小于 25 mm			筛孔大于 25 mm
			干的	湿的	成团	视湿度而定
		O 值	1.0	0.75 ~ 0.85	0.2 ~ 0.6	0.9 ~ 1.0
P	筛分的方法	筛分方法	筛孔小于 25 mm			筛孔大于 25 mm
			干法	湿法(陈有喷水)		任何一种
		P 值	1.0	1.25 ~ 1.4		1.0

双层筛的生产能力可以分别按上层和下层筛面进行计算。因为下层筛不仅是在头部给料,而且还沿筛面的长度进行给料,以致筛面没有完全利用。所以,下层筛有效面积按上层筛的 0.7 计算。对于直线振动的筛子(双轴惯性振动筛、共振筛),应乘一个系数 1.65,因为这种筛子的生产能力要大些。

4. 筛分面积的计算

公式(4-18)是用振动筛的生产能力来计算筛分面积,这种方法计算的筛分面积偏小。当考虑破碎机(主要是锤式破碎机)与振动筛的能力平衡时,筛分面积按式(4-19)计算。根据生产率的计算公式(4-17),推出筛分面积的计算公式(4-19),在设计中一般应用此公式来计算。

$$A = q/q_1 \qquad (4-18)$$

式中:q——筛子的筛下产物产量,t/h;

q_1——单位筛分面积的筛下物产量,t/($\text{m}^2 \cdot \text{h}$)。

当给料中 3 ~ 0 mm 占 50% 以上,筛分效率为 70%,筛下产品中 3 ~ 0 mm 达 90%,原料含水小于 3% 时,$q_1 = 7.8 \text{t}/(\text{m}^2 \cdot \text{h})$

$$A = \eta N/(acq_2) \qquad (4-19)$$

式中:N——破碎机的电动机功率,kW;

η——筛分效率,%;

a——破碎单位重量成品石灰石的平均电耗,2.5 ~ 3.5 kW·h/t;

c——烧结要求产品中 3 ~ 0 mm 含量,取 90%;

q_2——单位筛分面积的筛下产物产量,取 7 ~ 8 t/($\text{m}^2 \cdot \text{h}$)。

$$A = Q/(\rho q KLMNOP) \qquad (4-20)$$

式中符号意义同前。

例如:某烧结厂每小时需要石灰石 47.35t(3 ~ 0 mm,90%),选择用锤式破碎机破碎 $\phi 1430 \times 1300$ mm,$N = 520$ kW,计算筛分面积。

解:

①用公式(4-18)计算:$A = q/q_1 = 47.35/7.8 = 6.07$ m^2

选 SZE1500 ×4000 型 3 台(其中 1 台备用)。

②用公式(4-19)计算:$A = \eta N/(acq_2) = 70\% \times 520/(3.5 \times 90\% \times 7.5) = 15.4$ m^2

选 SZE1500 ×4000 型 4 台（其中 1 台备用）。

③用公式（4 - 20）计算：

取 $\rho = 1.6 \ \text{t/m}^3$，$q = 7.0 \ \text{m}^3/\text{m}^2$，$K = 0.4$，$L = 1.18$，$M = 1.6$，$N = 1.0$，$O = 0.75$，$P = 1.0$

则：$Q = 47.35/(70\% \times 70\%) = 96.63 \ \text{t/h}$

$A = Q/(\rho q KLMNOP) = 96.63/(1.6 \times 7.0 \times 0.4 \times 1.18 \times 1.6 \times 1.0 \times 0.75 \times 1.0) = 15.23 \ \text{m}^2$

选 SZE1500 ×4000 型 4 台（其中 1 台设备用）

由计算结果可知，计算公式（4 - 19）和式（4 - 20）的计算结果相差不大，计算公式（4 - 18）的计算结果偏小。

4.4　配料设备

配料系统的设备包括配料仓、给料机和称量装置。

4.4.1　配料仓

为了保证烧结机连续生产，各种原料在配料仓内有一定的贮存时间，其长短根据原料处理设备的运行和检修情况决定，一般不小于 8 h。为了保证烧结机的连续供料，各种料仓的贮存时间见表 4 - 7。另外配料仓还可以控制稳定下料量，保证烧结矿化学成分的稳定。

表 4 - 7　各种原料贮存时间

原料名称	考虑因素	贮存时间/h
混匀矿	考虑混匀矿取料机、带式输送机发生故障及换料时间	6 ~ 8
粉矿	配料室设在原料仓内时，考虑抓斗能力及检修	4 ~ 6
精矿	配料室不在原料仓内时，应考虑原料仓设备检修及原料仓至配料室带式输送机的检修	8
熔剂	熔剂在料场加工时，考虑料场加工设备定期检修	10
熔剂	熔剂在烧结厂加工时，考虑破碎筛分系统与烧结机作业率的差异与破碎筛分设备的检修	>8
燃料	破碎筛分设备检修及与烧结机作业率的差异	>8
生石灰、烧结冷返矿及冶金厂杂料	考虑配料仓的配置要求以及来料情况	视具体情况决定
高炉返矿	带式输送机运输时考虑烧结与炼铁作业率的差异	10 ~ 12

4.4.1.1　配料仓的结构

贮存粉矿、精矿、消石灰以及燃料等湿度较高的物料，应采用倾角 70°的圆锥形金属结构矿仓；贮存石灰石粉、生石灰、干熄焦粉、返矿和高炉灰等较干燥的物料，可采用槽角不小于 60°的圆锥形金属结构或半金属结构料仓，如图 4 - 11 所示。

按照支承方式的不同，料仓有坐式与吊挂式两种，坐式料仓如图 4 - 12 所示，吊挂式料仓

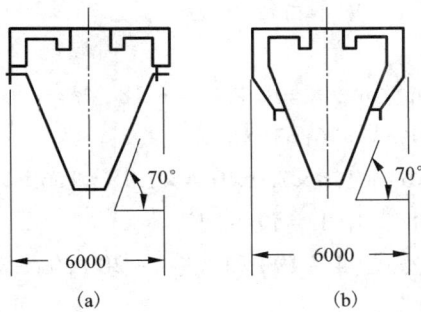

图 4 - 11 圆锥形料仓结构示意图

a—圆锥形金属结构料仓；b—圆锥形半金属结构料仓

如图 4 - 13 所示。装有测力传感器的料仓须采用坐式料仓，大容积料仓可考虑采用坐式料仓。

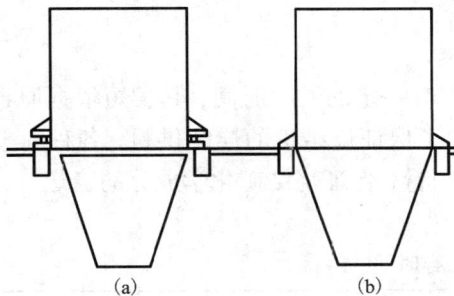

图 4 - 12 坐式料仓示意图

a—带测力传感器；b—不带测力传感器

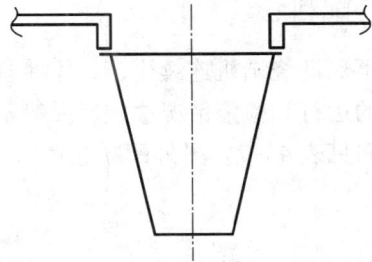

图 4 - 13 吊挂式料仓示意图

4.4.1.2 配料仓的参数计算

1. 配料仓容积的计算

$$V_n = Q_干 \cdot t / [\rho \cdot \varphi (1 - w)] \tag{4-21}$$

$$V_n = Q_湿 \cdot t / (\rho \varphi) \tag{4-22}$$

式中：V_n——原料所需的总容积，m^3；

$Q_干$——每小时需要干料量，kg/h；

t——贮存时间，h；

ρ——原料堆积密度，kg/m^3；

w——原料水分含量，%，用小数表示；

φ——料仓容积有效系数，取 0.8 ~ 0.85。

2. 配料仓个数

$$N = V_n / V \tag{4-23}$$

式中：N——料仓个数；

V——单个料仓的容积，m^3。

料仓个数的确定应考虑下列因素：

（1）配料设备发生故障时，不致使配料作业中断，所以当某一物料配料仓为单格时，应设有备用仓；

（2）考虑混匀料的料仓时，除考虑混匀料给料系统的作业率外，还要考虑贮料场直接供应单种矿的贮存；

（3）无混匀料场时，料仓个数应考虑原燃料的品种数；

（4）大宗原料的料仓个数应与排矿和称量设备的能力相适应；

（5）尽量减少料仓料位波动对配料带来的影响，即稳定料位。

因此，一般含铁原料的料仓不应少于 3 个，熔剂、燃料仓不少于 2 个，生石灰料仓可设 1 个，或 1 个料仓设 2 台排料设备，返矿料仓可设 1~2 个。

4.4.2 给料设备

4.4.2.1 圆盘给料机

圆盘给料机是烧结厂常用的给料设备。它的给料粒度范围为 50~0 mm，适合于含铁原料、石灰石、蛇纹石、硅砂、燃料和返矿的配料。圆盘给料机给料均匀准确，容易操作，运转平衡可靠，生产能力大。与其他给料机相比，其结构较复杂，价格较高。

圆盘给料机包括传动部分、机体部分及保护衬板、套筒和闸门等（见图 4-14）。它的主要工作部件是固定在竖轴上的水平回转圆盘，圆盘及竖轴均支撑在底座上。竖轴由电机经减速机及一对伴轮来带动圆盘下边齿圈，从而带动圆盘。圆盘转动时，料仓内的物料在压力的作用下，随盘一起转动，并向出口一方移动，经闸门或刮刀使料排出。料量大小可借闸门或刮刀装置来调节。

圆盘式给料机按其传动机构封闭的形式不同，分为开式给料机和封闭式给料两种。

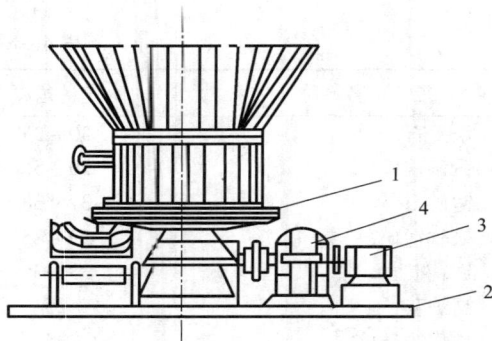

图 4-14 圆盘给料机结构示意图
1—圆盘；2—底座；3—电动机；4—减速器

1. 圆盘的转速

圆盘给料机的生产能力与盘的转速成正比，转速越大，生产能力越大。但圆盘转速不能大于最大极限值，因为当盘转动时，有两种力作用在物料上：一种是离心力，它力求将物料从圆盘上甩出去或压向套筒，另一种是摩擦力，阻止物料甩出圆盘，保证物料不被甩出或全部压向套筒。离心力大小与转速有关，所以转速不能过大，应在一定范围内。这个转速的界限（即最大转速）称为临界转速。

$$n_{\max} = 9.5 \sqrt{\frac{f \cdot g}{R}} \qquad (4-24)$$

式中：$n_{\max}$——圆盘极限转速，r/min；

R——物料所形成截头锥体底半径，m；

g——重力加速度，9.8 m/s^2；

f——物料与圆盘摩擦系数（烧结各原料可取 0.8）。

2. 生产能力

圆盘给料机的生产能力，取决于套筒出口的直径、圆盘直径、圆盘转速、套筒或闸门升启高度、刮刀的位置、物料的块度及机械强度等因素。

圆盘给料机分为刮刀卸料和闸门套筒卸料两种方式，其生产能力计算分别按式(4-25)和式(4-26)计算。

(1)对于采用刮刀卸料的圆盘给料机(见图4-15)，其物料在圆盘上的料堆接近于截头圆锥体，所以圆盘回转一周所卸出的物料体积为截头圆锥体与圆柱体(半径为 r_1、高为 h)的体积之差，即

$$Q = \frac{60\pi h^2 n\rho}{\tan\alpha}(\frac{D_1}{2}+\frac{h}{3\tan\alpha}) = 188.4\frac{h^2 n\rho}{\tan\alpha}(\frac{D_1}{2}+\frac{h}{3\tan a}) \qquad (4-25)$$

式中：Q——圆盘给料机产量，t/h；

h——套筒距圆盘面高度，m；

n——圆盘转速，r/min；

ρ——物料堆密度，t/m³；

α——物料堆积角(可采用物料的安息角，见表4-8)，(°)。

表4-8 各种物料的安息角

名 称	动安息角/(°)	名 称	动安息角/(°)
铁矿石	30~35	轧钢皮	35
钒钛铁矿	30~35	焦炭	35
锰矿石	37~38	无烟煤粉	30
松软锰矿	29~35	石灰石(块状)	30~35
铁精矿	33~35	生石灰(粉状)	25
高炉灰	25	消石灰(粉状)	30~35
铁烧结硬度	35	烧结矿返矿	35
碎白云石	35	烧结混合料	35~40

(2)采用闸门卸料(见图4-16)时，给料机的生产能力为：

$$Q = 60 \times V \cdot n \cdot \rho = 60 \times n\pi(R_1^2 - R_2^2)h \times \rho = 188.4n(R_1^2 - R_2^2)h\rho \qquad (4-26)$$

自贮矿槽落到圆盘上的物料从闸门口排出的体积为：

$$V = \pi(R_1^2 - R_2^2) \cdot h$$

式中：Q——圆盘给料机产量，t/h；

V——圆盘转一周时，卸出物料的体积，m³；

n——圆盘转速，r/min；

ρ——物料堆密度，t/m³；

R_1——排料口外侧与圆盘中心距离，m；

R_2——排料口内侧与圆盘中心距离，m；

h——排料口闸门开口高度，m。

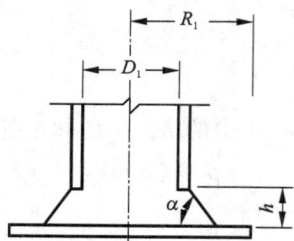

图 4 – 15　刮刀卸料圆盘给料机示意图

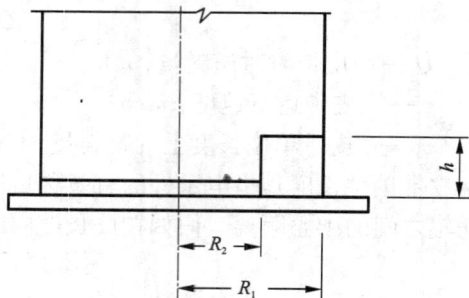

图 4 – 16　闸门套筒卸料圆盘给料机示意图

4.4.2.2　定量螺旋给料机

定量螺旋给料机(见图 4 – 17)用于配料量少的粉状细粒物料,如生石灰。当物料的配料量变动幅度大时,给料机也可设计成具有两种给料能力的结构形式,用能力转换离合器变换给料能力。其特点是密封性好,有利于环境保护,但螺旋叶片磨损较严重。

螺旋给料机的生产能力可按公式(4 – 27)计算。

$$Q = 47D^2 \cdot s \cdot n_0 \cdot \rho \cdot k \qquad (4 - 27)$$

式中:Q——螺旋给料机的生产能力,t/h;

D——螺旋直径,m;

s——螺距,m;

n_0——螺旋转速,r/min;

ρ——物料堆积密度,t/m³;

k——槽体容积利用系数,对于无磨损物料,从小颗粒到尘埃,$k = 0.8$;对于磨损性的大块或大粒物料,采用较小值,$k = 0.6 \sim 0.7$。

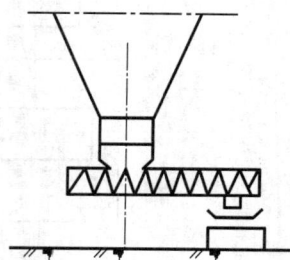

图 4 – 17　定量螺旋给料机示意图

4.4.3　称量设备

电子皮带秤是电子秤的一个分支,它用于皮带运输机输送固体散粒性物料的计量上,可直接显示皮带运输机的瞬时送料量,也可累计某段时间内的物料总量,如果与自动调节器配合还可进行输料量的自动调节,实现自动定量给料。此外,它具有计量准确、反应快、灵敏度高、体积小(与机械秤比)等优点,因此得到广泛的应用。

电子皮带秤,根据称量特点和采用的称重传感器不同大致可分为三部分(如图 4 – 18 所示):秤架,一次感测元件(即荷重元件),二次显示仪表。秤架是由一个固定秤框和用十字簧片支承的活动秤框所组成。一次感测元件由称重传感器和测速头组成。二次仪表包括 $f \rightarrow I$ 转换器和显示仪表。

运输机皮带支承在主动轮、从动轮和托辊上,电动机转动时,皮带就按箭头所示方向运送物料。

皮带运输机的送料量不仅与皮带上料层厚度(即单位长度上的物料量)有关,而且与皮带运行速度有关,因此,皮带在单位时间内的送料量等于皮带单位长度上的物料量和皮带速度的乘积,即:

$$Q_t = q_t \cdot v_t \qquad\qquad (4-28)$$

式中：Q_t——皮带瞬时送料量，t/h；

$\quad v_t$——皮带运行速度，m/h；

$\quad q_t$——皮带单位长度上的物料量，t/m。

皮带单位长度是指电子秤的有效称量段长度，如图 4-18 中的 L，它是称量托辊与相邻两托辊之间的中心距离。假如在此长度内的物料量为 p_t，则 $q_t = p_t / L(t/m)$。一般 L 取 1 m。

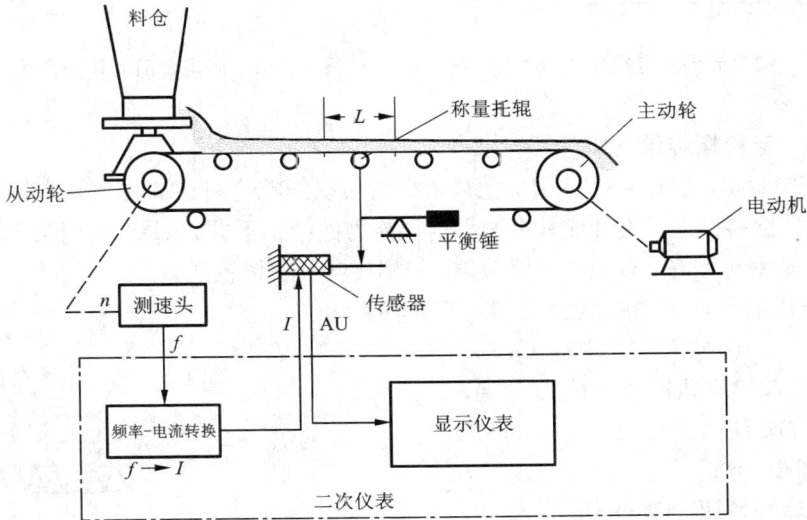

图 4-18 电子皮带秤示意图

4.5 混合设备

目前国内外烧结厂广泛采用圆筒混合机，因为它具有生产能力大，工作可靠，结构简单、操作方便、易于维修，集润湿、混匀、制粒于一体等优点。

4.5.1 圆筒混合机工作原理

圆筒混合机主要由筒体、托辊、挡板和传动装置等组成（见图 4-19）。筒体是由钢板卷成焊接的圆筒，内表面焊有衬板，筒体外有两同心圆滚圈借螺栓固定在筒体上（进料端称上滚圈，出料口为下滚圈），上滚圈用螺栓固定着齿圈；筒体通过滚圈放置在固定于机架上的四个托辊上，使筒体中心线与水平线成 1.5°~4° 的倾角，并在托辊上转动。

托辊用圆端平键及挡轮固定于轴上，轴两端装有调心轴承，轴承放入轴承座中。

由于筒体与水平线有一倾斜，使之产生一水平分力，致使整个筒体在运转中有向下滑移趋势，为避免筒体向下滑移和转动中由于轴向力而引起的串动，在筒体下滚圈外安放一组挡轮，挡轮组用双头螺栓连接而成，并通过螺栓固定于机架上。挡轮通过滚动的轴承及主轴安置于轴座中。

中间齿轮组被电动机、弹性联轴节、减速器、齿形联轴器带动回转，并通过小齿轮带动齿轮，使筒体转动。小齿轮通过圆端平键固接于轴上，轴通过装于两端的滚动轴承，放在两

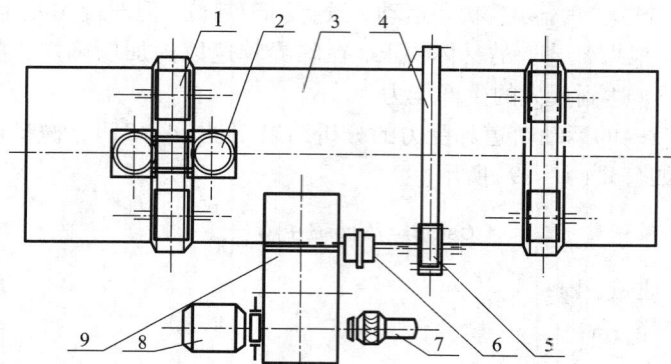

图 4 - 19　圆筒混合机示意图

1—托辊；2—挡轮；3—筒体；4—大齿圈；5—小齿圈；6—联轴器；7—微动装置；8—电机；9—减速机

轴承座中，轴的伸出端用圆平键固定着半齿形联轴器。

　　给水装置是一根圆管固定于圆筒两端，管子上自进料端起在约 2/3 长度处钻有出水孔。

　　电动机转动时，经弹性联轴器，减速机齿形联轴器，通过齿轮将齿圈带动，从而带动筒体旋转。运转时物料与筒壁间有一定摩擦，同时，旋转过程中物料受离心力作用，所以，在一定转速下，物料按一定轨迹落下，并沿其轴向发生移动，作螺旋状向前推进（见图 4 - 20）。混合料经多次这种循环运动，从而得到混匀，在混合过程加入适量水或蒸汽，从而达到润湿和预热混合料的目的。

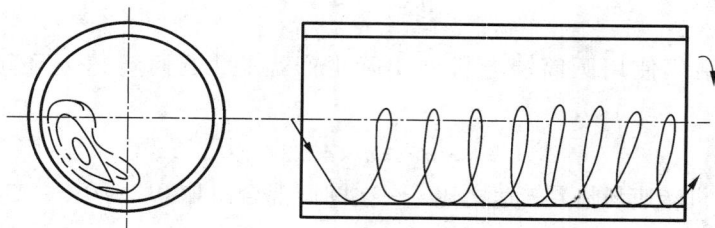

图 4 - 20　物料运动轨迹

　　传动装置有齿轮传动和胶轮传动两种。胶轮传动的混合机具有运转平稳、振动小、噪音低的优点，可以配置在高层平台上；齿轮传动适合处理混合能力大的情况，但由于运转时振动大，故大型齿轮传动混合机应尽量避免配置在高层平台上。

4.5.2　圆筒混合机工艺参数

4.5.2.1　转速

混合机的转速对于物料混匀、制粒以及混合机的生产能力具有重要的意义。

　　欲使物料获得充分的混匀和良好的制粒条件，必须使物料在圆筒内产生有规律的运动，物料在圆筒内的运动状态与转速有关，当转速大时，物料呈"抛落式"状态运动，这有利于物料的混匀，同时，物料前进的速度也较大，生产能力也得到提高，但对制粒会产生不良的影

响；当转速小时，物料呈"泻落式"状态运动，虽有利于制粒，但对混匀及生产能力有所影响。因此，圆筒的转速应根据工艺上的具体要求，在临界转速以内加以确定，在保证获得良好的混匀、制粒的条件下，达到最大的生产能力。

根据物料在圆筒内的运动轨道和受力的分析结果（见图 4-21），物料在圆筒内被提升到一定的高度的条件如公式（4-29）所示。

$$G\sin\beta = fG\cos\beta + fG\frac{n^2 R}{900} \qquad (4-29)$$

式中：G——物料的质量，kg；

R——圆筒半径，m；

n——圆筒转速，r/min；

f——摩擦系数；

β——提升角。

令 $\tan\varphi = f$ 代入公式（4-29），可以得到公式（4-30）。

$$n = 30\sqrt{\frac{\sin(\beta-\varphi)}{R\sin\varphi}} \qquad (4-30)$$

式中：φ——摩擦角；

其他符号同前。

由公式（4-30）可知，提升角 β 决定了转速的大小，β 角是根据实际生产中物料在圆筒内产生最有利的运动状态来确定，一般情况下 $\beta = 40° \sim 50°$（应根据不同条件进行生产测定）。

由于物料性质的不同和工艺上要求的差别，圆筒转速 n 可由公式（4-31）计算。

$$n = \frac{8}{\sqrt{R}} \sim \frac{14}{\sqrt{R}} \qquad (4-31)$$

另外根据烧结厂使用圆筒混合机的实际生产经验，圆筒转速 n 还可采用经验公式（4-32）计算。

$$n = c \cdot n_{\text{临}} = a \times 42.3 / \sqrt{D_{\text{效}}} \qquad (4-32)$$

式中：a——混合机转速与临界转速之比，一次圆筒混合机取 0.2～0.3，二次圆筒混合机取 0.25～0.35；

$n_{\text{临}}$——混合机临界转速，r/min；

$D_{\text{效}}$——混合机有效直径，m（见图 4-22）。

4.5.2.2　混合时间

混合机是连续不断地进行工作的，因此，必须将混合机安置一定的角度。假设该角度为 α，则圆筒内物料前进的速度如公式（4-33）所示。

$$v_{\text{料}} = v\tan 2a = \pi D_{\text{效}} n\tan 2\alpha / 60 \qquad (4-33)$$

式中：$v_{\text{料}}$——物料前进速度，m/s；

v——圆筒周边线速度，m/s；

α——混合机倾角，(°)；

n——混合机转速，r/min；

其他符号意义同前。

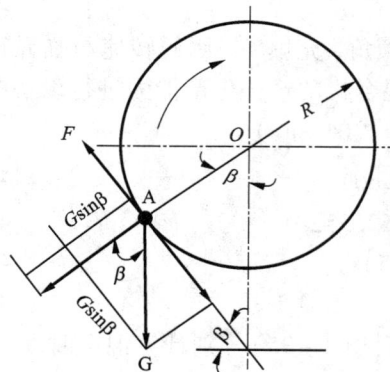

图 4 – 21　混合机计算图

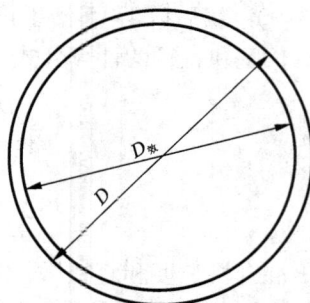

图 4 – 22　混合机有效直径示意图

则圆筒机的混合时间如公式(4 – 34)所示。

$$t = L_{效} / (\pi D_{效} \cdot n \tan 2\alpha) \tag{4 – 34}$$

式中：t——混合时间，min；

　　　$L_{效}$——混合机有效长度，m；$L_{效} = L - (1 \pm 0.5)$（见图 4 – 23）；

　　　$D_{效}$——混合机有效内径，m，（见图 4 – 22）；

　　　L——混合机实际长度，m。

其他符号意义同前。

目前，总混合时间一般为 5 ~ 9 min，以铁粉矿为主要原料时取下限值，以铁精矿为主要原料时取中上限值。

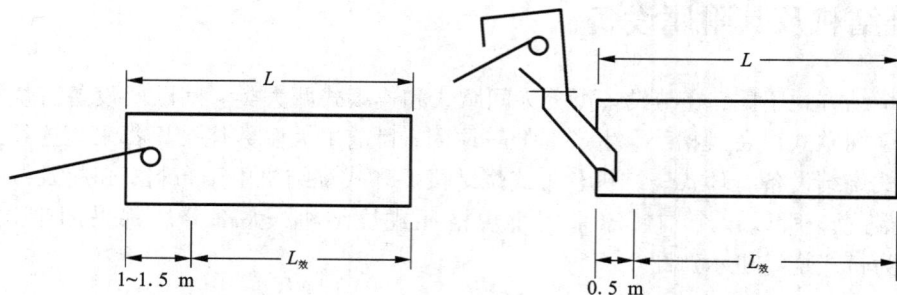

图 4 – 23　混合机有效长度示意图

4.5.2.3　充填率

圆筒混合机充填率的计算方法有多种，包括质量之比、断面积之比和体积之比等。

按质量之比的计算公式见公式(4 – 35)。

$$\varphi = Qt / (0.471 \rho L_{效} D_{效}^2) \tag{4 – 35}$$

式中：φ——混合机充填率，% ；

　　　Q——混合机设计峰值量(混合料量)，t/h；

　　　ρ——混合料堆积密度，t/m³，$\rho = 1.8 \pm 0.2$ t/m³；

其他符号意义同前。

目前，圆筒混合机充填率一次混合机一般为 10% ~ 16%，二次混合机一般为 9% ~ 15%。

4.5.2.4 混合机规格型号

在选择混合机规格时,必须首先确定混合时间、倾角、充填率、圆筒转速与临界转速之比(见表4-9),然后以1.15倍于正常生产能力作为混合机的峰值生产能力进行设备参数选择。混合机长度和直径的计算公式见公式(4-36)~公式(4-39)。

$$D_{效}^{\frac{5}{2}} = Q/(62.55\varphi\rho a\tan\beta) \tag{4-36}$$

$$L_{效} = 42.3\pi t\,(a\tan\beta)^{4/5}\,(Q/62.55\varphi\rho)^{1/5} \tag{4-37}$$

$$L = L_{效} + (0.5 \sim 1.5) \tag{4-38}$$

$$D = D_{效} + 0.1 \tag{4-39}$$

计算出混合机长度和直径后,再由公式(4-31)至式(4-35)分别计算混合时间、转速、充填率等,并与表4-9有关设计数据进行比较。

表4-9 圆筒混合机的有关设计参数

项 目	单 位	一次混合机	二次混合机	合并混合机
混合时间	min	1~3	2~4	3~5
充填率	%	10~20	8~15	10~15
圆筒转速与临界转速比		0.2~0.3	0.25~0.35	0.25~0.3
倾斜度	(°)	4/100~6/100	3/100~5/100	3/100~4/100
		2.29~3.43	1.72~2.86	1.72~2.29
长径比		3~4	3~5	4~5.5

4.6 烧结机及其附属设备

根据烧结方式不同,烧结设备可分为间歇式和连续式两大类。间歇式设备有烧结锅和烧结盘。由于间歇式设备规格小、生产率低等原因,目前绝大多数烧结厂都采用连续式烧结设备。连续式烧结设备有环式烧结机和带式烧结机。环式烧结机由于布料、卸料及散料处理都难以令人满意,所以仅个别厂家采用小规格环式烧结机,大部分厂都采用带式烧结机,图4-24为带式烧结机示意图。

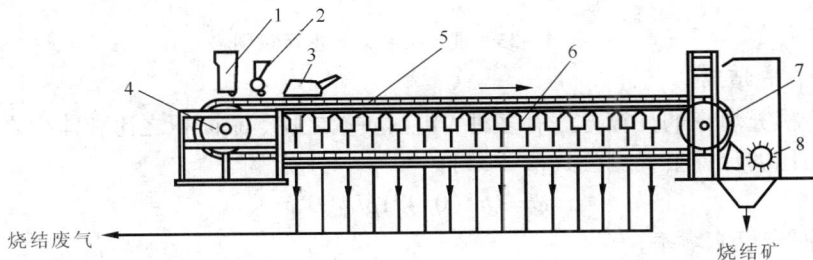

图4-24 带式烧结机示意图

1—铺底料;2—混合料;3—点火器;4—头部星轮;5—台车;6—风箱;7—尾部星轮;8—单辊破碎机

带式烧结机是烧结生产的主要机械设备，其结构较复杂，由布料装置、点火装置、传动装置、轨道、台车、风箱、密封装置、机架等组成，在钢结构的机架上铺有台车行走的封闭轨道，其上排满了彼此靠近而又互相独立的台车。由传动装置带动的机头星轮将台车由下部轨道经机头到上部水平轨道，并推动前边台车向机尾方向移动。在台车移动过程中，经过给料装置进行铺底、布料、点火和烧结。台车到达机尾烧结结束，进入机尾卸下烧结矿。而后台车进入下部水平轨道，靠后边台车的顶推返回机头，又被机头星轮抬到上部水平轨道上，如此反复进行。

4.6.1　布料装置

工艺上对布料设备的要求是：

(1)要使物料均匀地分布到下段工序设备上；

(2)物料连续供给，不能中断，保证生产连续进行；

(3)在布料过程中，物料的特性不会受到破坏和改变(如粒度、透气性等)。

4.6.1.1　铺底料布料

铺底料仓由上、下两部分组成，为焊接结构，矿仓内设置衬板或焊有角钢形成料衬以防磨损。上部矿仓用两个测力传感器和两个销轴支撑在厂房的梁上，或通过法兰直接固定在梁上，前者应装限位装置，以防矿仓平移。下部矿仓支撑在烧结机骨架上，底部有扇形闸门调节排料量。扇形闸门开闭度由手动式涡轮减速器及其传动结构调节。扇形闸门排出的铺底料通过其下的排料漏斗分布于烧结机台车上。摆动漏斗由轴承支撑在烧结机骨架上，漏斗的前端装有衬板以防磨损，漏斗系偏心支撑，略偏向圆辊给矿机一侧，可前后摆动，当台车黏矿或算条翘起时，漏斗向台车前进方向摆动，待异物通过后由设在漏斗后面的平衡锤使其复位。铺底料的厚度由设在漏斗排料口的平板闸门调节。

4.6.1.2　混合料布料

往混合料矿仓给料有用带式输送机(或圆筒混合机)直接给料和梭式布料机给料两种。

带式输送机(或圆筒混合机)直接给料的方式是固定点给料，矿仓内料面呈锥形，混合料粒度在仓内发生偏析，且料柱压力也不均匀。

梭式布料机实质上是安装在小车上的皮带给料机，由于小车的往复移动，皮带给料机可以沿混合料矿槽的长度方向均匀地给料，使矿仓料面较平，料柱压力均匀，可防止混合料粒度在仓内偏析。

混合料矿槽设在圆辊布料机的上方，它是由平整光滑钢板焊成，其仓壁倾角一般不小于70°。小型烧结机矿仓排料口较小，容易堵料，仓壁宜做成指数曲线形状。料仓分为上、下两部分，设有测力传感器的上部矿仓通过四个传感器(或两个测力传感器和两个销轴支点)支撑在厂房的梁上，矿仓的下部结构支撑在烧结机骨架上，为烧结机的一个组成部分。下部矿仓下端设有调节阀门以配合圆辊给料机控制排料量。

往台车上布料是由圆辊给料机及反射板(或辊式布料器)完成。

(1)圆辊给料机

圆辊给料机是由一个空心结构的圆筒、传动装置和调整装置所组成。圆辊给料机位于混

合料矿槽下部,由调速电动机带动,转速能在一定范围内调整,以保证给料量变化的需要。为了减少圆辊黏料和提高耐磨性,圆辊布料机的圆辊表面采用不锈钢衬板,同时在混合料排出的另一侧安装清扫器,以便将黏附在圆辊表面的混合料清除。

(2)反射板

圆辊下方设有反射板,反射板的作用是把圆辊给料机给出的混合料经它的斜面滚落到台车上,在一定程度上产生自然偏析。反射板与水平面成一角度,倾角大小对布料是很重要的。一般烧结厂反射板的倾角为49°~51°之间,有些厂反射板可借两端联接套来调节倾角。反射板上端由轴、左右支架、螺栓与骨架相连接,反射板与轴成铰接,下部用轴与联接套、双头拉杆与机架相连。在反射板下端之背面轴上,挂有若干平料板,用来平整料面,并使料面压紧。

(3)辊式布料器

由于物料湿度大,反射板经常黏料,造成布料不均匀,需要经常进行人工清理,劳动量大,清理下来的大块又降低了料层的透气性。为了克服反射板这一缺点,有的烧结厂采用多辊布料器代替反射板。多辊布料器有五辊、七辊和九辊三种。辊子直径通常为108 mm,转速为2.03~8.13 r/min,安装角度为55°。

圆辊布料机工作原理如图4-25所示,贮料槽中的物料,其压力直接作用于圆辊体上,当圆辊被驱动装置带动旋转时,沿辊体长度方向所积的料,也被带动与圆辊一起作切线运动,迫使物料由料槽排料处排出,并落在反射板上,反射板安装有一定倾角,在物料重力的作用下,沿反射板滑动或滚动而分布在烧结机上。

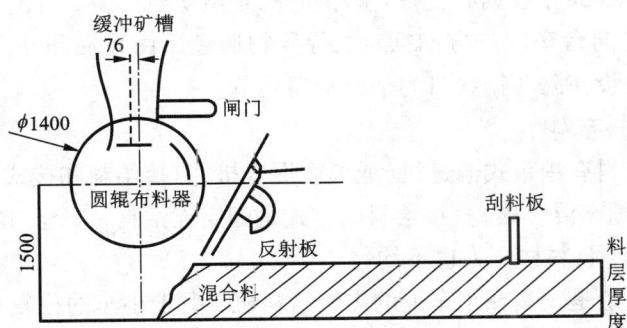

图4-25 圆辊布料机工作示意图

当物料经反射板落到烧结机上的过程中,大块物料先撒落在烧结机炉箅上,小粒物料则在其上面,这种自然形成自下向上的由大粒到小粒的料层,叫做自然偏析。

为了提高料层透气性,有的厂还安装了松料装置。它是安装在台车上料层中部,沿台车宽度方向水平安装一排直径约40 mm的钢管,钢管之间的间距约200 mm。台车向前移动时,钢管从料层中退出,台车继续运行,就好像在烧结料中形成了疏松的带子,防止了混合料落下时的压紧压实现象。某烧结厂烧结机松料器结构见图4-26。

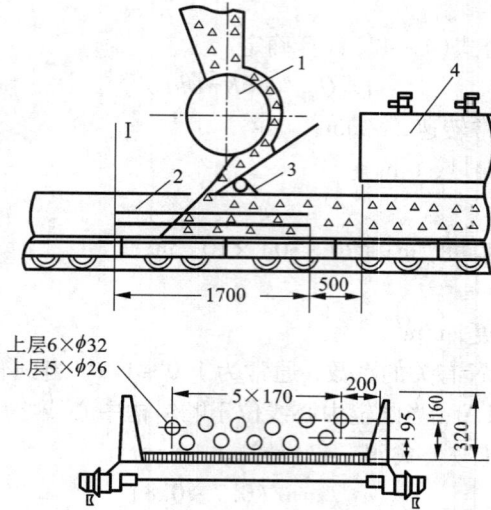

图 4 - 26 烧结机的松料器结构示意图

1—圆辊给料器；2—松料器；3—平料板；4—点火器

4.6.1.3 布料设备的有关参数

1. 矿槽

$$V_效 = Q_料 \cdot t/60\rho \tag{4-40}$$

$$V = V_效/\varphi \tag{4-41}$$

式中：$Q_料$——设备设计给料量，t/h；

$\quad V_效$——贮矿槽的有效容积，m^3；

$\quad V$——贮矿槽的几何容积，m^3；

$\quad \rho$——物料堆积密度，t/m^3，$\rho_铺 = 1.7 \pm 0.2 \ t/m^3$；$\rho_{混合料} = 1.7 \pm 0.1 \ t/m^3$；

$\quad t$——贮存时间，min。

铺底料贮存时间 $t_铺 = t_烧 + t_冷 + t_返$，当采用鼓风冷却时，$t_铺 = 60 \sim 80 \ min$，当采用抽风冷却时，$t_铺 = 30 \sim 50 \ min$

混合料贮存时间：$t_混 = 0.6t_1$

t_1——从配料室到混合矿槽运输时间 $t_1 = 7 \sim 9 \ min$；

φ——矿槽有效系数，铺底料矿槽 $\varphi_铺 = 0.75 \sim 0.8$，混合料矿槽 $\varphi_混 = 0.8 \sim 0.9$。

2. 圆辊给料机

（1）直径 D

圆辊的直径按生产能力计算只需要 1 m 就足够，为了便于检修时更换衬板，需要适当加大圆辊直径。过大的直径会增加混合料落差，破坏料层的透气性，大型烧结机的圆辊直径 D 通常为 1.25 ~ 1.5 m。

（2）长度 L

圆辊的长度要与烧结机台车的宽度相匹配，随台车宽度而变化。

（3）转速

圆辊给料机的转速由公式（4-42）计算确定。

$$n = Q_{料}/(60K\pi DhL\rho) \tag{4-42}$$

式中：n——圆辊给料机正常转速，r/min；

$Q_{料}$——设备设计给料量，t/h

D——圆辊直径，m；

h——圆辊给料机开口度，m；$(70 \pm 30) \times 10^{-3}$m；

L——圆辊长度，m；

ρ——混合料堆积密度，t/m^3；

K——与圆辊中心位置有关的系数，通常为1.0~1.1，当圆辊中心线位于矿槽中心线之前，或两中心重合，$K = 1.0$；当圆辊中心线位于贮料槽中心线之后，$K = 1.1$。

圆辊给料机的最大转速按公式（4-43）计算。

$$n_{最大} = n/(0.7 \sim 0.8) \tag{4-43}$$

式中：$n_{最大}$——圆辊给料机最大转速，r/min。

（4）驱动电机功率

圆辊给料机的驱动电机功率由公式（4-44）计算。

$$N = CLDn_{最大} \tag{4-44}$$

式中：N——驱动电动机功率，kW；

C——混合料贮料槽系数。

圆辊给料机直径、长度、电动机功率与台车宽度的关系见表4-10。

表4-10 不同台车宽度对应的圆辊长度、直径

台车名义宽度/m	台车顶面宽度/m	台车炉算子面宽度/m	圆辊长度/m	圆辊直径/m	贮料槽系数	电动机功率/kW
1.5			1.44	0.8		
2.5			2.55	1.0~1.3		
3	3.09	2.96	3.04	1.0~1.3	23×10^{-2}	7.5*
4	4.09	3.96	4.04	1.2~1.4	25×10^{-2}	10~15*
5	5.13	5.00	5.08	1.3~1.5	27×10^{-2}	18.5*

*电机转速为300~900r/min的调速电机。

4.6.2 点火装置

4.6.2.1 点火器结构

根据点火燃料不同，点火器可分为气体燃料点火器、液体燃料点火器和固体燃料点火器三种。

固体燃料点火器点火极不均匀，点火温度不好控制，波动很大，造成产品质量的下降，同时，多数是用人工上料排渣，操作笨重，劳动条件恶劣。因此，只有在无液体或气体燃料供应的小型厂采用。

当工厂供应气体燃料困难，或工厂设在矿山时，可以采用液体燃料点火器。其结构与气体燃料点火器相似，不同之处仅是喷油嘴布在燃烧室的两侧，呈水平方向，液体燃料利用压缩空气通过喷嘴将重油喷成雾状，然后进入点火器内完全燃烧，此点火器需要有专门的油罐、油管、油泵以及蒸汽保温设施，因此它比气体燃料点火器要复杂一些。

气体燃料点火器得到广泛的采用，因为绝大多数烧结厂都在冶金工厂区，高炉煤气和焦炉煤气供应方便。另外，气体燃料点火器较容易控制，调整也方便，不需要其他辅助设备，是一种较简单、经济可靠的点火装置。

气体燃料点火器位于给料装置的后面，罩在烧结机台车的料面上。它是由钢板制成的外壳，壳内衬有保温隔热材料和用耐火砖砌成的燃烧室以及烧嘴所组成。

供点火器用的煤气和空气由各自的管道(外管为煤气，内管为空气)，从点火器两侧引入各个烧嘴，在烧嘴中得到混合，并在烧嘴下方燃烧，燃烧的火焰在烧结机第一个风箱的负压作用下，对烧结料进行点火。

根据混合料的特征和要求，气体燃料的点火器又可分为点火炉、点火保温炉和预热点火炉三种。

1. 点火保温炉

点火保温炉是由点火段和保温段组成的多段式点火炉，它不但具有高温点火的功能，而且对点火后的表面料层具有保温作用。其特点是通过延长保温时间，改善点火后表面烧结矿的质量。

点火保温炉按烧嘴安装部位不同，可以分为顶燃式和侧燃式两种结构形式。国内烧结厂一般采用顶燃式点火保温炉(见图4-27)。

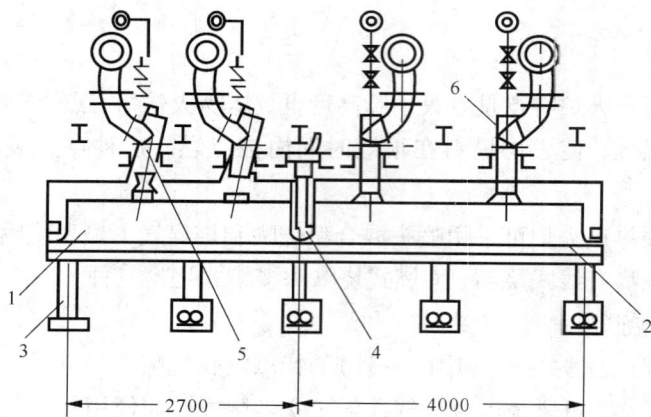

图4-27 顶燃式点火保温炉

1—点火段；2—保温段；3—钢结构；4—中间隔墙；5—点火段烧嘴；6—保温段烧嘴

2. 预热点火炉

预热点火炉是由预热段和点火段组成的多段式点火炉，它在下面两种情况下采用：一是对高温点火爆裂严重的混合料，例如褐铁矿、氧化锰矿等；另一种是缺乏高发热值煤气而只有低热值煤气的烧结厂。预热点火炉也有顶燃式和侧燃式两种结构形式(见图4-28

和图 4 – 29）。

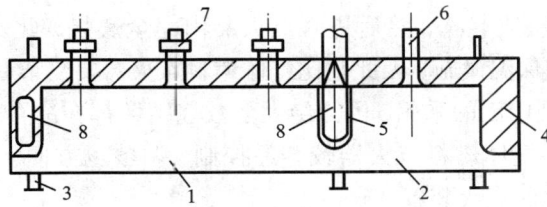

图 4 – 28　顶燃式预热点火炉

1—预热段；2—点火段；3—钢结构；4—炉子内衬；

5—中间隔墙；6—点火段烧嘴；7—保温段烧嘴；8—预热器

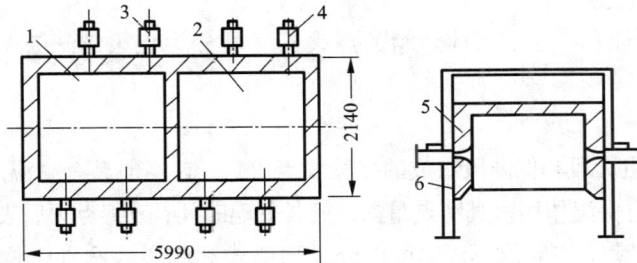

图 4 – 29　侧燃式预热点火炉

1—预热段；2—点火段；3—预热段烧嘴；4—点火段烧嘴；5—炉子内衬；6—钢结构

3. 点火炉

近期发展的新型点火炉特点是点火炉膛高度低，烧嘴火焰短，点火热量集中在混合料表面形成横向带状高温区，使表层燃料在很短时间内被点燃。这种点火装置重量轻，点火均匀，节能效果显著。

点火保温炉和预热点火炉可采用喷头混合型烧嘴和烧煤气平焰型烧嘴两种，而与新型点火装置配合使用的烧嘴有线式烧嘴、面燃式烧嘴和多缝式烧嘴三种。

（1）喷头混合型烧嘴

喷头混合型烧嘴（见图 4 – 30 和图 4 – 31）的特点是在烧嘴喷口处，空气和煤气开始部分混合。将煤气管径扩大，可燃烧混合煤气，空气冷热均可。如使用热空气，烧嘴外面包一层隔绝材料。燃烧焦炉煤气时，空气和煤气的体积比可达$(8 \sim 9):1$。燃烧混合煤气时，空气与煤气的体积比一般为$(2 \sim 3):1$。

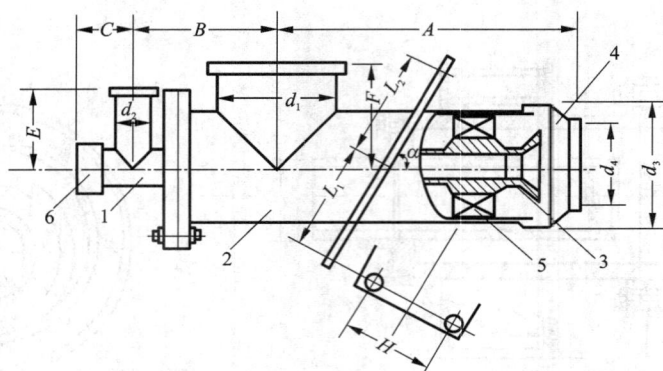

图 4 - 30　混合型烧嘴(混合煤气)

1—煤气管；2—空气管；3—煤气喷口；4—烧嘴喷头；5—空气旋流片；6—观察孔

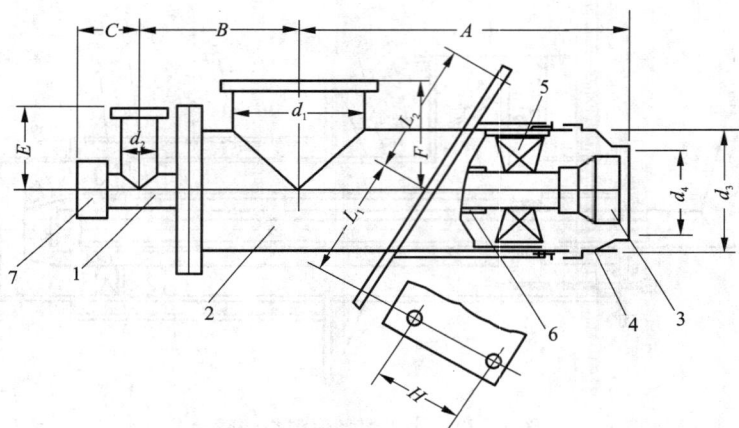

图 4 - 31　混合型烧嘴(焦炉煤气)

1—煤气管；2—空气管；3—煤气喷口；4—烧嘴喷头；5—空气旋流叶片；6—套护管；6—观察孔

(2)煤气平焰型烧嘴

煤气平焰型烧嘴结构见图 4 - 32。其侧壁开有很多小孔，煤气通过小孔造成与空气同方向旋转，在出口处与空气相遇后边混合边燃烧。此外还有一种用于保温炉的类平焰型保温段烧嘴(见图 4 - 33)。

(3)线式烧嘴

线式烧嘴是一个有效长度大于台车宽度的整体烧嘴(见图 4 - 34)。为了使煤气分布均匀和防止台车侧板处供热不足，整个烧嘴被隔板分成几段，烧嘴的下部是用耐热钢制成的，分隔成一个煤气通道和两个空气通道，下部钻有很多小孔，煤气小孔与空气小孔成 90° 夹角。靠边部的小孔孔径比中间的孔径稍大而精密，因此能形成短火焰带状高温区。

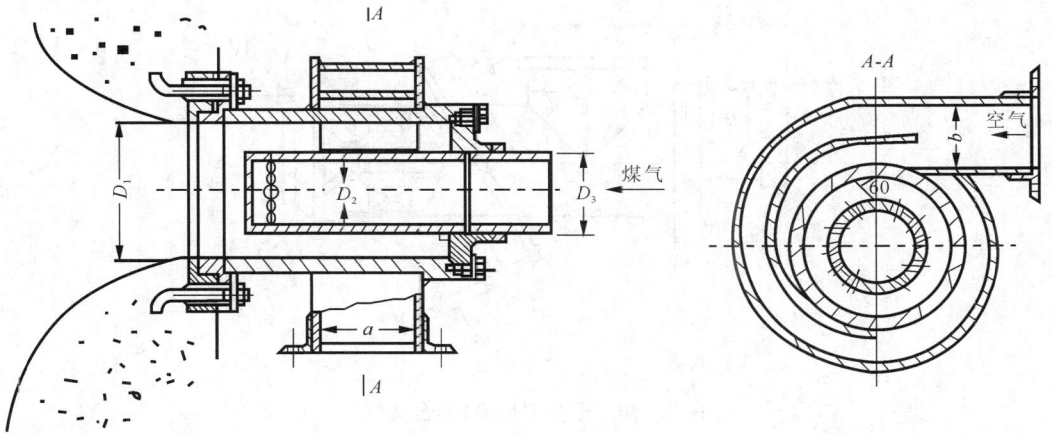

图 4-32 煤气平焰型烧嘴

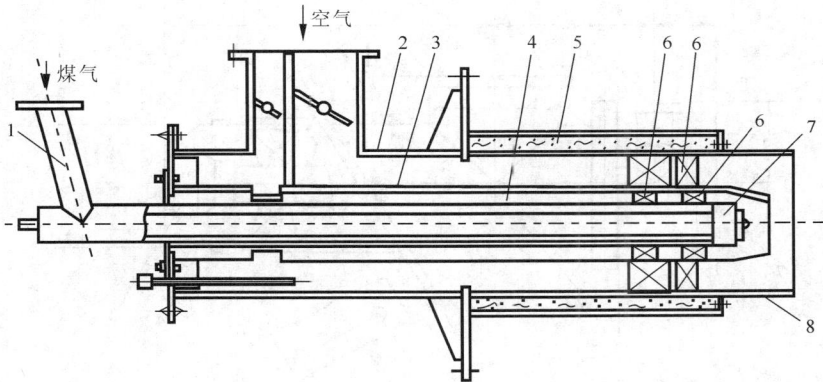

图 4-33 类平焰型保温炉烧嘴

1—煤气管；2—二次空气管；3—一次空气管；4—伸缩管；5—保温材料；6—旋流片；7—煤气喷头；8—空气喷头

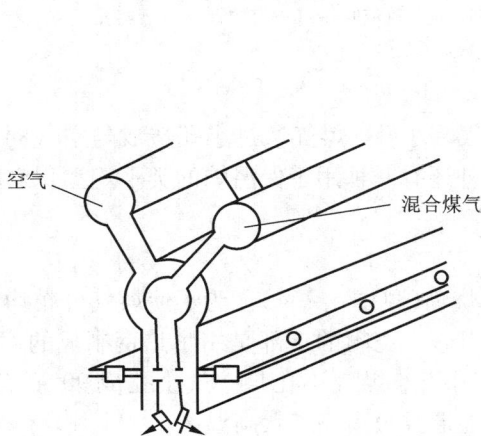

图 4-34 线式烧嘴(日本川崎千叶厂)

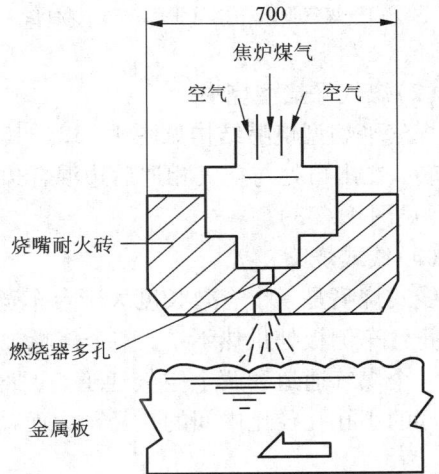

图 4-35 面燃式烧嘴(日本新日铁钢铁公司)

（4）面燃式烧嘴

面燃式烧嘴为内混式烧嘴（见图 4 - 35 和图 4 - 36），混合好的空气和煤气从一条缝中喷出而形成带状高温区。为了混合，在缝隙中装有高孔隙度的耐火物或耐热金属构件，因此它要求煤气含尘量要小于 50 mg/m³，粒径小于 0. 15 mm。

（5）多缝式烧嘴

多缝式烧嘴（见图 4 - 37）是几个旋风筒组合在一起形成一个烧嘴块，再由几个烧嘴块组成整个烧嘴。煤气从中心管流出与周围的强旋流的空气混合，在耐热钢的长槽中燃烧，在较窄的长形槽中形成带状高温区。

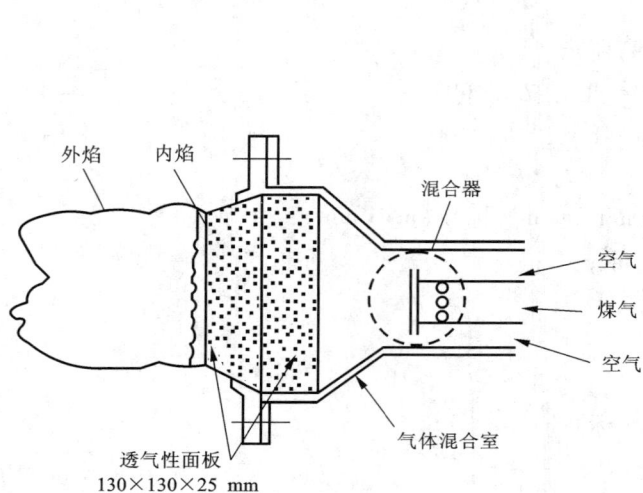

图 4 - 36 标准型面燃式烧嘴

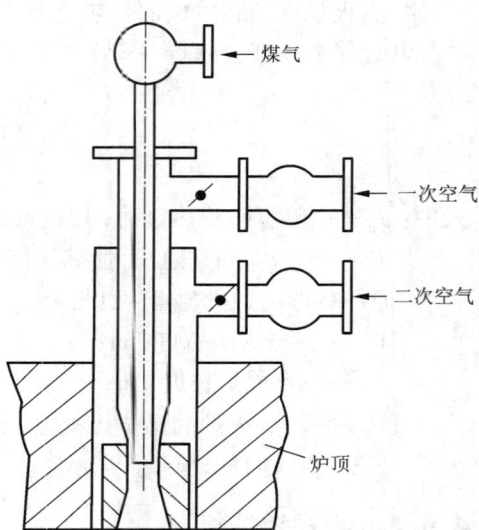

图 4 - 37 多缝式烧嘴

后面三种烧嘴的比较见表 4 - 11。

表 4 - 11 三种烧嘴有关参数比较

项 目	线式烧嘴	面燃式烧嘴	多缝式烧嘴
燃烧状态	外混式燃烧	内混式燃烧	外混式燃烧
炉膛高度，m	200 ~ 500 可调	200	250 ~ 300
煤气压力，Pa	2452	2452	2452
煤气热值，kJ/m³	9630	20000	19250
空气压力，Pa	2452	2452	2452
热耗，GJ/t 烧结矿	0.018 ~ 0.025	0.0127 ~ 0.0137	0.02 ~ 0.026

4.6.2.2 点火器主要参数

1. 点火炉长度

点火炉长度按公式(4 - 45)计算。

$$L_点 = L_内 + (0.5 \sim 0.7) \tag{4 - 45}$$

$$L_内 = v_{正常} \times 1.1 = v_{最大} \times 0.7 \tag{4 - 46}$$

式中：$L_点$——点火器长度，m；

$L_内$——点火器的内壁长度，m；

$v_{正常}$——烧结机正常机速，m/min；

$v_{最大}$——烧结机最大机速，m/min。

2. 点火炉宽度

点火炉内壁宽度与台车顶面的宽度一致。

3. 点火炉高度

点火炉的高度取决于烧嘴的型式。对于面燃式点火器，炉膛高度为 200 mm，线式或多缝式烧嘴，为 250～300 mm。

4. 点火强度 J 和单位面积热负荷 J_0

其计算公式如公式(4-47)和(4-48)所示。

$$J_0 = Q/(W_点 \cdot L_点 \cdot 60) \tag{4-47}$$
$$J_0 = V_{煤气}/(W_点 \cdot L_点 \cdot 60) \tag{4-48}$$
$$J = J_0 \cdot t$$

式中：J_0——单位面积热负荷，kJ/($m^2 \cdot$ min)或 m^3(标)/($m^2 \cdot$ min)；

J——点火强度，kJ/m^2 或 m^3(标)/m^2；

Q——点火炉供热量，kJ/h 或 m^3(标)/h；

$W_点$——点火炉宽度，m；

$L_点$——点火炉长度，m；

$V_{煤气}$——点火炉的燃烧煤气量，m^3(标)/h；

t——点火时间，min。

4.6.3 带式烧结机

4.6.3.1 带式烧结机结构

1. 传动装置

烧结机的传动装置一般由无级调速电机、减速机、开式齿轮对和星轮等部件组成，通过星轮带动台车沿着封闭轨道运行。传动装置安装在烧结机的头部(见图 4-38)。

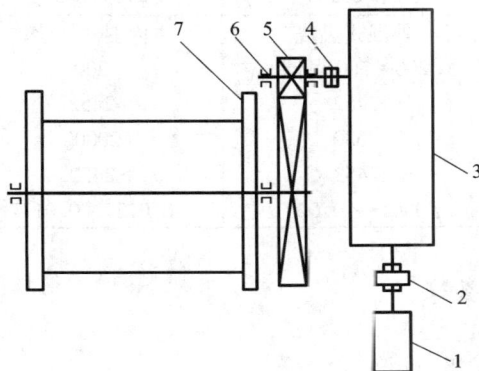

图 4-38 烧结机传动系统

1—电动机；2—挠性联轴节；3—减速器；4—安全联轴节；5—开式齿轮对；6—轴承座；7—传动星轮

2. 烧结机尾部结构

目前带式烧结机台车行走轨道有尾部"弯道式"和尾部"星轮式"两种型式。

（1）尾部"弯道式"

"弯道式"尾部结构（见图 4－39）就是尾部台车运行导向装置为半圆形的弯道。上部工作轨道是水平的，下部空车行走轨道向头部倾斜。

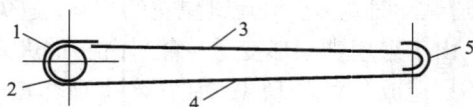

图 4－39　尾部弯道式轨道

1—头部弯曲轨道；2—传动星轮；3—水平工作轨道；4—倾斜轨道；5—尾部弯道

尾部弯道是可调的，目的在于保证台车在尾部卸矿处有一定的间隙，使台车在变道处产生一定的冲击力，便于烧结矿顺利地从台车上卸下。此间隙值根据烧结机的大小不同而有所区别，一般为 150～350 mm。如间隙过小，则冲击力不够，烧结矿黏在台车上，影响生产。尤其是台车间卡有大块烧结矿时，会造成电动机过电流而停产。如间隙过大，会产生过大的冲击力，造成台车变形，甚至弯道变形，台车端缘磨损严重，台车间的密封变坏，产生有害漏风。尾部弯道的调整需在大修时经过测量后进行。

在尾部弯道与下轨道、头部弯道与上轨道接轨处，均设有不长的导轨，是为了使由弯道出来的台车，可靠地进入轨道。

这种烧结机是早年投产的设备，它的头部星轮过大，台车端部磨损变形，容易引起台车起拱，而且还具有点火器容易损坏和漏风严重等缺点。因此目前大多不采用"弯道式"的尾部结构。

（2）尾部"星轮式"

星轮式的尾部结构（见图 4－40）即烧结机尾部设有星轮装置，尾部星轮和头部星轮一样大，台车行走的轨道都是水平的，头部和尾部弯道一般采用三个中心圆弧连接组成。为了解决台车的热膨胀问题，尾部星轮采用可移动式结构，通过重锤配重拉紧，在生产中能自由运动。

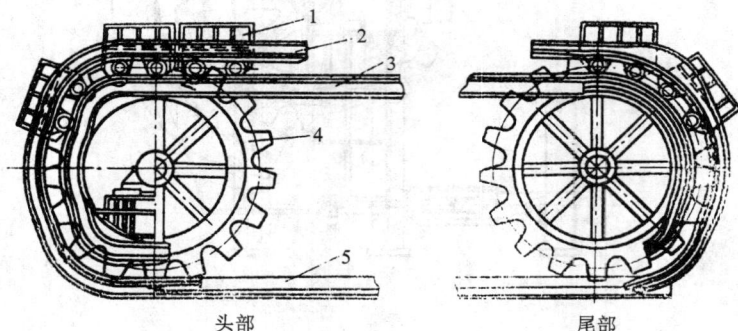

头部　　　　　尾部

图 4－40　尾部星轮式的轨道图

1—台车；2—外轨；3—内轨；4—星轮；5—下轨

与尾部"弯道式"比较，"星轮式"有如下优点：

①尾部为"弯道式"时，由于它的回车道是倾斜的，在其长度不变的情况下，使其头部星

轮直径过大；而"星轮式"的尾部结构，由于返回轨道是水平的，所以可以减少头部星轮直径，减小传动力矩，从而减轻转动装置。

②尾部为"弯道式"时，由于局部没有星轮，台车进入尾部弯道时，靠自重下落，使台车间发生冲击而引起磨损和变形，造成台车端部损坏，而且台车在水平道轨上运行时，相邻端面不能完全紧贴在一起而形成缝隙，从而产生严重漏风现象；而尾部加了星轮后，一方面消除了台车的碰撞，还使台车在回车道运动时直接受到尾部星轮的控制，避免台车在回车道掉道的事故。

③尾部为"弯道式"时，由于采用半圆形变道，台车由变道进入水平导轨运行时，相邻两台车端面发生磨损。有时还易造成"背车"现象，往往产生顶坏点火器的事故。而尾部为"星轮式"时，由于头尾部都有星轮，同时头、尾部弯道采用了三个中心的圆弧相接的轨道，可以保证台车在弯道时先摆平后接触或先分离后拐弯，使台车在轨道上运行平稳，在转变时不发生摩擦而使台车磨损，从而保证台车的端面完好，漏风现象减少。

为使台车能顺利地在头尾部弯道上运行，星轮节圆上的台车数一般取 8 个台车。当采用每台车在节圆上占据两个星轮齿的星轮结构时，考虑到齿的均匀磨损，一般都把星轮齿数选为 17 个。

"星轮式"尾部结构有尾部摆架和尾部水平移动架两种形式，其中摆架式又分为下摆式和上摆式两种。图 4 - 41 为下摆式结构。星轮和弯道等安装在摆架上，通过上轴和轴承座悬挂在烧结机机架上，下部通过平衡锤拉紧。生产中摆架根据台车的热膨胀情况，以轴为支点作相应的摆动。上摆式除支点位置设在摆架下部外，其他结构与下摆式一样。

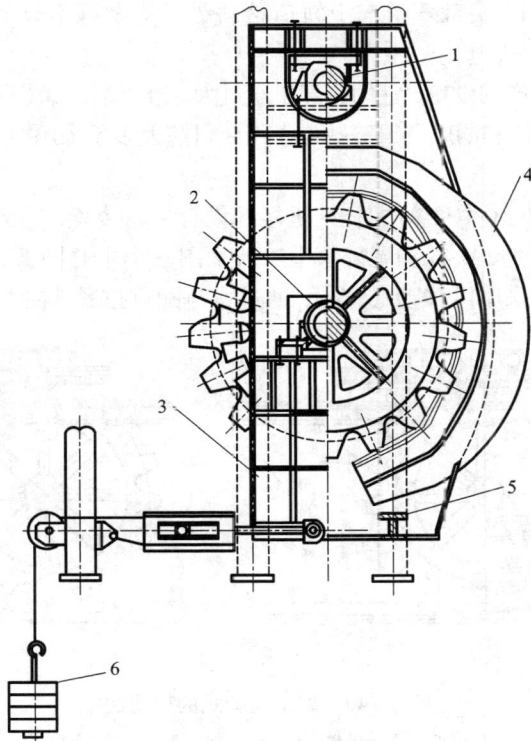

图 4 - 41 尾部摆架式示意图

1—上轨；2—尾部星轮轴；3—尾部摆架；4—密封板；5—联接梁；6—平衡锤

　　尾部水平移动架是由尾部星轮、移动架托轮组、尾部弯道和平衡锤等装置组成。整个移动架是通过左右挂架上的托轮组坐落在尾部机架上，整个移动架可以沿轨道前后移动，平衡锤通过配重向头部星轮方向拉紧移动架，使台车靠紧，以减少台车之间的漏矿和漏风。尾部水平移动架的原理如图4-42所示。

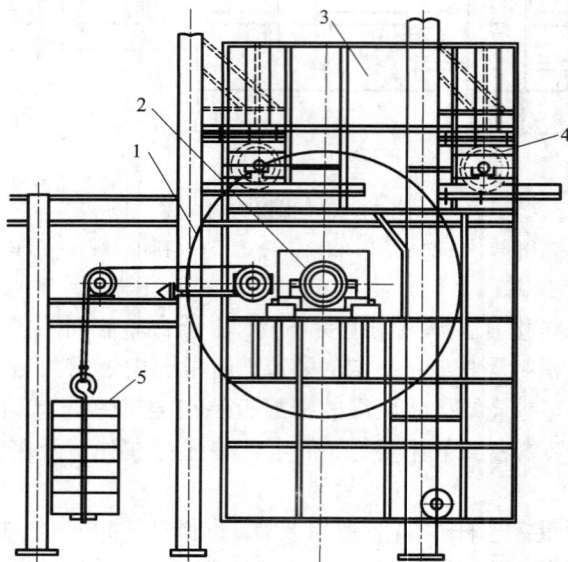

图4-42　尾部水平移动架示意图

1—尾部星轮；2—轴承座；3—移动架；4—车轮；5—平衡锤

　　水平移动架具有以下优点：

　　①平衡锤配重对台车系列所产生的压力是一个常量，不因移动架的移动而变化；

　　②移动架在进行自动调节过程中，移动架上的活动滑道始终与固定的轨道面保持在同一水平上，也就是头尾星轮中心线保持在同一水平上；

　　③移动架的移动量可根据需要进行设计，因此它适合于大型烧结机。摆架式的摆动量由于受支点的限制，只能在一定范围内调动，因此只适合于130 m² 以下的烧结机。

　　3. 密封装置

　　密封装置主要由风箱两侧滑道与台车滑板的密封、烧结机首尾风箱两端的密封、风箱之间的密封所组成。前两种影响着有害漏风，后一种影响着各风箱之间的窜风。

　　(1)风箱两侧滑道与台车滑板的密封装置

　　过去烧结机采用水封式密封装置、弹簧密封装置等，漏风都很严重。图4-43为台车滑板新式弹簧密封装置。密封板装在台车的两侧，由密封滑板、弹簧、销轴、销和门形框架等组成。密封板在门形框体内，由弹簧施加必要的压力。销轴用来防止密封板纵向或横向移动。轴销在台车体的孔中有较大活动位置，才能使密封板紧紧地压到滑道上。弹簧放在密封板凹槽内。门形框体用螺栓固定在台车体上，要保证小于台车体1~1.5 mm，以防止台车相互接触时把门形框体撞掉，但间隙不能过大，以免加重漏风。

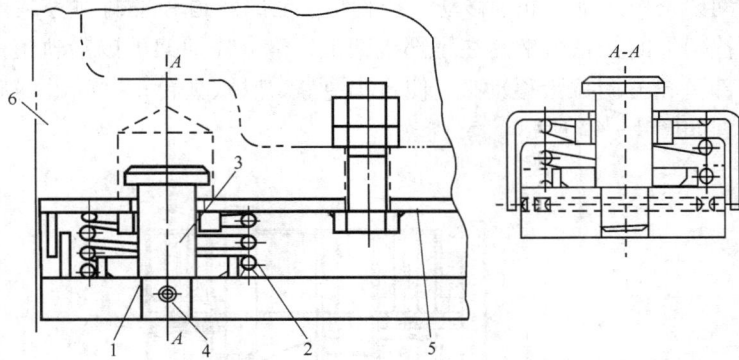

图4－43　弹簧密封装置

1—密封滑板；2—弹簧；3—销轴；4—销；5—门形框体；6—台车车体

（2）首尾风箱的密封装置

首尾风箱的密封是防止有害漏风的重要环节，由于台车底面不加工和高温塌腰变形，所以漏风严重。采用楔形密封隔板，有一定的效果，但常因楔形密封板磨损、台车塌腰变形等原因而失去密封作用；有些烧结机将两端的密封板装在金属弹簧上，使之与台车底部保持较紧密的接触，比上述的装置密封效果要好，但生产中还存在弹簧及密封板变形的问题，台车变形后，密封效果变坏。

新型烧结机多采用重锤连杆式端部密封装置（见图4－44），机头设1组，机尾设1～2组。密封板由于重锤作用向上抬起与台车本体梁下部接触，为防止台车梁磨损，密封板与台车梁之间一般留有1～3 mm的间隙。

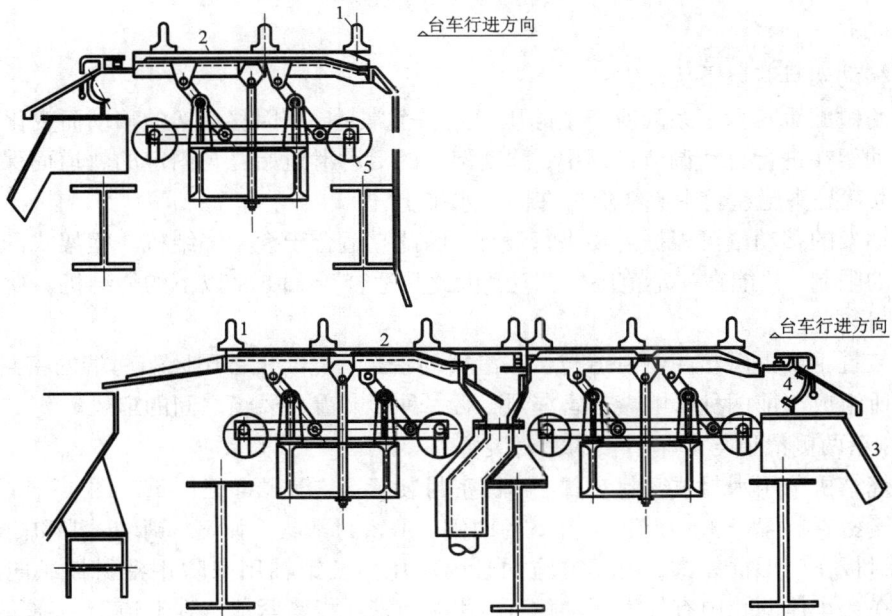

图4－44　重锤连杆式机头机尾密封装置

1—台车；2—密封板；3—风箱；4—挠性石棉密封板；5—重锤

（3）风箱之间的密封

由于在各风箱的位置上，台车上烧结料的透气性不同，则各风箱的负压不一样，相邻风箱间产生压差，促使风向抽力更大的风箱窜风，影响烧结过程的正常进行。所以风箱之间亦要进行密封，以防止窜风。

风箱间的密封，是由铸钢板垫以石棉绳，用平头螺钉固定在两风箱间的钢板上，因铸钢板与台车底部间隙较小（4 mm），故起到一定的密封作用。

由于铸钢板受到磨损，铸钢板与台车底部间隙增大，则窜风现象会增大。为了减少窜风，磨损处在定期检修时修复。

（4）台车

台车是烧结机的重要组成部分，它直接承受装料、点火、抽风烧结直至机尾卸料完成等烧结作业。台车在整个工作过程中，承受本身的自重、箅条的重量、烧结矿重量以及抽风负压的作用，又要受到气体和烧结料的机械和化学的冲刷作用，还要受到长时间高温的作用。台车的温度通常在 200 ~ 500℃ 之间变化，产生很大的热疲劳。因此台车是较易损坏的部件。

台车是由车体、栏板、滚轮、箅条等部分所组成，如图 4 - 45 所示。

台车的车体有四条横梁，铸成的箅条就放在横梁上，箅条的间隙为 6 mm，台车箅条间空隙的面积占整个面积的 12% 左右。台车的两侧有可更换的铸铁栏板，用螺钉将其固定在车体上，下部两侧安装有可更换的密封滑板，有的带有弹簧密封，当台车在轨道上行走时，滑板沿风箱两侧的滑道滑行。车体两侧装有四个滚轮，保证车体沿轨道运行。

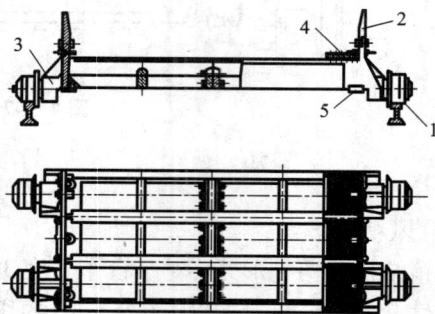

图 4 - 45　台车

1—滚轮；2—栏板；3—车体；4—箅条；5—滑板

台车体有整体、二体装配及三体装配等三种形式（见图 4 - 46）。除宽度较小的台车为整体铸造外，台车体一般采用二体成一体装配，这样对于长时间运转及维护是有利的，尤其是较宽的台车。

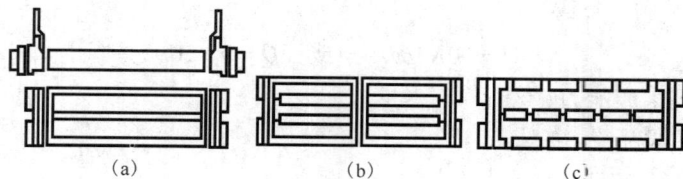

图 4 - 46　台车形式

（a）三体装配；（b）二体装配；（c）整体装配

宽度在 3 m 以上的台车，大多采用三体装配结构。这种结构的台车，把温度较低的两侧和温度较高的中部分开，用螺栓连接。由于各部分的温差较小，产生的热应力也较小，而且铸造容易，便于修补更换中间部分。另外，有的厂将台车体的中间部分做成对称的（见

图 4-47)，在台车产生塌腰变形时可以翻转使用。同时中间部分也可以用优质材料做成。这样，可延长台车寿命和减少维护费用，但三体结构，由于结合面的机械加工量和安装量大，故制造费用高。

台车栏板也是易损部件，主要是温度的激烈变化而产生变形和裂纹，为了减少热变形和栏板的重量，有的将栏板结构设计成上面一部分，下部属车体，也有的在纵向上由两块组成，在栏板的端部作凸起的和切槽的形式。

台车算条是台车的重要部件，也是消耗最大的易损件。台车算条有几种形式：一种为端部加强的，以延长寿命，一种为减薄算条厚度，可增加通风面积，还有一种专用算条用于安放在算条的剩余间隙上。

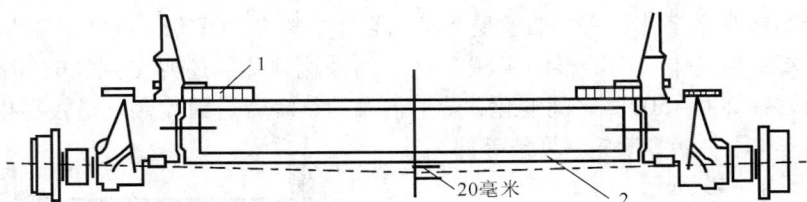

图 4-47 可翻转的台车
1—算条；2—可翻转车体

(5)风箱

风箱结构分两种形式，对于台车宽度 3 m 以下的烧结机，用从台车一侧抽出烧结烟气的风箱，对于台车宽度 3 m 以上(含 3 m)的烧结机，用从台车两侧抽出烧结烟气的风箱。

当风机负压比较高时，应考虑风箱承受浮力的结构，对于温度比较高(有的达 400℃左右)的风箱，必须考虑承受热膨胀。宝钢烧结厂为了防止风箱受膨胀及浮力影响，采用的风箱结构如图 4-48 所示。

4.6.3.2 带式烧结机主要参数

1. 烧结机生产能力

确定烧结机生产能力，一般根据烧结试验数据或同类原料的实际生产数据，并按公式(4-49)计算。

$$Q = 60KA\rho v \quad \text{或} \quad Q = q \cdot A \qquad (4-49)$$

式中：Q——烧结机生产能力，t/h；

K——烧结矿成品率，%；

A——有效烧结面积，m^2；

ρ——烧结矿堆积密度，t/m^3；

v——垂直烧结速度，m/min；

q——利用系数，$t/(m^2 \cdot h)$。

2. 烧结机面积

当烧结矿年产量确定后，烧结机有效面积根据正常日产量和利用系数按公式(4-50)进行计算。

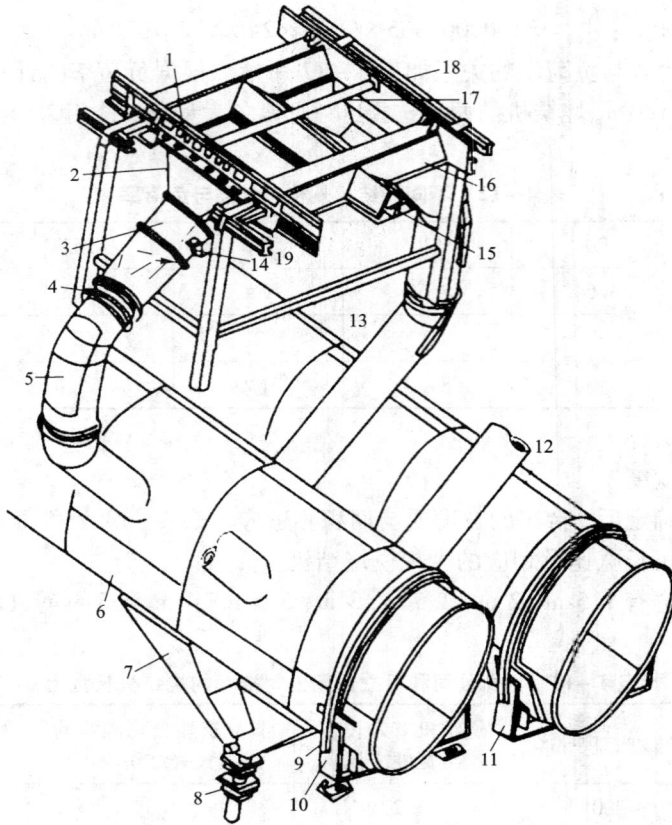

图 4 – 48 烧结风箱结构图

1—纵向梁；2—风箱；3—风箱支管闸门；4—伸缩管；5—风箱支管；6—脱硫系统降尘管；

7—灰斗；8—双层漏灰阀；9—加强环；10—自由支撑座；11—固定支撑座；12—非脱硫系统降尘管；13—骨架；

14—支管闸门开闭机构；15—中间支撑梁；16—横梁；17—支持管；18—滑架；19—浮动防止梁

$$A_{效} = \frac{Q_{日}}{24 \cdot q} = \frac{Q_{年}}{24 \cdot q \cdot 365 \cdot \eta} \qquad (4-50)$$

$$n = A_{效}/A_{单}$$

$$n' = n \cdot \varepsilon$$

式中：$A_{效}$——烧结机有效面积，m^2；

$Q_{日}$——烧结矿正常日产量，t/d；

$Q_{年}$——烧结矿年产量，t/a；

η——作业率，%；

$A_{单}$——单台烧结机的面积，m^2；

n——计算的烧结机台数，台；

n'——选择的烧结机台数，台；

ε——负荷率，一般取 90% ~ 95%。

例如：设计年产量 310 万 t/a 的烧结厂，烧结机利用系数为 1.2 $t/m^2 \cdot h$，作业率为

90%，计算选用烧结机的台数。

烧结机有效面积为：$A_{效} = 3100000/365 \times 90\% \times 24 \times 1.2 = 328$ m²

烧结机规格、台数与负荷率的关系如表 4-12 所示。根据负荷率的计算结果，有 4 台 90 m²烧结机或者 2 台 180 m²烧结机的两种选择，考虑设备大型化，选用 2 台 180 m²烧结机。

表 4-12　不同烧结机规格、台数与负荷率

规格/m²	90	130	180	252	450
计算台数/台	3.64	2.52	1.82	1.3	0.73
选用台数/台	4	3	2	2	1
负荷率/%	91.0	84.0	91.0	65.0	73.0

3. 烧结机台车宽度

烧结机的面积确定后，台车的宽度要与面积相适应。表 4-13 为鲁奇公司和日本日立造船公司推荐的烧结机长宽比及相应的大规模烧结机。

烧结机的台车宽有 1.5 m、2 m、2.5 m、3 m、3.5 m、4 m 和 5 m 等几种。

表 4-13　鲁奇公司和日立造船公司推荐的烧结机长宽比

台车宽度/m	烧结机面积/m²	烧结机有效长度与宽度之比	日立造船公司制造的最大烧结机/m²	鲁奇公司制造的最大烧结机面积/m²
3	≤200	≤22	183	258
4	≤400	≤25	320	400
5	≤700	≤28	600	400

4. 烧结机长度

烧结机长度由公式(4-51)计算。

$$L = L_x + L_y + L_s \tag{4-51}$$

式中：L——烧结机头尾星轮中心距，m；

L_x——头部尾轮中心至风箱始端距离，m；

L_s——烧结机有效长度，m；

L_y——风箱末端至尾部星轮中心的距离，m。

L_s的数值由烧结机面积(A)和台车宽度(W)计算得出。$L_s = A/W$，而且保证 $L_s : W \approx 20$，因为若台车宽度过小，则机尾齿辊转速增大，磨损严重。

L_x 及 L_y 的数值随台车宽度、尾部机架形式，烧结机的布料方式以及头尾密封板的长度不同而变化。例如，台车宽度为 3 m 的烧结机，其 L_x 及 L_y 的数值如图 4-49 所示。

图中 x 值在单层布料及机头采用一组密封板的情况下为最小值，等于 2.5 m，如果双层布料或头部设置多层密封板时，则 x 值需加大。y 值当尾部为一组密封板时为最小值，等于 1.475 m，当设置多组密封板时需加大 y 值。

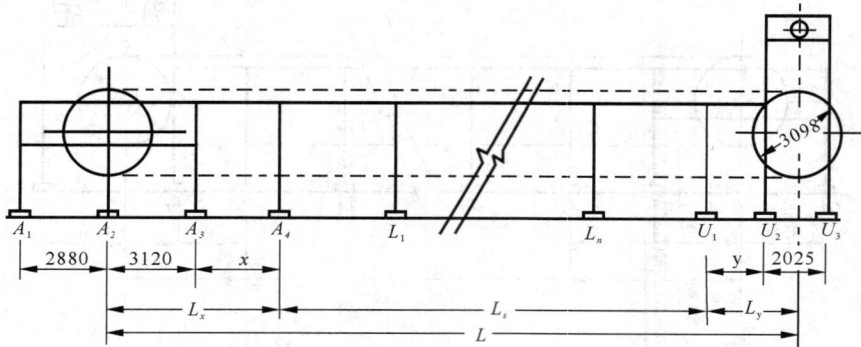

图4－49 台车宽3 m、机尾为摆架结构的烧结机长度参数

图4－50示出了台车宽度4 m，尾部设摆架的烧结机长度参数，图中 x 的最小值为3.375 m，y 的最小值为1.8 m。

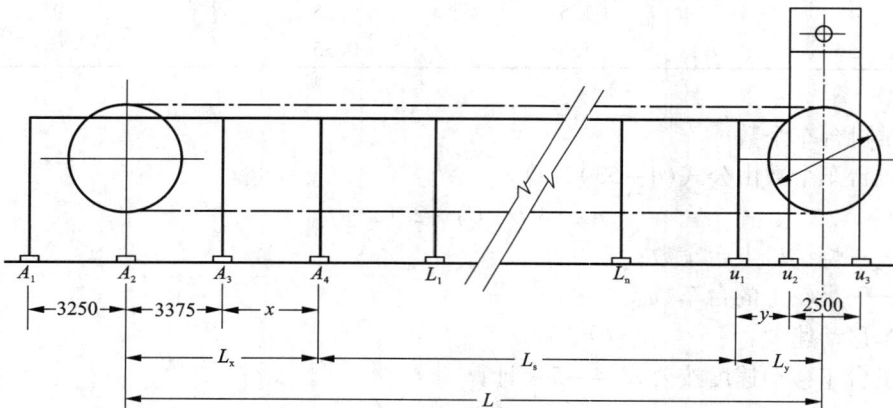

图4－50 台车宽4 m、机尾为摆架结构的烧结机长度参数

图4－51为尾部设移动架台车宽度为4~5 m 的烧结机长度参数。对于台车宽度为4 m 的烧结机，x 的最小值为3.375 m。对于台车宽度为5 m 的烧结机，x 的最小值为4.125 m。两者 y 的最小值均为2.8m。

烧结机尾部的结构形式，不论大、中、小型，应尽量采用移动架。

按照上述的方法计算出来的烧结机长度还需要进行调整，并满足公式(4－52)的要求。

$$(L-C) \times 2/L_{台} = 整数 \qquad (4-52)$$

式中：C——常数，m；

$L_{台}$——台车长度，m；

L——烧结机长度，m。

C 值随星轮直径不同而易，$L_{台}$ 随台车宽度不同而变化，见表4－14。

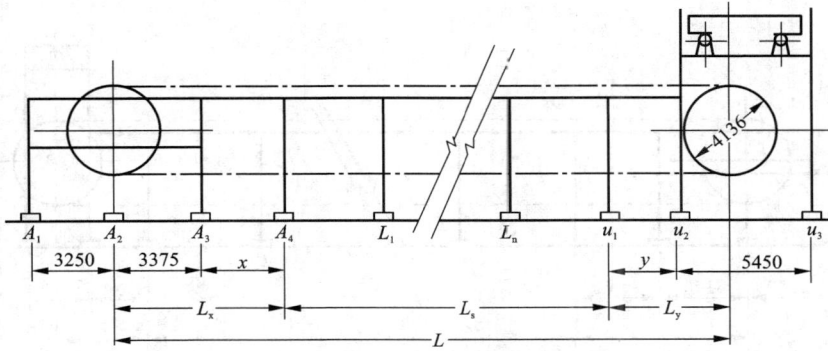

图 4 – 51　台车宽 4 ~ 5 m、机尾为移动结构的烧结机长度参数

表 4 – 14　C 值和 $L_台$ 值的变化

台车宽度/m	$L_台$/m	C/m	星轮上台车数/个
3	1.0	0.245	10
4	1.5	0.35	9
5	1.5	0.35	9

5. 烧结机台车个数

烧结机台车个数由公式(4 – 53)计算。

$$n_台 = (L - C) \times 2/L_台 + n_星 \qquad (4 - 53)$$

式中：$n_台$——烧结机上台车数；

　　　$n_星$——星轮上的台车数。

6. 台车移动速度

烧结机台车移动速度按公式(4 – 54)计算。

$$v = Q/(60whq\rho) \qquad (4 - 54)$$

式中：v——台车正常移动速度，m/min；

　　　Q——烧结机设备设计给料量，t/h；

　　　w——台车宽度，m；

　　　h——台车混合料料层高度，m；

　　　ρ——台车上混合料堆密度，t/m³ ($\rho = 1.6 \sim 1.8$ t/m³)。

台车移动速度是可调节的，一般最大机速是最小机速的 3 倍。

$$v_{最大} = v/(0.7 \sim 0.8) \qquad (4 - 55)$$

$$v_{最小} = v_{最大}/3 \qquad (4 - 56)$$

式中：$v_{最大}$——台车最大移动速度，m/min；

　　　$v_{最小}$——台车最小移动速度，m/min。

烧结机的移动速度还可以用下式计算：

$$v = v_\perp \cdot L_s/h \qquad (4 - 57)$$

式中：$v_\perp$——垂直烧结速度，$v_\perp = (23 \pm 5) \times 10^{-3}$ m/min。

7. 烧结机风箱布置

在有效长度内布置风箱，中、小型烧结厂采用 2 m 长的风箱，大型烧结机用 4 m 长的风箱。在每一机架间布置两个风箱，因此烧结机标准机架框距为 8 m，根据实际需要另设 3.5 m、3 m、(2.5)m 及 2 m 长的非标准风箱(带括号的不常用)。

$$L = L_{点火} + 4n_1 + 3n_2 + 2n_3 \qquad (4-58)$$

$$n_{风箱} = n'_{风箱} + n_1 + n_2 + n_3 \qquad (4-59)$$

式中：$L_{点火}$——烧结机点火段长度，m；

$\quad n_{风箱}$——总风箱个数；

$\quad n'_{风箱}$——点火的风箱个数；

$\quad n_1, n_2, n_3$——各长度的风箱个数。

确定风箱个数后，再布置烧结机的中部机架。

8. 烧结机驱动电机功率 N

在作可研性研究时，可用经验公式(4-60)估算烧结机传动电机功率。

$$N = 0.1 A_e \qquad (4-60)$$

不同面积烧结机所配用的电机功率列于表 4-15。

烧结机驱动电机功率的计算应用公式(4-61)。

$$N = MVK/(0.97\eta_1) \qquad (4-61)$$

式中：M——星轮驱动转矩，t·m；

$\quad V$——星轮转速，r/min；

$\quad K$——安全系数，通常取 1.2；

$\quad \eta_1$——机械效率，通常取 0.72。

表 4-15 不同面积烧结机驱动电机功率

有效烧结机面积/m²	电动机功率*/kW	有效烧结机面积/m²	电动机功率*/kW
$130 < A_{效} < 200$	22	$350 < A_{效} < 400$	45
$200 < A_{效} < 300$	30	$400 < A_{效} < 500$	55
$300 < A_{效} < 350$	37	$500 < A_{效} < 600$	75

* 标准直流电机，电机转速 300~900r/min。

4.7 烧结矿破碎、筛分设备

4.7.1 烧结矿破碎设备

目前我国普遍采用剪切式单辊破碎机进行烧结矿破碎，其结构如图 4-52 所示。单辊破碎机的主轴两端设水冷装置，齿辊驱动端设有保险装置；当超过负荷时，保险销被剪断，设备停止运转。

目前烧结厂大多数都采用水冷式单辊破碎机。水冷式破碎机在停机 10 min 后，齿冠温度仅为 65℃，箅板温度 56℃。水冷式破碎机的优点：

(1)由于采用堆焊式水冷齿辊及箅板，可提高寿命，齿辊提高 5~6 倍，箅板提高 2~4 倍；

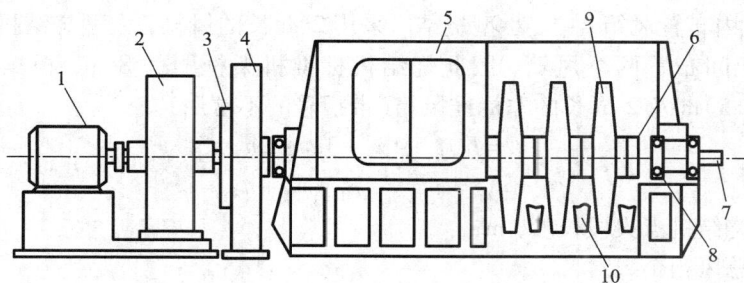

图 4-52 剪切式单辊破碎机

1—电动机；2—减速机；3—保险装置；4—干式齿轮；

5—箱体；6—齿辊；7—冷却水管；8—主轴；9—破碎齿；10—箅板

（2）堆焊整体锤头代替螺栓连接锤头，避免锤头掉落；

（3）齿辊、齿板检修方便，缩短检修时间，保证安全操作，改善了劳动条件。

其缺点是焊接复杂，对冷却水水质有一定的要求。

单辊破碎机的规格与烧结机相适应，主要取决于烧结机台车的宽度。表 4-16 为不同烧结机台车宽度的单辊破碎机规格。

表 4-16 单辊破碎机规格

台车宽/m	单辊直径/m	单辊齿片数/片	箅板箅条数/个	齿片（条）中心距/mm	驱动电机功率/kW	检修起重机重量/t
1.5	1.0					5
2.5	1.5					10
3.0	1.6	11	12	270	55	15
4.0	2.0	14	15	290	110	30
5.0	2.4	16	17	320	150	60

4.7.2 热烧结矿筛分设备

热烧结矿筛分设备有固定筛和热振动筛。固定筛结构简单，设备事故少，但对烧结矿质量和产量会带来不利影响。固定筛间隙一般为 13~25 mm。加大间隙虽有利于减少成品烧结矿粉末含量，但返矿中粗粒相应增加，使烧结矿成品率降低。间隙过小，筛分效率又过低，烧结矿中含粉率高，对冷却不利。日本热振筛与烧结机配套情况见表 4-17。从表中所列数据看出，热振筛与烧结机面积之比为 0.072~0.11。筛子长宽之比为 2:1。考虑到筛分效率和布料均匀，筛子的长宽之比应为 2.4:1~3:1。对于大型烧结机，筛子宽度比台车宽度小 0.5~1.0 m，台车宽 5 m 时，筛子宽 4 m，台车宽 4 m 以下时，筛子宽度比台车宽度少 0.5 m。

表 4 – 17 日本热振筛与烧结机配套情况

厂名	鹿岛 2 号	大分 1 号	水岛 3 号	加古川	水岛 1 号	金石
烧结机面积/m²	500	400	300	262	183	170
热振筛面积/m²	4×9=36	4×9.5=38	3.8×8.4=31.92	3.36×8.4=31.92	3×6=18	2.4×5.2=12.5
热振筛面积与烧结机面积之比	0.072	0.095	0.106	~0.122	0.10	0.074

热振筛根据振动形式分上振式和下振式。上振筛的筛分面积按公式(4–62)计算。

$$A = Q/(\rho \cdot q \cdot K \cdot L \cdot M \cdot N \cdot O \cdot P) \tag{4–62}$$

式中：A——振动筛筛分面积，m²；

Q——筛子处理量，t/h；

ρ——物料堆积密度，t/m³；

q——1m² 筛面面积上的平均生产率。热筛面积为烧结面积的 10% 时，筛分能力为 40~45 t/(m²·h)；q 值可按筛孔大小确定，当筛孔为 8 mm 时，q 为 16.6 t/(m²·h)；当筛孔为 6 mm 时，q = 12.35 t/(m²·h)；

K——考虑粒度小于筛孔尺寸一半的颗粒多少对筛分质量的影响系数，各厂粒度不一，如取平均值为 25%，则 K = 0.6；

L——大于筛孔颗粒的影响系数，取平均值为 75% 时，L = 1.75；

M——筛分效率影响系数，当筛分效率取 85% 时，M = 1.15；

N——物料形状的影响系数，取 N = 1；

O——物料中含水量影响系数，取 O = 1；

P——筛分方法的影响系数，取 P = 1。

4.8 烧结矿冷却设备

4.8.1 冷却设备工作原理

4.8.1.1 机上冷却

机上冷却设备为加长的烧结机。将烧结机前段作为烧结段，后段作为冷却段，当台车上的混合料在烧结段已烧结完成后，台车继续前进，进入冷却段。空气从烧结饼的裂缝、孔隙中抽过并将其冷却下来。一般烧结段和冷却段都备有专用风机。

4.8.1.2 机外冷却

机外冷却按其设备结构可分为带式冷却机和环式冷却机，这两种设备在国内外都得到了广泛使用，它们都具有较好的冷却效果。带式冷却机和环式冷却机按其风流方式都可以分为鼓风冷却和抽风冷却。

1. 带式冷却机

带式冷却机是一种链箅形的冷却设备，主要由台车、牵引装置、传动装置、尾部拉紧装置、密封装置、散料处理装置等组成。台车通过螺栓固定在链条上，链条牵引台车在托辊上慢慢运行，台车底部设有百叶窗形箅条或冲孔箅板，两侧采用橡胶密封，端部采用扇形密封

板密封。

抽风带冷机在台车的上方设有密封罩,罩内用隔板分成几个冷却段,每个冷却段的密封罩上端与轴流风机相接,冷风从台车底部的箅条下吸入,通过烧结矿层后,由风机经罩子上端的烟囱排出。图4-53为抽风带式冷却机的示意图。

鼓风带式冷却机在台车下面装有固定的风箱,把冷却机分成几个冷却段,每一段设有一台鼓风机与相应的风箱相连,风箱与台车之间设有密封装置。鼓风机鼓入的冷风经风箱穿过台车箅条后,将台车上的烧结矿层冷却,废气经台车上方的排气罩排入大气。图4-54为鼓风带式冷却机的示意图。

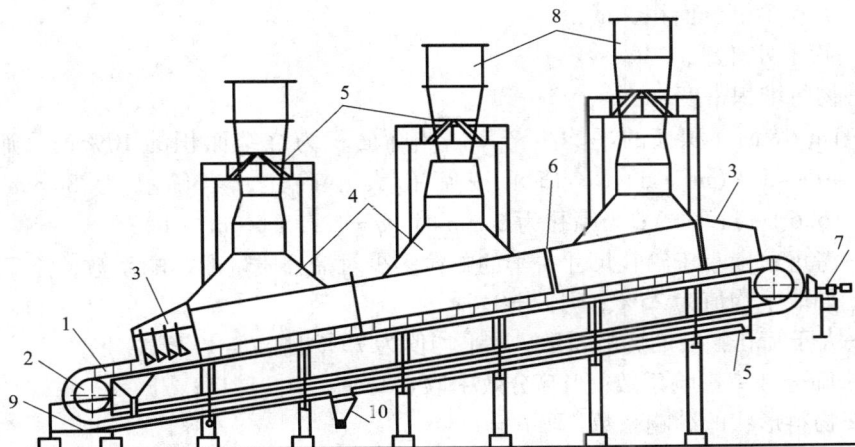

图4-53 抽风带式冷却机示意图

1—链板;2—链轮;3—端部密封罩;4—密封罩;5—抽风机;
6—密封罩吊架;7—传动装置;8—烟囱;9—刮板运输机;10—漏斗

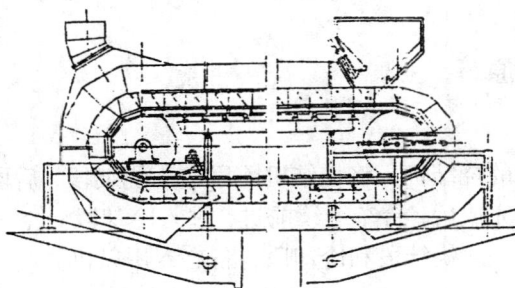

图4-54 鼓风带式冷却机示意图

2. 环式冷却机

环式冷却机是一种环形的冷却设备,主要结构有台车、回转框架、驱动装置、给料及卸料装置、散料收集及运输装置等。它的主体由若干扇形台车组成。台车连接在一个水平配置的环形框架上,形成一个首尾相接的台车环,环的上方设有排气罩。

现以200 m²环冷机为例说明其结构特点,45个双轮扇形冷却小车,铰接在中径为24 m

冷却环的联接管上。冷却环即传动架，由槽钢做成的圆环。摩擦轮直接使冷却环拖动着小车作等速圆周运动。冷却小车底部铺有百叶式箅条和铁丝网，小车在整个冷却区均罩在圆环形密封罩内。在进料处与卸料处，用四排可摆动的扇形密封板密封。载有炽热烧结矿的小车经密封罩运到卸料漏斗时，经内外卸料曲线，使小车倾斜60°，将已冷却好的烧结矿倒入卸料漏斗内(见图4－55)。

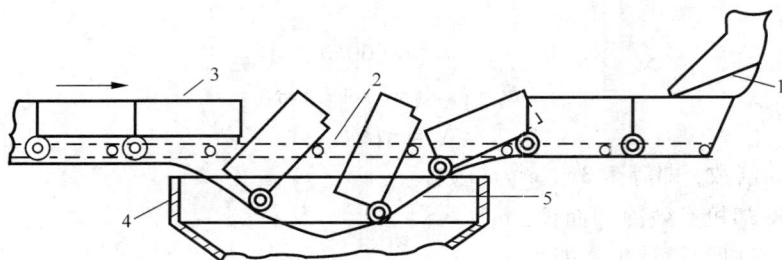

图4－55　环冷机装料卸料示意图
1—料斗溜槽；2—传动架；3—小车；4—矿槽；5—曲轨

　　抽风环式冷却机的风机布置在排气罩上方，利用风机在料层上方产生的负压，把冷空气从台车底部吸入，冷空气在穿过料层时与烧结矿进行热交换而达到冷却的目的。被加热的空气由风机通过各自的烟囱或共同的烟囱排入大气。为避免冷空气从料面吸入，排气罩的两侧与台车挡板之间必须密封。图4－56为抽风环式冷却机的结构示意图。
　　鼓风环式冷却机与抽风环式冷却机的区别在于冷空气是由鼓风机从台车底部鼓入，通过烧结矿层后从烟囱排入大气。因此台车下部需设置风箱和空气分配管，风箱与台车底部须严格密封，而排气罩除高温段因防止粉尘外逸采取密封外，其余部分可采用屋顶式的排气罩。

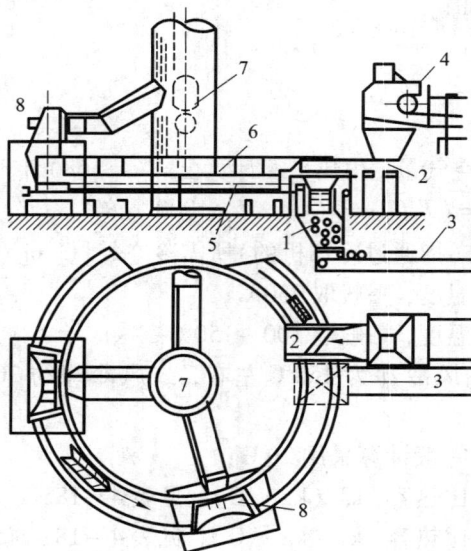

图4－56　抽风环式冷却机结构示意图
1—烧结机；2—装料漏斗；3—胶带运输机；4—卸料装置；5—冷却机本体；6—罩子；7—烟囱；8—风机

4.8.2 冷却设备主要参数

4.8.2.1 环冷机

1. 环冷机面积、直径和台车个数

环冷机有效面积按公式(4-63)计算,直径按公式(4-64)计算,台车个数按公式(4-65)计算。

$$A_{效} = Qt/(60h\rho) \tag{4-63}$$

$$D = A_{效}/(\pi b) + L_{d}/\pi \tag{4-64}$$

$$N_{t} = \pi D/b \tag{4-65}$$

N_{t}值为 3 的倍数,即等于 $3n$, n 为整数。

式中:$A_{效}$——冷却机有效冷却面积,m^2;

Q——冷却机的设计生产能力,t/h;

t——冷却时间,抽风冷却约 30 min,鼓风冷却约为 60 min;

h——冷机料层高度,鼓风冷却时,$h = 1.4 \pm 0.1$ m;抽风冷却时,$h = 0.3 \pm 0.1$ m;

ρ——烧结矿堆积密度,$\rho = 1.7 \pm 0.1$ t/m^3;

D——冷却机直径,m;

b——冷却机台车宽度,m;

L_{d}——冷却机无风箱段的中心长度,约为 18 ~ 20 m。

冷却机的转速按下式计算:

$$v_{n} = 60A_{效}/(\pi \cdot D \cdot b \cdot t) \tag{4-66}$$

$$v_{max} = v_{n}/(0.7 \sim 0.8) \tag{4-67}$$

式中:v_{n}——正常转速,r/h;

v_{max}——最大转速,r/h;

b——台车的宽度,m;

式中其他符号含义同上。

2. 冷却机风量

冷却 1 t 烧结矿所需冷空气量,用热平衡计算公式(4-68)计算。

$$Q = (T_{1}C_{1} - T_{2}C_{2}) \times K \times 1000/c'(T'_{1} - T'_{2}) \tag{4-68}$$

式中:Q——冷却 1 t 烧结矿(指通过冷却机的)所需冷空气量,m^3(标)/t;

T_{1}——热烧结矿平均温度,一般取 750℃;

T_{2}——冷烧结矿平均温度,一般取 100 ~ 150℃;

T'_{1}——废气温度,抽风冷却为 150℃ 左右,鼓风冷却约 200℃,均系烟囱废气平均温度;

T'_{2}——冷空气温度,一般计算采用 20℃;

C_{1}——热烧结矿平均比热容,kJ/(kg·℃),见表 4-18;

C_{2}——冷烧结矿平均比热容,kJ/(kg·℃),见表 4-18;

C'——空气平均比热容,取 1.302 kJ/(m^3(标)·℃);

K——热交换系数,被冷空气带走的热与烧结矿输出的热之比,试验室测定数值为 0.95。

第 4 章　烧结工艺设备选择与计算 ●●●●●●

表 4 - 18　烧结矿平均比热容

温度/℃	100	300	500	750
比热容/kJ·(kg·℃)$^{-1}$	0.5 ~ 0.6	0.7 ~ 0.8	0.8 ~ 0.9	0.8 ~ 0.9

对于抽风冷却，按公式(4 - 66)计算出的风量，就是通过冷却机烧结矿层的常温空气的风量(Q)，通过风机的实际风量按公式(4 - 69)计算。

$$Q_实 = Q(273 + T'_1)/(273 + 20)\ \text{m}^3/\text{t} \tag{4 - 69}$$

式中符号意义同上。

冷却风机的风量按公式(4 - 70)计算。

$$Q_c = Q_{sc} \cdot Q_n/60 \tag{4 - 70}$$

式中：Q_c——冷却风机的风量，m³(标)/min；

　　　Q_{sc}——每吨烧结矿所需风量，鼓风冷却选 2000 ~ 2200 m³(标)/t；抽风冷却选用 2800 ~ 3500 m³(标)/t；

　　　Q_n——冷却机生产能力，t/h。

3. 冷却风压

鼓风冷却风压一般按公式(4 - 71)和公式(4 - 72)计算。

当无热振筛时：
$$p = 1275h\,(Q_{sc}/60)^{1.67} \tag{4 - 71}$$

当有热振筛时：
$$p = 980h\,(Q_{sc}/60)^{1.67} \tag{4 - 72}$$

式中：p——鼓风压力，Pa；

　　　Q_{sc}——单位冷却面积的风量，m³(标)/(m² · min)。

4. 冷却机风速

冷却机整个冷却面积的平均风速可按公式(4 - 73)计算。

$$V_0 = Qq/3600LB \tag{4 - 73}$$

式中：V_0——风速，m/s；

　　　Q——冷却 1 t 烧结矿所需风量，m³(标)/t；

　　　L——冷却机长度，m；

　　　B——冷却机宽度，m；

　　　q——冷却机生产能力，t/h，$q = 60Bh\rho L/t$。

则公式(4 - 73)变为公式(4 - 74)。

$$V_0 = Q\rho h/60t \tag{4 - 74}$$

式中符号意义同上。

5. 冷却时间

冷却时间与烧结矿表面同空气热交换速度及烧结矿中心至表面的热传导速度有关，同时与料层厚度有关。

采用抽风冷却，料层厚度一般不超过 400 mm，烧结矿粒度小于 150 mm。大块烧结矿所

需的冷却时间应通过试验确定，一般为 25 ~ 30 min。抽风冷却时间可按公式(4 - 75)计算。

$$t = Qrh/60V_0 \qquad (4 - 75)$$

式中符号意义同前。

上式未考虑烧结矿的粒度，计算出的冷却时间可按经验公式(4 - 76)进行校对。

$$t = 0.15kd \qquad (4 - 76)$$

式中：k——常数，按烧结矿筛分效率高低取 1 ~ 1.2，如果烧结矿小于 8 mm 的含量为零，k 为 1；

　　　d——烧结矿粒度上限，mm，取 150mm；

　　　t——冷却时间，min。

设 $Q = 3500$ m^3(标)/t，$h = 0.35$ m，$v_0 = 1.6$ m/s，$r = 1.8$ t/m^3。

则用公式(4 - 75)计算冷却时间为：$t = 3500 \times 1.8 \times 0.35/60 \times 1.6 = 24$ min。

按经验公式(4 - 76)进行校核，设热烧结矿经热振筛分，筛分效果较好，k 取 1.1，则 $t = 0.15 \times 1.1 \times 150 = 25$ min。

可见，两种计算结果相近，同时与生产数据也基本相符。

按经验公式(4 - 76)求出不同粒度所需最少的冷却时间见表 4 - 19。

表 4 - 19　不同粒度烧结矿计算的最小冷却时间

烧结矿粒度/mm	150	100	50
冷却时间/min	23 ~ 30	15 ~ 23	7 ~ 10

鼓风冷却机设计的冷却时间一般为 60 min 左右。

4.8.2.2　带冷机

带冷机的有效冷却面积计算方法与环冷机相同。如设热矿筛时，带冷机的宽度要根据热振筛的宽度确定。带冷机的有效冷却面积也可根据烧结机的有效面积按经验来确定。

抽风带冷的冷烧比为 1.25 ~ 1.50；

鼓风冷却的冷烧比为 0.9 ~ 1.1。

按经验确定的冷却面积比用公式计算的要偏大。

带冷机速度按下式计算：

$$v = Q/(60 \cdot B \cdot h \cdot \rho) \qquad (4 - 77)$$

式中：v——带冷机速度，m/min；

　　　Q——带冷机的给料量，t/h；

　　　B——带冷机的宽度，m；

　　　h——料层高度，m；

　　　ρ——烧结矿堆积密度，$\rho = 1.7 \pm 0.1$ t/m^3。

带冷机的速度应能调速，其他参数如风量、风压、风速、冷却时间与前述环冷机相同计算。

4.9 烧结矿整粒设备

烧结矿的整粒设备包括冷烧结矿的破碎和筛分设备。

4.9.1 破碎设备

冷烧结矿的破碎一般采用双齿辊破碎机。双齿辊破碎机破碎过程产生的过粉碎少，成品率高，结构简单，安全可靠，使用维修方便，能耗低。其结构与光面辊式破碎机的相同，只是辊子表面是齿形的。

1. 破碎机的生产能力

破碎机生产能力可按式（4 - 78）计算。

$$Q = 60C\pi D_1 NSKB\rho \qquad (4-78)$$

式中：Q——破碎机的设备设计能力，t/h；

C——破碎比系数，$C = 0.6d'/d + 0.15$；

D_1——破碎辊直径，m；

N——辊子的平均转速，高速辊：$N \leqslant 60$ r/min；低速辊：$N \leqslant 50$ r/min；

S——辊子间隙，$S = (50 \pm 20) \times 10^{-3}$ m；

K——辊长工作系数，$K = 0.7 \pm 0.1$；

B——辊子长度，m；

ρ——烧结矿堆积密度，t/m³。

2. 双齿辊破碎机驱动电功率

破碎机的驱动电机功率可按式（4 - 79）计算。

$$N = E_L/\eta \qquad (4-79)$$

$$E_L = KQW_1 \left[(\sqrt{F_e} - \sqrt{P})/\sqrt{F_e} \right] \cdot 10/\sqrt{P} \qquad (4-80)$$

式中：N——驱动电动机功率，kW；

E_L——机械效率，90%；

Q——破碎机的设计能力，t/h；

W_1——破碎机工作指数，8kW·h/t；

F_e——给料中80%通过的粒度，一般为 1.2×10^5 μm；

P——排料中80%通过的粒度，一般为 4.2×10^4 μm；

K——富余系数，一般取1.3。

4.9.2 筛分设备

4.9.2.1 固定筛

整粒系统的第一次筛分由于分级的粒度较大，且筛分效率不太严格，所以一般采用固定条筛即可满足要求。固定条筛倾角一般为35°~40°，倾角可调，条筛间隙为50 mm、40 mm或35 mm等。

固定筛筛分面积按经验公式（4 - 81）计算。

$$F = Q/(2.4d) \qquad (4-81)$$

式中:d——固定筛筛孔尺寸,mm;

Q——通过固定筛的给矿量,t/h;

F——筛分面积,m²。

筛子宽度一般要根据破碎机给矿口宽度来定,长宽比一般为 2~4。

4.9.2.2 振动筛

冷烧结矿筛分用的振动筛主要有自定中心振动筛和直线振动筛(即低头式振动筛)。

自定中心振动筛倾角大、处理能力大、耗电少,一般用于较大颗粒的筛分。大型烧结机整粒流程中二次筛分可选用此设备,也可用于中、小烧结厂的三、四次筛分。

直线振动筛倾角小、筛分效果好,但装机容量大。一般用于整粒系统的三、四次筛分。

双层振动筛下层筛网检修困难,新设计厂尽可能不采用双层筛。此外还有少数烧结厂采用共振筛和圆筒筛等。共振筛具有处理能力大、筛分效率高、电能消耗小等优点,但振动大、筛板弹簧易损坏、设备可靠性差。圆筒筛工作可靠、算条磨损小,但其工作筛面仅占总筛分面积的 12.5%~17%,所以设备笨重,而且烧结矿易产生粉碎。因而这两种筛分设备都没有得到广泛的使用。

振动筛筛分面积按公式(4-82)计算。

$$A = Q/(qLVHMSC\rho) \tag{4-82}$$

式中:A——筛子面积,m²;

Q——筛子的生产能力,t/h;

L——筛分效率系数,见表 4-20;

q——单位面积生产能力,t/(m²·h),见表 4-21;

V——大于筛孔的粗粒影响系数,见表 4-22;

H——小于 1/2 筛孔的细粒影响系数,见表 4-23;

M——筛网层数影响系数,见表 4-24;

S——筛网系数,见表 4-25;

C——筛孔形状系数,见表 4-26;

ρ——烧结矿堆积密度,$r = 1.7 \pm 0.1$ t/m³。

表 4-20 筛分效率系数 L

筛分效率/%	(95)	90	85	80	75	70	(65)	(60)	(55)	(50)	(45)	(40)	(30)
L 值	(0.8)	1.0	1.2	1.4	1.55	1.7	(1.85)	(2.0)	(2.15)	(2.25)	(2.38)	(2.50)	(2.70)

( )内数据不常用。

表 4-21 单位面积生产能力 q/(t·m⁻²·h⁻¹)

筛孔尺寸/mm	2.5	3	5	6	10	13	15	20	30	40	50	60	70	80	90
q 值	5	6	8.5	10	14	16	17	20	23	27	31	34	37	40	45

表 4 - 22 粗粒影响系数 *V*

给料中大于筛孔尺寸的含量/%	0	10	20	30	40	50	60	70	80	90
V 值	0.91	0.94	0.97	1.03	1.09	1.18	1.32	1.55	2.00	33.6

表 4 - 23 细粒影响系数 *H*

给料中小于筛孔尺寸之半的含量/%	0	10	20	30	40	50	60	70	80	90
H 值	0.2	0.4	0.6	0.8	1.0	1.2	1.4	1.6	1.8	2.0

表 4 - 24 筛网层数影响系数 *M*

筛网层数	单层筛	双层筛	三层筛
M 值	1.00	0.93	0.75

表 4 - 25 筛网系数 *S*

筛网种类	钢板冲孔		金属编织物	拉制金属网	铸钢筛网	固定筛或棒条筛
	正方孔	长方孔				
S 值	0.8	0.85	1.0	0.85	0.75	1.0

表 4 - 26 筛孔形状系数 *C*

筛孔长宽比	<2	2 ~ 5	>5
C 值	1.0	1.2	1.4

振动筛驱动电动机功率按公式(4 - 83)计算。

$$P = M \cdot n \cdot K / (71620 \times 1.36 \times T_0) \tag{4 - 83}$$

式中：*P*——驱动电机功率，kW；

   M——驱动力矩，kg·m；

   n——振动次数，750 r/min；

   T_0——电机起动转矩，为额定转矩的 200%；

   K——富余系数，取 1.2。

4.10 烧结主风机

烧结主风机是烧结厂的主要设备，它直接影响生产过程的进行。为了保证生产过程的顺利进行，烧结风机必须具备下列特性：

(1)效率高，运转特性稳定；

(2)具有高度的耐磨性、可靠性及耐热性能；

(3)制造时进行过严格的动平衡和静平衡试验；

(4)具有消音措施。

烧结抽风机为单吸入式或双吸入式的离心风机。一般小型风机多为单吸入式；大型风机为双吸入式。它主要由机壳、叶轮、轴、轴承和润滑装置等组成。烧结风机按叶轮叶片的形式分为径向型和后弯型，其中径向型分为径向直叶片和径向曲叶片两种。后弯型分为后弯直叶片、后弯曲叶片和翼形叶片三种。部分风机叶片形状见图4-57。

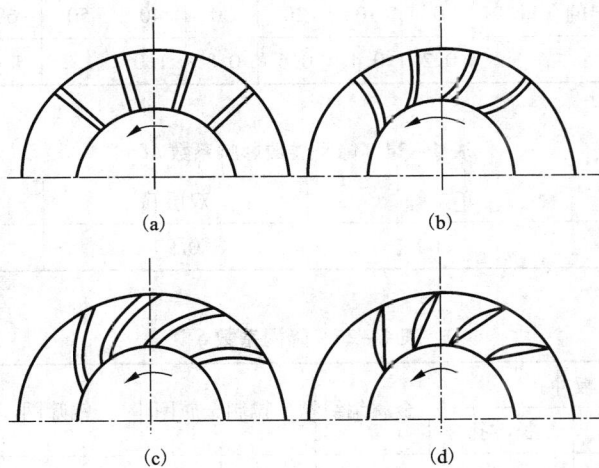

图4-57　风机叶片形状
(a)径向直叶片；(b)径向曲叶片；(c)后弯曲叶片；(d)后翼形叶片

风机叶片的形状决定进入风机的气体流线形状和叶片进出口压力损失的大小，因此叶片形状对风机效率影响很大。径向叶片风机效率一般很低，只有71%左右，后弯叶片风机效率比径向叶片高5%~11%，翼形叶片风机效率较高，为84%左右。我国烧结厂多使用后弯叶片风机。

风机的风量和风压是烧结抽风机的主要技术参数。

烧结抽风机的风量由烧结机的有效面积决定，一般单位烧结面积的适宜风量为90±10 $m^3/(m^2 \cdot min)$。褐铁矿和菱铁矿烧结时取大值。

烧结抽风机负压对耗电量影响很大，必须慎重选用。对于普通烧结我国设计选用的负压一般在10780~15680 Pa之间。

4.11　烧结除尘设备

4.11.1　主要尘源和除尘器的选择

1.烧结机烟气除尘

烧结机主抽风烟道烟气是烧结厂最主要的粉尘污染源，烟气的平均含尘量可以达到1000~5000 mg/m^3(标)左右，目前我国烧结烟气粉尘浓度排放标准是现有企业小于90 mg/m^3(标)，新建企业限定在50 mg/m^3(标)以内。

　　烧结烟气绝大多数采用两段式除尘，第一段利用降尘管除尘，第二段大多数采用多管除尘或电除尘器，个别小厂采用旋风除尘器。

　　目前绝大多数大中型烧结机均采用电除尘器除尘，可以满足排放浓度小于 90 mg/m³ 的基本要求。根据国内烧结烟气除尘的实际情况，要达到粉尘排放浓度小于 50 mg/m³ 的要求，必须采用四个以上电场超高压宽极距的电除尘器。

　　2. 烧结机机尾除尘

　　烧结机机尾除尘一般包括烧结机尾部卸矿点、单辊破碎机、热振筛、冷却机受料点等处。烧结机机尾含尘气体温度高(80～200℃)，含湿量很低，粉尘回收量大(含尘浓度标准状态 5 000～15 000 mg/m³(标))，TFe 含量高。

　　烧结机机尾除尘系统曾使用过湿式除尘器、颗粒层除尘器、旋风除尘器、多管除尘器，但因其维护工作量大、易造成二次污染，难以达到排放标准的要求，因此被电除尘器所取代。目前随着袋式除尘器各种新型滤料的不断出现，常规的布袋除尘器已可以耐 250℃ 左右的高温，加上其除尘效率高，特别是对微细粉尘，一般可达 99% 的除尘效率，而且可以捕集多种干式粉尘，特别是高比电阻的粉尘，因此越来越多的烧结厂使用布袋除尘器。

　　3. 烧结矿整粒系统除尘

　　整粒系统除尘主要包括固定筛、双齿辊破碎机、振动筛以及附近的胶带运输机等扬尘点，粉尘产生量大、粒度细且干燥，风量要求大，一般均设置专门的整粒除尘系统。根据整粒系统粉尘的特性和实际生产情况，可以采用高效大风量袋式除尘器或电除尘器。

　　4. 配料室除尘

　　烧结用各种含铁原料、熔剂和燃料一般都集中在配料室配料，尤其是较干的物料在由给料设备落下至电子皮带秤或配料皮带的过程中，因落差产生大量扬尘，加上配料室空气湿度较大，因此必须选择合适的通风除尘设备。目前配料室除尘一般采用电除尘器或者袋式除尘器。

　　5. 原料准备系统除尘

　　进厂的大块熔剂和燃料要经过破碎或筛分流程，在原、燃料的准备过程中，尤其是在熔剂的破碎筛分过程中，因物料干燥极易产生大量粉尘。根据现场工艺一般可采用几台小型布袋除尘器分散布置，也可选用一台大风量的袋式除尘器或电除尘器。

　　6. 混料系统除尘

　　进入混料系统的烧结混合料散发出大量水蒸气，并夹带一些粉尘，在混合料转运过程中极易造成尘雾弥漫。对于混合料胶带机运输通廊应加强通风，必要时可设置密闭罩或机械排风系统，促进废气外排。在胶带机的受卸料点、混合机机头和混合机机尾应根据实际情况设置自然排气管道、喷淋管或机械除尘系统。

4.11.2　降尘管和除尘器的工作原理

　　1. 降尘管

　　选择双降尘管一般应遵守的原则：

　　(1)如果烧结含硫较高，烧结烟气经过高烟囱稀释后，仍不能达到国家的规定，则应选择双降尘管。一根降尘管抽取非脱硫段的烟气，另一根降尘管抽取脱硫段的烟气，经脱硫装置后，再从烟囱排出。

　　(2)虽然烧结原料的含硫不高，烟气不需脱硫，但对于大型烧结机，台车宽度等于或大

于 3.5 m，亦可设两根降尘管。

降尘管的结构，要考虑承受热膨胀和最大负压，为保持烟气温度在露点以上，需要保温，使烟气温度保持在 120~150℃。

大型烧结机降尘管沿长度方向分成三段，中段用螺栓固定，其余则设棍子支撑，受热膨胀时可向两端伸缩。各段连接处设一膨胀圈，膨胀圈用 6 mm 的挠性石棉板制成管状的结构。

降尘管内烟气流动所允许的最大流速为：

$$v \leqslant \sqrt{4gd\rho_1/(3k\rho_2)} \qquad\qquad (4-84)$$

式中：v——烟气流速，m/s；

    d——灰尘质点的直径，m；

    ρ_1——灰尘质点的密度，kg/m³；

    ρ_2——烟气的密度，kg/m³；

    k——阻力系数；

    g——重力加速度，m/s²。

由上式可以看出，降尘管内烟气的流速决定于灰尘的粒度和密度，而降尘管的降尘效果与其直径和烟气流速有关。直径大，流速小，降尘效率高。但直径过大，配置困难，投资高。

我国一些烧结机降尘管直径及烟气流速见表 4-27。

表 4-27 降尘管直径及烟气流速

烧结机面积/m²	90		130	450			
降尘管直径/mm	3450	3800	4200	4300	4600	4900	5200
烟气量/m³(工况)·min⁻¹	8000	9000	12000			21000	
烟气流速/m·s⁻¹	14~15	13~14	14~15			16.5(平均)	

国外大多数以烧富矿粉为主，因此烟气流速较高。日本若松烧结厂降尘管烟气流速为 18.29 m/s。

2. 旋风除尘器

如图 4-58 所示，旋风除尘器主要是由进气管、圆柱体、圆锥体、排气管和排灰口组成。按照旋风除尘器高与外径之比是大于 2 或小于 2，将旋风除尘器分为高型或低型两种，高型的特点是直径小，灰尘停留时间长，可收集更细的灰尘，因此，效率高，应用广泛。影响除尘效率的主要因素是进气速度、除尘器直径、灰尘的粒度和密度、除尘器下部密封程度和下部的坡度。

3. 多管除尘器

多管除尘器是由许多小旋风除尘器(又称旋风子)组成的。每个单体旋风子的直径约为 250 mm，含尘气体从进口进入，然后分别进入每个单体的旋风子中，经导向器产生旋转运动，使灰尘沉降下来，进入旋风下面的锥形集灰斗中。净化后的气体经导气管又汇集于上部空间，由侧面开口处排出。多管除尘器结构见图 4-59。

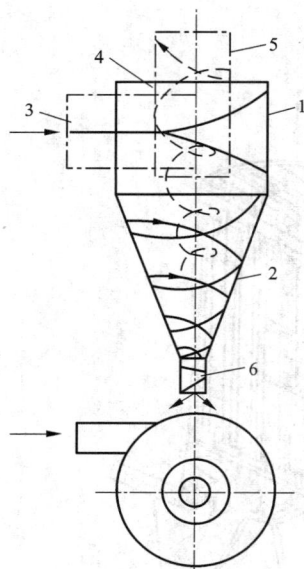

图 4 – 58　旋风除尘器简图

1—筒体；2—锥体；3—进气管；4—顶盖；
5—中央排气筒；6—灰尘排出口

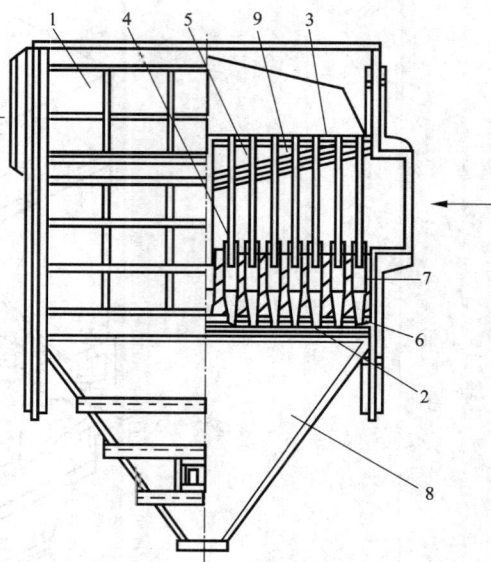

图 4 – 59　多管除尘器简图

1—方形外壳；2—下层花板；3—上层花板；
4—单体旋风子；5—导气管；6—填料Ⅰ；
7—填料Ⅱ；8—集灰斗；9—中层花板

　　根据灰尘质点沉降原理，增加气体流速和减小气体旋转半径可使灰尘沉降速度增大，因此减小旋风子的直径可以提高收尘效率。但是气体流速过大，会使电耗增加，同时还由于产生涡流而降低除尘效率。旋风子直径过小则降低气体处理量。一般烧结抽风系统多选用直径 250 ~ 254 mm 花瓣式导向器的单体旋风子，收尘率可达 80% ~ 90%，见表 4 – 28。

　　烧结厂常用的多管除尘器技术性能见表 4 – 28。

表 4 – 28　多管除尘器技术性能

烧结机规格/m^2	90		130
旋风子内径/mm	254		254
多管管数/个	540	720	900
抽风机风量(工况)/$m^3 \cdot min^{-1}$	8000	9000	12000
单管负荷(工况)/$m^3 \cdot min^{-1}$	14.8	12.5	13.2

　　4. 电除尘器

　　电除尘器是一种静电沉降器。当含尘烟气进入非均匀高压直流电场后，气体发生电离，产生大量的正、负离子。同时由放电板发射出大量自由电子，正离子被放电板吸引而失去电荷。自由电子、负离子是粉尘荷电的电源，在电场库仑力的驱使和扩散作用下携带粉尘向收尘板移动。当到达收尘板表面后，放电失去电荷，粉尘呈中性而被收集，经振打清灰将附着在收尘板上的粉尘振落，掉进除尘器下面的灰斗，然后经灰尘输送机运走。电除尘器示意图见图 4 – 60。

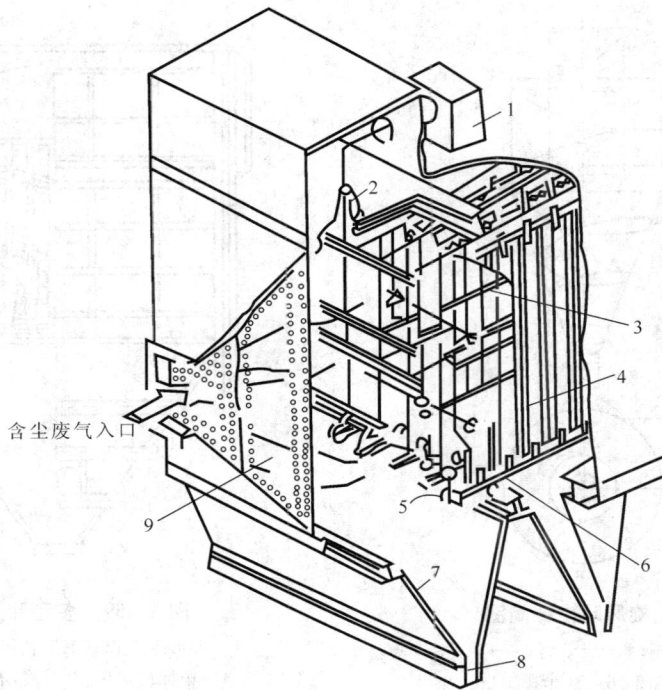

图 4 – 60　电除尘器示意图

1—高压整流器；2—支持绝缘子；3—放电板；4—收尘板；
5—收尘板振打锤；6—冲击杆；7—灰斗；8—灰尘输送机；9—多孔板

(1)烟气的电场流速

烟气的电场流速是影响电除尘器除尘效率的重要因素之一。烟气流速过高，则烟气在电场中停留时间太短，收尘效率降低。流速过高还易引起电晕线晃动，影响电晕放电和电器操作的稳定与安全及二次扬尘，使粉尘难以捕集。烟气的电场流速与粉尘的粒度分布特性有关，粉尘越细，要求流速越小。因此在确定烟气电场流速时，应考虑粉尘的粒度分布特性。

(2)电场有效截面积

电场有效截面积大小代表电除尘器的规格，可由公式(4 – 85)计算。

$$A = Q/v \qquad (4-85)$$

式中：A——电除尘器进口截面积，m^2；

　　Q——电除尘器电场的烟气流量，m^3(工况)/s；

　　v——烟气的电场流速，m(工况)/min。

(3)除尘效率

除尘效率按式(4 – 86)计算。

$$\eta = (G_1 - G_2)/G_1 \times 100\% \qquad (4-86)$$

式中：η——除尘效率，%；

　　G_1——烟气原始含尘浓度，mg/m^3；

　　G_2——烟气排放浓度，目前一般取 50～90 mg/m^3。

(4)粉尘有效驱进速度

电场内粉尘的驱进速度无法直接测出，但可通过测出的废气流量，求得粉尘的驱进速度，见公式（4 - 87）。

$$v = Q/A \cdot \ln\left[1/(1-\eta) \right] \tag{4-87}$$

式中：v——粉尘有效驱进速度，m/s；

Q——流过电除尘器电场的烟气流量，m^3（工况）/s；

A——电除尘器收尘极板总面积，m^2；

η——除尘效率，%。

5. 布袋除尘器

布袋除尘器的基本工作过程是：烟气因引风机的作用被吸入和通过除尘器，并在负压的作用下均匀而缓慢地穿过滤袋。烟气在穿过滤袋时，固体尘粒被捕集在滤袋的外侧，过滤后的洁净气体经净气室汇集到排风烟道后外排。使用脉冲压缩空气将已捕集在滤袋上的灰尘从滤袋上剥落并使之落入底部的灰斗内，再通过输送设备把灰尘从灰斗内输送出。布袋除尘器的示意图如图 4 - 61 所示。

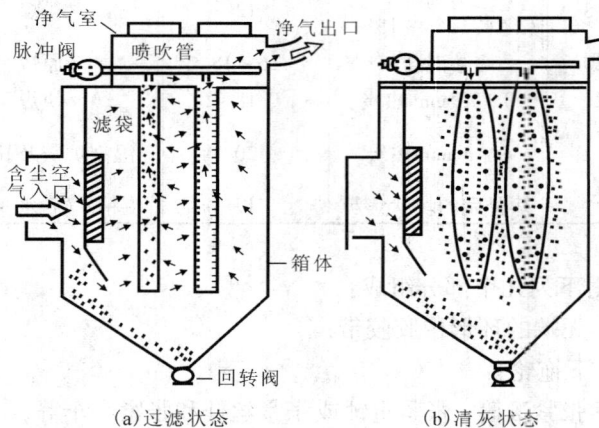

图 4 -61 布袋除尘器示意图

布袋除尘包括收尘（把尘粒从气流里分离出来）以及定期清灰（把已收集的尘粒从滤布上清除下来）两个过程。收尘的基本条件一是尘粒必须与纤维表面（或与挡在纤维上的尘粒）相碰撞；二是尘粒必须被挡在纤维表面（或与挡在纤维上的尘粒在一起）。尘粒沉积在滤袋纤维上的基本机理有五种：①拦截：当一颗尘粒顺着烟气流移动到距一根纤维的表面只有尘粒一个半径范围之内时，就发生拦截；②惯性碰撞：当一颗尘粒因其惯性而无法在一根纤维的附近足够快地与突然变化的流线随之变向时，尘粒脱离流线与纤维相碰撞；③扩散：尘粒由于布朗运动使其与纤维碰撞；④重力：较大的尘粒由于重力离开烟气流而沉降；⑤静电吸引：尘粒或纤维上的电荷在纤维和尘粒之间产生出相吸的静电力。

4.12   胶带运输机

胶带运输机是一种广泛采用的连续运输机械，主要用于输送各种块状、粒状等散状物料。它适用于工作环境温度为 –10 ~40℃ 之间，物料温度超过70℃时，可采用耐热橡胶带，但温度不得超过120℃。

胶带运输机按安装水平来分，有水平的和倾斜的；按传动形式分，有传动滚筒的和电滚筒的；按卸料情况分，有单向固定卸料的、两端卸料的和可移动的三种。当倾斜向上输送时，不同物料所允许的最大倾角见表4 – 29。倾斜向下输送时，允许最大倾角为表4 – 29 所列值的80%。若需要采用大于表4 – 29 所列倾角输送时，可选用花纹带式运输带。

表4 – 29   胶带运输机允许的最大倾角

物料名称	最大倾角 $\beta/(°)$	物料名称	最大倾角 $\beta/(°)$	物料名称	最大倾角 $\beta/(°)$
0 ~170 mm 矿石	16 ~18	水洗矿（含水 12% ~15%）	12	粉煤	20 ~21
0 ~75 mm 矿石	18 ~20	烧结混合料	16 ~18	原煤	20
0 ~10 mm 矿石	20 ~21	0 ~75 mm 焦炭	18	块煤	18
筛分后矿石 10 ~75 mm	16	0 ~3 mm 焦炭	20	湿高炉灰及轧钢皮	20
干精矿粉	18	筛分后的块状焦炭	17	湿精矿（含水 ~12%）	20 ~22

胶带运输机主要由下列几个部分组成：
①承载牵引机构：无端的环形橡胶胶带；
②支撑装置：上、下拖轮；
③张紧装置：包括张紧滚筒、张紧重锤或张紧丝杆和张紧小车等；
④驱动装置：电动机、传动机构、传动滚筒；
⑤装、卸料装置：装料斗和卸料斗；
⑥机架；
⑦其他：包括胶带清扫器、安全装置和移动装置等。
胶带运输机的参数主要包括以下内容：
（1）输送带的宽度
胶带运输机的带宽有 500 mm、650 mm、800 mm、1000 mm、1200 mm 和1400 mm 等几种。输送带宽度可按公式(4 – 88)计算。

$$B = \sqrt{Q/(k\rho vC\xi)} \qquad (4–88)$$

式中：B——运送带宽度，m；
Q——运送带输送量，t/h；
v——运送带带速，m/s；
ρ——矿石堆密度，t/m³，见表4 – 30；

    k——断面系数，k 与物料的堆积角 α 有关，α 值见表 4–30，k 见表 4–31；

    C——倾角系数，见表 4–32；

    ξ——速度系数，见表 4–33。

表 4–30　各种物料的堆密度及动堆积角

物料名称	堆密度/$(t \cdot m^{-3})$	堆积角/$(°)$	物料名称	堆密度/$(t \cdot m^{-3})$	堆积角/$(°)$	物料名称	堆密度/$(t \cdot m^{-3})$	堆积角/$(°)$
煤	0.8 ~ 1	30°	小块石灰石	1.2 ~ 1.6	25°	富铁矿	2.5	25°
煤渣	0.6 ~ 0.9	35°	大块石灰石	1.6 ~ 1.7	25°	贫铁矿	2.0	25°
焦炭	0.5 ~ 0.7	35°	烧结混合料	1.6	30°	铁精矿	1.6 ~ 2.5	30°
锰矿	1.7 ~ 1.8	25°	黄铁矿	2.0	25°			

注：1. 物料堆密度和堆积角随物料水分、粒度等的不同而异，正确值以实测为准，本表仅供参考；

    2. 表中数值为动堆积角，动堆积角一般为静堆积角的 70%。

表 4–31　断面系数 k 值

断面系数 k　带宽 B/mm	堆积角 α/(°) 15 槽形	15 平形	20 槽形	20 平形	25 槽形	25 平形	30 槽形	30 平形	35 槽形	35 平形
500 650	300	105	320	130	355	170	390	210	420	250
800 1000	335	115	360	145	400	190	435	230	270	270
1200 1400	335	125	380	150	420	200	455	240	500	285

表 4–32　倾角系数 C 值

倾角/$(°)$	≤6	8	10	12	14	16	18	20	22	24	25
C	1.0	0.96	0.94	0.92	0.90	0.88	0.85	0.81	0.76	0.74	0.72

表 4–33　速度系数 ξ 值

速度 v/$(m \cdot s^{-1})$	≤1.6	≤2.5	≤3.15	4.0
速度系数 ξ	1.0	0.98 ~ 0.95	0.94 ~ 0.90	0.84 ~ 0.80

2. 输送带速度

输送散状物料时，带速的选择可参考表 4–34。

表 4-34 输送带速度/$m \cdot s^{-1}$

物 料 特 性	带宽 500 mm，650 mm	带宽 800 mm，100 mm	带宽 1200 mm，1400 mm
无磨损性或磨损性小的物料，如原煤、精矿	0.8~2.5	1.0~3.15	1.0~4.0
有磨损性的小块物料，如矿、砾石、炉渣	0.8~2.0	1.0~2.5	1.0~3.15
有磨损性的大块物料，如大块矿石（>160mm）	0.8~1.6	1.0~2.0	1.0~2.5

注：1. 较长的水平运输机，应选较高带速，输送机倾角愈大，输送距离愈短，则带速应稍低；

2. 用于带式给料机，或输送灰尘很大的物料时，带速可取 0.8~1.0 m/s。

3. 输送量

输送散粒状物料时，输送量可由公式（4-89）计算。

$$Q = kB^2 v \rho C \xi \qquad (4-89)$$

式中符号意义同前。

当 $\rho = 1.0$ t/m^3，$C = 1.0$，$\xi = 1.0$，$\alpha = 30°$ 时，各种带宽输送机的输送量计算结果，见表 4-35。

当 ρ 值、C 值、ξ 值改变时，Q 应按比例增减，堆积角 α 改变时，Q 值应乘以表 4-36 所列的系数。

表 4-35 各种带宽的输送能力 Q/t·h^{-1}

断面形式		槽 形							平 形					
带速/(m·s^{-1})		0.8	1.0	1.25	1.60	2.00	2.5	3.15	4.0	0.80	1.00	1.25	1.60	2.00	2.50
带宽 B /mm	500	78	97	122	156	191	232			41	52	66	84	103	125
	650	131	164	205	264	323	391			67	88	110	142	174	211
	800		278	348	445	546	661	824		118	147	184	236	289	350
	1000		435	544	696	853	1053	1233			230	288	368	451	546
	1200		655	819	1048	1284	1556	1858	2202		345	432	553	677	821
	1400		891	1115	1427	1748	2118	2528	2996		468	588	753	922	1117

表 4-36 堆积角系数值

断面形式	槽 形				平 形			
堆积角 α/(°)	15	20	25	35	15	20	25	35
堆积角系数 k	0.77	0.83	0.92	1.08	0.5	0.63	0.82	1.18

输送成件物品时，输送量的计算按公式（4-90）：

$$Q = 3.6Gv/t \qquad (4-90)$$

式中：G——单位物品重量，kg；

t——物料在运输机上的间距，m；

v——带速，m/s。

4. 功率

传动滚筒轴功率由公式(4-91)计算

$$N_0 = (K_1 L_n v + K_2 L_n Q \pm 0.00273 QH) K_3 K_4 + \sum N' \tag{4-91}$$

式中：N_0——传动滚筒轴功率，kW；

$K_1 L_n v$——输送带及托辊转动部分运转功率，kW；

$K_2 L_n Q$——物料水平运输功率，kW；

$0.00273 QH$——物料垂直提升功率，当物料向上运输时取(+)值，向下运输时取(-)值，kW；

L_n——运输机水平投影长度，m；

H——运输机垂直提升高度，运输机上采用卸料车时，应加卸料车提升高度 H，见表 4-37；

Q——每小时输送量，t/h；

v——带速，m/s；

K_1——空载运行系数，见表 4-38；

K_2——物料水平运行功率系数，见表 4-39；

K_3——附加功率系数，见表 4-40；

K_4——输送带改向阻力系数(当有两处或两处以上改向量，为各改向阻力系数乘积)；有卸料车时，取 1.15；有凸段时取 1.03；改向滚筒按表 4-41 选取；

N'——犁式卸料器及导栏板长度超过 4 m 时的附加功率，见表 4-42，kW。

当运输机为下行时应按空载或满载分别计算，并取大值。

① 系数 K_1、K_2 均与托辊阻力系数有关。托辊阻力系数可按表 4-43 选取。

② K_3 值与运输机水平长度 L_n，倾角 β，物料堆密度 ρ 及托辊阻力系数 W^1、W^{11} 有关，可按表 4-40 选取。

电动机功率按公式(4-92)计算。

$$N = K N_0 / \eta \tag{4-92}$$

式中：N——电动机功率，kW；

N_0——传动滚筒轴功率，kW；

K——满载起动系数，对 JO$_3$、JQO$_2$ 及 JK 型电动机或采用粉末联轴器时，一般取 $K = 1.1$；对 JO$_2$ 型电动机，当其起动转矩倍数(起动转矩/额定转矩)≥1.4 时，取 K = 1.3，此时可不进行负荷起动验算。对于 JS 型电动机未采用粉末联轴节，JO$_2$ 型电动机起动转矩≤1.4 时，以及胶带运输机速度>2 m/s，长度≥200 m，则需进行负荷起动验算。

η——总传动效率，对光面传动滚筒，取 $\eta = 0.88$；对胶面传动滚筒，取 $\eta = 0.90$。

表 4 – 37　H 值

B/mm		500	650	800	1000	1200	1400
带宽 H/m	卸料车	1.7	1.8	1.96	2.12	2.37	2.62
	重型卸料车				2.42	2.52	3.02

表 4 – 38　K_1 值

带度 B/mm 托辊阻力系数 W	500	650	800	1000	1200	1400
0.018	0.0061	0.0074	0.0100	0.0138	0.0191	0.0230
0.020	0.0067	0.0082	0.0110	0.0153	0.0212	0.0255
0.025	0.0084	0.0103	0.0137	0.0191	0.0265	0.0319
0.030	0.0100	0.0124	0.0165	0.0229	0.0318	0.0383
0.035	0.0117	0.0144	0.0192	0.0268	0.0371	0.0446
0.040	0.0134	0.0165	0.0220	0.0306	0.0424	0.0510

表 4 – 39　K_2 值

托辊阻力系数 W	0.018	0.020	0.025	0.030	0.035	0.040
K_2	4.91×10^{-5}	5.45×10^{-5}	6.82×10^{-5}	8.17×10^{-5}	9.55×10^{-5}	10.89×10^{-5}

表 4 – 40　K_3 值

K_3 倾角 β/(°)	运输机水平长度 L_n/m								
	15	30	45	60	100	150	200	300	>300
0	2.80	2.10	1.80	1.60	1.55	1.50	1.40	1.30	1.20
6	1.70	1.40	1.30	1.25	1.25	1.20	1.20	1.15	1.15
12	1.45	1.25	1.25	1.20	1.20	1.15	1.15	1.14	1.14
20	1.30	1.20	1.15	1.15	1.15	1.13	1.13	1.10	1.10

注：K_3 是在考虑有一段空段清扫器，一个弹簧清扫器及一个 4 m 长的导料栏板，并考虑物料加速阻力因素的情况下求出的。

表 4 – 41　改向滚筒阻力系数

胶带在改向滚筒上的包角	≈45°	≈90°	≈180°
改向滚筒阻力系数，K_4	1.02	1.03	1.04

表4-42 N'值

带宽 B/mm		500	650	800	1000	1200	1400
N'/kW	犁式卸料器	0.3n	0.4n	0.5n	1.0n	1.4n	
	导料栏板	0.08L	0.06L	0.09L	0.10L	0.115L	0.13L

注：表中 n 为犁式卸料器个数，L 为超过 3 m 长度的导料栏板长度，即 L。

表4-43 托辊阻力系数 W 值

工作条件	槽形托辊阻力系数 W'	平形托辊阻力系数 W''
清洁、干燥	0.020	0.018
少量尘埃、正常湿度	0.030	0.025
大量尘埃，湿度大	0.040	0.035

思考题

1. 介绍设备选择的原则。
2. 介绍锤式破碎机、反击式破碎机和辊式破碎机的工作原理和优缺点。
3. 介绍三种振动筛的特点。
4. 熔剂、燃料破碎的常用设备有哪几种？各有什么特点？
5. 简述配料设备的特点。
6. 简述混合机的工作原理，如何确定混合机的规格型号？
7. 目前烧结生产混合料的布料装置有哪几种？
8. 选择点火炉时应考虑哪些因素？简述目前点火技术的发展趋势。
9. 点火器的主要参数有哪些？如何计算。
10. 烧结机机尾结构分哪几种？比较它们的结构特点。
11. 简述烧结机密封的装置。
12. 带式烧结机的参数有哪些？如何计算？
13. 比较机上冷却与机外冷却、带式冷却与环式冷却、鼓风冷却与抽风冷却的优缺点。
14. 选择冷却设备需要计算的参数有哪些。
15. 烧结矿冷破、热破各采用什么设备？为什么？
16. 用于烧结矿整粒系统的筛分设备有哪几种？各有什么优缺点？
17. 确定烧结工艺风机规格型号的依据是什么？
18. 烧结生产过程的主要尘源及其特点是什么？
19. 各种除尘设备的特点及工作原理是什么？
20. 叙述烧结烟气除尘的过程。
21. 计算皮带运输机的倾角、带速及带宽的方法。

第 5 章　烧结厂工艺建筑物布置与车间配置

5.1　烧结厂工艺建筑物布置

烧结厂工艺建筑物在平面上布置时，应考虑以下问题：

（1）符合工艺流程要求的前提下，力求布置紧凑，不应有多余的面积，减少土石方量，缩短运输通廊；

（2）烧结室尽量与主导风垂直布置，避免灰尘从机尾吹到机头；

（3）铁路与建筑物距离应符合规范，铁路、地面通廊不能横贯厂区；

（4）应留余地待发展；

（5）烧结、炼铁、焦化公共系统合作，尽量缩短运输距离；

（6）考虑检修、维修、运输公路；

（7）辅助设施、生活福利统一考虑。

烧结厂工艺建筑物布置是否合理，将长期影响各车间的生产管理组织和技术经济效果。为保证设计质量，一般要求有两个或两个以上的方案比较，征求意见后再定。在进行施工图设计之后，只能根据施工图尺寸作细小修改，而不能进行大的改动。

国内某些烧结厂的平面建筑物系统图实例见图 5-1 至图 5-3 所示，国外某厂的平面建筑物系统图实例见图 5-4 所示。

5.2　烧结厂车间配置

5.2.1　车间配置一般要求和原则

车间配置的总原则是要保证操作安全，检修方便，在环保符合要求的前提下，尽量节省投资。

（1）在设备配置方面

①应完全符合工艺流程的各项要求及兼顾工艺流程的灵活性。对同一作业的多台同规格同型号的设备或机组，应尽量配置在同一标高的厂房内，以便于必要时流程变革或互换。

②在为保证安全生产与便利操作所必需的检修场地、操作平台、通道、楼梯的前提下，应力求设备配置紧凑，不应有过剩的面积、空间和多余的高差，以节省基建投资。

③设备安装要考虑装卸方便，所配备的检修吊装设备，必须充分得到利用，应能与所在跨间的备品备件供应线相互衔接。如多层楼房，则要求同一吊车借助吊装孔或吊装门为各层服务。

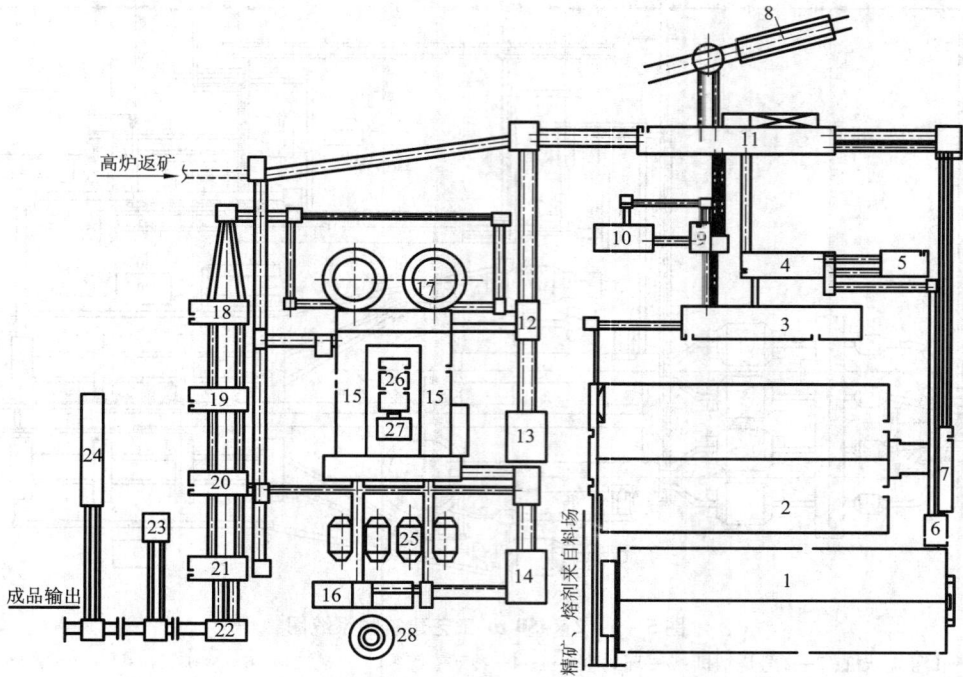

图 5 – 1　2 × 265 m² 工艺建筑物系统图

1—精矿仓库；2—中和仓库；3—熔剂燃料仓库；4—熔剂筛分室；5—熔剂破碎室；6—熔剂矿仓；7—原料中和仓；8—受矿仓；9—燃料筛分及粗破室；10—燃料细破碎；11—配料室；12—热返矿仓；13——次混合室；14—二次混合室；15—烧结室；16—抽风机室；17—环式冷却机；18—一次冷筛破碎室；19—二次冷筛破碎室；20—三次冷筛破碎室；21—四次冷筛破碎室；22—成品取样室；23—检验室；24—烧结矿仓；25—机头电除尘；26—机尾电除尘；27—通风机室；28—烟囱

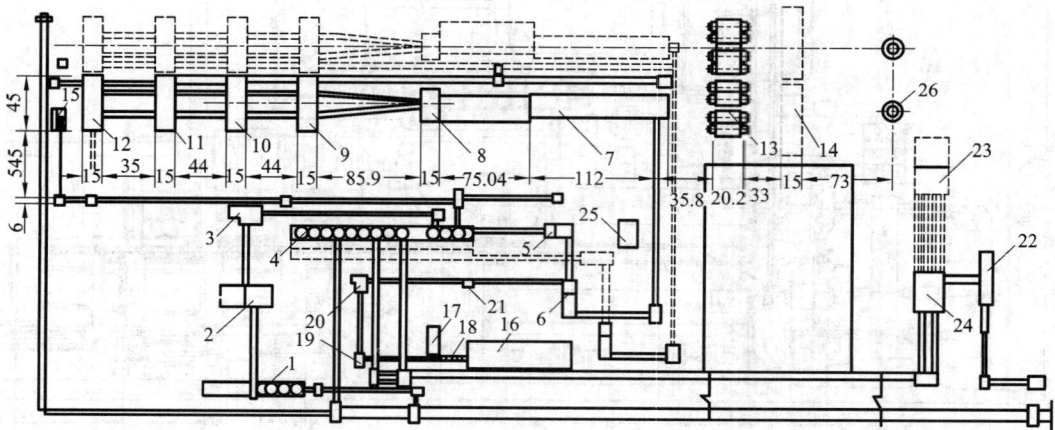

图 5 – 2　1 × 300 m²（预留 1 台 300 m²）工艺建筑物系统图

1—燃料仓库；2—燃料粗破室；3—燃料细破室；4—配料室；5——次混合室；6—二次混合室；7—烧结室；8—带冷机室；9——次成品筛分及冷破碎室；10—二次成品筛分室；11—三次成品筛分室；12—四次成品筛分室；13—机头电除尘室；14—抽风机室；15—受料仓；16—湿粉尘干燥仓库；17—干粉尘配料室；18—膨润土仓库；19—小球混合室；20—小球造球室；21—小球成品矿仓；22—熔剂仓库；23—熔剂破碎室；24—熔剂筛分室；25—烧结试验室；26—烟囱

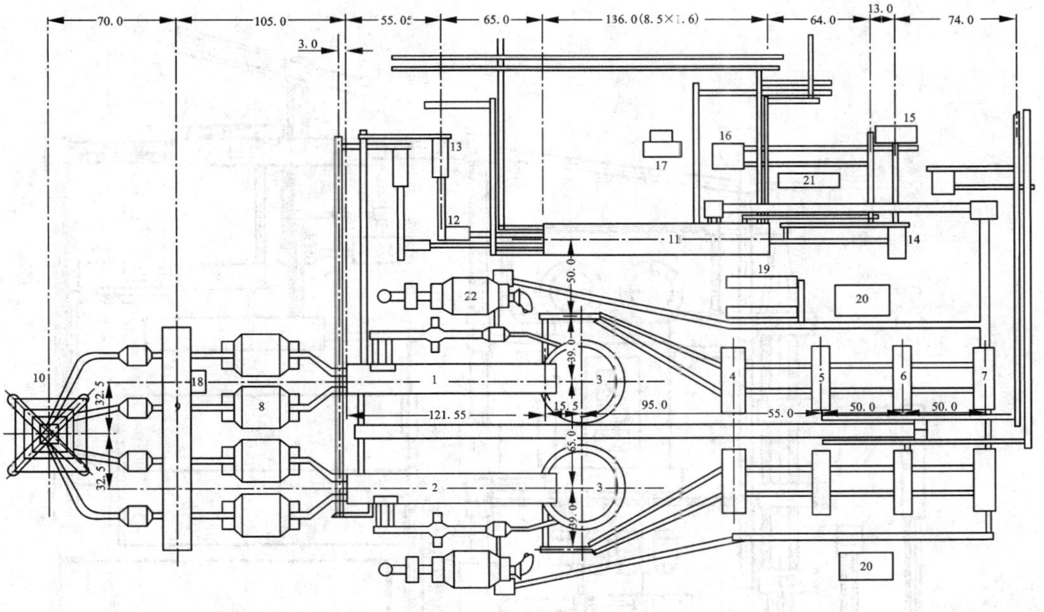

图 5 – 3　2×450 m² 工艺建筑物系统图

1—1 号烧结机；2—2 号烧结机；3—环式冷却机；4—冷矿一筛；5—冷矿二筛；6—冷矿三筛；7—冷矿四筛；8—电除尘；9—主抽风机；10—烟囱；11—配料仓；12——次混合；13—二次混合；14—粗焦筛分、破碎；15—粉焦筛分；16—粉焦贮料仓及粉焦破碎；17—电气室；18—抽风机电气室；19—配料仓除尘室；20—成品除尘器；21—粉焦除尘器；22—烧结系统除尘器

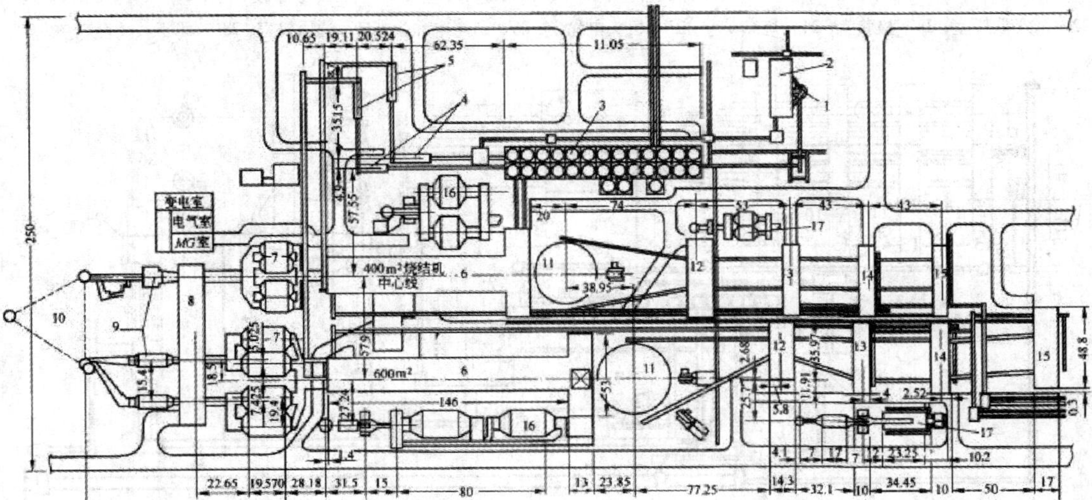

图 5 – 4　大分烧结厂总平面布置图(占地 550 m × 250 m)

1—燃料中间贮仓；2—燃料破碎室；3—配料室；4——次混合机；5—二次混合机；6—烧结室(400 m²、600 m² 烧结机各一台)；7—机头电除尘器；8—主抽风机房；9—主抽风机消声器；10—集合烟囱；11—环式冷却机；12——次成品筛分及冷破碎室；13—二次成品筛分室；14—三次成品筛分室；15—四次成品筛分室；16—机尾除尘系统；17—整粒除尘系统

（2）在环保方面

①对产生有害气体和粉尘的地点，应采取有效的通风除尘措施；

②对污水或事故放水要有排放设施，且考虑去向和排放方便。

（3）在安全生产方面

①厂房高度应满足设备吊装、检修与操作要求，考虑采光要求；

②厂内各类管道不能妨碍操作、行走，其架空高度应不低于 2 m，小管道紧贴平台或地面铺放；

③低于地面 0.5 m 的地坑或高于 0.5 m 的平台，均应设栏杆，传动装置设防护罩；

④与其他专业合作，首先考虑其他专业的要求。

5.2.2　原料车间

钢铁厂未设置混匀料场时，烧结厂内考虑原料的接受。

5.2.2.1　翻车机室

使用翻车机接受含铁原料及石灰石时，翻车机室设在企业厂区铁路运输线适当位置，靠近原料仓库。

翻车机室配置时，一般应注意下列几个问题：

（1）翻车机操作室的位置根据调车方式确定，当车辆由机车推送时，一般配置在翻车机车辆出车端上方，当车辆由推车器推入或从载构平台溜入时应设置在车辆进口端上方。操作室面对车辆进出口处，靠近车厢一侧设置大玻璃窗，玻璃窗下端离操作室平台约 500 mm，操作室一般应高出轨面 6.5 m 左右，以便观察卸车及车厢进出翻车机室的情况。

（2）为保证翻车机正常工作、检修和处理车辆掉道，应设置检修起重机；翻车机下部给料平台上设置检修用的单轨起重机。

（3）为了保证物料通畅，翻车机下部应设金属矿槽，槽壁倾角一般为 70°。

（4）翻车机室各层平台均应有冲洗地坪设施。

（5）翻车机室下部各层平台应设防水及排水措施，最下层平台有集水泵坑。

翻车机室配置见图 5-5。

5.2.2.2　原料仓库

1. 受料仓库

（1）受料仓要考虑适用于铁路车辆卸料，或同时适用于汽车卸料。

（2）对中、小钢铁厂，受料仓也接受铁矿石和熔剂。受料仓的长度应根据卸料能力及车辆长度的倍数来决定，铁路车辆长度约 14 m，故用于铁路车辆卸料的受料仓一般跨度为 7 m，其跨度应为偶数。

（3）受料仓的两端应设梯子间和安装孔。

（4）受料仓应有房盖及雨搭，地面设半墙，汽车卸料一侧应用 300~500 mm 高的钢筋混凝土挡墙，以防卸料汽车滑入料仓。

（5）受料仓下部应设检修用单轨起重机。

（6）房盖下应设喷水雾设施，以抑制卸料时扬尘，排料部位考虑密封及通风除尘。

（7）受料仓上部应有值班人员休息室。

（8）受料仓与轨道之间的空隙应设置栅条，以免积料，减少清扫工作量，料仓上方都应

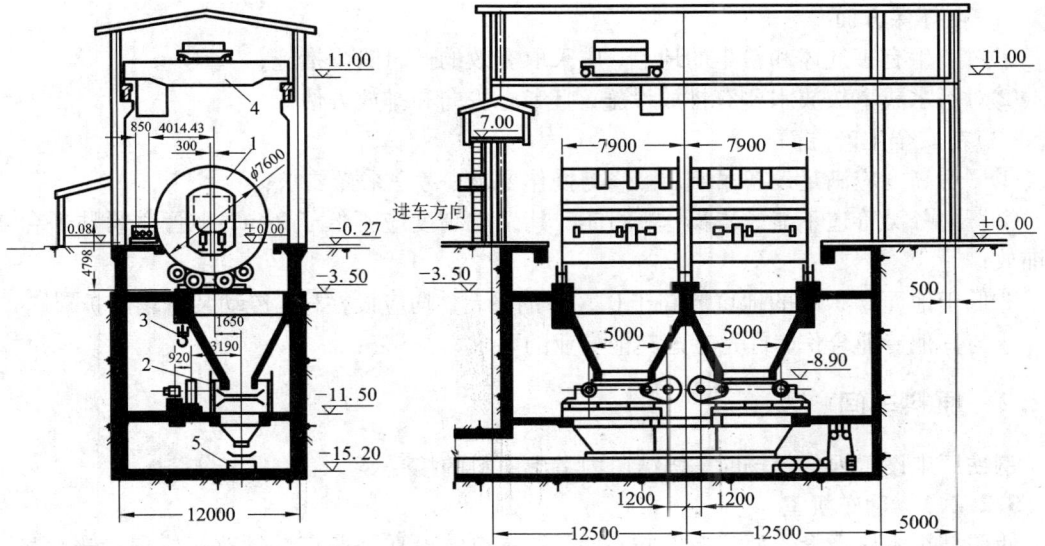

图 5－5　烧结厂 KJF－3A 型三支座转子式翻车机室配置图

1—翻车机；2—板式给料机；3—手动单轨小车；4—桥式起重机；5—带式输送机

设格栅，以防止操作人员跌入及特大块物料落进料仓。

（9）受料仓地下部分较深，应有排水及通风设施。

（10）受料仓轨面标高应适当高出周围地面（一般高出 350 mm）并设排水沟，以防止雨水灌入。

（11）地下部分应有洒水清扫地坪或水冲地坪设施。

采用螺旋卸车机的单系列和双系列受料仓配置见图 5－6 和图 5－7。

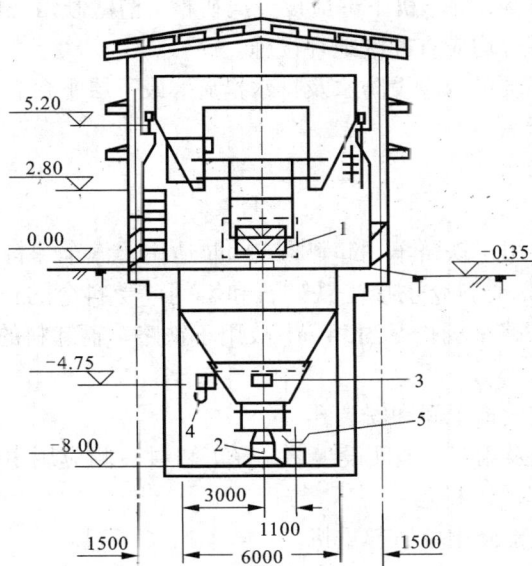

图 5－6　单系列受料仓横剖面图

1—桥式螺旋卸车机；2—封闭式圆盘给料机；3—附着式振动器；4—手动单轨小车；5—带式输送机

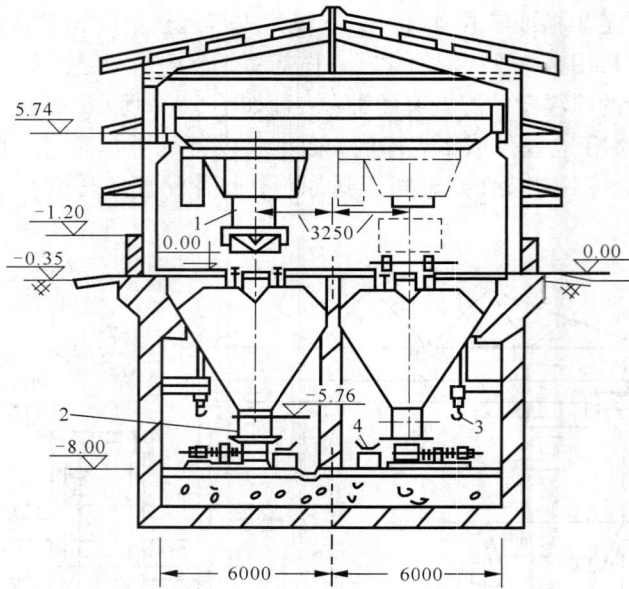

图 5-7 双系列受料仓横剖面图

1—螺旋卸车机；2—封闭式圆盘给料机；3—手动单轨小车；4—带式输送机

2. 原料仓库

精矿仓库主要贮存来自中和场或矿山来的精矿，进行中和贮存。有翻车机接受时的精矿仓的设备，配置如图 5-8。

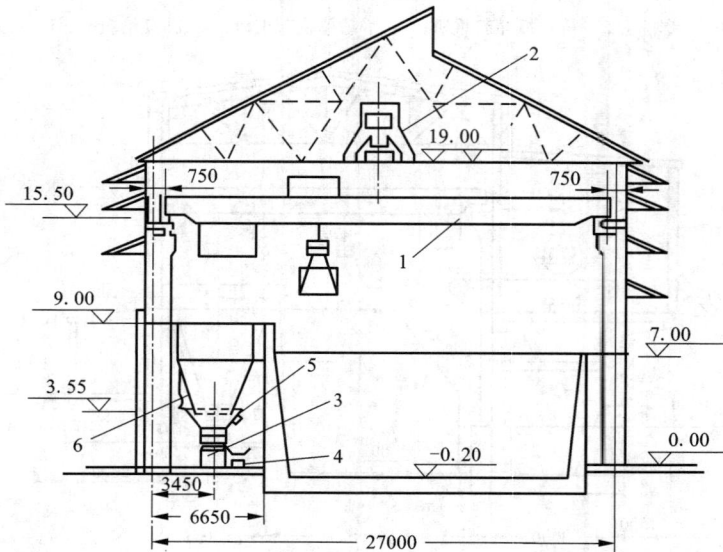

图 5-8 精矿仓库剖面图

1—桥式抓斗起重机；2、4—带式输送机；3—封闭式圆盘给料机；5—附着式振动器；6—手动单轨小车梁

图5-8表明，在仓库配置时，运送原料的皮带运输机纵贯原料仓库的中心线，原料的排出设在仓库一侧的固定矿槽或者移动漏斗，下边为皮带运输机。当配料在仓库中进行时，则精矿仓库的料槽作配料用，一般认为简化了总图布置，节约了基建投资。

接受和贮存两用的原料仓的配置有两种：一种如图5-9所示，这类仓库的原料由火车运输，卸车设备布置可配于仓库外或者仓库内，而排料设备配于仓库另一侧；另一种配置如图5-10所示，由设在仓库一侧皮带运输机运送原料，此种配置多是所有原料准备设备都在仓库内布置时才适用。

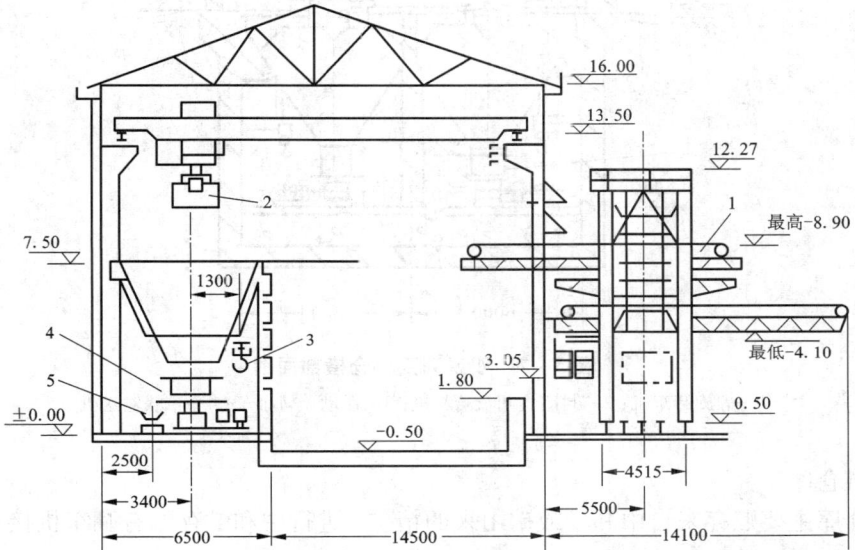

图5-9　门形卸车机受料的原料仓库

1—门形斗式卸料机；2—桥式抓斗起重机；3—手动单轨起重机；4—圆盘给料机；5—带式输送机

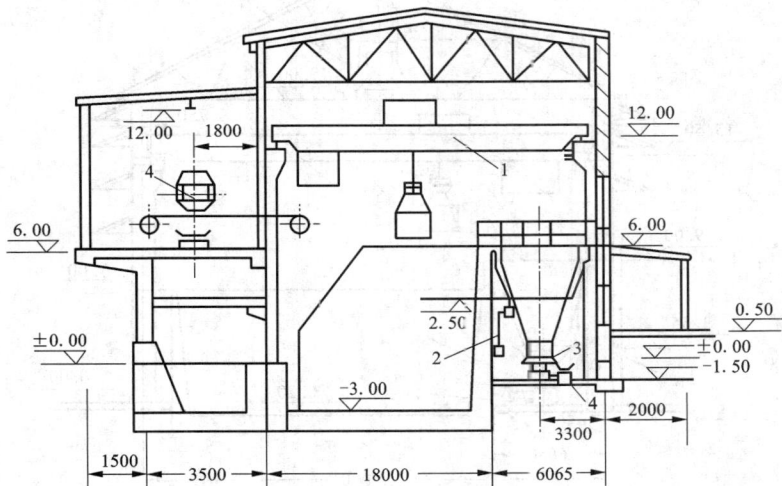

图5-10　由带式输送机卸料的原料仓库

1—桥式抓斗起重机；2—电动单轨起重机；3—圆盘给料机；4—带式输送机

上述两种仓库配置应注意下列事项：

(1)决定仓库底深度的主要依据是地下水位的标高，仓库底应高于地下水位，以防止渗水影响原料水分；

(2)抓斗作业过程中易产生粉尘及落矿，当仓库与配料室共建在一起时，应将配料仓上部平台建成一个整体，平台与仓库挡矿墙之间的间隙应加盖板，以隔绝抓斗工作区对配料区的污染，矿仓上部平台应设安全栏杆；

(3)排料设备应置于地坪上，操作平面不宜设在 ±0.00 m 平面以下，以保证良好的操作条件；

(4)在同一仓库内，抓斗起重机的数量最多不应超过 3 台，以免在生产和维修时互相干扰；

(5)应在仓库内的两端留有检修抓斗的场地，同时还应设有起吊抓斗提升卷扬机构的起重设备；

(6)为满足抓斗起重机的轨道及车辆定期检修的需要，在轨道的外侧整个长度铺设走台以利检修；

(7)较长的仓库一般应沿长度方向在两端和中间设三个起重机操作室的梯子；两端的梯子与起重机车挡间的距离保持 10 m 左右，以免起重机停车时发生碰撞车挡的现象；

(8)仓库内应设隔墙，分类贮存原料，以便有效利用容积和避免原料互相混杂；

(9)当原料从仓库上部运入或由联合卸料机卸入仓库堆存时，仓库的挡墙不应低于 6 m，以免矿粉外溢挤跨仓库的墙皮；

(10)当配料室设在仓库内时，配料仓用抓斗上料。为了避免抓斗卸料对料仓的冲击，防止对配料准确性的影响和保障人身安全，设计时须在矿仓口上设置算板。

3.熔剂、燃料仓库

没有设混匀料场时，中、小型烧结厂一般不单独设熔剂、燃料仓，而与含铁原料共用一个仓库。大型烧结厂即可以与含铁原料共用仓库，也可以单独设置熔剂、燃料仓。如有混匀料场时，烧结厂是否设置熔剂、燃料仓库，视料场和烧结厂具体情况而定。

圆筒式熔剂、燃料仓库配置图见图 5-11。圆筒仓的排料设备根据物料的流动性决定。例如，燃料采用圆盘给料机，块状石灰石采用带电动阀门的溜槽式电振给料机。

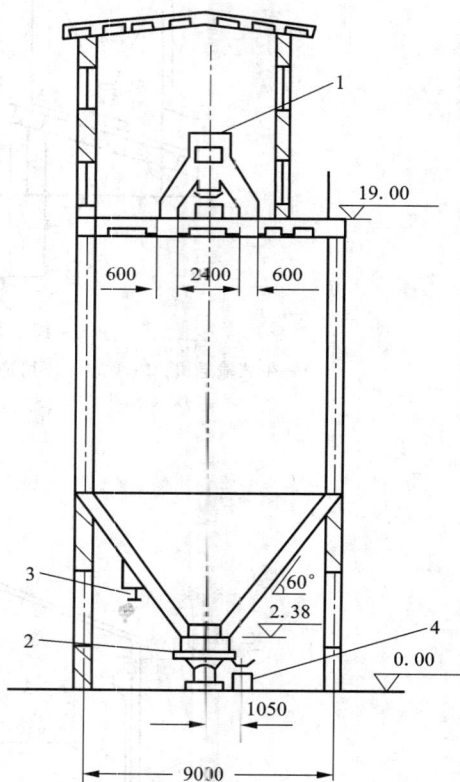

图 5-11 圆筒式熔剂、燃料仓库配置图
1—带式输送机；2—封闭式圆盘给矿机；
3—手动单轨小车梁；4—带式输送机

5.2.2.3 熔剂破碎、筛分室

破碎和筛分设备一般分设在两个厂房内，并在破碎设备和筛分设备之前均设矿仓，两厂房之间用带式输送机传送物料。这种配置方式灵活，破碎设备和筛分设备互不影响，作业率高且生产容易控制。

筛分设备的给料可通过手动闸板给到带式输送机上，再传送给筛子；也可用电振给料机或圆辊给料机直接给到筛子上。破碎室配置见图 5 – 12，筛分室配置见图 5 – 13 和图 5 – 14。

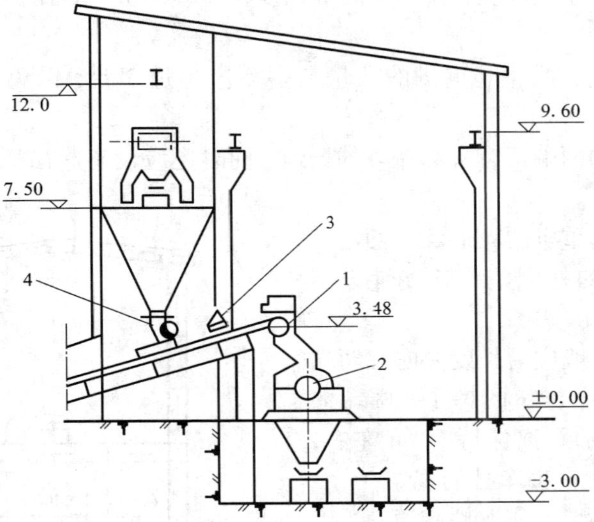

图 5 – 12 熔剂破碎室配置图

1—带式输送机；2—单转子不可逆锤式破碎机；3—除铁器；4—手动闸板阀

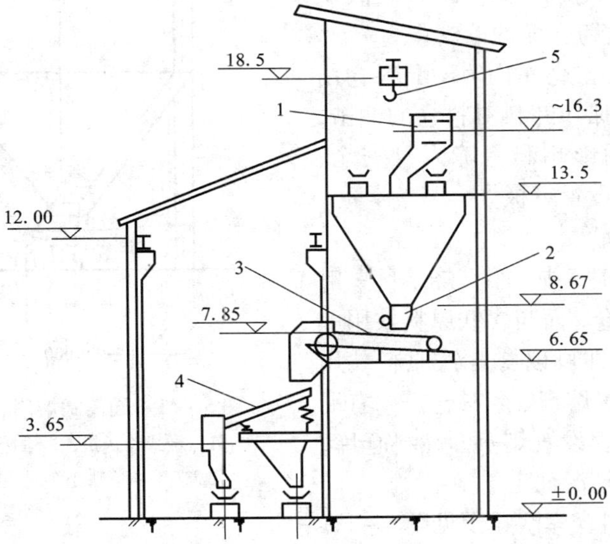

图 5 – 13 熔剂筛分室配置之一

1—带移动卸料车的带式输送机；2—带闸板漏斗；3—胶带给料机；4—圆振动筛；5—手动单轨起重机

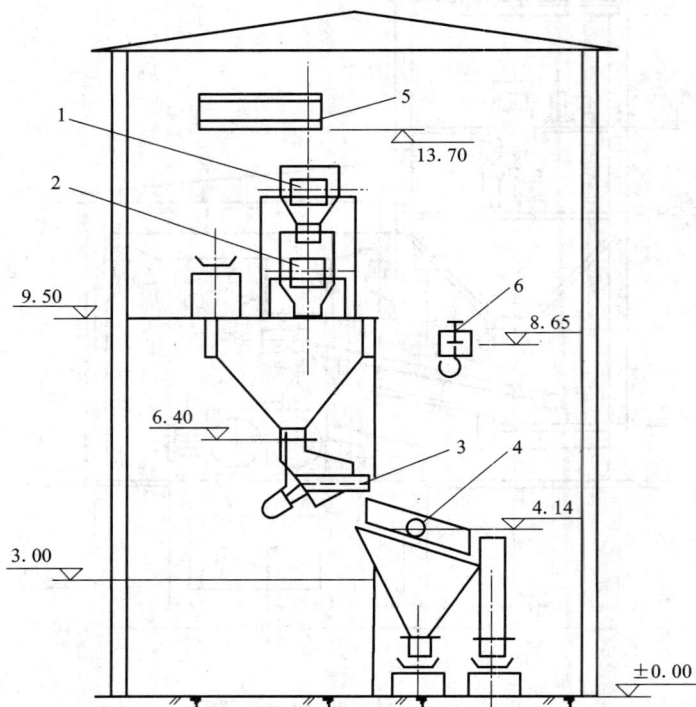

图5-14　熔剂筛分室配置之二

1,2—带式输送机;3—电磁振动给料机;4—单层圆振动筛;5—手动单轨起重机;6—电动单轨起重机梁

考虑破碎筛分室配置时,应注意以下几点:

(1)用于破碎机给料的带式输送机应配设除铁器;

(2)破碎室的料仓的贮存时间为30~60 min,料仓壁倾角不小于60°;

(3)在满足给料量的前提下,给料带式输送机速度宜在1 m/s以下。

5.2.2.4　燃料破碎室

对辊破碎机室、四辊破碎机室配置图分别示于图5-15、图5-16和图5-17。

对辊破碎机室、四辊破碎机室的配置应考虑以下事项:

(1)当设置多台辊式破碎机,用一条带式输送机进料时,辊式破碎机前应设分配矿仓,其贮存时间以1 h左右为宜,仓壁倾角不小于60°,必要时仓壁上设置振动器;

(2)辊式破碎机给料用的带式输送机应与辊轴中心线垂直布置;

(3)为使辊面在长度方向的磨损尽可能均匀一致,给料带式输送机宽度应大于辊子长度,使给料宽度与辊子长度相近,带速应不小于0.8 m/s,并采用平型上托辊;

(4)给料带式输送机应设除铁器;

(5)为了便于检修,辊式破碎机应尽可能布置于标高±0.00 m平面。当所在地区地下水位较高时,尚需将辊式破碎机下的排料带式输送机布置在地面上,而将辊式破碎机布置在较高的平台上。

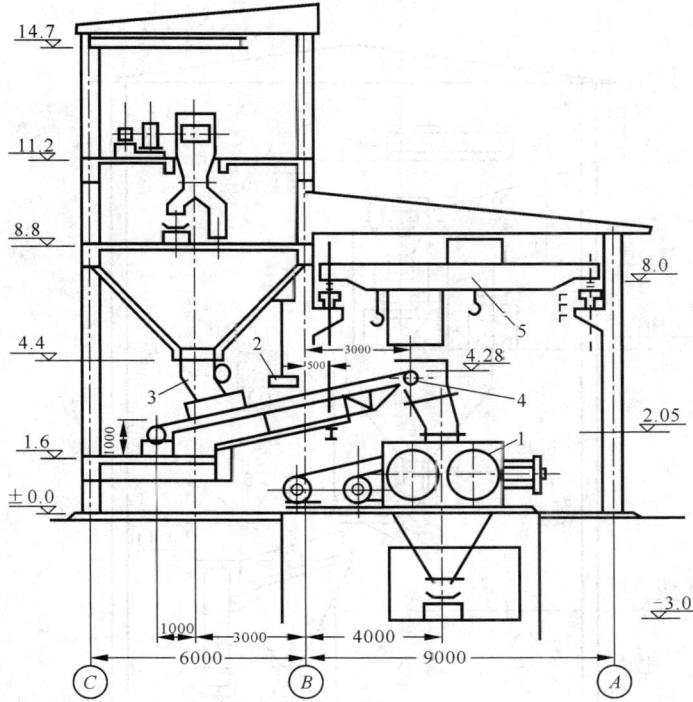

图 5 – 15 对辊破碎机室配置图

1—双光辊破碎机；2—永磁除铁器；3—手动闸板阀；4—带式输送机；5—电动桥式起重机

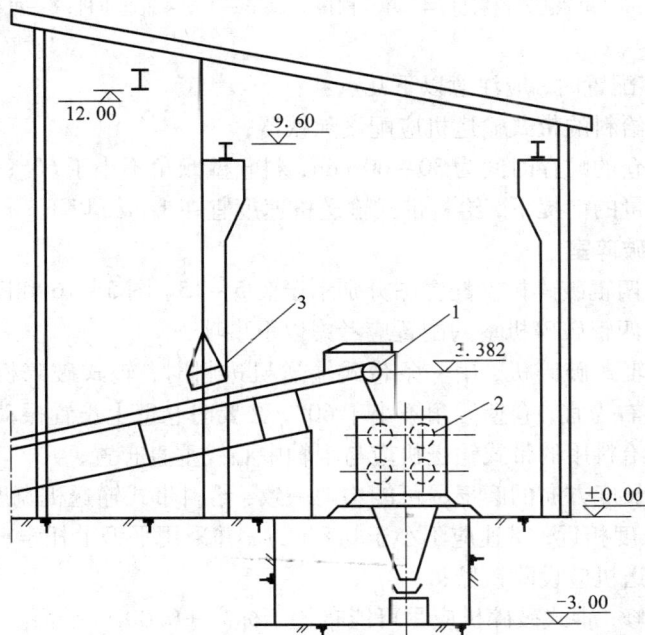

图 5 – 16 四辊破碎机室配置图之一

1—带式输送机；2—四辊破碎机；3—除铁器

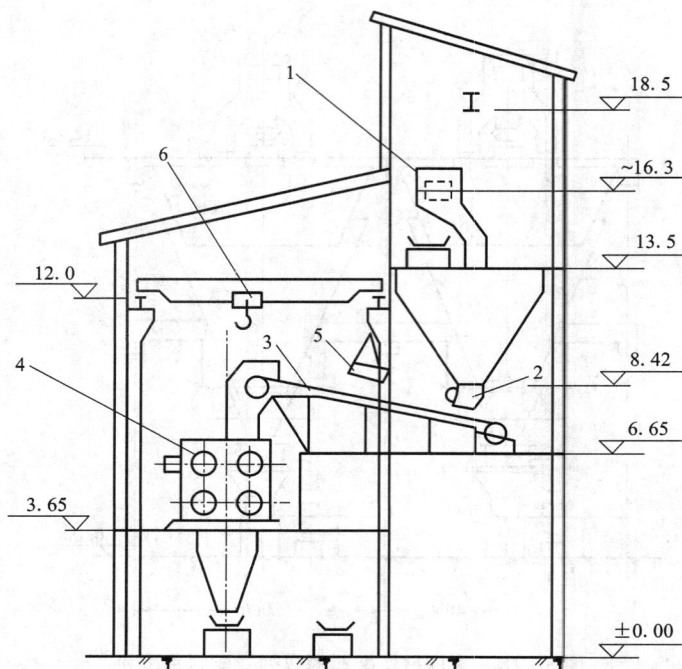

图 5 – 17　四辊破碎机室配置图之二

1—带移动卸料车带式输送机；2—带闸板漏斗；3—胶带给料机；
4—四辊破碎机；5—悬挂式除铁器；6—电动双梁桥式起重机

5.2.3　配料室

5.2.3.1　单系列与双系列配置

配料系列可分为单配料系列对应一台、两台或多台烧结机，双配料系列对应一台或两台烧结机的方式。应尽量采用单配料系列对应一台烧结机的方式。中小型烧结厂如限于投资，配料室可采用单系列对应多台烧结机方式。

图 5 – 18 为采用重量配料法的双列式配置，其特点是矿仓排料先经称量装置称重后方汇入配合料带式输送机。

对于未设混匀料场的中、小型烧结厂，单列式配料室应尽可能与原料仓库配置在一起。熔剂、燃料的破碎筛分设在靠配料室的一侧，以充分发挥原料仓库抓斗的能力，简化总体布置，减少基建投资。

5.2.3.2　配料仓库配置顺序的一般原则

（1）主要含铁原料的配料仓库在配合料带式输送机的前进方向的后面，为减少物料黏胶带，最后面的应是黏性最小的原料。

（2）从混匀料场以带式输送机送进的各种原料应配置在配料室的同一端以免运输设备相互干扰。

（3）干燥的粉状物料及返矿，其矿仓应集中在配料室的同一侧，并位于配合料带式输送机前进方向的最前方以便集中除尘，而且矿仓上部的运输设备也不会与主原料运输设备发生干扰。

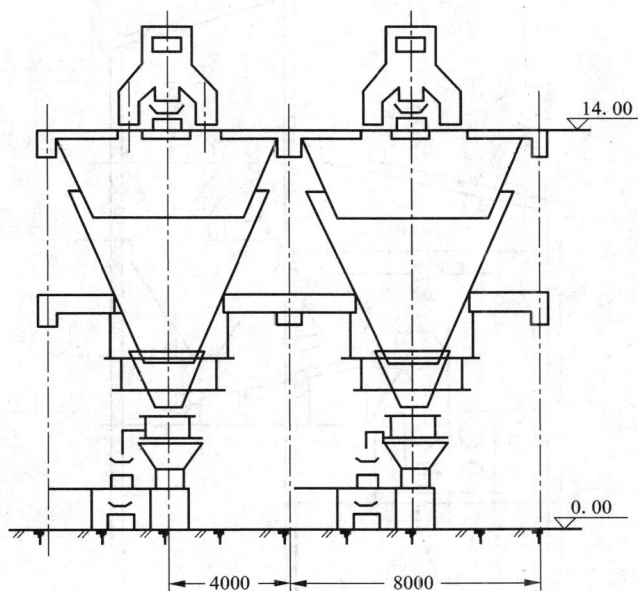

图 5 - 18　采用重量配料的双列式配料室配置

1—圆盘给料机；2—带式输送机；3—料仓

(4)燃料仓不应设在配合料带式输送机前进方向的最末端，以免在转运给下一条胶带机时燃料黏在胶带上，造成燃料的流失和用量的波动。

各种原料的配料仓中的排列顺序参见图 5 - 19。

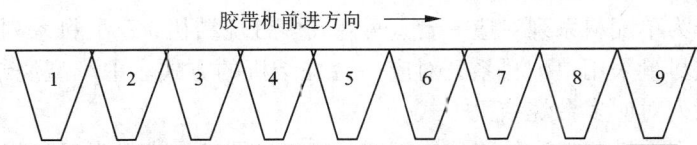

图 5 - 19　各种原料在配料仓的排列顺序示意图

1,2—混匀矿；3—精矿；4—石灰石；5—蛇纹石或白云石；

6—燃料；7—生石灰；8—返矿；9—杂料

5.2.4　混合室

为了实现自动控制和保证烧结机作业率，应选择 1 个混合料系统与 1 台烧结机相对应的方式。对于中、小型烧结机投资有限，也可考虑选择 1 个混合料系统对 2 台烧结机的配置。但混合料矿仓要适当增大。

5.2.4.1　一次混合室

一次混合室的配置见图 5 - 20。配置时，应注意以下事项：

(1)一次混合室一般应配置在 ±0.00 m 平面，如因总图布置的限制，亦可布置在高层厂房内。

（2）混合机的给料带式输送机有两种配置形式，一是与混合机筒体中心线呈同轴布置，另一是呈垂直布置。同轴布置时料流畅通，漏斗不易堵；垂直布置时漏斗易堵，应尽量避免采用。

（3）混合机配置在±0.00 m 平面时，排料带式输送机尽量布置在±0.00 m 平面上，以保证操作方便并提供良好的劳动环境。排料带式输送机的受料点应尽量设计成水平配置的形式，以免漏料散料。混合机的排料与带式输送机亦有同轴和垂直两种配置形式。同轴配置将出现地下建筑或使厂房平台增加，应尽量避免。垂直布置可与混合机同置于一层平台上，布置简单，方便操作。

（4）混合机给料及排料漏斗角度一般为 70°，必要时可在给料漏斗上设置振动器。

（5）混合机给料带式输送机头部、混合机排料漏斗顶部须设置竖式风道，必要时还需设置除尘设备。

（6）供润湿混合料的水在进入洒水管前必须过滤净化，以免杂物堵塞喷嘴。

（7）混合室一侧的墙上应设置过梁，方便混合机筒体进出厂房，过梁位置视总图布置的条件而定，以方便设备搬运为原则。配置胶轮传动混合机的混合室，确定检修设备时应考虑能方便整体吊装胶轮组。

当采用一段混合时，混合室的配置与一次混合相同。

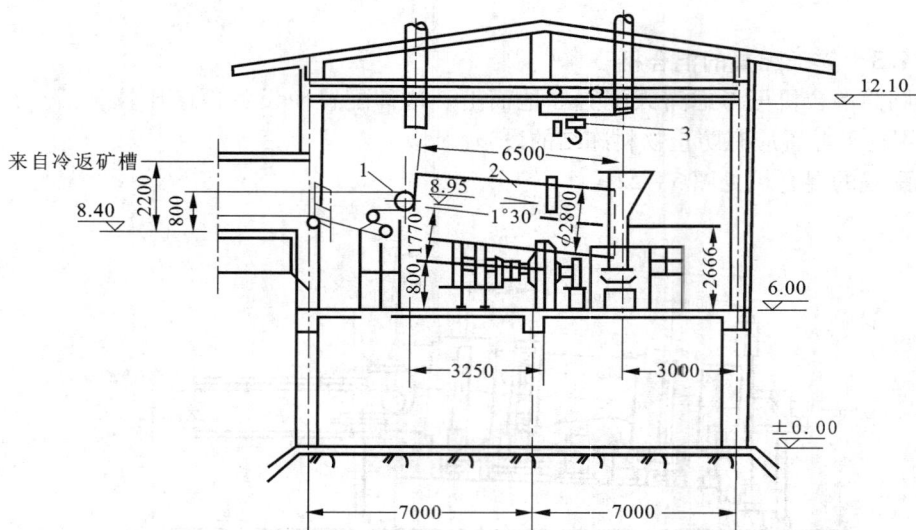

图 5－20　一次混合室配置图

1—带式输送机；2—圆筒混合机；3—手动单梁悬挂起重机

5.2.4.2　二次混合室

二次混合可单独配置在主厂房外的二次混合室内，亦可设在主厂房高跨的高层平台上。中、小型烧结厂如选用胶轮传动混合机，可考虑把二次混合设在主厂房内。大型烧结厂混合机采用齿轮传动，振动较大，宜单独设置二次混合室，见图 5－21。

二次混合室配置的注意事项与一次混合室基本相同。如因总图布置关系，二次混合室往

往配置在较高的平台上。

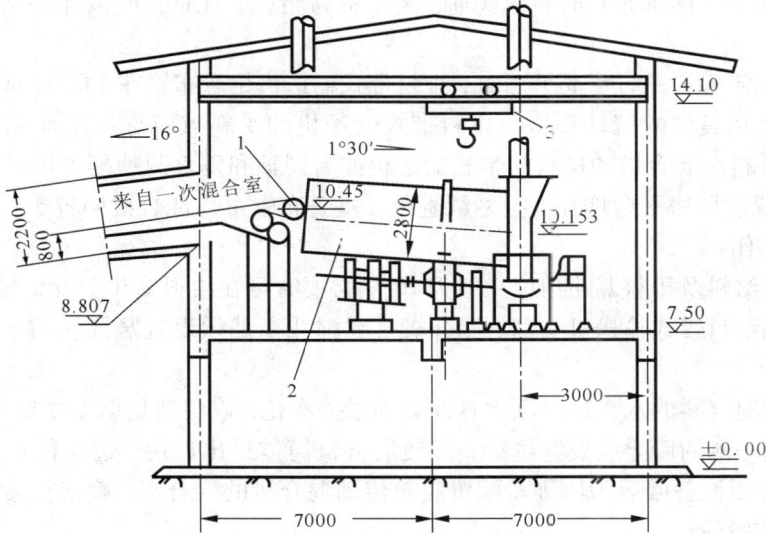

图 5-21 二次混合室配置图

1—带式输送机；2—圆筒混合机；3—手动单梁悬挂起重机

5.2.4.3 露天配置的混合机

大型圆筒混合机可考虑露天配置在地面上。这种配置使设备检修比较灵活。在严寒地区，如采用这种配置应有防止物料冻结的设施。

露天配置的混合机见图 5-22。

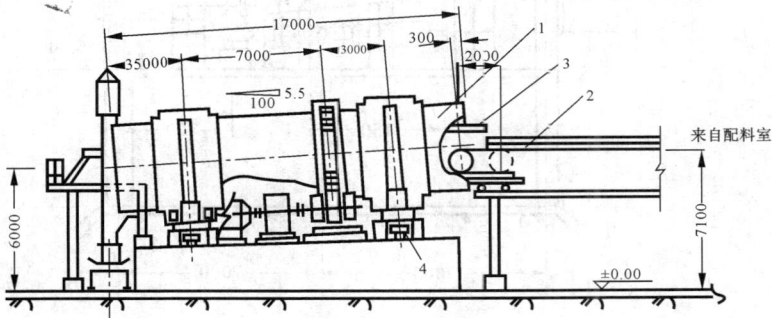

图 5-22 露天配置的圆筒混合机

1—圆筒混合机；2—带式输送机；3—水管；4—废油油箱

5.2.5 烧结室

烧结室的设备较多，共同配置于一个厂房内，成为烧结厂主要部分，故又称主厂房，主厂房设备配置较复杂，往往采用多层配置。其一般的配置原则如下。

（1）烧结室在厂房配置

烧结室在厂房配置首先应全面考虑工艺操作要求及有关专业需要，如变电所、配电室、

泵站、休息室、办公室和卫生间,在厂房内应有合适位置。当车间分期建设时,应考虑扩建的可能性。

(2)烧结室烧结机台数

大型烧结机室,一般一室配一台烧结机,使设备检修管理方便;采用环冷机及其他方式冷却的烧结主厂房一般在烧结室也只配置两台烧结机,因为环冷机占地面积大,多台配置将引起烧结机中心距增大或烧结机配料不合理。

(3)烧结机中心距

烧结机中心距应根据烧结机传动装置外形尺寸、冷却形式以及检修条件而定。

(4)在保证工艺合理,操作和检修都安全方便的前提下,应尽可能降低厂房标高。但是,在确定烧结机操作平台的标高时,应考虑以下因素:

①机尾采用热矿筛的倾角一般为 5°左右,筛分面积一般为烧结机面积的 8% ~ 10%。

②机尾返矿仓一般需设在地面以上,避免置于地下,有条件时应将部分做成敞开式的,以改善操作环境。

③通过机尾的双混合料带式输送机系统,两条带式输送机的中心距应比同规格的一般双胶带系统宽 1.0 ~ 1.5 m。

④机尾热返矿用链板运输机运输时,应考虑双系统,为了便于链板的检修和改善操作环境,两条链板之间应留有足够的净空。

⑤烧结机基础平面和机尾散料处理方式,是影响标高的因素之一。如何处理应结合具体情况决定,这两部分散料不应作为返矿,应尽可能送至机尾热矿筛,筛出成品烧结矿,无热矿筛时直接送整粒系统。

(5)计器室、润滑站及助燃风机的设置

①中小型烧结机计器室应设在机头的操作平台上,面向机头的一侧与机头平台孔边的距离一般不小于 2.5 m,大型烧结机应在主厂房之外单独设置电气控制室,把全厂的自控和检测集中起来,以适应全厂自动化水平的要求。

②烧结机润滑站一般应设在机头操作平台上,因润滑设备较精密,混入灰尘容易损坏。当油泵的压力不能满足尾部润滑点的要求时,润滑站可按具体情况另行配置。大型烧结机,一般应在主厂房外单独设置主机润滑站,分系统集中自动润滑。

③点火器的助燃风机工作时振动大、噪音强,不宜设在二次混合平台或计器室的房顶上,一般设置在 ±0.00 m 平面或小格平台为宜。

(6)烧结室为多层配置的厂房,并且设备较多,各层平台的安装孔和其他检修条件在布置时应考虑下列因素:

①台车的安装孔,一般设置在室内的一侧,并在同侧的 ±0.00 m 平面设台车修理间。

②当二次混合机设在烧结室内的一侧,并在同侧的 ±0.00 m 平面及烧结的传动装置与混合机可共用一个检修吊车。混合机操作平台需设通至 ±0.00 m 平面及烧结传动装置的安装孔。不论二次混合机是否设在烧结室,烧结机传动装置上面的平台应留安装孔,并设活动盖板,孔内如有过梁应做成可拆卸的,便于传动装置的检修。

③烧结室上面给料的带式输送机平台需有吊装带式输送机头轮及其传动装置的安装孔和其他设施。

④在烧结机操作平台的两台烧结机之间应辅设一段轨道,以备检修时堆放台车,台车检

修间可设在 ±0.00 m 平面。

⑤烧结机尾部各层平台应考虑设备吊装的可能。

⑥当二次混合机设在烧结室时，因厂房较高，可设客货电梯，最高层通到二次混合给料平台。大型烧结机烧结室应设电梯。其他根据具体情况确定。

（7）劳动保护及安全设施

①烧结机操作平台除中部台车外，烧结机的头部和尾部均应设密封罩及排烟气罩；混合料带式输送机及二次混合机排料口，一般需设排气罩及排气管；混合料矿仓上面的进料口应设箅板，返矿运输系统应有密封排气罩。受料点应考虑除尘；除尘器和降尘管的灰尘运输设备应该密闭，除尘器的灰尘应经湿润后方能进入下一工序。

②各层平台之间及局部操作平台应设置楼梯，其数量及位置应按具体情况合理布置；平台上一般只设过人的走道，在不靠近设备运转部分，宽度应不小于 0.8 m，靠近设备运转部分应不小于 1.0 m；过道上净空高度，在局部最低点应不小于 1.9 m；平台上所有安装孔，应根据需要设保护栏杆和金属盖板。

③室内地坪、平台、墙及楼梯上的灰尘，一般应考虑用水冲洗。

（8）烧结室的房盖和墙

①对于中、小型烧结机，在北方地区，烧结室一般需有房盖及墙（机尾局部可以不设墙）；在南方地区，一般需有房盖、半墙及雨搭；不论南北方地区，烧结机上面的房盖需设天窗，混合机操作平台靠点火器的一侧需设隔墙，以防止烧结过程产生的烟气、灰尘进入，恶化操作环境。

②对于大型烧结机，因为烧结机较长，两边的温度差容易使烧结机跑偏。因此，从小格平台以上应考虑全墙封闭，小格平台的墙上开百叶窗，操作平台的墙上设采光玻璃窗，小格平台和操作平台墙边，从机头至机尾应设置箅条状的通风道，使这两层平台的热量以对流的方式，由下向上从烧结室顶部排出，降低环境温度，并防止烧结机因两侧空气流动引起的温差而跑偏。烧结机上面的房盖需设天窗。

烧结厂烧结室配置实例见图 5-23 至图 5-27。

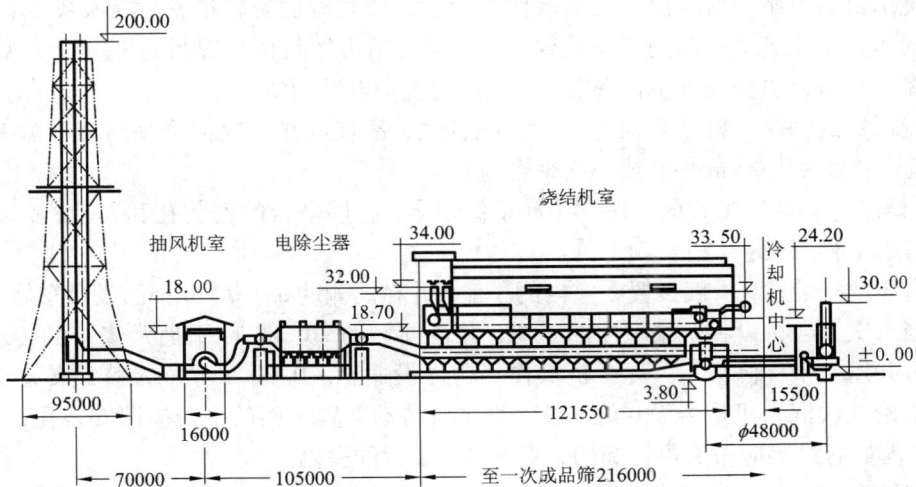

图 5-23 2×450 m² 烧结室断面图

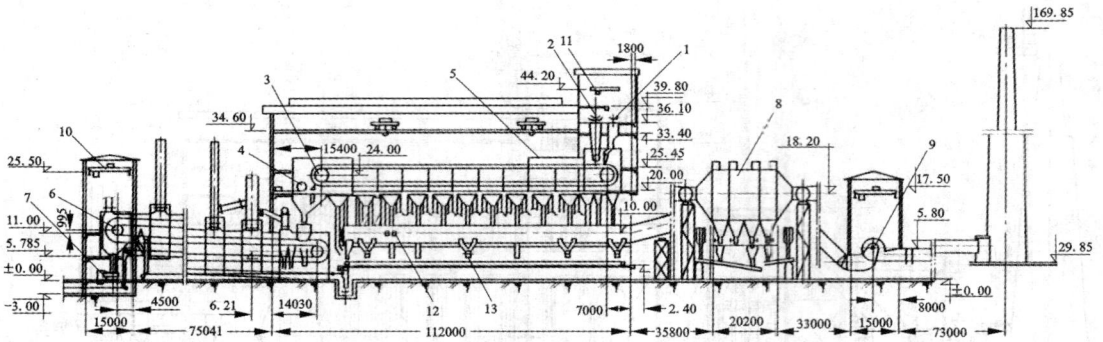

图 5 – 24　300 m² 烧结室断面图

1—带式输送机；2—梭式布料器；3—300 m² 烧结机；4—单辊破碎机；5—点火保温炉；6—鼓风带式冷却机；7—链板输送机；8—主电除尘器；9—主抽风机；10—桥式起重机；11—电葫芦；12—翻板式冷风阀；13—气动双层漏灰阀

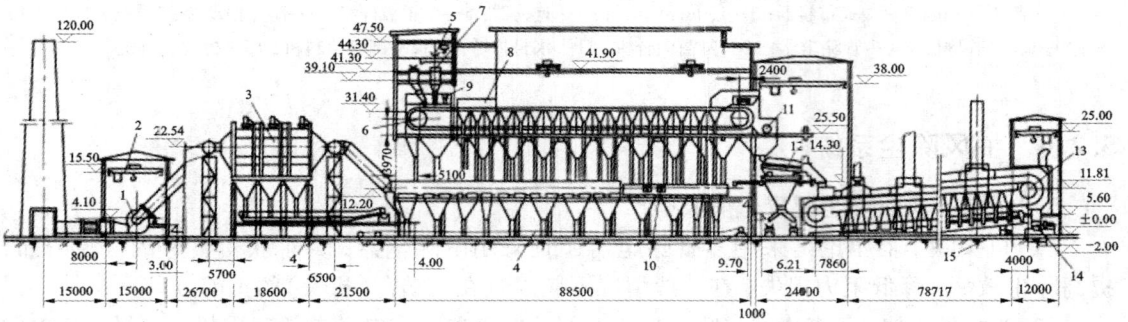

图 5 – 25　264 m² 烧结室断面图

1—离心抽风机；2—桥式起重机；3—机头电除尘器；4—水封拉链机；5—带式输送机；6—264 m² 烧结机；7—梭式布料器；8—点火器、保温炉；9—圆辊给料机；10—冷风吸入阀；11—单辊破碎机；12—热矿振动筛；13—鼓风带式冷却机；14—板式给矿机；15—冷却鼓风机

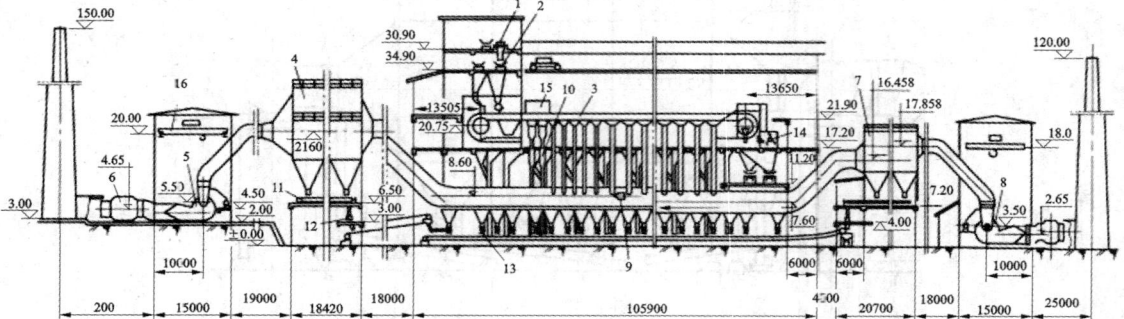

图 5 – 26　2 × 180 m² 烧结室断面图

1—带式输送机；2—梭式布料器；3—180 m² 烧结机(其中 90 m² 烧结，90 m² 冷却)；4—电除尘器；5—离心鼓风机；6—消声器；7—多管除尘器；8—冷却段用抽风机；9—冷风吸入阀；10—旋风除尘器；11—螺旋输送机；12—螺旋润湿机；13—双层卸灰阀；14—单辊破碎机；15—点火器；16—桥式起重机

▶ **129**

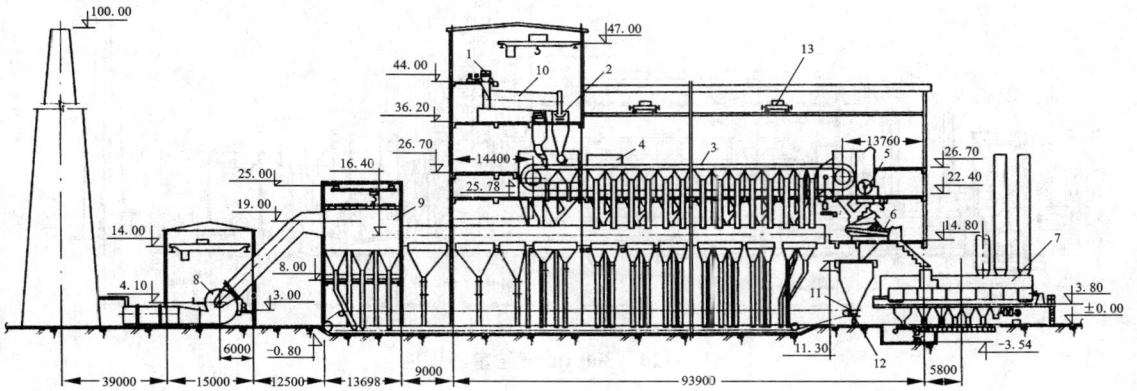

图 5-27 130 m² 烧结室断面图

1—带式输送机；2—梭式布料器；3—130 m² 烧结机；4—点火器；5—单辊破碎机；6—耐热振动筛；7—鼓风环式冷却机；8—离心抽风机；9—多管除尘器；10—圆筒混合机；11—水封拉链机；12—圆盘给料机；13—桥式起重机

5.2.6 抽风除尘系统

5.2.6.1 机头除尘配置一般原则

(1)机头除尘器不论是采用多管除尘器还是采用电除尘器，为了获得良好的气流分布，提高除尘效率，降低阻力损失，在一般情况下应配置在烧结室(机头)的正前方。

(2)为方便检修，可考虑在多管除尘器上部设电动单轨或电动单梁起重机。如果采用电除尘器，供电装置放在除尘器顶部，应该考虑设置检修起重机，对顶部的供电装置进行整体更换。

机头电除尘器配置见图 5-28。

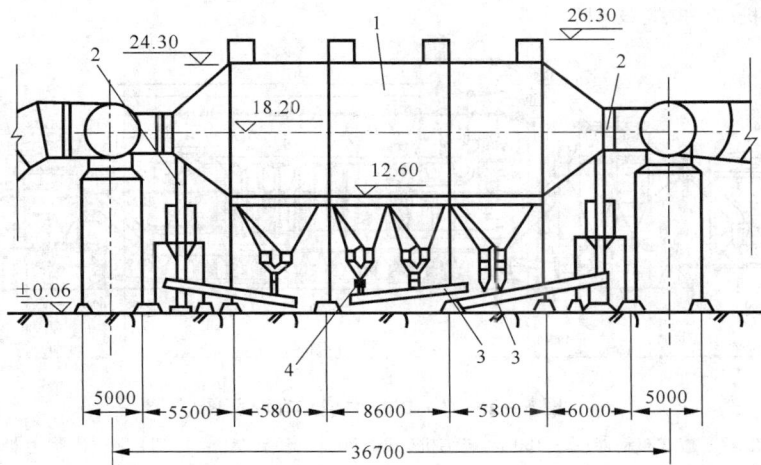

图 5-28 烧结机机头电除尘配置图

1—机头电除尘器；2—斗式提升机；3—刮板输送机；4—双层漏灰阀

5.2.6.2　抽风机室配置一般原则

（1）抽风机室一般应配置在机头除尘器的正前方，特殊情况可放在烧结室的一侧。室内应设检修吊车及检修跨。转子的平衡工作根据附近机修车间条件确定抽风机室是否设置转子平衡台。

（2）抽风机的操作室，一般应考虑隔音措施。

（3）不论南北方地区，抽风机室一般需有墙和房盖，并设天窗。

抽风机室配置举例见图 5 - 29。

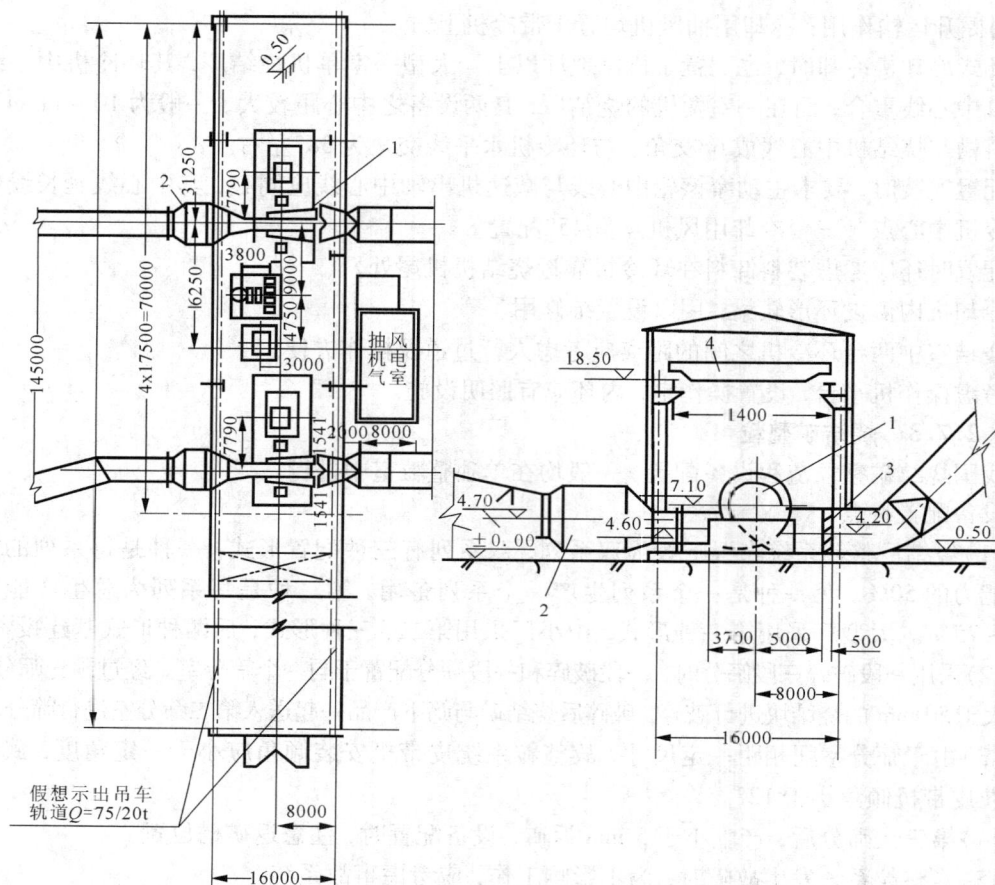

图 5 - 29　抽风机室配置图（双点画线为预留部分）

1—抽风机；2—消音器；3—进口调节阀；4—桥式起重机

5.2.7　烧结矿处理

5.2.7.1　烧结饼破碎筛分

自烧结机尾卸出的热烧结矿，直接进行第一段的破碎或筛分。热破碎设备及筛分设备影响烧结机安装高度，它们一般配置于烧结机机尾卸矿返回平台上，筛分设备若直接安置于破碎设备之后，则具有配置紧凑、烧结矿落差小等优点，但机尾劳动条件较差，厂房振动较大，基建承受负荷应加大。

机尾取消筛分作业的工艺流程，简化了生产工艺，降低了厂房高度，节省了基建投资，

将烧结矿冷却后一并送入整粒系统。

烧结矿破碎筛分设备配置时，其传动装置依情况可左或右式，有时是一左一右式布置，注意安装检修设备吊装出路。

5.2.7.2 烧结矿冷却

当采用机上冷却方法时，其设备配置与烧结机的布置相同，只是冷却用抽风管道与风机应单独配套。

带式冷却机配置于机尾，其纵向中心线与烧结机纵向中心线重合。设备与地坪有一倾角，起提升运输作用；冷却用抽风机均置于带冷机上方。

环式冷却机冷却时，也配置于机尾地坪以上。大型一室单机烧结厂，其环冷机中心线与烧结机中心线重合，而在一室两机的烧结厂，其两设备之中心距较大，一般为 10~11 m。而且给料槽与烧结机中心线成 6°交角，与环冷机水平线交角为 38°左右。

配置安装时，要求主动摩擦轮中心线与减速机出轴中心线应同心，其中心线延长线应通过环冷机中心点。三台冷却用风机互呈 45°配置。

配置时还应考虑装料卸料在环冷机靠近烧结机机尾处。

冷却机内侧设环形轨梁，用以设置维修用。

烧结室中两台环冷机之间的距离应考虑人行过道及操作方便。

考虑操作机平台，设置操作室，内环应有照明设施。

5.2.7.3 烧结矿整粒

我国烧结矿整粒流程设备配置，一般均在单独整粒室中进行。

设备配置特点：

(1)烧结厂整粒系统布置一般为双系列，双系列有三种配置形式：一种是每系列的能力为总能力的 50%，另一种是一个系列生产一个系列备用，第三种是每系列为总生产能力的 70%~75%。大型厂采用第一种形式，中小厂采用第二、三种形式，后两种形式基建投资少。

(2)采用一段破碎三段筛分时，一段破碎和一段筛分配置于同一个筛分室。经过预先筛分，将筛上大于 50 mm 的烧结块进行破碎，破碎后烧结矿与筛下产品一起送入第二筛分室进行筛分。

(3)由于筛分室间相距一定尺寸，故整粒系统皮带机安装倾角应小于一定角度，武钢三烧整粒皮带机倾角小于 12°。

(4)第三次筛分后，产生小于 5 mm 返矿，设备配置时，注意返矿槽位置。

(5)当整粒系统发生故障时，为不影响工作，应考虑事故系统。

(6)考虑每个筛分室设备检修。

(7)注意检修单轨吊梁。

(8)考虑设置除尘和环境保护设备。

整粒系统布置在一个室内进行，也属多层配置。在冷破碎之前进行预筛分，分出大于 50 mm 的成品块进入双齿辊机中进行破碎，如选用双系统进行整粒，两台设备均是并列等高布置的，见图 5-30 和图 5-31。

二次成品筛分与四次成品筛分的设备配置相类似。与三次成品筛分有差别。这主要是因为三次成品筛要分出铺底料。

当三次筛分分出的成品部分作铺底料时，应再设一条运输胶带机。其布置如图 5-32 和图 5-33。

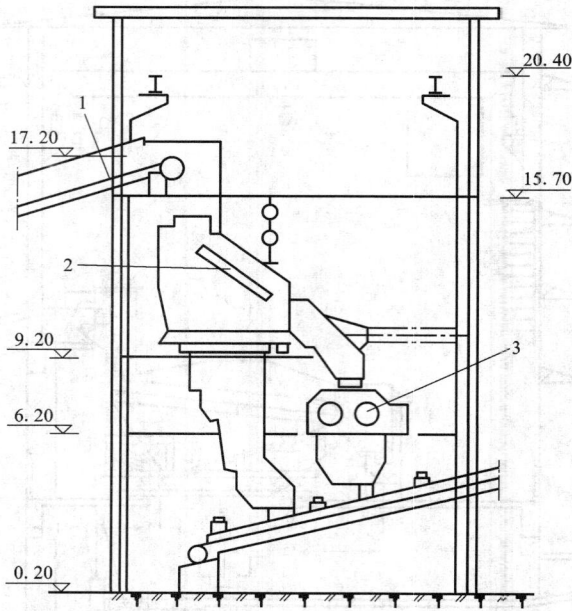

图 5 – 30 一次成品筛分室配置图之一

1—带式输送机；2—固定棒条筛；3—双齿辊破碎机

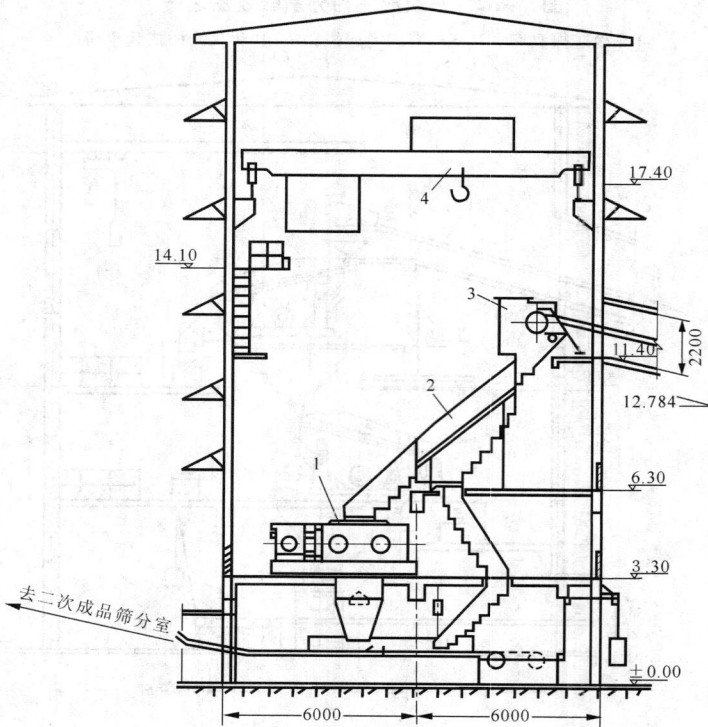

图 5 – 31 一次成品筛分室配置图之二

1—双齿辊破碎机；2—固定筛；3—带式输送机；4—电动双钩桥式起重机

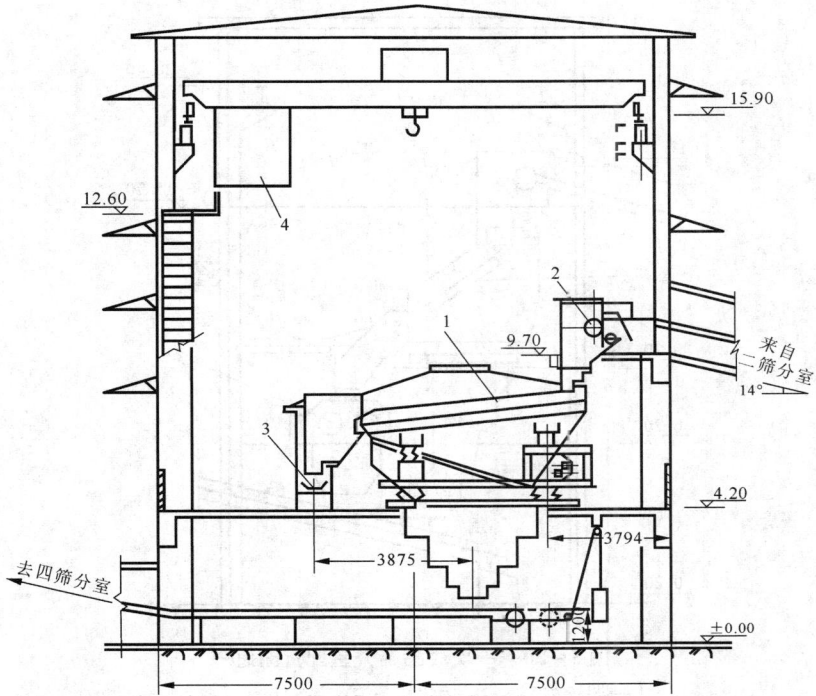

图 5-32 三次成品筛分室配置图之一

1—冷矿振动筛；2、3—带式输送机；4—电动双钩桥式起重机

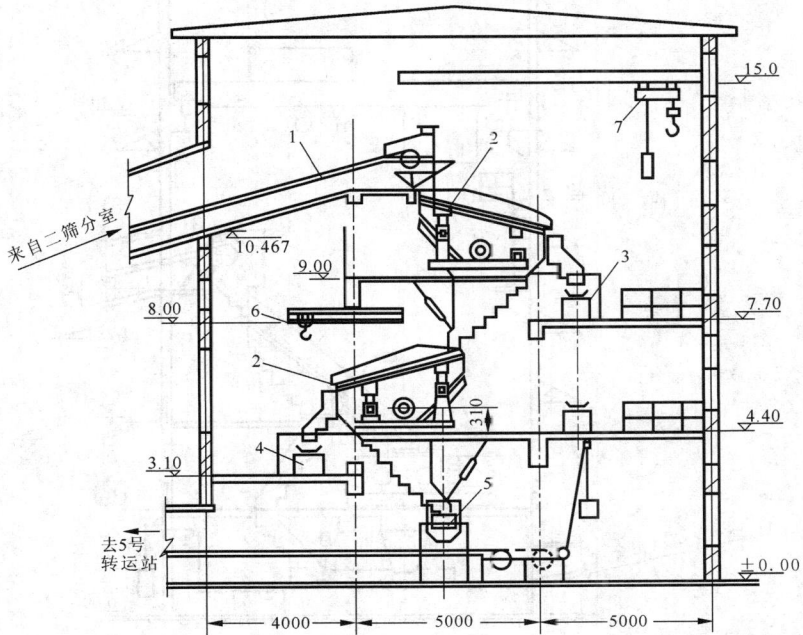

图 5-33 三次成品筛分室配置图之二

1、4、5—带式输送机；2—振动筛；3—可逆带式输送机；6—手动单轨小车；7—电动葫芦

思考题

1. 烧结厂工艺建筑物在平面布置时,应考虑哪些问题?
2. 烧结厂车间配置的一般要求和原则是什么?
3. 配料室的配置特点是什么?
4. 混合室配置应注意什么?
5. 烧结车间的配置特点是什么?
6. 抽风除尘系统配置的原则是什么?
7. 烧结矿冷却和整粒系统的配置特点是什么?

第6章　球团生产工艺流程选择与论证

6.1　球团工艺流程概述

　　球团是将细粒物料(尤其是细精矿)在加水的条件下、在专门造球设备上经滚动而成生球，再经焙烧固结生产球团矿的方法。所得产品呈球形，粒度均匀，具有高强度和高还原性。球团矿固相固结起主要作用，液相黏结相很少。高温氧化焙烧时的热源主要由外部燃料的燃烧来提供。

　　球团生产较为普遍的方法有竖炉法、带式焙烧机法和链箅机－回转窑法。竖炉法是最早发展起来的，但随着钢铁工业的发展，要求球团工艺不仅能处理磁铁矿，还能处理赤铁矿、褐铁矿等，尤其高炉对球团矿质量和需求量的要求不断提高，加之设备向大型化的发展，相继发展了带式焙烧机和链箅机－回转窑。这三种方法的特点如下：

　　(1)竖炉

　　干燥、预热、焙烧、均热和冷却在同一台设备(竖炉)中进行，随着球团在竖炉内自上而下运动，上述各环节依次进行。因此，竖炉工艺具有流程短、设备结构简单、材质无特殊要求、投资少、热效率高，操作维修方便等优点。

　　竖炉工艺主要存在以下不足：①难以处理赤铁矿等制 FeO 含量低的原料；②球团焙烧均匀性较差；③单台设备生产能力小；④炉顶干燥床温度高，要求生球具有足够高的爆裂温度；⑤球团在炉内运动过程中相互摩擦，难免会产生粉末；⑥竖炉内部的温度场相对固定，难以单独调节各环节的温度和时间，因而操作灵活性较差。

　　(2)链箅机－回转窑

　　生球干燥和球团预热在链箅机上进行，球团焙烧在回转窑中进行，球团冷却在环式冷却机中进行。该工艺的优点是：①球团焙烧均匀性好；②设备易于大型化，单机生产能力大；③操作灵活性强，各环节的操作温度可单独调节；④原料适应性强，可以适用于各种不同类型的原料。

　　其不足之处在于：①干燥预热、焙烧、冷却分别在三台不同的设备上进行，因而设备投资大；②回转窑内球团在运动中焙烧，对预热球强度要求高；③回转窑内球团的磨损容易导致结圈。

　　(3)带式焙烧机

　　干燥、预热、焙烧、均热和冷却在同一台设备中进行，整个过程球团始终处于静止料层中，通过台车的移动使球团依次经历各个环节。带式焙烧机工艺是三种工艺类型中操作灵活性最好的球团焙烧工艺。其主要优点如下：①可以根据原料的要求，对各个工艺段的温度、时间、气体流速、流量及流向等工艺参数进行分别设计，也可在生产中根据操作需要对各段工艺参数进行单独调整；②工艺气流以及料层透气性的任何波动都只能影响到一小部分料层，而且这种波动会随着台车的移动很快消除，不会对整体作业构成实质性的影响；③料层完全静止，

没有球团之间的相互冲击和磨损，对焙烧过程的球团强度要求不高，料层薄、压力负荷小，气流分布均匀，过程中产生的粉末量少；④采用热气流循环，充分利用了焙烧球团矿的显热，能量利用率高，球团焙烧能耗低；⑤可以制造大型带式焙烧机，单机生产能力大，有利于生产规模的大型化。

带式焙烧机工艺的主要不足是设备作业温度高而且变化幅度大，台车运行过程中温度在近 1200℃ 的范围内呈大幅度的周期性变化。为了适应这一作业特性，需要大量的耐热合金钢，不仅要有足够的高温耐受力，而且要有良好的抗热震性能。因此，带式焙烧机工艺材质要求高，设备投资大。

球团生产的一般工艺流程如图 6-1 所示，包含精矿干燥、原料预处理、配料、混合、造球、生球干燥、预热、焙烧、均热、冷却等环节。三种球团生产方法在球团焙烧前的工艺和设备基本相同。

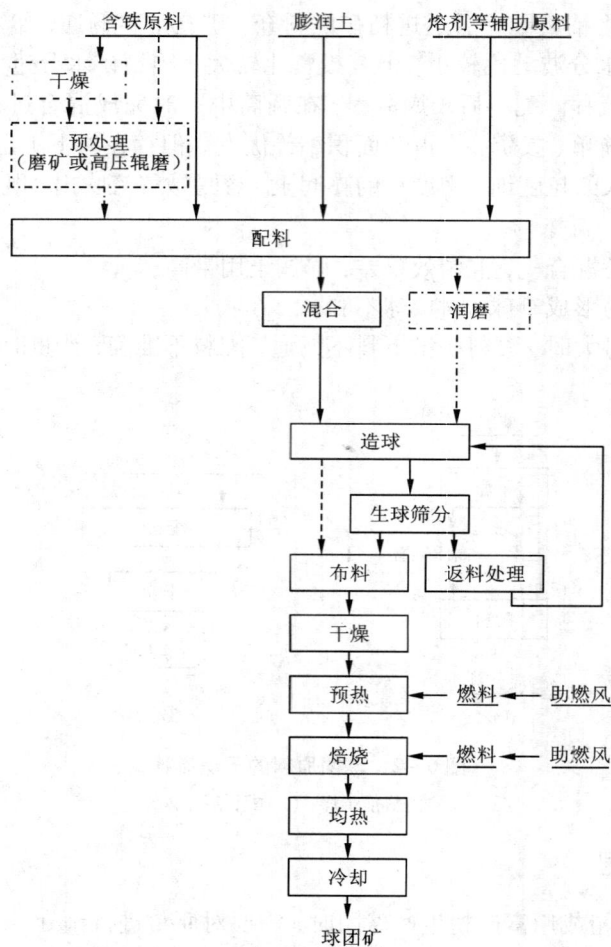

图 6-1 球团生产的一般工艺流程

6.2　原料准备

6.2.1　精矿干燥

　　精矿水分过大，会影响造球过程和生球质量，所以，一般要求铁精矿水分比生球水分低1%，而实际到厂的原料水分往往高于这个水分范围。控制铁精矿水分的措施有：①扩大精矿仓库贮存量；②配入干料调节混合料水分，例如膨润土、钢铁厂粉尘以及经过细磨的球团返料等；③采用干燥设备强制脱水。

　　我国近期新建的球团厂都设计有圆筒干燥机。干燥流程分为配料前干燥和配料后干燥两种。图6-2(a)为配料前干燥流程，如萍钢、本钢等球团厂采用此流程。图6-2(b)为配料后干燥流程，如杭钢、武钢大冶铁矿等精矿干燥采用此流程。这两种流程对比，配料前干燥流程比较灵活，首先将精矿干燥后送进精矿配料仓，矿仓下料畅通，给料均匀，能使配料比较准确，而且精矿的水分波动比较小，但其投资比较大。当精矿水分过大或者流程中设置了高压辊磨时，采用此流程。配料后干燥流程，在圆筒中同时完成混合过程，无须另设混合作业，因而其具有工艺简单、投资少、占地面积小等优点。但存在如下不足：

　　(1)混合料中配入的粒度细、密度小的膨润土，容易被气流吹出，既造成了环境污染，又带来了膨润土的损失；

　　(2)以干燥机代替混合机，混匀效果差，膨润土用量高；

　　(3)干燥过程中易形成母球，对成球不利；

　　(4)当精矿水分过大时，配料矿槽下料不畅通，配料不准确，严重时还可能出现堵料。

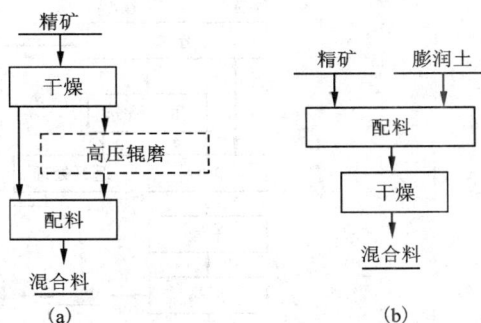

图6-2　球团原料的干燥流程
(a)配料前干燥；(b)配料后干燥

6.2.2　原料预处理

　　当精矿粒度比较粗或用富矿粉生产球团时，需要对原料进行预处理。预处理方式包括磨矿、高压辊磨和润磨等三种。原料预处理工序根据原料原始粒度的粗细和性能确定。当原料粒度较粗时，可采用磨矿；当粒度较小时，可采用高压辊磨或润磨。对于大、中型球团工程，一般采用湿球磨工艺、高压辊磨工艺或这两种工艺的组合；对于小型球团工程，可采用润磨或其他磨矿工艺。

6.2.2.1 磨矿工艺

磨矿方法有湿磨和干磨两种，其流程分别如图6-3和图6-4所示。

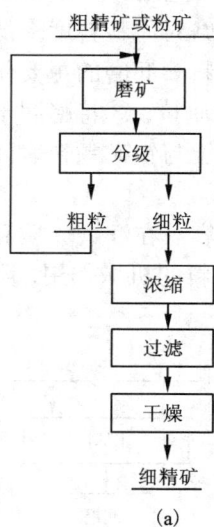
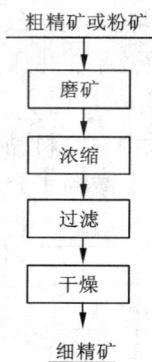
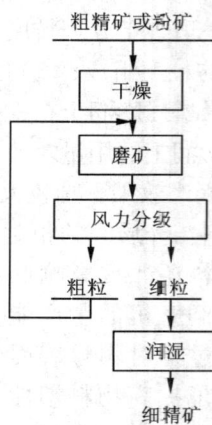
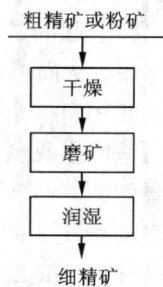

图6-3 湿磨工艺流程
（a）闭路流程；（b）开路流程

图6-4 干磨工艺流程
（a）闭路流程；（b）开路流程

湿磨是将粉矿或粗精矿加水在开路或闭路的磨矿系统中磨至造球所需的粒度，磨后的矿浆经过滤机进行脱水。由于细磨的矿浆，特别是赤铁精矿、褐铁精矿等亲水性好的铁精矿，过滤性能差，难以脱除到所要求的水分，因此经过脱水后的精矿还需要干燥。湿磨具有磨矿效率高、处理能力大、动力消耗低、劳动条件较好等优点。缺点是磨矿介质磨损大，需要设置矿浆过滤环节，且过滤后一般难以达到造球的水分要求。对于难过滤的物料，不宜采用湿磨。

干磨是在磨矿前将矿粉先干燥到含水0.5%以下，经磨矿后采用风力分级机组成闭路系统。粗粒返回再磨，细粒经润湿后送去造球。与湿磨对比，干磨可以省去过滤环节，适应性强，磨矿介质磨损较少，且可以加膨润土共磨。其缺点是，扬尘量大，劳动条件差；磨矿前需要对物料进行干燥，而磨矿后又需要采用润湿设备将物料润湿到造球的适宜水分。因此，干磨增加了作业环节，工艺较复杂。

磨矿工艺的选择主要由矿石性质决定，对于易过滤的精矿，如磁铁精矿，可采用湿磨工艺。而对于赤铁矿、褐铁矿、菱铁矿等亲水性好难过滤的精矿，最好采用干磨工艺。

磨矿流程有开路流程和闭路流程两种。开路流程是指一次通过磨机，不设分级循环系统，而闭路流程则是通过磨机后，通过粒度分级，将粗粒部分返回再磨。相比之下，开路流程具有工艺简单、投资少等优点，而闭路流程则需要设置粒度分级及粗粒料回路系统，因而工艺相对复杂，投资较大。但是，闭路流程具有排矿粒度细、操作灵活（可通过设置旁路实现开闭两用）、原料适应性强等优点。闭路流程中，湿磨工艺一般用水力旋流器分级，而干磨工艺一般用风力分级机对磨后产物进行分级。当一次磨矿后产物粗料量较小时，采用开路磨矿流程，而当磨后产物粗粒部分较多，不能满足造球所需的细度要求时，则需要采用闭路磨矿

流程。

6.2.2.2 润磨工艺

润磨是通过磨矿介质对处于润湿状态的物料进行处理的一种原料预处理方法。润磨所处理的原料含有一定的水分，是不同于湿磨和干磨的原料预处理方式。润磨对原料粒度降低的作用没有干磨和湿磨大，适合于处理粒度组成与造球要求相差较小的物料。润磨的主要作用有：①可以改善混合料的粒度组成；②可以提高原料的塑性，改善生球质量；③将膨润土与含铁原料一起润磨，可以增强膨润土在铁矿中的分散效果，并加强膨润土与铁矿颗粒表面的相互作用，从而可降低膨润土的用量。

润磨物料的水分对润磨效果影响较大，水分过大时，物料黏性大，容易在润磨介质和润磨机内壁产生黏料，物料与介质间的相对运动量减小，减弱了介质对物料的机械作用，降低了润磨效果。同时，黏料还严重影响润磨过程的稳定，并降低润磨机的生产能力。水分过小时，润磨过程对颗粒表面的作用效果减弱，降低了提高物料塑性的效果，并增加了膨润土与颗粒表面的相互作用的效果。适宜的润磨水分随原料类型和性质的不同有所不同，一般为5%～7%，具体原料的适宜润磨水分可通过试验确定。

润磨工艺有带干燥和不带干燥两种，其流程如图6-5所示。

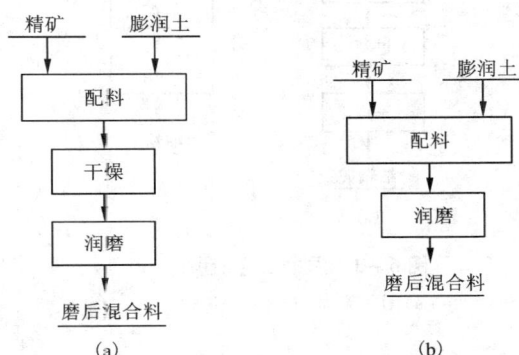

图6-5 球团原料的润磨流程
（a）带干燥；（b）不带干燥

6.2.2.3 高压辊磨工艺

高压辊磨通过两个相向转动的辊子挤压物料使之破碎，产生细粒级，改善原料粒度组成。用高压辊磨进行原料预处理，可以有效降低原料粒度，增大比表面积，并提高微细粒级含量，同时，还可以使颗粒产生裂纹，提高颗粒表面活性。与润磨相比，高压辊磨具有生产能力大、能量消耗低的特点。但是不能处理配有膨润土的混合料，不能省去混合工序。

高压辊磨工艺流程有开路流程和闭路流程两种（见图6-6）。开路流程经过一次辊磨后，全部直接送去配料系统。闭路流程则将辊磨机母线方向两侧的辊后料经过分流，返回进料系统，称为边料循环。由于辊磨机两侧的压力比中间小，辊磨效果相对较弱，因而，采用边料循环的闭路系统可增强辊磨效果。但是，闭路流程降低了设备的生产能力，同时需要增设边料循环系统。开路、闭路流程的选择以及循环比例的选择和调整的主

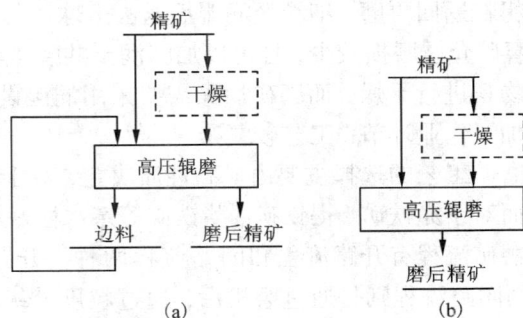

图6-6 球团原料的高压辊磨流程
（a）闭路流程；（b）开路流程

要依据是原始粒度、破碎性能、造球粒度要求以及流程的灵活性和适应能力。原料原始粒度较小、破碎性能好、辊磨效果好时，可采用较小的循环量，甚至可直接采用开路流程。当辊

磨效果较差，一次性通过辊磨机难以达到造球粒度要求时，可采用较大的循环量。为了增强工艺的灵活性，可将高压辊磨设置成循环量可调的闭路流程，根据实际作业效果调节循环量。当辊压效果足够好时，也可关闭循环回路，改为开路流程。

为了增强辊压压力，高压辊磨需要一定的给料压力，一般采用高料斗给料或螺旋增压给料。采用增压给料时，对于水分较大的物料容易发生黏料现象，影响给料的连续性和稳定性。采用高料斗给料效果较好，既可以实现流畅、稳定的给料，又可以通过料柱的压力提供所需的给料压力。因此，在空间配置允许的情况下，采用高料斗增压给料较好。

原料水分是高压辊磨的重要参数。经验表明，铁精矿高压辊磨获得最大比表面积的水分为 8%。当原料水分过大（>9%）时，辊压压力被料层吸收，达不到良好的辊压效果。

6.3　配料、混合和造球

球团的配料与烧结是一样的，但因为球团使用的原料种类较少，所以配料工艺比较简单。

我国球团配合料大多数采用类似于烧结厂圆筒混合机的一段混合。采用润磨时，就不再另设混合设备。国外经验认为：生产非自熔性球团矿时，采用一段混合工艺是可行的。生产熔剂性球团矿时，必须采用二段或三段混合。

配合料经过混合后进入造球工序（见图 6-7）。生球的尺寸控制一般下限为 8 mm，上限为 16 mm，生球粒度范围小时，球团焙烧均匀性好；生球粒度范围大时，生球产量大。所以，合格生球的粒度为 8~16 mm，其中 10~14 mm 的生球含量应大于 80%。

大型球团工程，合格生球落下次数应大于 8 次/(0.5 米·球)，中、小型球团工程应大于 5 次/(0.5 米·球)；合格生球的爆裂温度应大于 450℃，水分波动允许偏差为 ±0.25%。

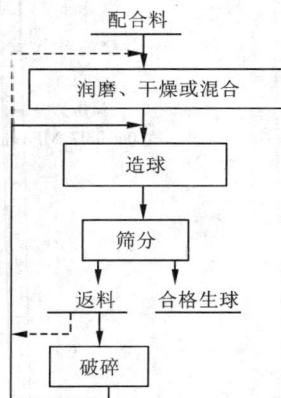
图 6-7　造球流程

6.4　竖炉焙烧

竖炉属于逆流热交换设备。炉料自上而下、气流自下而上运动。竖炉两侧设有燃烧室，燃烧室废气流通过喷火口喷入炉内，并向上运动与下降的球团进行热交换，加热球团。竖炉下部设有冷却风进风口，冷却风在炉内自下而上运动，将焙烧好的球团矿冷却。与此同时冷却风被加热，将生球干燥。因此球团在炉内下降过程中完成生球的干燥、预热、均热及冷却全过程，冷却后的球团矿由竖炉下部排出炉外。

竖炉按横断面分为圆形竖炉和矩形竖炉。由于圆形竖炉布料操作困难，国内外主要应用矩形竖炉。国外竖炉的结构示意图见图 6-8。其特点是：

（1）竖炉料柱高，气流阻力大，主风机工作压力要求高，电耗高；

（2）国外竖炉球团一般采用高热值燃料油或天然气，只限于焙烧磁铁矿球团；

（3）鉴于竖炉本身的料仓式结构，排料时，同一料面的球团矿下料速度不均匀，正对排料口中心下料快，两边相应慢些，使球团矿在炉内停留时间不同，球团矿质量不均匀；

（4）国外竖炉一般采用横向布料，布料时间长且不均匀。

141

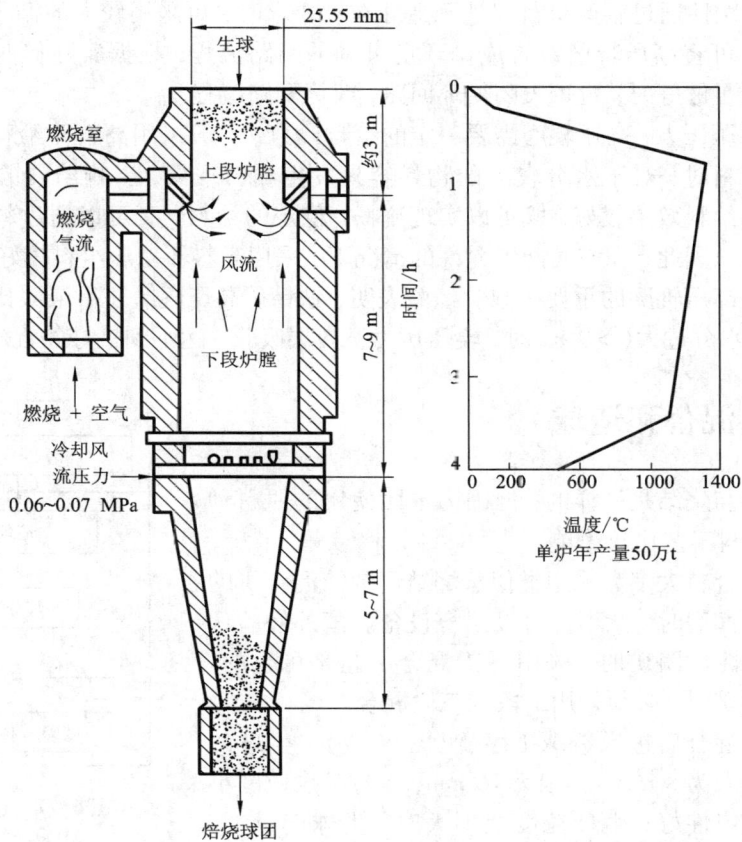

图 6 - 8　国外 16 m² 竖炉炉型、气流系统及焙烧温度曲线

　　我国竖炉炉内架设导风墙和烘干床,见图 6 - 9。干燥床呈屋脊形,干燥床上铺有 150 ~ 200 mm 厚的生球,预热带上升的热废气和从导风墙上升的热风在干燥床下混合,然后穿过干燥床将生球干燥。干燥后的球按其自然堆角向炉子中心滚动进行再分配,小球和粉末多聚集在炉墙附近。大球由于具有较大的动能,多滚向炉子中心导风墙处,因此基本上抑制了边缘效应。这种竖炉与国外竖炉相比,它具有可以采用低真空度风机、低热值的高炉煤气及低焙烧温度操作的优点。

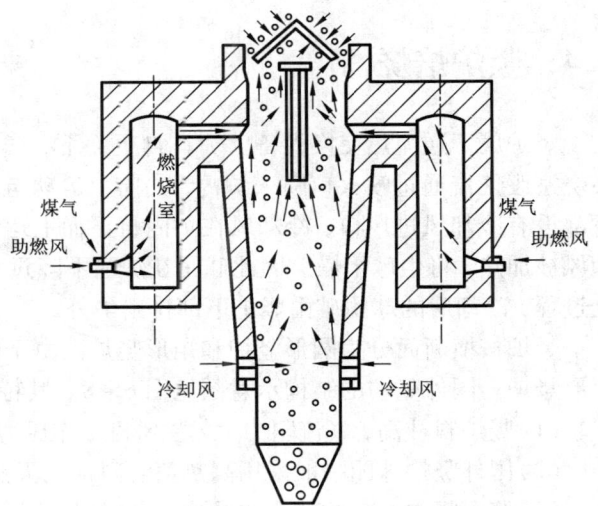

图 6 - 9　竖炉工作原理示意图

6.4.1 布料

布料的目的是将生球完整、松散、均匀地按一定厚度布到干燥床上。布料有三方面的要求：①生球在布料过程中不发生破损；②布料厚度适宜，料层过薄，则设备产量低，料层过厚，则容易出现干燥不完全的问题，甚至因料层过湿而发生爆裂；③料面要均匀平整，以保证料层气流分布均匀。

竖炉布料系统因干燥设备的不同而不同。国外竖炉没有专门的干燥设备，生球布在炉顶料面上，主要有矩形布料和横向布料两种方式（见图 6 – 10 和图 6 – 11），两种布料方式具有不同的炉内温度分布状况。矩形布料是料线贴近炉壁自动布料，料面呈"V"形，中心低，靠近炉壁处高。这种布料方式的问题是炉内纵向中心线达不到球团所需要的理想焙烧温度，已被横向布料所取代。横向布料将生球呈"Z"形布成一行行的横向小沟谷，通过布料机上装设的料面探测器控制行走和布料速度，以便保持料面平坦和控制料面高度。这种布料方式由于料面平整，显著改善了炉内的温度分布状态。

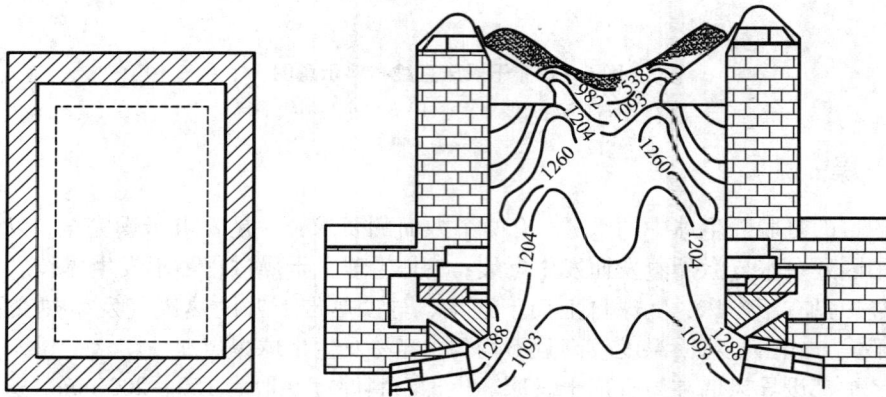

图 6 – 10 矩形布料线路及炉内等温线示意图

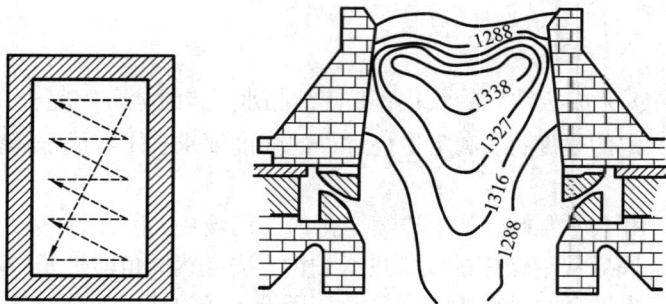

图 6 – 11 横向布料料线及炉内等温线示意图

我国竖炉都设有屋脊形干燥床，采用直线布料（见图 6 – 12），通过行走线路与料线平行的布料车将生球从干燥床顶部布入，然后在重力作用下随着炉料的下行向干燥床的两侧移动，在干燥床上形成一定厚度的料层。根据布料车的方向有两种类型：一是布料车行走方向（料线）垂直，二是布料车与行走方向平行。前者布料车行走占用料面空间大，需要在炉顶罩的侧面设置行走通道，影响炉顶密封。此外，这种布料方式难以保证两侧等量布料。因此，普遍采用布料车与料线平行的布料方式。这种方式炉顶罩只在布料车的进口端开口，开口面积小，炉顶密封状况良好，而且易于保证两侧布料量的均等。

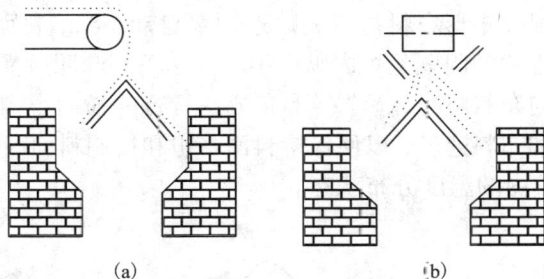

图 6 – 12　干燥床直线布料示意图

（a）布料车与料线垂直；（b）布料车与料线平行

6.4.2　干燥

干燥的目的是脱除生球中的水分，有两个方面的要求：一是要求干燥完全，以免在后续高温过程中因残余水分激烈蒸发而发生爆裂；二是生球在干燥过程中不发生爆裂。

国外竖炉没有干燥床，生球自上而下运动，与预热带上升的热废气发生热交换完成干燥。这种干燥方式由于料面温度较高且不均匀，容易发生生球爆裂。

我国竖炉都设导风墙和屋脊形干燥床。生球布料厚度一般为 150 ~ 200 mm。这种干燥方法的优点是：①干球质量好，防止了湿球入炉产生的变形和黏结现象，改善了炉内料层透气性；②预热带上升的热废气和从导风墙出来的热废气在干燥床的下面混合，干燥温度均匀；③干燥面积大，能进行薄料层干燥，料层气流均匀，热交换条件好，热利用率高；④把干燥段和预热段明显分开，有利于稳定竖炉操作。因此，有干燥床的干燥明显优于无干燥床的。

6.4.3　预热

预热的目的是：①完成磁铁矿的氧化；②使结晶水、碳酸盐分解完全；③通过 Fe_2O_3 微结晶连接使球团形成一定的强度，以满足焙烧过程的强度要求；④完成干燥温度向焙烧温度的过渡。

在竖炉工艺中，由于炉内料层处于连续变化的温度场中，因此预热段与焙烧段没有明显的分界线。生球经干燥后从干燥床的底部进入炉内，按自然堆角向炉子中心滚动。然后随着物料下行，在温度逐步提高的过程中完成预热。因此，竖炉球团的预热实际上没有固定的温度，是在到达焙烧温度之前的一个连续升温的过程。预热时间则取决于温度场的状态和竖炉的高度。竖炉高度高，温度区间大，则预热时间长。因此，对于要求预热时间较长的球团，应适当考虑增加竖炉高度，对于预热时间短的，则可将竖炉设计得矮些。

预热过程中磁铁矿氧化放热,为球团升温提供热量补充,达到后续球团焙烧所需要的温度,是竖炉球团焙烧不可缺少的热量来源。因此,竖炉工艺生产球团应以磁铁矿为主要原料。生产经验表明,赤铁矿的配比一般不宜超过10%～20%。

6.4.4　焙烧

球团焙烧的目的是使球团发生固相反应和形成 Fe_2O_3 再结晶固结,以获得结构致密的高强度球团产品。

竖炉内干球经预热后下降到焙烧段,焙烧温度可根据原料特性和煤气发热值确定。当原料铁品位较低,脉石含量(SiO_2、CaO 等)较高时,应采用较低温度焙烧,一般不宜超过1250℃,以免产生黏结,影响炉况顺行;当原料铁品位高,脉石含量低时,可采用较高温度焙烧。同时,当煤气发热值较低时,只能采用较低的焙烧温度。

国外竖炉球团最佳焙烧温度保持在1300～1350℃。我国竖炉球团焙烧温度较低,一般燃烧室温度为1150℃,甚至低到1050℃,竖炉料层温度为1200～1250℃。其原因一方面是我国磁精矿品位较低,含 SiO_2 较高;另一方面是我国竖炉都是采用低热值高炉煤气作为燃料。

断面上温度分布不均匀是竖炉的固有特点,为了获得质量均匀的球团矿,应尽可能减少温度分布的不均匀性。影响温度分布状况的直接因素是炉内气流的分布状况,而气流的分布受料层透气性和火道口热废气流速两方面因素的影响。料层透气性好,气流速度大,对球层的穿透能力强,则温度分布较均匀。但流速过大,会造成炉料喷出或引起炉料层表面流态化等问题。一般火道口热废气流速度应为3.7～4.0 m/s。除了气体流速以外,还应考虑气体的成分,料层气流中 O_2 含量应不低于2%～4%,以使气流保持氧化气氛。

6.4.5　均热和冷却

球团焙烧后一般都需要经历一段均热过程。均热的目的是使球团内晶格结构发育完整,尽可能消除晶格缺陷,减少球团内的结构应力,增加球团强度。同时,使球团内未完全氧化的 FeO 继续氧化。

球团冷却主要有三个方面的目的:①将炽热的球团矿冷却到100℃左右,以便球团矿的运输和堆放;②回收球团矿显热,增加能量利用率;③避免炽热的球团矿排出后因发生骤冷而降低强度。因此,球团冷却要求排出的球团矿温度低,热量利用率高,且冷却速率适宜,不发生急剧冷却。

竖炉均热段处于燃烧带下方到导风墙大水梁之间的区域,其高度取决于炉内的温度分布和竖炉的纵向结构参数。因此,竖炉的结构和操作是影响均热时间和温度的主要因素。

冷却段位于均热段的下方,竖炉炉膛大部分用于球团矿的冷却。竖炉下部由一组摆动着的齿辊隔开,齿辊支承着整个料柱,并破碎焙烧带可能黏结的大块,使料柱保持疏松状态。冷却风由齿辊标高处鼓入竖炉内。冷却风的压力和流量应该使之均衡地向上穿过整个料柱,并能将球团矿很好地冷却。排出炉外的球团矿温度可以通过调节冷却风量来控制。

架设有导风墙的竖炉,由于炉中心处料柱高度大大降低,阻力降低,冷却风从炉子两侧送进炉内,由导风墙导出,使得风量在冷却带整个截面分布较均匀,并且在风机压力降低的情况下,鼓入的风量却增加,因而提高了球团矿冷却效果,且风机电耗大大下降。除此以外,冷却风从导风墙排出还大大降低了火道口热风的穿透阻力,改善了炉内温度分布状态。

竖炉炉内冷却一般难以达到要求的冷却效果，有时排出的球甚至仍呈红热状态，因此经常需要进行炉外二次冷却，各厂采用的炉外冷却方式不尽相同。有些厂为了避免烧坏皮带，直接浇水进行急冷，这种方式可以快速将球团冷却下来，能有效地保护输送皮带，但浇水急冷会使球团强度明显下降。有些厂采用链板输送机代替皮带机输送球团，在输送过程中自然冷却，这种方式不降低球团强度，但冷却效果有限。较好的冷却方式是采用专用冷却设备，主要设备有圆筒冷却机和带式冷却机两种，二者都可以达到良好的冷却效果。

6.4.6 风流系统

竖炉工艺的进风有燃烧热废气和冷却风两部分。竖炉风流系统因导风墙和干燥床的设置与否分为两种类型。炉内没有导风墙和干燥床时，风流全部通过球层，冷却风对火道口出来的燃烧热废气形成较大的穿透阻力，使炉膛中心和周边温度存在较大的差异，从而各段作业温度和时间具有较大的不均匀性。

设有导风墙和干燥床时，冷却风大部分由导风墙排出，既降低了冷却风机压力，增大了冷却风量，又减小了火道口热风的穿透阻力，使炉膛中心和周边温度差异减小，从而降低了各段作业温度和时间具有的不均匀性。导风墙出来的热风和球层出来的热风在干燥床下面混合，增加了各点干燥风温度的均匀性，避免了局部温度过高导致的生球爆裂。

6.5 带式焙烧机焙烧

带式焙烧机法可分为固体燃料鼓风带式焙烧机法、麦基型带式焙烧机法和鲁尔基 – 德腊伏型带式焙烧机法。固体燃料鼓风带式焙烧机法由于球团矿质量不能满足用户要求，已停止生产。麦基型与鲁尔基 – 德腊伏型两者有许多相似之处，鲁尔基 – 德腊伏型带式焙烧机法是世界上应用最广泛的带式焙烧机法。

鲁尔基 – 德腊伏带式焙烧机法可以根据不同的矿石类型采用不同的气体循环方式和换热方式，一般分为四种类型（见图 6 – 13）。第一种类型处理赤铁矿和磁铁矿的混合精矿。将鼓风循环和抽风循环混合使用，利用冷却热风直接循环换热，提高了热能利用率；第二种类型由第一种类型稍加修改，用于处理磁铁精矿（如美国派勒诺布球团厂），主要修改是将炉罩内换热气流全部采用直接循环，取消了炉罩换热风机，将冷却段较冷端气流排入大气；第三种类型用于生产赤铁矿球团。为了适合生球需要较长干燥和预热时间的特点，增大了焙烧机的面积，同时增加抽风干燥和预热区所需的风量，采用炉罩换热气流全部直接循环。其特点是将抽风预热和抽风均热的风箱热风通往干燥区循环，用于弥补抽风干燥所需增加的风量；第四种类型是为处理含有害元素的铁矿石配置的球团工艺。它可以从高温抽风区（焙烧后段和均热段）排出废气，以消除某些矿物产生的易挥发性污染物（如砷、氟、硫等）对环境的污染，也可以处理含有结晶水的矿物。

目前，带式焙烧制度一般分为鼓风干燥、抽风干燥、预热、焙烧、均热、一冷和二冷七段。鼓风干燥风源一般采用二段不含有害气体成分的回热风。在预热段和焙烧段两侧均设烧嘴。均热段由一冷段的热气体直接供热。

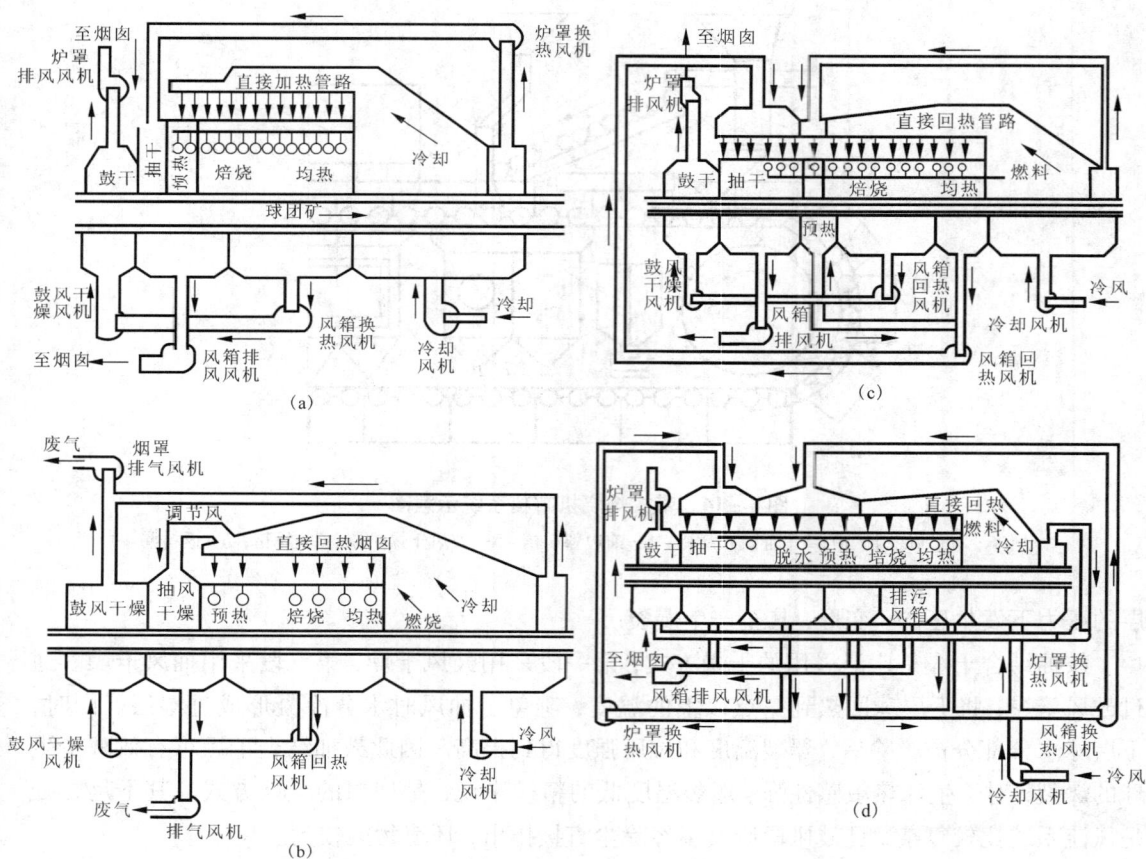

图6-13 带式焙烧机工艺风流系统示意图

(a)第一种类型；(b)第二种类型；(c)第三种类型；(d)第四种类型

6.5.1 布料

布料除满足前述竖炉布料的三个要求外，还要求台车横向和纵向料面均匀，焙烧机上的料层厚度一般要大于或等于350 mm。生球布到带式焙烧机台车上之前，首先要在台车上铺上底料(底料厚一般为70~100 mm)，并且在布生球的同时，还要铺边料(如图6-14所示)。底、边料是从成品球团矿中分出来的8~16 mm的球团矿。

6.5.2 干燥

干燥方式按风流方向可分为全抽风干燥和鼓抽结合干燥两种类型，按干燥段数可分为一段干燥和两段干燥。生球的热敏感性是选择干燥方式的主要依据。

全抽风干燥有一段干燥，也有两段干燥。对于生球热敏感性强、爆裂温度不高的精矿，可采用一段抽风干燥。对于生球热敏感性不强、爆裂温度高的精矿，需要采用两段干燥，一段低温干燥，预先脱去一部分水分之后，再进行二段高温干燥，以提高干燥速率。全抽风干燥的优点是风流系统配置简单，环境污染小；缺点是容易使下层生球过湿，从而在抽风和球

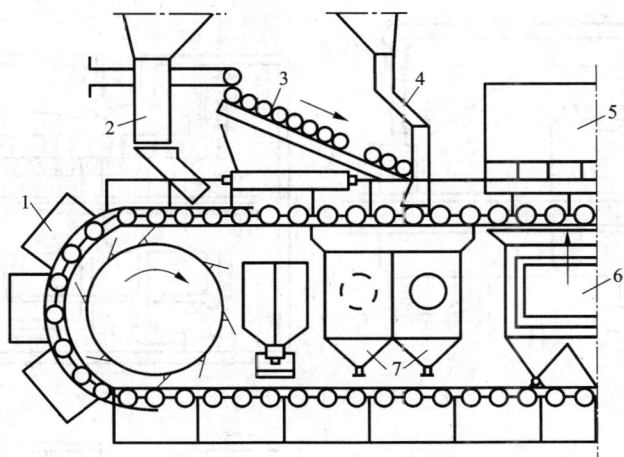

图6-14 带式焙烧机布料系统示意图

1—台车；2—铺底料矿槽；3—辊式布料机；4—铺边料矿槽；5—鼓风干燥炉罩；6—风箱；7—返料漏斗

层的压力下发生压碎、变形，甚至产生爆裂。

鼓抽结合干燥是广泛采用的干燥方式，第一段采用鼓风干燥，第二段采用抽风干燥。通过鼓风干燥，将下层球回热到露点以上的温度，避免了抽风时水分冷凝形成过湿层。同时，下层球水分部分被脱除后，爆裂温度和抗压强度得到提高。因此鼓抽结合干燥可有效减少生球的爆裂，对于生球热敏感性强、爆裂温度低的精矿来说，是理想的干燥方式。其不足之处是风流系统比较复杂，且鼓风段废气不经除尘直接排出，环境污染较大。

不同原料制备的生球，所承受的干燥温度和所需要的干燥时间是不同的，一般来说，鼓风干燥段风温为150～400℃，干燥时间4～7 mim；抽风干燥段风温为150～350℃，干燥时间2～4 min。干燥风速1.5～2.0 m/s。

6.5.3 预热

预热过程在抽风条件下进行，升温过程和预热温度要求因原料不同而有所不同。赤铁矿球团要求预热温度较高，一般不低于1000℃，升温速度以不至于因为升温过快而使球团遭到破坏为准，因而可以采用较快速度升温。磁铁矿球团预热温度较低，一般在900～950℃，少数矿种预热温度可适当低于900℃，或需要高于950℃。预热温度过低时，可能出现氧化不完全，从而球团产品出现同心裂纹，或者预热球微结晶连接强度低，低于回转窑焙烧的强度要求；预热温度过高，或者升温速度过快时，可能出现氧化分层的现象，导致球团产品出现同心裂纹。对于菱铁矿、褐铁矿、高硫矿等原料的球团，应该慢速升温预热，以免因分解产生气体过快而使球团破裂。

带式焙烧机一般设置两个预热段，分别称为预热一段、预热二段，预热一段为升温段，其主要作用是完成温度的过渡，并将干球内的残留水分及结晶水完全脱除，同时使部分碳酸盐发生分解。预热二段为预热段，其作用是完成全部预热任务。带式焙烧机预热段所用的热

风为来自冷却段的热风。

6.5.4　焙烧

球团经预热后通过台车的移动进入焙烧段。将冷却段热风回流，并向冷却段机罩内设置烧嘴，喷入燃料，通过燃料燃烧将热风加热到球团焙烧所需要的温度。焙烧温度和时间根据不同原料的球团焙烧特性确定，磁铁矿球团焙烧温度较低，一般为1250℃左右，焙烧时间较短；而赤铁矿球团焙烧温度较高，一般要求达到1300℃以上，焙烧时间较长。

带式焙烧机对气、液、固三种类型的燃料都可适用，也可以以任何一种比例同时采用三种类型的燃料，并可根据需要对其比例进行调整。

6.5.5　均热

带式焙烧机设有专门的均热段，一般由第一段冷却风直接供热，而不增加供热，热风由上部球层向下部球层导热，一方面使之继续完成固结过程，未被氧化的FeO继续氧化；另一方面使下层球也具有一定的高温保持时间。

6.5.6　冷却

冷却段采用两段鼓风冷却。第一段冷空气通过球层被加热到750～800℃，一部分热空气送到均热带，其余部分作为二次助燃风。第二段冷却风被加热到300～400℃，作为抽风干燥段的热源和一次助燃风。

冷却段采用鼓风方式的目的是：①防止台车受高温作用；②鼓入的冷风通过底料被加热到一定温度，避免球团矿骤冷而降低强度；③利用台车和底料的潜热，节省能耗。

6.5.7　风流系统

以鲁尔基 - 德腊伏带式焙烧机法的四种类型为例，分别介绍其风流系统(见图6 - 13)。

(1)第一种类型：前段冷却热风进入直接回热罩供预热、焙烧和均热带使用，机尾冷却热风通过炉罩换热风机进入抽风干燥段。焙烧段和均热段出来的热风进入鼓风干燥段。鼓风干燥段、抽风干燥段以及预热段的气流通常排入大气。

(2)第二种类型：炉罩内换热气流全部采用直接循环，抽风干燥段由直接回热罩供风。冷却段较冷端连同鼓风干燥段和抽风干燥段的气流排入大气。

(3)第三种类型：炉罩换热气流全部直接循环，预热段、焙烧段、均热段都采用直接循环热风。抽风预热和抽风均热区的风箱热风往抽风干燥区循环。焙烧段热风循环至鼓风干燥段。鼓风干燥段和抽风干燥段的气流排入大气。

(4)第四种类型：高温抽风区(焙烧后段和均热段)的废气排出。在抽风干燥段和预热段之间设置脱水段，由预热段和焙烧段的前段供风，抽出的风供给抽风干燥段。鼓风干燥段由冷却段低温端供风，出来的风排入大气。

6.6 链算机 – 回转窑焙烧

如图 6 – 15 所示,链算机 – 回转窑是一种联合机组。整个焙烧工艺分别在链算机、回转窑、冷却机上进行。

生球经布料设备均匀地布在链算机上,然后随算板前进,经干燥脱水和预热后进入回转窑。回转窑尾排出的高温气体,进入链算机预热段上部。由于耐热风机的作用,预热段下部造成了负压,因而高温热气体自上而下通过预热段球层并把球加热。预热段排出的热气借风机的作用顺序经脱水段和干燥段最后经烟囱排入大气。

回转窑的主要任务是将预焙烧后的球团进一步加热到规定温度(低于球团的软化温度),以便使球团进一步固结。因此,必须从外部向窑内供给足够的燃料,以保证窑内所需的温度。

焙烧好的球团矿用环冷机进行冷却,环冷机的高温废气应返入回转窑,中、低温废气应经回热风管返到链算机。

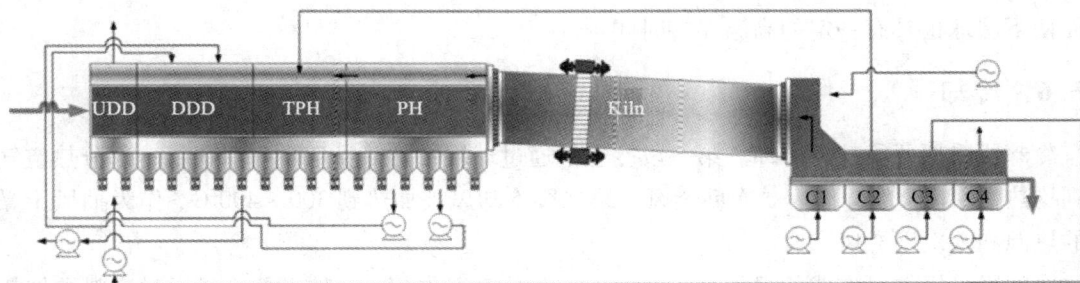

图 6 – 15 链算机 – 回转窑工艺流程

UDD(up draught drying)—鼓风干燥;DDD(down draft drying)—抽风干燥;
TPH(tempered preheating)—预热一段;PH(preheating)—预热二段

6.6.1 布料

链算机和带式焙烧机都是属于移动台车结构,因而在布料方式及要求上大体相同。生球在链算机上的布料高度一般为 160 ~ 200 mm。

6.6.2 生球干燥和预热

1. 干燥、预热工艺类型

生球干燥和预热均在链算机上进行,利用从回转窑和环式冷却机出来的热废气在链算机上进行干燥和预热。

干燥预热工艺可按链算机炉罩分段和风箱分室进行分类。

按链算机炉罩分段可分为以下几种:

(1)二段式,即将链算机分为一段干燥和一段预热;

(2)三段式,即将链算机分为三段:两段干燥和一段预热。

(3)四段式,即将链算机分为四段:一段鼓风干燥、两段抽风干燥和一段预热;或者一段鼓风(或抽风)干燥,一段抽风干燥和两段预热。

(4)五段式,即链箅机分为五段,一段鼓风干燥,两段抽风干燥和两段预热。

按风箱分室又可分为以下几种:

(1)二室式,即干燥段和预热段各有一个抽风室,或者第一干燥段有一个鼓风室,第二干燥段和预热段共用一个抽风室;

(2)三室式,即第一和第二干燥段及预热段各有一抽(或鼓)风室;或者鼓风干燥段有一个鼓风室,抽风干燥段和过渡预热段共用一抽风室,预热段一个抽风室;

(3)四室式,即者鼓风干燥段有一个鼓风室,抽风干燥段、过渡预热段和预热段各用一个抽风室。

生球的热敏感性是选择链箅机工艺类型的主要依据。一般赤铁矿精矿和磁铁矿精矿热敏感性不高,常采用二室二段式(见图 6-16)。但为了强化干燥过程,也可采用二室三段式(见图 6-17)。当处理热稳定性差的含水土状赤铁矿生球时,为了提供大量热风以适应低温大风干燥,需要另设热风发生炉,将不足的空气加热,送到低温干燥段。这种情况采用三室三段式,见图 6-18。对于粒度极细

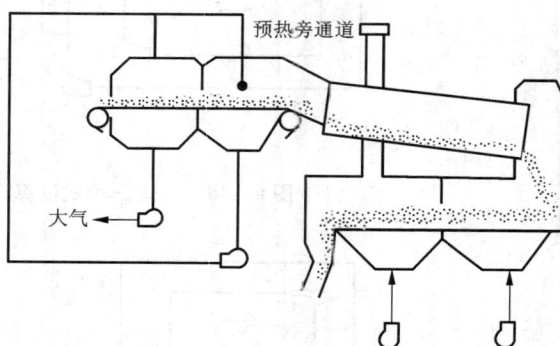

图 6-16　二室二段式链箅机-回转窑示意图

(-25 μm 占 80% 以上)、水分较高的精矿和土状赤铁矿等制备出的对热极敏感的生球,允许初始干燥温度很低,需要较长的干燥时间,其干燥预热也有采用三室四段的,见图 6-19。

我国目前新建的链箅机-回转窑大部分采用图 6-19 所示的三室四段式,即鼓风干燥段有一个鼓风室,抽风干燥段和过渡预热段共用一个抽风室,预热段有一个抽风室。我国武钢年产 500 万 t 链箅机-回转窑采用四室四段式,即鼓风干燥段、抽风干燥段、过渡预热段和预热段各有一个抽风(鼓风)室。

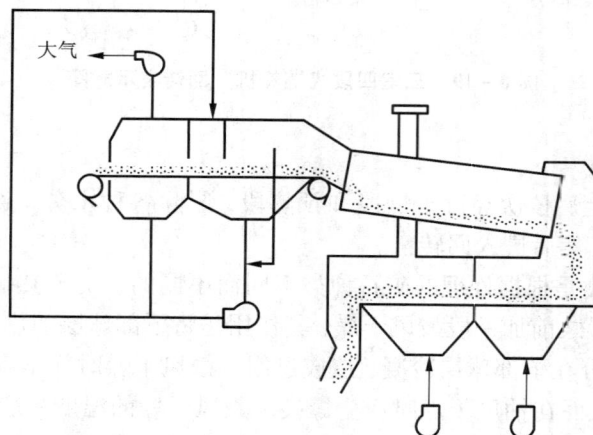

图 6-17　二室三段式链箅机-回转窑示意图

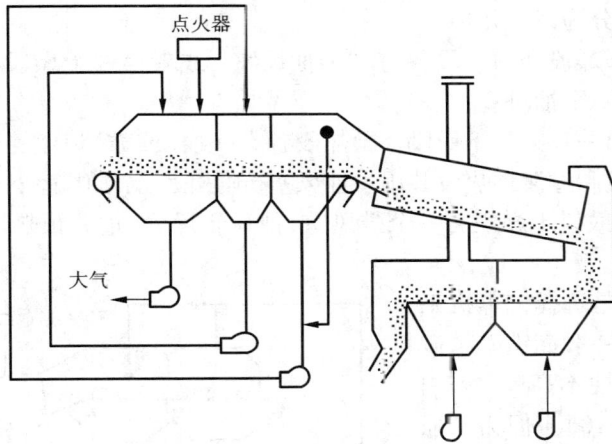

图 6-18 三室三段式链箅机-回转窑示意图

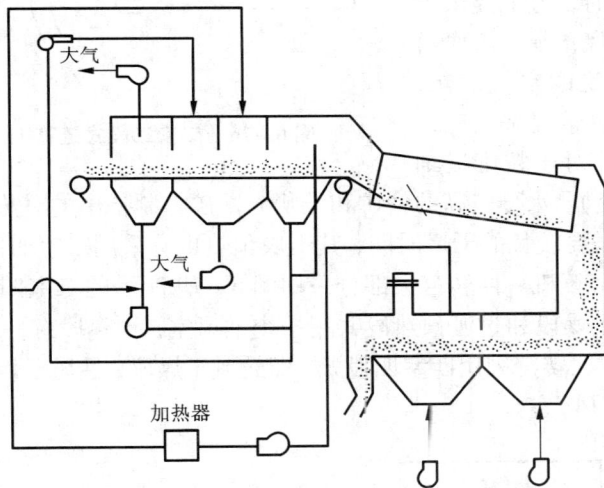

图 6-19 三室四段式链箅机-回转窑示意图

2. 链箅机热工制度

生球布到链箅机上后依次经过干燥段和预热段，脱除各种水分，磁铁矿氧化成赤铁矿，球团具有一定的强度，然后进入回转窑。

链箅机的热工制度是根据处理的矿石种类不同而不同的。对于热敏感性强、爆裂温度低的物料，常在抽风干燥之前加一段鼓风干燥，其作用是将下部球层加热，并将脱除一部分水，以避免抽风干燥时水分在下部球层冷凝，造成过湿。鼓风干燥时间不宜过长，否则将在球层中、上部形成过湿，从而在抽风干燥时产生爆裂。鼓风干燥的温度一般为 200~300℃，抽风干燥温度根据生球爆裂温度确定，一般要求比爆裂温度低 100~150℃，常用的抽风干燥温度为 300~400℃。表 6-1 为不同矿物热敏感性及相应的干燥温度。

预热温度一般为 900~1100℃，但矿石种类不同，其预热温度也有所差异。磁铁矿预热

温度较低。赤铁矿需在较高温度下才能提高强度。磁铁矿在预热过程中氧化成赤铁矿，同时放出大量热，生成 Fe_2O_3 连接桥而提高强度，因而预热温度较低。赤铁矿不发生放热反应，需在较高温度下才能提高强度。为了缩短链箅机的长度，新设计的链箅机倾向于采用高温短时预热制度。

表 6-1　不同矿物的热敏感性和干燥温度

矿石种类	热敏感性	干燥温度/℃
非洲磁铁精矿	很高	150 ~ 250
土状赤铁矿	高	150 ~ 250
镜铁矿	中等	250 ~ 350
赤、磁精矿及原生矿粉	一般不太敏感	350 ~ 450

6.6.3　焙烧与均热

生球经干燥预热后，由链箅机尾部的铲料板铲下，通过溜槽进入回转窑，窑头设有燃烧器(烧嘴)，由它燃烧燃料供给热量，以保持窑内所需要的焙烧温度；物料随回转窑沿周边翻滚的同时，沿轴向前移动，从窑头排料口卸入冷却机。烟气由窑尾排出导入链箅机。

球经干燥预热后，由链箅机尾部的铲料板铲下，通过溜槽进入回转窑，在回转窑内进行焙烧，并随回转窑沿周边翻滚，同时沿轴向前移动。窑头设有燃烧器(烧嘴)，由它燃烧燃料供给热量，以保持窑内所需要的焙烧温度；球团在翻滚过程中，经高温焙烧后，从窑头排料口卸入冷却机。回转窑的热工制度根据矿石性质和产品种类确定，磁铁矿球团的焙烧温度一般为 1250℃ 左右，赤铁矿球团的焙烧温度一般为 1300 ~ 1350℃。

球团经过高温区以后，在靠近窑头的区段内进行均热。球团在窑内离开火焰区向窑头移动时，温度开始有所下降，即进入均热过程，到窑头排料时，温度一般为 1200℃ 左右。均热时间主要与窑头段的长度以及回转窑的直径、倾角和转速有关。

6.6.4　冷却

球团冷却的设备有环式冷却机和带式冷却机。带式冷却机目前只在比利时的克拉伯克厂用到，而其余的链箅机-回转窑球团厂均采用环式冷却机鼓风冷却。日本神户球团厂和加古川球团厂除用环式鼓风冷却机外，还增加了一台简易带式抽风冷却机。

环式冷却机有两段式、三段式和四段式三种。每一段配备一台冷却风机，各段之间用隔墙分开。我国新建的链箅机-回转窑多数采用三段或四段环式冷却。以四段式为例，一段热风作为二次燃烧空气返回窑内，二段热风引入预热一段，三段热风引入鼓风干燥段，四段热风排入大气。

冷却料层厚度 660 ~ 760 mm，冷却时间一段为 26 ~ 30 min。每吨球团矿的冷却风量一般都在 2000 m^3(标)以上。冷却后球团矿温度不应高于 120℃。

6.6.5　风流系统

　　链算机－回转窑工艺中，外部风只在冷却机大量进入，其余各段除了回转窑烧嘴引入了少量一次助燃风以外，均采用系统循环热风。以图 6 – 12 所示的链算机 – 回转窑工艺流程为例，冷却一段热风进入回转窑作为二次助燃风，一方面充分利用了热量，另一方面大大提高了空气过剩系数，提高了燃料热废气中的氧浓度。回转窑尾出来的热风进入预热段，温度不够时可在机罩内设置烧嘴补充热量。冷却二段风进入过渡预热段，冷却三段风进入鼓风干燥段。过渡预热段和预热段之间的隔板上开有通风孔，用以补充过渡预热段的热量，提高风温。预热段出来的热风循环至抽风干燥段。鼓风干燥段、抽风干燥段和冷却四段出来的风排入大气。

思考题

　　1.竖炉、带式焙烧机和链算机－回转窑三种球团生产的方法各有什么优缺点？选择的原则是什么？

　　2.原料预处理的方法有哪几种？各有什么优缺点？选择的原则是什么？

　　3.球团布料的目的是什么？三种球团生产方法的布料有什么异同？

　　4.阐述生球干燥的目的以及竖炉干燥的特点。

　　5.简述链算机和带式焙烧机干燥、预热的异同。

　　6.简述三种球团生产工艺的风流系统的特点。

第7章 球团生产过程计算

由于氧化球团生产典型的三种工艺：竖炉、带式焙烧机、链箅机－回转窑，其工艺设备和热工过程有所差异，因此在本章将分别阐述这三种工艺的物热平衡计算。

7.1 配料计算

与烧结相比，球团生产原料种类少，配料计算比较简单。

（1）铁矿配比

目前球团生产含铁原料一般在3种以内，基本上是根据试验和原料条件由厂家制定配矿方案（各种铁精矿的配比）。如果超过3种，可以根据原料条件及对球团矿的成分要求计算。

（2）黏结剂配比

球团生产黏结剂的用量主要依据对产品质量的要求，根据试验结果确定。

（3）熔剂配比

根据对球团矿碱度 R 和 MgO 的要求，计算各熔剂的配比。球团矿碱度的计算与烧结矿相同，一般采用二元碱度。

7.1.1 各原料用量计算

设球团生产原料有 n 种铁精矿、m 种黏结剂、l 种添加剂（熔剂），以生产1t球团矿为基准计算。

根据原料成分和配加量，考虑 FeO 增氧量，计算烧成量；然后结合配加量，计算各物料的单耗。其计算见公式（7－1）和公式（7－2）。

100 kg 干混合料，烧成量如公式（7－1）所示。

$$B = \sum_{i=1}^{n+m+1} P_i [9(100 - LOI_i - 0.95S_i) + FeO_i] / (900 + FeO_{球}) \tag{7-1}$$

式中：B——烧成量，kg；

　　　P_i——各种原料用量，数值上等于各原料配比，kg；

　　　LOI_i——各种原料的烧损，%；

　　　0.95——球团过程脱硫率；

　　　S_i——各种原料的 S 含量，%；

　　　FeO_i——各种原料中的 FeO 含量，%；

　　　$FeO_{球}$——球团矿中的 FeO 含量，%，可在 0～1% 之间取值。

各原料的单耗计算见公式（7－2）。

$$U_i = P_i / B \times 1000 \tag{7-2}$$

式中：U_i——各种原料单耗，kg/t；

其他符号意义同前。

举例：某球团厂原料化学成分如表 7-1 所示。设铁精矿 1 与铁精矿 2 的比例为 75:25，膨润土外配 2%；按两种情况进行计算：①生产自然碱度球团矿；②要求球团矿碱度（R）为 0.6，MgO 为 1.5%，配加白云石和石灰石。应用理论配料计算可得各原料的配比和用量如表 7-2 所示。

表 7-1 原料化学成分/%

原料	TFe	FeO	SiO$_2$	Al$_2$O$_3$	CaO	MgO	P	S	LOI*
铁精矿 1	67.00	28.60	5.55	0.47	0.15	0.42	0.002	0.030	0.58
铁精矿 2	67.32	10.03	3.36	0.52	0.077	0.10	0.088	0.033	0.47
石灰石	0.31	0.13	5.01	0.67	49.31	2.13	—	—	41.84
白云石	0.37	0.31	4.82	0.86	28.94	19.84	—	—	43.60
膨润土	1.86	0.13	61.08	13.16	3.06	2.82	0.015	0.010	12.58

* 烧损扣除了 FeO 的氧化增重

表 7-2 各原料配比和用量

原料名称	铁精矿 1	铁精矿 2	石灰石	白云石	膨润土	备注
配比/%	67.51	22.50	3.51	4.68	1.80	R = 0.6、
用量/(kg·t^{-1})	688.28	229.39	35.79	47.71	18.35	MgO = 1.5%
配比/%	73.53	24.51	—	—	1.96	酸性
用量/(kg·t^{-1})	722.74	240.91	—	—	19.27	（自然碱度）

7.1.2 球团矿化学成分计算

假设球团脱硫率为 95%，考虑 FeO 在球团生产过程中的氧化增重，球团矿产量的计算公式同（7-1），式中 P_i 采用实际各原料用量。

（1）除 FeO 外其他成分含量（如 TFe、CaO、SiO$_2$、MgO、Al$_2$O$_3$ 等）计算公式见式（7-3）。

$$C_{球} = \sum_{i=1}^{n+m+l} P_i \cdot C_i \cdot (100B) \tag{7-3}$$

式中：$C_{球}$——球团矿中某种成分（除 FeO）的含量，%；

C_i——各种原料中对应成分（除 FeO）的含量，%；

其他符号意义同前。

（2）FeO 含量

球团生产过程为强氧化气氛，对产品的 FeO 含量有要求，一般在 1% 以下。

根据表 7-1 和表 7-2，假定球团矿 FeO 含量为 0.5%，应用上述方法计算的球团矿化学成分如表 7-3 所示。

表 7 - 3　球团矿化学成分的计算值/%

球团矿类型	TFe	FeO	SiO$_2$	CaO	Al$_2$O$_3$	MgO
熔剂性	60.87	0.50	6.10	3.66	0.75	1.50
酸性(自然碱度)	64.68	0.50	6.00	0.19	0.72	0.38

7.2　竖炉球团物热平衡计算

7.2.1　物料平衡

1. 物料收入部分

(1)干混合料量 $G_料$

$$G_料 = \sum_{i=1}^{n+m+l} G_i \tag{7-4}$$

式中：G_i——生产1t球团矿所需的各种原料量，kg/t；

(2)生球含水量 $G_水$

$$G_水 = G_料 \cdot w/(100 - w) \tag{7-5}$$

式中：w——生球水分，%；一般为 8% ~ 10%。

(3)FeO 氧化增重 $G_{氧化}$

$$G_{氧化} = \frac{1}{9}(\sum_{i=1}^{n+m+l} G_i \cdot FeO_i - G_球 \cdot FeO_球) \tag{7-6}$$

式中：1/9——1 kg FeO 氧化成 Fe$_2$O$_3$需 1/9kgO$_2$；

$G_球$——球团矿(含成品和返矿)的量，kg/t；

其他符号意义同前。

2. 物料支出部分

(1)成品球团矿 $G_{成品}$(kg/t)，数值为 1000 kg/t。

(2)烧损 $G_{烧损}$(kg/t)：

$$G_{烧损} = \sum_{i=1}^{n+m+l} G_i \cdot (LOI_i + 0.95S_i) \tag{7-7}$$

(3)水蒸气 $G_{水汽}$(kg/t)，数值上等于生球含水量。

(4)球团返矿 $G_返$(kg/t)：

$$G_返 = 1000 \cdot R_{返矿} \tag{7-8}$$

式中：$R_{返矿}$——球团返矿与成品球团矿的比值，%。

7.2.2　热平衡

1. 热收入

(1)煤气燃烧放热 $Q_{煤气}$(kJ/t)：

$$Q_{煤气} = q_{煤气} \cdot V_{煤气} \tag{7-9}$$

式中：$q_{煤气}$——煤气低（位）热值，kJ/m^3；

　　$V_{煤气}$——煤气消耗量，m^3。

（2）空气带入的热量 $Q_{空气}$（kJ/t）：

$$Q_{空气} = C_{空气}(V_{助风} + V_{冷风}) \cdot T_{空气} \qquad (7-10)$$

式中：$C_{空气}$——空气比热容，$kJ/(m^3 \cdot ℃)$，取 1.005；

　　$V_{助风}$——助燃风的风量，m^3/t；

　　$V_{冷风}$——冷却风的风量，m^3/t；

　　$T_{空气}$——空气温度，$℃$，取 $25℃$。

（3）生球带入的物理热 $Q_{生球}$（kJ/t）：

$$Q_{生球} = (C_{料} \cdot G_{料} + C_{水} \cdot G_{水}) \cdot T_{生球} \qquad (7-11)$$

式中：$C_{料}$——干混合料的比热容，$kJ/(kg \cdot ℃)$，取 0.585；

　　$C_{水}$——水的比热容，$kJ/(kg \cdot ℃)$，取 4.183；

　　$T_{生球}$——生球温度，$℃$；一般取 $25℃$。

（4）FeO 氧化放热 $Q_{氧化}$（kJ/t）：

$$Q_{氧化} = 1952.6\Big[\sum_{i=1}^{n+m+l} G_i \cdot FeO_i - G_{成品} \cdot FeO_{球} - 1.123 \times 0.95 \sum_{i=1}^{n+m+l} G_i \cdot S_i\Big] \quad (7-12)$$

式中：1952.6——1 kg FeO 氧化成 Fe_2O_3 放出的热量，kJ/kg；

　　1.123——1 kg S 结合成的 FeS_2 换算成 1.123 kg 的 FeO。

（5）成渣热 $Q_{成渣}$（kJ/t）：

$$Q_{成渣} = (Q_{煤气} + Q_{氧化} + Q_{空气} + Q_{生球}) \cdot R_{成渣}/(1 - R_{成渣}) \qquad (7-13)$$

式中：$R_{成渣}$——成渣热占总热量的百分比，可设为 2%。

2. 热量支出

（1）球团矿成品及返矿带走的热量 $Q_{球团}$（kJ/t）：

$$Q_{球团} = C_{球团} \cdot (G_{成品} + G_{返}) \cdot T_{球团} \qquad (7-14)$$

式中：$C_{球团}$——球团矿的比热容，$kJ/(kg \cdot ℃)$；按以下公式进行计算：

$$C_{球团} = \begin{cases} [341.6 + 1.324(T_{球团} + 273.15 - 4.032 \times 10^{-4}(T_{球团} + 273.15)^2]/1000 & (T_{球团} + 273.15) < 950 \\ 1.111 & 950 < (T_{球团} + 273.15) < 1050 \\ [999 + 0.0461(T_{球团} + 273.15)]/1000 & (T_{球团} + 273.15) > 1050 \end{cases}$$

$$(7-15)$$

　　$T_{球团}$——排出球团矿的温度，$℃$。

（2）废气带走的热量 $Q_{废气}$（kJ/t）：

$$Q_{废气} = C_{废气} \cdot G_{废气} \cdot T_{废气} \qquad (7-16)$$

式中：$C_{废气}$——废气的比热容，$kJ/(kg \cdot ℃)$，按如下公式进行计算：

$$C_{废气} = [920 + 0.31(T_{废气} + 273.15) - 7.98 \times 10^{-5}(T_{废气} + 273.15)^2]/1000 \quad (7-17)$$

式中：$G_{废气}$——废气量，m^3/t；

　　$T_{废气}$——废气温度，$℃$。

（3）水蒸发需要的热量 $Q_{蒸发}$（kJ/t）：

$$Q_{蒸发} = C_{蒸发} \cdot G_{蒸发} \tag{7-18}$$

式中：$C_{蒸发}$——水蒸发热，kJ/kg；25℃取 2435 kJ/kg；100℃取 2258 kJ/kg。

（4）冷却水带走的热量 $Q_{冷却水}$（kJ/t）：

$$Q_{冷却水} = C_{冷却水} \cdot G_{冷却水} \cdot (T_{排} - T_{进}) \tag{7-19}$$

式中：$C_{冷却水}$——水的比热容，kJ/(kg·℃)，取 4.183；

　　　$G_{冷却水}$——冷却水消耗量，kg/t；

　　　$T_{排}$——排水温度，℃；

　　　$T_{进}$——进水温度，℃。

（5）炉壳散热量 $Q_{炉壳}$（kJ/t）：

$$Q_{炉壳} = K \cdot (T_{外} - T_{空}) \cdot F \tag{7-20}$$

式中：K——炉壳传热系数，kJ/(m³·h·℃)；

　　　$T_{外}$——外炉壳温度，℃；

　　　F——炉壳散热面积，m²·h/t；

　　　其他符号意义同前。

7.2.3　物热衡算示例

根据表 7-2 酸性球团计算结果，设生球水分 9%、返矿为成品球团矿的 9%，返矿送往烧结厂，竖炉球团物料平衡如表 7-4 所示。

表 7-4　竖炉球团物料平衡表

物料收入				物料支出			
符号	项目	质量/(kg·t⁻¹)	百分比/%	符号	项目	质量/(kg·t⁻¹)	百分比/%
$G_{料1}$	铁精矿 1	787.79	65.39	$G_{成品}$	成品球团矿	1000	83.01
$G_{料2}$	铁精矿 2	262.59	21.80	$G_{返矿}$	返矿	90	7.47
$G_{料3}$	膨润土	21.00	1.74	$G_{水注}$	蒸发水分	105.96	8.80
$G_{水}$	生球水分	105.96	8.80	$G_{烧损}$	烧损	8.75	0.73
$G_{氧化}$	氧化增重	27.36	2.27	$G_{误}$	计算误差	-0.01	-0.01
$G_{收入}$	合计	1204.70	100	$G_{支出}$	合计	1204.70	100

热平衡计算依据参考我国竖炉球团厂 2012 年 1~9 月生产数据平均值：每吨球团矿消耗 194 m³ 煤气（煤气热值取 3720.2kJ/m³）、287 m³ 助燃空气、550 m³ 冷却空气、4093 kg 冷却水；竖炉排放球团矿的温度 400℃，排出水的平均温度取 36.7℃，每吨球团矿废气量 2600 m³，废气温度 100℃；设外界空气温度 25℃、空气流动速度 3.6 m/s、炉壳为 8 mm 钢板，炉壳传热系数取 71.06 kJ/(m³·h·℃)，外炉壳温度取 80℃，炉壳散热面积取 7.5 m²·h/t。竖炉热平衡计算结果见表 7-5。

表 7 - 5　竖炉球团热平衡表

热　收　入				热　支　出			
符号	项目	热量/kJ·t⁻¹	百分比/%	符号	项目	热量/kJ·t⁻¹	百分比/%
$Q_{煤气}$	煤气燃烧放热	718226.80	56.24	$Q_{球}$	球团及返矿带走的热	457864.62	35.85
$Q_{空气}$	空气带入物理热	21029.63	1.65	$Q_{废气}$	废气带走的热	256246.92	20.06
$Q_{生球}$	生球带入物理热	31448.16	2.45	$Q_{蒸发}$	水蒸发吸热	258014.88	20.20
$Q_{氧化}$	FeO 氧化放出热	480766.78	37.65	$Q_{冷却水}$	冷却水带走的热	200315.92	15.69
$Q_{成渣}$	成渣热	25621.79	2.01	$Q_{炉壳}$	炉壳散热	42636.00	3.34
$Q_{收入}$	合计	1277093.16	100	$Q_{损}$	热损失	62014.82	4.86
				$Q_{支出}$	合计	1277093.16	100

7.3　带式焙烧机球团物热平衡计算

7.3.1　物料平衡

1. 物料收入

带式焙烧机球团生产物料收入主要包括：①干混合料量 $G_{料}$，计算公式见式(7-4)；②生球含水量 $G_{水}$，计算公式见式(7-5)；③FeO 氧化增重 $G_{氧化}$，计算公式见式(7-6)；④返料 $G_{返料}$，数值与球团返矿相等；⑤边底料 $G_{边底}$，计算方法如下：

$$G_{边底} = (G_{成品} + G_{返矿}) \cdot R_{H} \tag{7-21}$$

单位球团矿的边、底料量与料层高度、台车宽度有关。假定球团矿与生球的堆密度相同，则边底料量与球团矿之比 R_{H} 为：

$$R_{H} = (W_{台车} \cdot H_{铺} + W_{边} \cdot (H_{总} - H_{铺})) / [(W_{台车} - W_{边}) \cdot (H_{总} - H_{铺})]$$

式中：$W_{台车}$——台车宽度，mm；

　　　$H_{铺}$——铺底料高度，mm；

　　　$H_{总}$——总料高，mm；

　　　$W_{边}$——边料宽度，mm。

2. 物料支出

带式焙烧机球团生产物料支出主要包括：①成品球团矿 $G_{成品}$，数值为 1000 kg/t；②烧损 $G_{损}$，计算公式见式(7-7)；③水蒸气 $G_{水汽}$，数值上等于生球含水量；④球团返矿 $G_{返}$，计算公式见式(7-8)；⑤边底料 $G'_{边料}$（数值上等于 $G_{边料}$）；⑤机械损失 $G_{机械}$（物料在转运过程中的损失，也包括计算误差）。

7.3.2　热平衡

不同的球团厂采用的带式焙烧机球团生产环节略有差异，下面以目前比较典型的工艺为主进行热平衡计算介绍。带式焙烧机球团工艺分鼓风干燥、抽风干燥、预热、焙烧、均热、一

次冷却、二次冷却等 7 个段，鼓风干燥段热风来自焙烧及均热段回热，抽风干燥段热风来自二次冷却；冷却段热风全部返回。

1. 热收入

(1) 生球带入的热量 $Q_{生球}$(kJ/t)，计算公式同(7 - 11)；

(2) 边、底料带入的热量 $Q_{边底}$(kJ/t)：

$$Q_{边底} = C_{边底} \cdot G_{边底} \cdot T_{边底} \qquad (7 - 22)$$

式中：$C_{边底}$——边底料比热容，kJ/(kg · ℃)，按公式(7 - 15)计算；

$\qquad G_{边底}$——边底料质量，kg/t；

$\qquad T_{边底}$——边底料料温，取 25℃。

(3) 台车带入的热量 $Q_{台车}$(kJ/t)：

$$Q_{台车} = C_{台车} \cdot M_{台车} \cdot T_{台车} \qquad (7 - 23)$$

式中：$C_{台车}$——台车的平均比热容，kJ/(kg · ℃)，取 0.489；

$\qquad M_{台车}$——台车质量，kg/t；

$\qquad T_{台车}$——台车的平均温度，℃。

(4) 鼓风干燥段热风带入的热量 $Q_{鼓干}$(kJ/t)：

$$Q_{鼓干} = C_{鼓干} \cdot V_{鼓干} \cdot T_{鼓干} \qquad (7 - 24)$$

式中：$C_{鼓干}$——鼓风干燥段热风的平均比热容，kJ/(m³ · ℃)，用公式(7 - 17)计算；

$\qquad V_{鼓干}$——鼓风干燥段热风的风量，m³/t；

$\qquad T_{鼓干}$——鼓风干燥段热风的温度，℃。

(5) 抽风干燥段热风带入的热量 $Q_{抽干}$(kJ/t)：

$$Q_{抽干} = C_{抽干} \cdot V_{抽干} \cdot T_{抽干} \qquad (7 - 25)$$

式中：$C_{抽干}$——抽风干燥段热风的平均比热容，kJ/(m³ · ℃)；用公式(7 - 17)计算；

$\qquad V_{抽干}$——抽风干燥段热风的风量，m³/t；

$\qquad T_{抽干}$——抽风干燥段热风的温度，℃。

(6) 预热段热风带入的热量 $Q_{预热}$(kJ/t)：

$$Q_{预热} = C_{预热} \cdot V_{预热} \cdot T_{预热} \qquad (7 - 26)$$

式中：$C_{预热}$——进入预热段热风的平均比热容，kJ/(m³ · ℃)；用公式(7 - 17)计算；

$\qquad V_{预热}$——进入预热段热风的风量，m³/t；

$\qquad T_{预热}$——进入预热段热风的温度，℃。

(7) 焙烧段热风带入的热量 $Q_{焙烧}$(kJ/t)：

$$Q_{焙烧} = C_{焙烧} \cdot V_{焙烧} \cdot T_{焙烧} \qquad (7 - 27)$$

式中：$C_{焙烧}$——进入焙烧段热风的平均比热容，kJ/(m³ · ℃)；用公式(7 - 17)计算；

$\qquad V_{焙烧}$——进入焙烧段热风的风量，m³/t；

$\qquad T_{焙烧}$——进入焙烧段热风的温度，℃。

(8) FeO 氧化放出的热量 $Q_{氧化}$(kJ/t)，用公式(7 - 12)计算；

(9) 硫氧化放热量 $Q_{硫}$ 计算见公式(7 - 28)。

$$Q_{硫} = 6901.18 \times 1.875 \times 0.95 \sum_{i=1}^{n+m+l} G_i \cdot S_i \qquad (7-28)$$

式中：6901.18——1 kg FeS_2 完全氧化放出热量，kg/kg。

（10）均热段热风带入的热量 $Q_{均热}$（kJ/t）：

$$Q_{均热} = C_{均热} \cdot V_{均热} \cdot T_{均热} \qquad (7-29)$$

式中：$C_{均热}$——进入均热段热风的平均比热容，kJ/(m³·℃)；用公式(7-17)计算；

$V_{均热}$——进入均热段热风的风量，m³/t；

$T_{均热}$——进入均热段热风的温度，℃。

（11）冷却段空气带入的热量 $Q_{冷却}$（kJ/t）：

$$Q_{冷却} = C_{冷却} \cdot V_{冷却} \cdot T_{冷却} \qquad (7-30)$$

式中：$C_{冷却}$——进入冷却段风的平均比热容，kJ/(m³·℃)；用公式(7-17)计算；

$V_{冷却}$——进入冷却段的风量，m³/t；

$T_{冷却}$——进入冷却段的风温，℃。

2. 热支出

（1）球团矿带走的热量 $Q_{球团}$（kJ/t），见公式(7-14)；

（2）边、底料带走的热量 $Q'_{边底}$（kJ/t）：

$$Q'_{边底} = C_{边底} \cdot G_{边底} \cdot T_{边底} \qquad (7-31)$$

式中：$C_{边底}$——出带式机边底料比热容，kJ/(kg·℃)；

$T_{边底}$——出带式机边底料料温，℃。

（3）台车带走的热量 $Q'_{台车}$（kJ/t）：

$$Q'_{台车} = C'_{台车} \cdot M_{台车} \cdot T'_{台车} \qquad (7-32)$$

式中：$C'_{台车}$——出带式机台车的平均比热容，kJ/(kg·℃)；

$T'_{台车}$——出带式机台车的平均温度，℃。

（4）鼓风干燥段废气带走的热量 $Q'_{鼓风}$（kJ/t）：

$$Q_{鼓风} = C_{鼓风} \cdot V_{鼓风} \cdot T_{鼓风} \qquad (7-33)$$

式中：$C_{鼓风}$——鼓风干燥段废气的平均比热容，kJ/(m³·℃)；

$V_{鼓风}$——鼓风干燥段废气的风量，m³/t；

$T_{鼓风}$——鼓风干燥段废气的温度，℃。

（5）抽风干燥段废气带走的热量 $Q'_{抽干}$（kJ/t）：

$$Q_{抽干} = C_{抽干} \cdot V_{抽干} \cdot T_{抽干} \qquad (7-34)$$

式中：$C_{抽干}$——抽风干燥段废气的平均比热容，kJ/(m³·℃)；

$V_{抽干}$——抽风干燥段废气的风量，m³/t；

$T_{抽干}$——抽风干燥段废气的温度，℃。

（6）水分蒸发吸收的热量 $Q_{水分}$（kJ/t），计算公式见公式(7-18)。

（7）碳酸盐分解吸收的热量 $Q_{碳酸盐}$（kJ/t）：

$$Q_{碳酸盐} = 31.89 \times \sum_{i=1}^{n+m+l} G_i \cdot CaO_i + 25.16 \times \sum_{i=1}^{n+m+l} G_i \cdot MgO_i \qquad (7-35)$$

式中：31.89——$CaCO_3$ 分解为 1 kgCaO 所需的热量，kJ/kg；

     25.16——$MgCO_3$ 分解为 1kgMgO 所需的热量，kJ/kg；

     CaO_i——原料 i 的 CaO 含量，%；

     MgO_i——原料 i 的 MgO 含量，%。

（8）预热段废气带走的热量 $Q'_{预热}$（kJ/t）：

$$Q_{预热} = C_{预热} \cdot V_{预热} \cdot T_{预热} \tag{7-36}$$

式中：$C_{预热}$——预热段废气的平均比热容，kJ/（$m^3 \cdot \mathbb{C}$）；

     $V_{预热}$——预热段废气的风量，m^3/t；

     $T_{预热}$——预热段废气的温度，$\mathbb{C}$。

（9）焙烧段废气带走的热量 $Q_{焙烧}$（kJ/t）：

$$Q_{焙烧} = C_{焙烧} \cdot V_{焙烧} \cdot T_{焙烧} \tag{7-37}$$

式中：$C_{焙烧}$——焙烧段废气的平均比热容，kJ/（$m^3 \cdot \mathbb{C}$）；

     $V_{焙烧}$——焙烧段废气的风量，m^3/t；

     $T_{焙烧}$——焙烧段废气的温度，$\mathbb{C}$。

（10）均热段废气带走的热量 $Q_{均热}$（kJ/t）：

$$Q_{均热} = C_{均热} \cdot V_{均热} \cdot T_{均热} \tag{7-38}$$

式中：$C_{均热}$——均热段废气的平均比热容，kJ/（$m^3 \cdot \mathbb{C}$）；

     $V_{均热}$——均热段废气的风量，m^3/t；

     $T_{均热}$——均热段废气的温度，$\mathbb{C}$。

（11）一次冷却段热气带走的热量 $Q_{冷1}$（kJ/t）：

$$Q_{冷1} = C_{冷1} \cdot V_{冷1} \cdot T_{冷1} \tag{7-39}$$

式中：$C_{冷1}$—— 一次冷却段热气的平均比热容，kJ/（$m^3 \cdot \mathbb{C}$）；

     $V_{冷1}$——一次冷却段热气的量，m^3/t；

     $T_{冷1}$——一次冷却段热气的温度，$\mathbb{C}$。

（12）二次冷却段热气带走的热量 $Q_{冷2}$（kJ/t）：

$$Q_{冷2} = C_{冷2} \cdot V_{冷2} \cdot T_{冷2} \tag{7-40}$$

式中：$C_{冷2}$——二次冷却段热气的平均比热容，kJ/（$m^3 \cdot \mathbb{C}$）；

     $V_{冷2}$——二次冷却段热气的量，m^3/t；

     $T_{冷2}$——二次冷却段热气的温度，$\mathbb{C}$。

（13）各段热损失 $Q_{损失}$（kJ/t）。

7.3.3 物热衡算示例

原料条件如表7-1所示，根据表7-2中熔剂性球团的计算结果，生球水分按9%，返矿按成品矿的9.89%计算，返矿返回造球；设台车宽4.5 m，总料高500 mm，边料宽100 mm，铺底料高100 mm；带式焙烧机球团物料平衡表如表7-6所示。

表7-6 带式焙烧机物料平衡表

物料收入				物料支出			
符号	项目	质量/kg·t^{-1}	百分比/%	符号	项目	质量/kg·t^{-1}	百分比/%
$G_{料1}$	铁精矿1	688.28	44.45	$G_{成品}$	成品球团矿	1000	64.58
$G_{料2}$	铁精矿2	229.39	14.81	$G'_{返}$	返矿	98.90	6.39
$G_{料3}$	膨润土	35.79	2.31	$G_{水汽}$	蒸发水分	97.25	6.28
$G_{料4}$	石灰石	47.71	3.08	$G'_{边底}$	边底料	309.00	19.95
$G_{料5}$	白云石	18.35	1.18	$G_{烧损}$	烧损	43.42	2.80
$G_{水}$	生球水分	97.25	6.28				
$G_{氧化}$	氧化增重	23.90	1.54				
$G_{返}$	返矿	98.90	6.39				
$G_{边底}$	边底料	309.00	19.95				
$G_{收入}$	合计	1548.57	100	$G_{支出}$	合计	1548.57	100

参考某带式焙烧机的生产数据(见表7-7),其热平衡计算如表7-8所示。

表7-7 带式焙烧机生产数据示例

项目	单位消耗量/(m³·t^{-1})(或 kg·t^{-1})	进入温度/℃	排出温度/℃
台车	2311	70	100
鼓风干燥气体	1086	200	70
抽风干燥气体	477	300	100
预热气体	912	900	260
焙烧段气体	664	1300	520
均热气体	263	900	570
冷却一段气体	1462	25	800
冷却二段气体	645	25	300

表 7 – 8　带式焙烧法生产热平衡表

收　入				支　出			
符号	项目	热量/kJ·t^{-1}	百分比/%	符号	项目	热量/kJ·t^{-1}	百分比/%
$Q_{生球}$	生球带入热量	29798.19	0.98	$Q_{成品}$	球团矿带走的热量	92571.34	3.03
$Q_{边底}$	边底料带入热量	4951.73	0.16	$Q'_{边底}$	边底料带走的热量	29656.93	0.97
$Q_{台车}$	台车带入热量	90406.32	2.96	$Q'_{台车}$	台车带走的热量	124308.69	4.07
$Q_{鼓干}$	鼓干热风带入热量	204126.3	6.68	$Q_{鼓干}$	鼓干废气带走热量	108852.19	3.56
$Q_{抽干}$	抽干热风带入热量	138351.66	4.53	$Q'_{抽干}$	抽干废气带走热量	108852.19	1.42
$Q_{预热}$	预热热风带入热量	899073.13	29.43	$Q'_{预热}$	预热废气带走热量	226735.45	7.42
$Q_{焙烧}$	焙烧热风带入热量	991935.92	32.47	$Q'_{焙烧}$	焙烧废气带走热量	352400.39	5.06
$Q_{均热}$	均热热风带入热量	226796.05	7.42	$Q_{水}$	水分蒸发吸热量	154673.09	41.27
$Q_{冷却}$	冷却空气带入热量	46812.28	1.53	$Q_{碳酸盐}$	碳酸盐分解吸热量	1260744.59	41.27
$Q_{氧化}$	FeO 氧化放热量	419362.20	13.73	$Q'_{均热}$	均热废气带走热量	187079.28	6.12
$Q_{硫}$	S 氧化放热量	3491.35	0.11	$Q_{冷1}$	一次冷却热气带走热量	236813.26	7.75
				$Q_{冷2}$	二次冷却热气带走热量	1408.43	0.05
				$Q_{损失}$	热损失	284744.75	7.74
$Q_{收入}$	合计	3055105.12	100	$Q_{支出}$		3055105.12	100

7.4　链算机 – 回转窑球团物热平衡计算

链算机 – 回转窑球团生产工艺的鼓风干燥、抽风干燥、预热是在链算机上进行的,焙烧在回转窑内进行,冷却在环冷机上完成。因此,其物热平衡计算需先进行各工艺段的物热平衡计算,在此基础上进行整体的物热平衡计算。

7.4.1　物料平衡

链算机 – 回转窑生产酸性球团矿的物料收支情况如图 7 – 1 所示。目前,链算机 – 回转窑氧化球团厂有建在矿山的,也有建在钢铁企业内的;若建在钢铁企业内部,热工过程产生的返料一般送往烧结厂;若建在矿山,则有部分厂家是将热工过程产生的粉尘和返料按不同粒级采用不同细磨处理后返回造球,也有厂家输送到钢铁厂或外卖;造球和布料系统产生的返料直接返回造球。回转窑有单独喷煤气、单独喷煤以及煤和煤气混喷的,冷却之后有筛分和不筛分之分。一般链算机、回转窑的返料为 2% ~4%,冷却后的返矿为 1.5% ~2%,总返矿量 5% 左右。煤的灰分会直接进入返料或回转窑结圈物中,计算时可不予单独考虑。

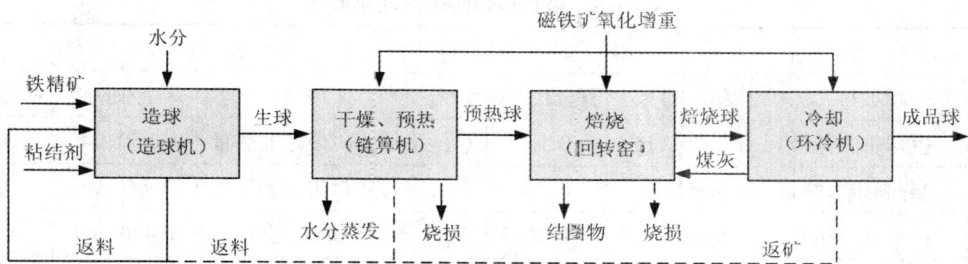

图 7 - 1 链箅机 - 回转窑 - 环冷机物料平衡

1. 链箅机物料平衡

链箅机收入部分包括：①干混合料量 $G_料$，计算公式见式(7 - 4)；②生球含水量 $G_水$，计算公式见式(7 - 5)；③FeO 氧化增重 $G_{氧化}^链$，计算公式见式(7 - 6)；④返料 $G_返料$，根据实际生产返回造球的返料量计量。

链箅机支出部分包括：①预热球量 $G_{预热球}$，根据链箅机 - 回转窑的总体物料平衡计算结果折算；②烧损 $G_{烧损}$，见公式(7 - 7)；③水蒸气 $G_{水汽}$，数值上等于生球含水量；④返料 $G_{返料}^链$，计算公式见式(7 - 8)。

2. 回转窑物料平衡

回转窑收入部分包括：①预热球量 $G_{预热球}$，根据链箅机 - 回转窑的总体物料平衡计算结果折算；②煤的灰分 $G_{灰分}$，计算公式见(7 - 40)；③FeO 氧化增重 $G_{氧化}^回$，计算公式见式(7 - 6)。

$$G_{煤灰} = G_煤 \cdot C_灰 \tag{7 - 41}$$

式中：$G_煤$——每吨球团矿的煤耗，取 20 kg/t；

$C_灰$——煤的灰分，%。

回转窑支出部分包括：①焙烧球量 $G_{焙烧球}$，根据链箅机 - 回转窑的总体物料平衡计算结果折算；②返料 $G_返^回$（因为主要为结圈物，所以计算时可忽略）。

3. 环冷机物料平衡

环冷机收入部分包括：①焙烧球量 $G_{焙烧球}$，根据链箅机 - 回转窑的总体物料平衡计算结果折算；②FeO 氧化增重 $G_{氧化}^环$，计算公式见式(7 - 6)。

环冷机支出部分包括：(1)成品球量 $G_{成品}$，为 1000kg/t；(2)返料 $G_返^环$，计算公式见式(7 - 8)。

7.4.2 热平衡

不同的生产线链箅机和环冷机的分段不同，热平衡计算结果也有所差异，以我国目前生产较为典型的链箅机 - 回转窑 - 环冷机的气流分布(图 7 - 2)为例，进行热平衡计算。

如图 7 - 2 所示，链箅机分鼓风干燥、抽风干燥、过渡预热段、预热段；环冷机分为四段：环冷 I 段热废气进入回转窑，环冷 II 段热废气进入过渡预热段，环冷 III 段热废气进入鼓风干燥，环冷 IV 段热废气排空；回转窑窑尾热废气进入预热段，抽出的热废气提供给抽风干燥。

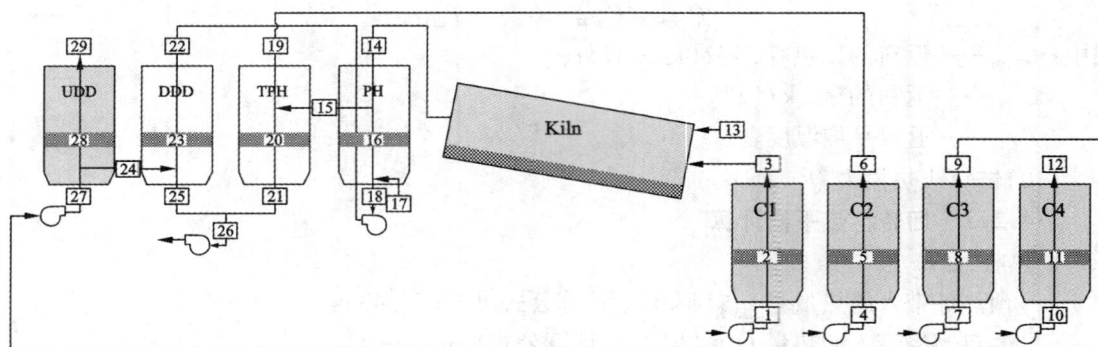

图 7 – 2　链箅机 – 回转窑 – 环冷机气流分布图

7.4.2.1　链箅机热平衡计算

1. 热收入

(1) 生球带入的热量 $Q_{生球}$(kJ/t)，计算公式见式(7 – 11)；

(2) 台车带入的热量 $Q_{台车}$(kJ/t)，计算公式见式(7 – 23)；

(3) 鼓风干燥段热风带入的热量 $Q_{鼓干}$(kJ/t)，计算公式见式(7 – 24)；

(4) 抽风干燥段热风带入的热量 $Q_{抽干}$(kJ/t)，计算公式见式(7 – 25)；

(5) 过渡预热段热风带入的热量 $Q_{预I}$(kJ/t)，计算公式见式(7 – 26)；

(6) 预热段热风带入的热量 $Q_{预II}$(kJ/t)，计算公式见式(7 – 26)；

(7) FeO 氧化放出的热量 $Q_{氧化}^{链化}$(kJ/t)：

$$Q_{氧化}^{链化} = 1952.6 \times \left(\sum_{i=1}^{n+m} G_i \cdot FeO_i - G_{预热球} \cdot FeO_{预热球} \right) \qquad (7 - 42)$$

式中：$G_{预热球}$——预热球的量，kg/t；

　　　$FeO_{预热球}$——预热球的 FeO 含量，% 。

链箅机总的热收入 $Q_{收入}^{链} = Q_{生球} + Q_{台车} + Q_{鼓干} + Q_{抽干} + Q_{预I} + Q_{预II} + Q_{氧化}^{链}$

2) 热支出

(1) 预热球带走的热量 $Q_{预热球}$(kJ/t)：

$$Q_{预热球} = C_{预热球} \cdot G_{预热球} \cdot T_{预热球} \qquad (7 - 43)$$

式中：$C_{预热球}$——预热球的比热容，kJ/(kg · ℃)；

　　　$T_{预热球}$——预热球温度，℃。

(2) 台车带走的热量 $Q'_{台车}$(kJ/t)，计算公式见式(7 – 32)；

(3) 鼓风干燥段废气带走的热量 $Q'_{鼓干}$(kJ/t)，计算公式见式(7 – 33)；

(4) 抽风干燥段废气带走的热量 $Q'_{抽干}$(kJ/t)，计算公式见式(7 – 34)；

(5) 过渡预热段废气带走的热量 $Q'_{预I}$(kJ/t)，计算公式见式(7 – 36)；

(6) 预热段废气带走的热量 $Q'_{预II}$(kJ/t)，计算公式见式(7 – 36)；

(7) 水分蒸发吸收的热量 $Q_{水汽}$(kJ/t)，计算公式见式(7 – 18)；

(8) 碳酸盐分解吸收的热量 $Q_{碳酸盐}$(kJ/t)，计算公式见式(7 – 35)；

(9) 返料、灰尘带走的热量 $Q_{返料}$(kJ/t)：

$$Q_{返料} = C_{返料} \cdot G_{返料} \cdot T_{返料} \qquad (7-44)$$

式中：$C_{返料}$——返料的比热容，kJ/(kg·℃)；

$\quad\quad G_{返料}$——返料的量，kg/t；

$\quad\quad T_{返料}$——返料平均温度。

（10）链算机热损失 $Q_{损失}^{链}$（kJ/t）。

7.4.2.2　回转窑热平衡计算

1. 热收入

（1）预热球带入的热量 $Q_{预热球}$（kJ/t），计算公式见式（7-43）；

（2）燃料燃烧带入的热量 $Q_{燃料}$（kJ/t），计算公式见式（7-9）；

（3）热风带入的热量 $Q_{热风}$（kJ/t），计算公式见式（7-10）；

（4）FeO 氧化放出的热量 $Q_{氧化}^{回}$（kJ/t）：

$$Q_{氧化}^{回} = 1952.6 \times (G_{预热球} \cdot FeO_{预热球} - G_{焙烧球} \cdot FeO_{焙烧球}) \qquad (7-45)$$

（5）渣相生成热 $Q_{渣}$（kJ/t），按总热量的 1.5% 计算。

2. 热支出

（1）球团矿带走的热量 $Q_{焙烧球}$（kJ/t），计算公式见式（7-14）；

（2）热废气带走的热量 $Q_{废气}$（kJ/t），计算公式见式（7-16）；

（3）回转窑热损失 $Q_{损失}^{回}$（kJ/t）。

7.4.2.3　环冷机热平衡计算

1. 热收入

（1）球团矿带入的热量 $Q_{焙烧球}$（kJ/t），计算公式见式（7-14）；

（2）空气带入的热量 $Q_{空气}$（kJ/t），计算公式见式（7-10）；

（3）FeO 氧化放热 $Q_{氧化}^{环}$（kJ/t）：

$$Q_{氧化}^{环} = 1952.6 \times (G_{焙烧球} \cdot FeO_{焙烧球} - G_{成品} \cdot FeO_{成品}) \qquad (7-46)$$

2. 热支出

（1）球团矿带走的热量 $Q_{成品}$（kJ/t），计算公式见式（7-14）；

（2）回热风带走的热量 $Q_{回热风}$（kJ/t），计算公式见式（7-39）；

（3）热废气带走的热量 $Q_{废气}$（kJ/t），计算公式见式（7-37）；

（4）冷却机热损失 $Q_{损失}$（kJ/t）。

7.4.3　物热衡算示例

按照表 7-1 的原料条件以及表 7-3 中酸性球团矿的要求，生球水分为 8%，磁铁矿在链算机上氧化 65%、回转窑上氧化 15%、环冷机上氧化 20%；以成品球团矿为基准，设链算机的返料和粉尘等为 3%、环冷机的返矿为 2%，全部返回造球；烧损在链算机上烧掉。在上述条件下，链算机-回转窑的物料平衡计算结果如表 7-9~表 7-12 所示。

参考国内某球团厂的生产数据，设热空气管道输送热量损失为 10%，链算机、回转窑、环冷机的热量平衡计算结果见表 7-13~表 7-15。

表 7-9　链箅机-回转窑球团生产物料平衡表

	物料收入				物料支出		
符号	项目	质量/kg·t^{-1}	百分比/%	符号	项目	质量/kg·t^{-1}	百分比/%
$G_{料1}$	铁精矿 1	722.74	62.97	$G_{成品}$	成品球团矿	1000	87.12
$G_{料2}$	铁精矿 2	240.91	20.99	$G_{返料}$	返料	50	4.36
$G_{料3}$	膨润土	19.27	1.68	$G_{水汽}$	蒸发水分	89.82	7.83
$G_{水}$	生球水分	89.82	7.83	$G_{烧损}$	烧损	8.03	0.7
$G_{氧化}$	氧化增重	25.10	2.19	$G_{损失}$	计算误差	-0.01	
$G_{返}$	返料	50	4.36				
$G_{收入}$	合计	1147.84	100	$G_{支出}$	合计	1147.84	100

表 7-10　链箅机物料平衡表

	物料收入				物料支出		
符号	项目	质量/kg·t^{-1}	百分比/%	符号	项目	质量/kg·t^{-1}	百分比/%
$G_{料1}$	铁精矿 1	722.74	63.45	$G_{预热}$	预热球	1011.20	88.78
$G_{料2}$	铁精矿 2	240.91	21.15	$G_{返料}^{链}$	返料	30	2.63
$G_{料3}$	膨润土	19.27	1.69	$G_{水汽}$	蒸发水分	89.82	7.89
$G_{水}$	生球水分	89.82	7.89	$G_{烧损}$	烧损	8.03	0.70
$G_{氧化}^{链}$	氧化增重	16.31	1.43				
$G_{返料}$	返料	50	4.39				
$G_{收入}^{链}$	合计	1139.05	100	$G_{支出}^{链}$	合计	1139.05	100

表 7-11　回转窑物料平衡表

	物料收入				物料支出		
符号	项目	质量/kg·t^{-1}	百分比/%	符号	项目	质量/kg·t^{-1}	百分比/%
$G_{预热球}$	预热球	1011.20	99.63	$G_{焙烧球}$	焙烧球	1014.94	100
$G_{氧化}^{回}$	氧化增重	3.76	0.37	$G_{损失}$	机械损失	0.02	
$G_{收入}^{回}$	合计	1014.96	100	$G_{支出}^{回}$	合计	1014.96	100

表7-12 环冷机物料平衡表

物料收入				物料支出			
符号	项目	质量/kg·t⁻¹	百分比/%	符号	项目	质量/kg·t⁻¹	百分比/%
$G_{焙烧球}$	焙烧球	1014.96	99.20	$G_{成品}$	成品球	1000	98.04
$G^{环}_{氧化}$	氧化增重	5.02	0.80	$G^{环}_{返料}$	返料	20	1.96
$G^{环}_{收入}$	合计	1020	100	$G^{环}_{支出}$	合计	1020	100

表7-13 链算机热平衡

链算机热收入

收入项目	比热容/kJ·(m³·℃)⁻¹ 或 kJ·(kg·℃)⁻¹	质量/(kg·t⁻¹)(体积/m³·t⁻¹)	温度/℃	热量/(KJ·t⁻¹)	百分比/%
生球带入热量	0.701	1032.92	25	18101.92	1.53
	4.183	89.82	25	9392.83	
台车带入热量	0.489	700	80	27384.00	1.53
鼓干热风带入热量	1.065	540	270	155277.00	8.65
抽干热风带入热量	1.084	750	360	292680.00	16.30
过渡预热段热风带入热量	1.135	580	630	414729.00	23.10
预热段热风带入热量	1.195	450	1100	591525.00	32.95
FeO 氧化热	按链算机氧化65%计算			286295.98	15.95
总收入				1795385.83	100.00

链算机热支出

支出项目	比热容/kJ·(m³·℃)⁻¹ 或 kJ·(kg·℃)⁻¹	质量/(kg·t⁻¹)(体积/m²·t⁻¹)	温度/℃	热量/(kJ·t⁻¹)	百分比/%
预热球带走热量	1.051	1011.20	850	903355.52	50.32
返料带走热量	1.124	30	500	16860.00	0.94
台车带走热量	0.489	700	110	37653.00	2.10
鼓干热废气带走热量	1.012	540	50	27324.00	1.52
抽干热废气带走热量	1.037	750	150	116662.50	6.50
过渡预热段热废气带走热量	1.060	580	250	153700.00	8.56
预热段热废气带走热量	1.093	450	400	196740.00	10.96
水分蒸发				218709.58	12.18
热损失				124381.23	6.93
总支出				17953875.83	100.00

表 7 - 14　回转窑热平衡

回转窑热收入

收入项目	比热容/kJ·(m³·℃)⁻¹ 或 kJ·(kg·℃)⁻¹	质量/(kg·t⁻¹) (体积/m³·t⁻¹)	温度/℃	热量/(kJ·t⁻¹)	百分比/%
预热球带入的热量	1.051	1011.20	850	903355.52	36.09
热风带入的热量	1.185	700.00	1000	829500.00	33.14
煤燃烧热	29528(热值)	20.00		590560.00	23.60
天然气燃烧热	31250(热值)	2.43		75937.50	3.03
FeO 氧化热	按回转窑氧化15%计算			66068.30	2.64
成渣热				37542.73	1.50
总收入				2502964.05	100.00

回转窑热支出

支出项目	比热容/kJ·(m³·℃)⁻¹ 或 kJ·(kg·℃)⁻¹	质量/(kg·t⁻¹) (体积/m³·t⁻¹)	温度/℃	热量/(kJ·t⁻¹)	百分比/%
球团矿带走热量	1.069	1014.98	1250	1356267.03	54.19
热废气带走热量	1.195	700.00	1100	920150.00	36.76
热损失				226547.02	9.05
总支出				2502964.05	

表 7 - 15　环冷机热平衡

环冷机热收入

收入项目	比热容/kJ·(m³·℃)⁻¹ 或 kJ·(kg·℃)⁻¹	质量/(kg·t⁻¹) (体积/m³·t⁻¹)	温度/℃	热量/(kJ·t⁻¹)	百分比/%
球团矿带入的热量	1.069	1014.98	1250	1356267.03	90.44
FeO 氧化放热	按环冷机氧化20%计算			88091.07	5.87
环冷一段冷风带入热量	1.005	700.00	25	17587.50	1.17
环冷二段冷风带入热量	1.005	411.60	25	10341.45	0.69
环冷三段冷风带入热量	1.005	591.00	25	14848.88	0.99
环冷四段冷风带入热量	1.005	500.00	25	12562.50	0.84
总收入冷风带入热量				1499698.42	100.00

环冷机热支出

环冷机热支出	比热容/kJ·(m³·℃)⁻¹ 或 kJ·(kg·℃)⁻¹	质量/(kg·t⁻¹) (体积/m³·t⁻¹)	温度/℃	热量/(kJ·t⁻¹)	百分比/%
球团矿带走热量	0.780	1020.00	100	79560.00	5.31
环冷一段废气带走热量	1.185	700.00	1000	829185.52	55.31
环冷二段废气带走热量	1.146	411.60	700	330185.52	22.02
环冷三段废气带走热量	1.071	591.00	300	189800.30	12.66
环冷四段废气带走热量	1.030	500.00	120	61800.00	4.12
热损失				8764.60	0.58
总支出				1499698.42	100.00

思考题

1. 配料计算、物料平衡计算与热平衡计算有何联系？
2. 三种球团生产工艺的热平衡计算有何异同？
3. 球团生产的物料平衡计算包括哪些内容？
4. 热平衡计算包括哪些内容？

第8章 球团工艺设备选择与计算

8.1 原料准备设备

8.1.1 球磨机

按照筒体的形状，磨矿机可分为圆筒型和圆锥型两种。圆筒型又分短筒和管型两种，短筒型的筒体长度 $L \leqslant 2D$（D 为筒体直径）。管型的筒体长度则不小于筒体直径的3倍（一般为 $3 \sim 6$ 倍）。按照破碎介质的不同，磨矿机可分为球磨机、棒磨机、砾磨机和自磨磨矿机。球磨机的介质是钢球或铸铁球，棒磨机是钢棒，砾磨机是用磨圆了的硅质卵石，自磨机则是用矿石物料本身作为介质。在球团生产中广泛使用球磨机。

球磨机可以破碎各种硬度的矿石物料，其破碎比很大，通常为 $200 \sim 300$。特殊情况下还可以增大。球磨机多用于细磨，给矿粒度不大于65 mm，通常在6 mm以下。它的产品粒度可以达到0.045 mm以下。球磨机可用来干磨，也可用于湿磨。

8.1.1.1 工作原理

图8-1是圆筒形球磨机的工作原理示意图。球磨机的圆筒内装有各种直径的破碎介质钢球。当圆筒旋转时，筒内的钢球和矿石物料在离心力和摩擦力的作用下，随着筒壁上升到一定高度，然后脱离筒壁自由落下或滚下。矿石物料的磨碎主要是靠钢球落下时的冲击力和运动时的磨剥作用。矿石是从圆筒一端的空心轴颈不断地给入，而磨碎后的产品经圆筒另一端的空心轴颈不断地排出，筒内矿石物料的运输是利用不断给入矿石物料的压力来实现。湿磨时矿石物料被水流带走；干磨时，矿石物料被向筒外抽出的气流带来。

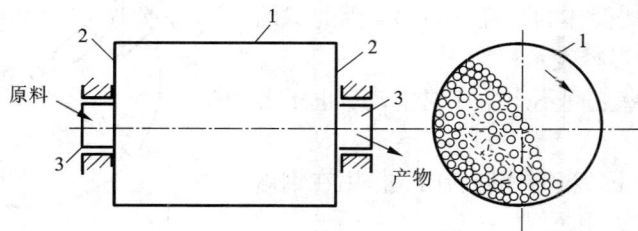

图8-1 球磨机的工作原理
1—空心圆筒；2—端盖；3—空心轴颈

图8-2为球磨机结构简图。它是由筒体、给料部分、排料部分和传动部分等所组成。圆形筒体是由几块钢板焊接而成，同时在它的两端焊有法兰盘，利用它和铸钢的端盖联接。为了保护筒体内表面不受磨损和控制钢球在筒体内的运动轨迹，筒体内铺有衬板。为了

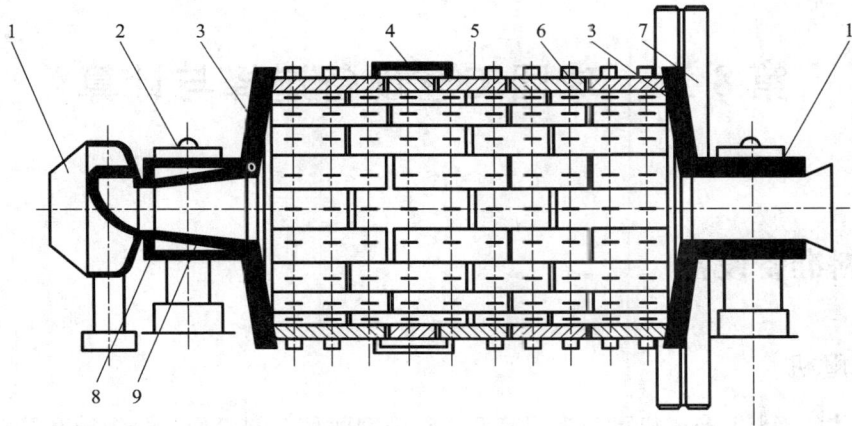

图 8－2　球磨机简图

1—给矿器；2—轴承座；3—端盖；4—人孔(观察孔)；5—筒体；6—衬板；7—齿轮；8—中空轴颈；9—中空轴颈内套

使衬板与筒体内壁紧密接触和缓冲钢球对筒体的冲击，在衬板与筒体内壁之间敷有胶合板。

给矿部分是由带有中空轴颈的端盖、联合给矿器、扇形衬板和轴颈内套等零件组成。

排矿部分也是由带有中空轴颈的端盖、格子衬板和轴颈内套等组成。

球磨机的筒体是通过齿轮传动装置由电动机经联轴节带动回转。齿轮传动装置由装在筒体排矿端的齿圈和传动齿轮所组成。

溢流型球磨机(中心排料球磨机)与格子型球磨机的构造基本相同。其区别仅在于筒体内无排矿格子。为使矿浆面在磨矿机内有一定倾斜度，排料空心轴颈的直径稍大于给料空心轴颈的直径。

8.1.1.2　球磨机主要参数

1.临界转速和工作转速

为了简化，做如下假定：

(1)筒体内只有一个钢球；

(2)钢球的直径比筒体的直径小得多，因此球的回转半径可用筒体的半径表示；

(3)钢球与筒体壁之间不产生相对滑动，也不考虑摩擦力的影响。

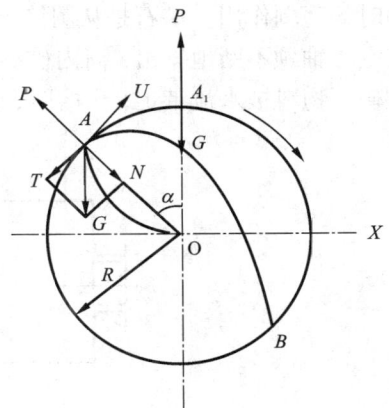

图 8－3　球的运动轨迹

在这些假定条件下，当筒体回转时，作用在钢球上的力就只有离心力 P 和重力 G(见图 8－3)，当它们的比例一定时，钢球即随筒体一起回转，并提升到一定高度。当上升到 A 点时，如果球的离心力 $P \leqslant G\cos\alpha$，则钢球就会离开筒壁而落下。钢球运动轨迹上的 A 点称为脱离点，而回转半径 OA 与垂直轴所夹的角 α 称为脱离角。

设钢球在 A 点平衡，即 $P = G\cos\alpha$，$\dfrac{mv^2}{R} = G\cos\alpha$(m 为球的质量，$m = \dfrac{G}{g}$)，则钢球在筒体

内运动的基本方程为见公式(8-1)。

$$\cos\alpha = \frac{v^2}{g \cdot R} = \frac{n^2 \cdot R}{900} \tag{8-1}$$

式中：v——球的运动速度；$v = \frac{\pi R n}{30}$，m/s；

　　　n——筒体的转速，r/min；

　　　g——重力加速度，m/s^2；

　　　R——筒体内半径，m。

由此式可知，钢球上升高度决定于筒体的转速和钢球的回转半径，而与钢球重量无关。

如果增大筒体的转速，使离心力 $P \geqslant G$ 时，则球在筒体内被提升到最高点 A_1，并开始与筒体一起回转，而不离开筒体。在这种情况下，球磨机的转速叫做临界转速。

由图8-3可知，球在 A_1 点时的脱离角 $\alpha = 0$。代入公式(8-1)，得出球磨机的临界转速见公式(8-2)。

$$n_{临界} = \frac{30}{\sqrt{R}} = \frac{42.4}{\sqrt{D}} \tag{8-2}$$

式中：$n_{临界}$——临界转速，r/min；

　　　D——筒体内直径，m；

　　　其他符号意义同前。

实践证明，公式(8-2)对于具有不平滑的衬板，特别是凸棱式或凹槽表面的衬板，以及球载充填率在40%~50%的情况下，是比较接近实际情况的。但对于平滑的衬板，以及球载充填率小于30%时，则计算结果与实际有较大的出入。

为了使球磨机正常进行磨矿工作，球磨机的工作转速必须小于临界转速，由于磨矿机的工作状态不同，其工作转速也不相同。当磨矿机转速不高时，整个球载向旋转方向大约偏转40°~50°(见图8-4)，并经常保持此种状态，而球不断地沿圆形轨道上升到倾斜层，然后向下泻落。这种工作状态称为"泻落"状态。例如棒磨机就是在这种状态下工作的。

当磨矿机高速旋转时，球沿圆形轨道上升到一定高度，然后离开圆形轨道沿抛物线轨道成"抛落"式下落(见图8-5)，这种工作状态叫做"抛落"状态，球磨机的工作状态就属于这一种。

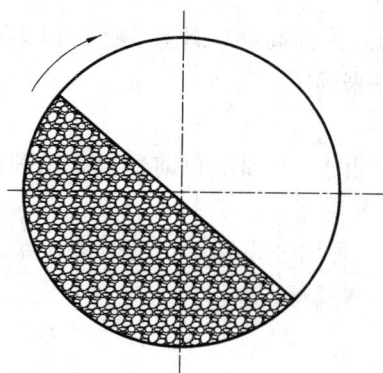

图8-4 "泻落"状态

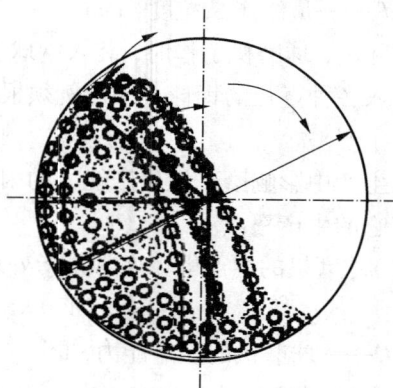

图8-5 "抛落"状态

对于"抛落"工作状态来讲，最有利的工作转速应保证把筒体内的钢球提升到某一位置。钢球从此位置离开筒壁下落能具有最大的下落高度。

根据钢球在筒体内运动的几何位置的分析及理论计算得出球磨机的工作转速与临界转速的关系见公式(8-3)和公式(8-4)。

$$n_1 = (0.76 \sim 0.88)n_{临界} \tag{8-3}$$

即

$$n_1 = \frac{32}{\sqrt{D}} \sim \frac{37}{\sqrt{D}} \tag{8-4}$$

棒磨机是在"泻落"状态下工作的，故其工作转速应低于球磨机的工作转速。应用公式(8-4)时，应取最低值，一般为临界转速的60%~80%。

2. 装球量及钢球直径

装球量的多少，对磨矿效率有一定的影响。装球少，磨矿效率低；装球过多，内层球运动时，破坏了球的正常循环，磨矿效率也要降低。

装球量可按公式(8-5)确定。

$$G = \gamma \cdot \phi_{球} \frac{\pi}{4} \cdot D^2 \cdot L \tag{8-5}$$

式中：γ——钢球的堆密度，对于轧制钢球，$\rho = 4.8 \text{ t/m}^3$；

   D、L——球磨机筒体的内径和长度，m；

   $\phi_{球}$——装球系数，取0.4~0.45。

装入球磨机中的钢球直径主要决定于给矿粒度、被破碎矿石的物理机械性质以及磨矿细度等。给矿和磨矿细度愈大，矿石愈硬，要求钢球的直径愈大。相反，则要求钢球直径愈小。

为了确定球的最大直径，可按经验公式(8-6)或(8-7)计算。

$$d_0 = 28 \sqrt[3]{d_1} \tag{8-6}$$

或

$$d_0 = 6(\lg d_2) \cdot \sqrt{d_1} \tag{8-7}$$

式中：d_0——钢球最大直径，mm；

   d_1——给矿块最大尺寸，mm；

   d_2——最终产品粒度，mm。

实际上，球磨机工作时，装入钢球直径是不相同的。为提高磨矿效率，通常以某种适当比例装入各种直径的钢球。该比例须根据具体生产条件来确定。

3. 生产率

在生产中影响磨矿机生产能力的因素很多，变化也很大，因此，目前还很难用理论公式来确定它的生产率。

(1)球磨机的生产能力通常是指处理原矿量的能力，可用公式(8-8)近似地计算。

$$Q = q \cdot V \cdot K_{给矿} \cdot K_{排矿} \cdot K_{直径} \cdot K_{类型} \cdot K_{循环} \tag{8-8}$$

式中：Q——球磨机的生产能力，t/h；

   q——球磨机单位生产能力，$t/(h \cdot m^3)$（见表8-1）；

   V——球磨机的容积，m^3；

   $K_{给矿}$——考虑给矿粒度的修正系数（见表8-2）；

$K_{排矿}$——考虑排矿粒度，即最终产品粒度的修正系数（见表 8 - 1）；

$K_{直径}$——考虑球磨机直径的修正系数，可按公式（8 - 9）计算；

$K_{类型}$——考虑球磨机类型不同的修正系数（格子型 $K_{类型}$ = 1.0，溢流型 $K_{类型}$ = 0.9，棒磨机 $K_{类型}$ = 0.85）；

$K_{循环}$——考虑循环负荷量的系数（见表 8 - 3）。

$$K_{直径} = \frac{\sqrt{D'}}{\sqrt{D''}} \qquad (8-9)$$

式中：D'——大型球磨机的内直径，m；

D''——实验的小型球磨机的内直径，m；

其他符号意义同前。

表 8 - 1　球磨机单位生产能力和排矿修正系数

最终磨矿粒度，mm（占全部产品的 90% ~ 95%）	单位生产能力 q, t/(h · m³)	修正系数 $K_{排矿}$
0.6	2.5	1.71
0.42	2.06	1.41
0.3	1.73	1.18
0.2	1.46	1.0
0.15	1.17	0.8
0.10	0.85	0.58
0.075	0.65	0.47

* 表中 q 值是用直径 1.8 m 长的格子型球磨机，闭路循环负荷量为 300%，给矿粒度为 0 ~ 20 mm，密度为 3.4 t/m³ 的中硬矿石所得出。在应用上表时，还要考虑矿石密度和硬度修正系数。密度修正系数可以用新矿石与上表中所磨的矿石密度之比值决定。处理软矿石，硬度修正系数可以取 1.2 ~ 1.3；处理硬矿石，硬度修正系数可以取 0.8 ~ 0.85。

表 8 - 2　不同性质的给矿粒度的修正系数

矿石类型	原矿粒度，mm				
	0 ~ 40	0 ~ 20	0 ~ 10	0 ~ 5	30
软矿石	1.0	1.1	1.2	1.26	1.30
中硬矿石	0.83	0.92	1.1	1.05	1.08
硬矿石	0.78	0.87	0.96	0.99	1.00

表 8 - 3　球磨机生产能力与循环负荷的关系

循环负荷占原矿的比例，%	0	100	200	300	400	500	600
修正系数 $K_{循环}$	1	1.30	1.42	1.52	1.60	1.66	1.70

表 8 - 3 是根据细磨(排矿粒度为 0 ~ 0.2 mm)得出的 $K_{循环}$ 值,应用于更细磨或粗磨时,则应适当地加以修正,根据实验,排矿粒度为 0.35 mm 时,$K_{循环}$ 值大约比表中的数字小 10%,特别是循环负荷达 400%,排矿粒度为 0.07 mm 时,$K_{循环}$ 值将达 1.76。

(2)球磨机的生产率还可以根据装球量用经验公式(8 - 10)计算。

$$Q = A \cdot G^{0.6} \qquad (8 - 10)$$

式中:A——被磨碎物料的可磨性系数,用实验方法求得;

G——装球量,t。

(3)用比较的方法按公式(8 - 11)确定生产率。

$$Q = \frac{Q_1}{K} \cdot \frac{V_2}{V_1} \left(\frac{D_2}{D_1}\right)^{0.6} \qquad (8 - 11)$$

式中:D_1——试验用的球磨机的直径;

V_1——试验用的球磨机的容积;

Q_1——试验用球磨机的生产能力;

D_2——工业用球磨机的直径;

V_2——工业用球磨机的容积;

K——工业用球磨机中一定粒度的产品百分数对试验用球磨机中的同样粒度的产品的百分数之比。

4. 功率

球磨机的功率主要消耗于将球提升到一定的高度,并使其具有一定的运动速度,此外,尚有一部分功率消耗于克服空心轴颈与轴承之间的摩擦和传动装置的阻力。目前,确定球磨机所需功率的方法有很多,下面仅介绍一种近似的理论计算公式(8 - 12)。

$$N = \frac{GRn}{2720} \left(1 + \frac{Rn^2}{3300}\right) \qquad (8 - 12)$$

式中:N——球磨机功率,kw;

G——球磨机内装球总量,kg;

R——球磨机筒体内直径,m;

n——球磨机工作转速,r/min。

8.1.2 润磨机

由于润磨作业的入磨物料含有一定的水分,因而要求润磨机具有特殊的结构形式(见图 8 - 6)。其特点如下:

(1)周边排料:在润磨机排料端筒体周边的适当位置安设排料格子,物料经格子孔排出。

(2)强制给料:润磨机必须采用螺旋给料机强制给料,而且在螺旋给料机前设置有圆盘给料机,用以稳定入磨料量。螺旋给料机采用悬臂式外螺旋结构,螺旋片由普通钢板制成,螺旋轴为钢管制成。

(3)橡胶衬板:橡胶衬板亲水性较差,弹性较好,当钢球冲击橡胶衬板时,由于弹力的反作用,黏附在衬板上的物料又被弹起而脱落。为此,润磨机采用橡胶衬板。

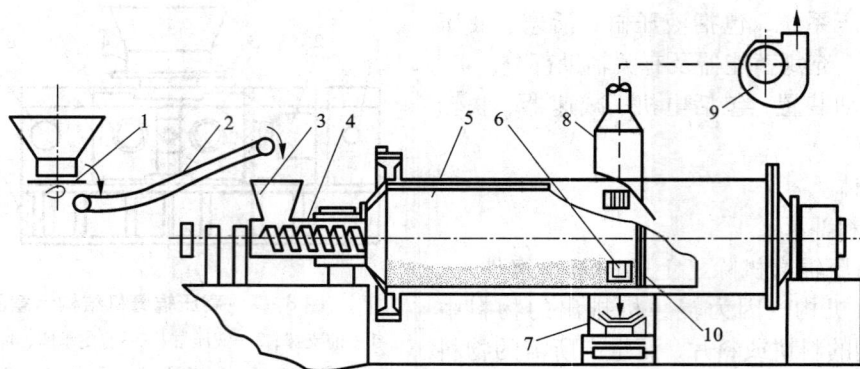

图 8 - 6 润磨机装置示意图

1—圆盘给料机；2—皮带机；3—料斗；4—螺旋给料机；5—润磨机筒体；
6—排料口；7—皮带机；8—气体排放罩；9—离心抽风机；10—隔板

1. 转速

润磨机不仅要承担对物料的粉碎任务，还要使加了添加剂的物料得到充分的研磨，所以润磨机的工作转速较一般球磨机低，其计算见公式(8-13)。

$$n_{工作} = (0.65 \sim 0.70)n_{临界} \tag{8-13}$$

式中：$n_{工作}$——工作转速，r/min；

$n_{临界}$——临界转速，r/min，$n_{临界} = \dfrac{42.4}{\sqrt{D}}$；

D——磨机筒体直径，m。

2. 排料孔

排料孔的大小一般用开孔率来表示，即开孔面积和润磨机规格尺寸的关系。开孔率就是周边开设条孔的总面积与磨机内表面面积的百分比，由公式(8-14)表示。

$$\phi_{开孔} = \frac{f}{F} \times 100\% \tag{8-14}$$

式中：$\phi_{开孔}$——开孔率，%；

f——周边条孔总面积，m^2；

F——筒体内表面积，m^2。

开孔率通常应经过试验来确定。它与磨机的给料量、装球量和磨矿细度等因素有关。

开孔率过大时，排料能力过大，磨机内物料充填率减小，润磨效果变差；相反，开孔率过小时，磨机内物料充填过大，停留时间虽延长，但料球比过大，润磨效果也会变坏。

8.1.3 高压辊磨机

高压辊磨机是在传统辊机上改进的，通过给活动辊施加高压使得边界受约束的物料通过两个相向转动的辊子受挤碎产生细粒级。典型的结构如图 8-7 所示。

由图 8-7 可以看出，高压辊磨机的基本组件包括：

(1)两个压辊，至少有一个是动辊。

（2）轴承系统及轴承支座。

（3）液压系统，包括液压缸、活塞、液压泵、控制阀、充氮蓄能器及有关辅助部分。

（4）驱动装置，包括电机、减速器、联轴器及万向节。

（5）箱体。

（6）进料斗。

有的高压辊磨机除了上述的基本组件外，还装有打散机构。因为辊磨机排出的物料中有一定比例的料饼或料片，而生产所需的物料是分散的细小的颗粒，配备打散机构的主要目的是把排出的料饼或料片进行分散或者碎散。

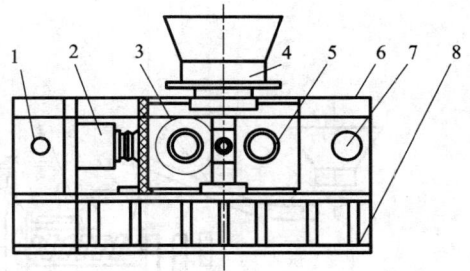

图 8-7 高压辊磨机结构示意图

1—前支撑；2—液压缸；3—前支承座；4—料斗；5—后支承座；6—上横梁；7—后轴承座；8—下支承

高压辊磨机工作原理为对辊碾压方式（如图 8-8 所示），由一对相向同步转动的挤压辊组成，其中一个为动辊，一个为静辊。具有一定粒度的物料从两辊上方给料口中进入并通过挤压辊连续转动带入辊间，受到高压挤压作用后，变成密实的料饼从机下排出。

高压辊磨机与传统的粉碎技术有两点本质上的不同，其一是高压辊磨机实施的是准静压粉碎，这种准静压粉碎方式相对于冲击粉碎方式节省能耗约 30%；其二是高压辊磨机对物料实施的是料层粉碎，是物料与物料之间的相互粉碎。这种原理的粉碎效率相对于传统的破碎和球磨技术有明显的提高，磨损也明显地减少。

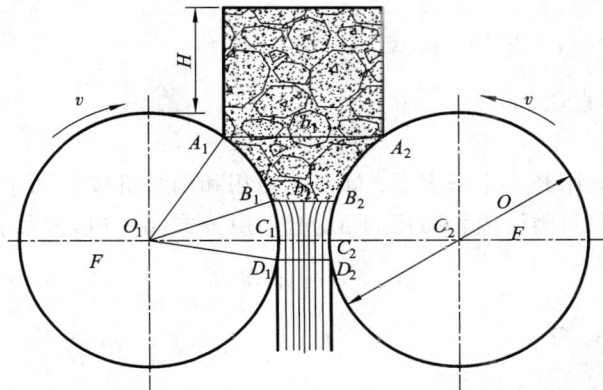

图 8-8 高压辊磨机工作过程简图

b_1、b_2、b_3—A_1A_2 平面、B_1B_2 平面和 C_1C_2 平面的辊间隙宽度；H—装料高度；v—辊子转速

8.1.4 圆筒干燥机

到目前为止，球团原料的干燥都是采用圆筒干燥机。

圆筒干燥机的主要部件是筒体，筒体上装有齿轮，带动筒体回转，筒体两端装有密封装置，防止粉尘泄出，筒体前后设有加料与卸料装置（见图 8-9）。

圆筒干燥机内的气体和物料之间的流向可采用逆流式或顺流操作。通常在处理含水量较

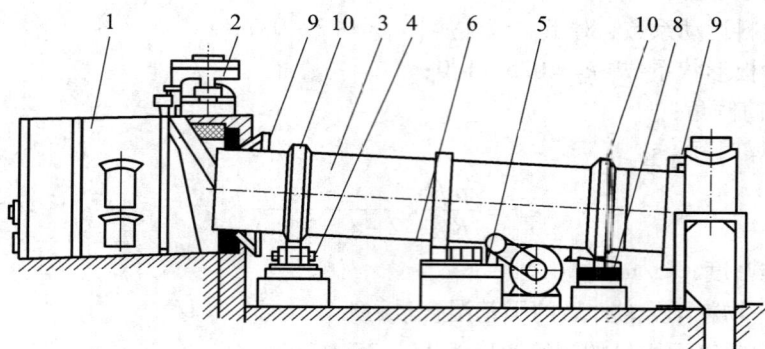

图 8 - 9　圆筒干燥机

1—燃烧炉；2—给料装置；3—钢制筒体；4—驱动电机；
5—齿轮传动装置；6—齿轮；7—滚轮；8—挡轮；9—迷宫式密封装置；10—滚圈

高、不耐高温、可以快速干燥的物料时，宜采用顺流操作。当处理不能快速干燥而能耐高温的物料时，则采用逆流操作。我国球团厂的圆筒干燥机多采用顺流干燥形式。进入干燥收尘系统的烟气温度应高于露点温度。

干燥机的能力配备采用全干方式。

圆筒干燥机的工艺参数为圆筒直径、长度、倾斜度及转速。圆筒干燥机的直径主要决定于干燥介质的流速。一般来说，气体流速大些可提高传热传质系数，强化干燥操作。圆筒直径过小、流速过高时，气体中夹带粉尘现象严重。因此气流速度一般在 0.55 ~ 5.5 kg/(s·m²)，对易引起粉尘飞扬的物料，宜选取较小值。选定物料充填系数后，圆筒直径 D 由公式(8-15)计算。

$$D = \frac{1.13}{\sqrt{1 - \beta}} \times \sqrt{\frac{V_g}{\mu_g}} \tag{8-15}$$

式中：V_g——干燥介质的体积流量，m³/s；

β——物料充填系数，一般为 0.05 ~ 0.30；

μ_g——筒内干燥介质流速，m/s。

圆筒长径比(L/D)一般为 5 ~ 10，圆筒长度 L 可由式(8-16)计算。

$$L = \frac{V_b}{0.785D^2} \tag{8-16}$$

式中：V_b——圆筒体积，可由式(8-17)计算：

$$V_b = \frac{\omega}{R_V} \tag{8-17}$$

式中：ω——蒸发水量，kg/h；

R_V——体积干燥速度，kg/(m³·h)。

圆筒转速 n 可由经验公式(8-18)计算。

$$n = \frac{60k_1k_2L}{\tau D\tan\alpha} \tag{8-18}$$

式中：n——圆筒转速，r/min；

   k_1——物料运动系数，对于对流干燥，$k_1 = 0.2 \sim 0.7$；

   k_2——抄板形状系数，$k_2 = 0.5 \sim 1.0$；

   α——圆筒倾角；

   τ——干燥时间，s。

$$\tau = \frac{2\rho_b \beta}{R_V} \times \frac{x_1 - x_2}{2 - (x_1 - x_2)} \qquad (8-19)$$

式中：ρ_b——堆密度，kg/m³；

   x_1, x_2——物料干燥前、后的干基湿含量，%。

实际使用的圆筒干燥机的圆筒速度为 15 ~ 25 m/min。

8.2 配料和混合设备

8.2.1 配料设备

对于铁精矿，一般采用圆盘给料机和电子皮带秤组合。对于膨润土、生石灰等轻质物料，常用螺旋给料机给料。对于水分含量低的含铁原料，尤其是经过干燥后的原料，有时也用皮带给料机给料。一些竖炉球团配料，如涟钢、成钢等，采用皮带机给料。

配料和焙烧系统应采用一对一的配置方式。主要含铁原料的配料仓不应少于 3 个，其他参加配料的物料，每种应设两套给料设备。配料的下料顺序为：原料、黏结剂和燃料、回收粉尘和添加剂。

8.2.2 混合设备

球团厂的混合设备主要有轮式混合机和强力混合机两种。目前，我国一般采用强力混合机。

8.2.2.1 轮式混合机

国外球团厂广泛采用轮式混合机。轮式混合机有 4 ~ 6 个工作轮，第 1 个工作轮为粉碎轮，用来捣碎混合料中的大块，3 ~ 5 个工作轮为混合轮。工作轮两端夹板之间配置有 6 个人字形叶片，叶片长度比皮带的宽度稍小一点，叶片与皮带的间隙为 5 mm。混合机安装在皮带运输机上，全部工作轮都罩在壳内，工作时由链传动或三角皮带传动装置带动旋转，轮子转速为 400 ~ 750 r/min。皮带速度约 1 m/s。图 8-10 为乌拉尔选矿研究院设计的轮式混合机。其他国家多采用美国芝加哥 Pekay 机械工程公司生产的 Pekay 型轮式混合机（见图 8-11）。轮式混合机具有结构简单、重量轻、电耗小、单机能力大的优点，但混合效率不高。

轮式混合机生产能力按公式（8-20）计算。

$$Q = 0.8 \times 3600 BHv\rho \qquad (8-20)$$

式中：H——料层高度，m；

   B——皮带宽度，m；

   v——皮带速度，m/s；

   ρ——物料堆积密度，t/m³。

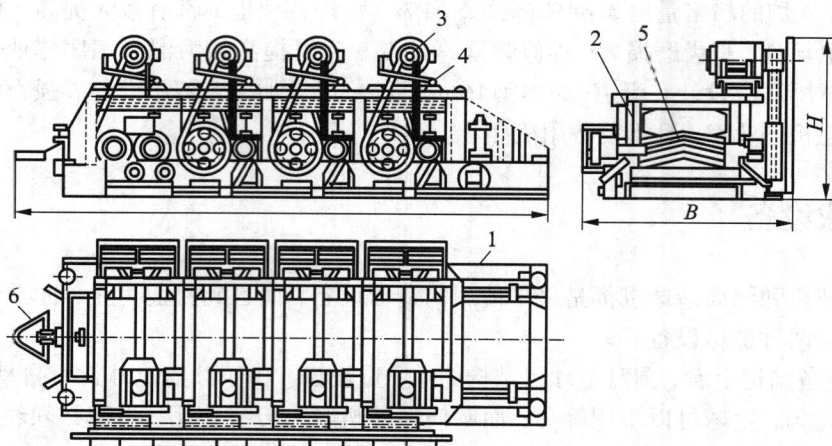

图 8 – 10 轮式混合机

1—焊接架；2—工作轮；3—电动机；4—三角皮带传动；5—皮带机；6—刮刀

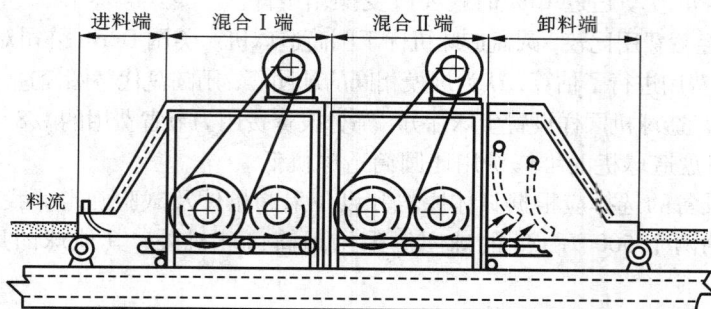

图 8 – 11 Pekay 型轮式混合机

8.2.2.2 强力混合机

强力混合机为水平圆筒混合机(见图 8 – 12)。筒体为固定卧式圆筒，内装特殊设计的安装在实心轴上的混合耙，混合耙在圆筒中随轴作高速运转，使物料产生剧烈运动。物料呈单个颗粒分别投向筒壁再返回，与其他颗粒交叉往来，形成物料颗粒与气体的紊动混合物。颗粒交叉流动，使各种物料或物料与水分充分接触，达到均匀混合。强力混合机的优点为混合时间短、混合效率高，适合于加膨润土的细磨湿精矿的混合。由于混合效率高，黏结剂在混合料中分布均匀，可减少黏结剂用量。我国鞍钢 200 万 t 带式焙烧机球团厂、包钢 110 万 t 带式焙烧机球团厂和本钢 16 m^2 竖炉球团都采用强力混合机。根据本钢 16 m^2 竖炉使用情况测定：一段强力混合机的效果相当于两段圆筒混合机的混

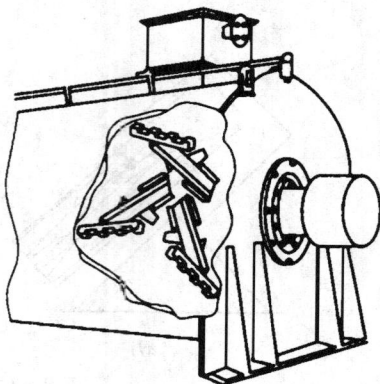

图 8 – 12 强力混合机

▶ **183**

合效果，生球入炉的粉末量由 3.84% 降到 2.51%，竖炉各项指标都有较大提高。但是强力混合机存在着电耗高、耙齿磨损大、检修频繁等缺点。为了提高强力混合工序作业率，采用强力混合机的球团厂应设计有旁道(如本钢 16 m² 竖炉)或增加一台备用设备。强力混合机的选择应不影响主机作业率，且不设备用机。

8.3 造球设备

圆盘造球机和圆筒造球机都是最早使用的造球设备，而且到目前为止，世界各国大型球团厂都采用这两种造球设备。

(1)从设备结构上看，圆盘造球机结构简单、重量轻。由于圆盘造球机有自动分级作用，生球粒度较均匀，生球可以不用筛分；而圆筒造球机没有分级作用，生球必须经过筛分，因此工艺布置上较圆盘造球机复杂，占地面积大。

(2)从生球质量来看，两种设备没有大的差别。但是圆筒造球对给料量波动的适应性在一定程度上优于圆盘造球机，圆筒造球机给料可在较大范围内变化而操作上不需作大的改变，而圆盘造球机给料量波动超过 10% 时就要改变操作条件。

(3)从投资和经营费用比较，圆盘造球机优于圆筒造球机。美国 Dravo 公司对这两种设备的投资费用和生产经营费用进行了估算，认为规模相同的球团厂，用圆盘代替圆筒造球机，可节省投资 4% ~ 8%。如果圆盘造球机同样设置生球筛分，筛分投资费用为节省费用的 1/8 左右。

除此之外，圆盘造球机的维修费用比圆筒造球机低。

造球工艺和设备的选择应根据具体原料和设备采购条件及试验确定。我国球团厂除武钢鄂州和宝钢湛江的两个 500 万 t/a 的球团厂采用圆筒造球机外，其他球团厂都采用圆盘造球机。

8.3.1 圆盘造球机

8.3.1.1 圆盘造球机工作原理

圆盘造球机是一种带边板的平底钢质圆盘，工作时绕中心线旋转。为了强化物料和生球的运动、分级和顺利排出合格生球，圆盘倾斜安装，倾角一般为 45° ~ 60°。

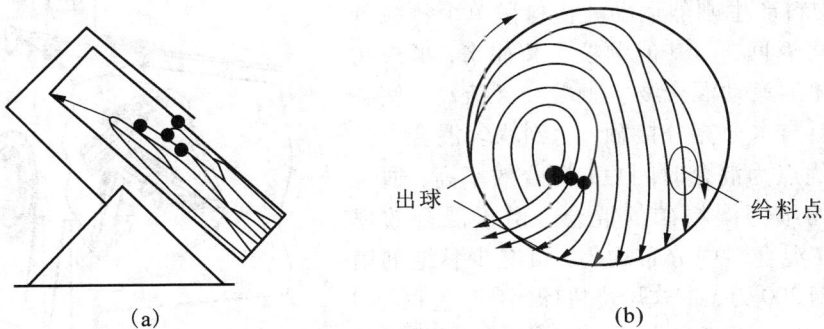

(a)   (b)

图 8-13　圆盘造球机内物料运动状态

　由图 8-13 可见，造球物料经给料机加入圆盘造球机后，随着给水管不断加入水和造球

盘转动使物料产生滚动,逐渐变成各种粒度生球。由于粒级的差异,它们将按不同的轨迹进行运动。大颗粒位于表面和圆盘边缘。当料量大于圆盘填充量时,大颗粒生球自盘内排出。由于自动分级,生球产品中小于 5 mm 的含量一般不大于3%。

8.3.1.2　圆盘造球机的基本结构

圆盘造球机主要包括圆盘、传动装置、刮刀装置、机座等(如图 8 – 14 和图 8 – 15 所示)。

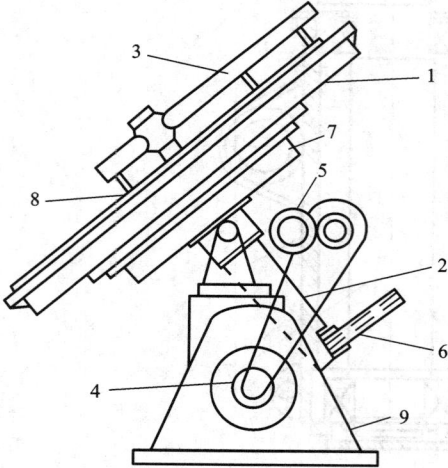

图 8 – 14　锥齿轮传动的圆盘造球机

1—圆盘;2—中心轴;3—刮刀架;
4—电动机;5—减速器;6—调倾角螺栓杆;
7—伞齿轮;8—刮刀;9—机座

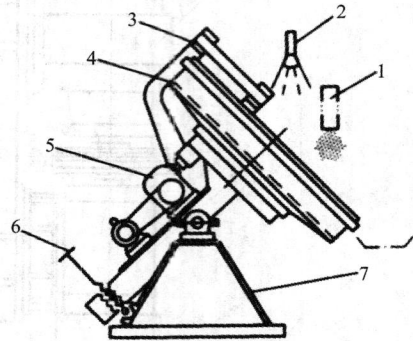

图 8 – 15　内齿轮传动的圆盘造球机

1—给料装置;2—喷水装置;3—刮板装置;4—圆盘;
5—传动装置;6—圆盘倾角调整装置;
7—主轴系统;8—机座

1. 传动装置

圆盘造球机的传动装置由电动机、三角传动胶带、减速器及开式传动齿轮组成。用更换不同直径三角带轮的方法来实现圆盘的变速。传动装置的末级传动有三种方式。

(1)锥齿轮传动

锥齿轮传动装置如图 8 – 16 所示,这是我国使用最早且至今仍在使用的一种传动方式。大锥齿轮用螺栓与圆盘联接,并装在中心主轴承,小锥齿轮则装在减速机的主轴上。

该传动装置的驱动机构与造球机本体分别安装于设备基础上,因此常用于不需经常调整圆盘倾角的场合。该装置运转平稳,结构简单,传动效率也较高。适用于大型圆盘造球机。

(2)直齿外齿圈传动

直齿外齿圈传动如图 8 – 17 所示。这种结构的驱动装置与轴套连在一起,大齿圈与圆盘用螺

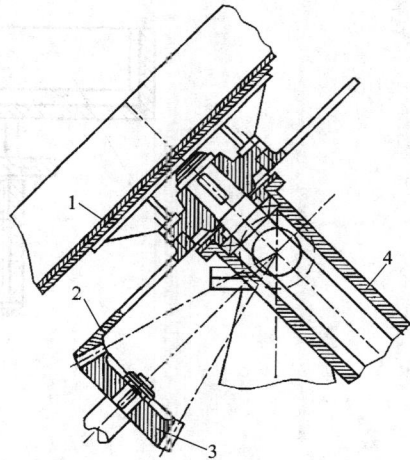

图 8 – 16　锥齿轮传动图

1—圆盘;2—大锥齿轮;
3—小锥齿轮;4—主轴系统

栓连接，调整圆盘倾角时，只需调整主轴轴套即可。

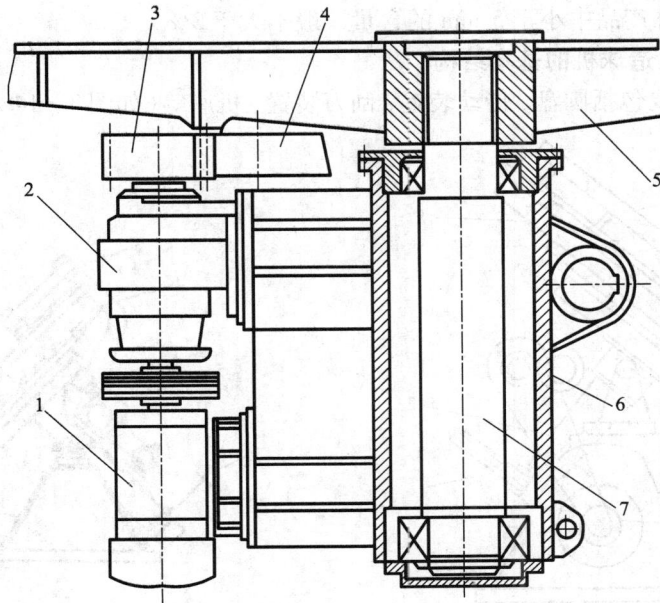

图 8 - 17　直齿外齿圈传动图

1—电动机；2—行星减速机；3—小齿轮；4—大齿轮；5—圆盘；6—轴套；7—主轴

（3）直齿内齿圈传动

直齿内齿圈传动如图 8 - 18 所示。这种传动装置的结构与外齿圈传动基本相同，即整个驱动装置主轴与轴套连为一体，内齿圈用螺栓与圆盘连在一起。

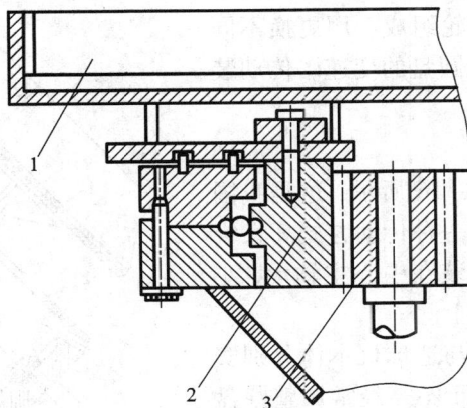

图 8 - 18　直齿内齿圈传动图

1—圆盘；2—内齿圈；3—小齿轮

2. 圆盘

圆盘是圆盘造球机的主体部分，其结构如图 8 - 19 所示。圆盘由盘底、盘边及联接接头

等组成。盘底、盘边用钢板焊接制造。盘底要求平稳，盘边要求圆正，以保证圆盘运动平稳，小球易于滚动且有良好的造球轨迹。造球过程中，旋转的圆盘，受到物料的不断冲刷，为了延长其使用寿命，盘底和盘边均需衬以耐磨衬板。

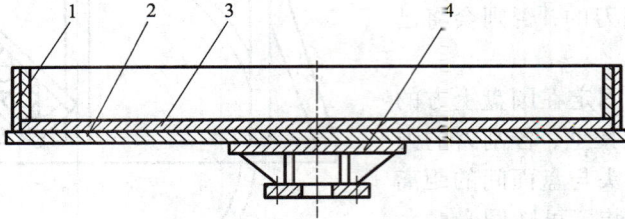

图 8-19　圆盘结构简图

1—圆边；2—盘底；3—衬板；4—接头

在圆盘中心的下方设有一联接接头，与主轴相联接。该零件可以采用铸件，经加工后与盘体焊接。

不管采用锥齿轮传动或直齿外齿轮传动还是内齿轮传动，圆盘下方都安装有传动齿轮。根据不同情况，传动齿轮可通过联接盘联接或直接安装在盘底下方。

边高是决定圆盘造球机填充率的重要参数之一，有的国家采用了夹层套装可调盘边，即盘边的下半部是固定的，上半部套装在下半部上，上下位置可调，以此调整填充率。

3. 主轴系统

主轴系统主要由联接盘、主轴、轴套、上轴承、下轴承和密封装置等构成（见图 8-20）。联接盘 A、B 两面分别与圆盘和传动齿轮用螺栓连接。圆盘及物料等的重量，通过联接盘、主轴、上轴承传至轴套，轴套由其本身两侧之耳轴将力传至机座。由于圆盘为倾斜安装，故上轴承或下轴承需承受轴向和径向载荷。主轴系统的上、下轴承润滑须引起高度重视，应分别采用密封及贮油装置。

为了调整圆盘的倾角，圆盘造球机设置了倾角调整丝杆，丝杆一端与主轴系统相联，另一端则与机座联接。

4. 机座

机座用来承受圆盘的整个重量，它的上面装有两个轴承座，用以安装主轴轴套的耳轴，同时，机座设置应考虑主轴系统的摆动空间。

5. 刮刀装置

刮刀装置又称刮板装置，包括盘底刮刀和周边刮刀，用来刮掉圆盘底面和周边上黏结的多余物料，使盘底保持必要的料层（底料）厚度。底料具有一定的粗糙度，增加了球粒与底料之间的摩擦，以提高球粒

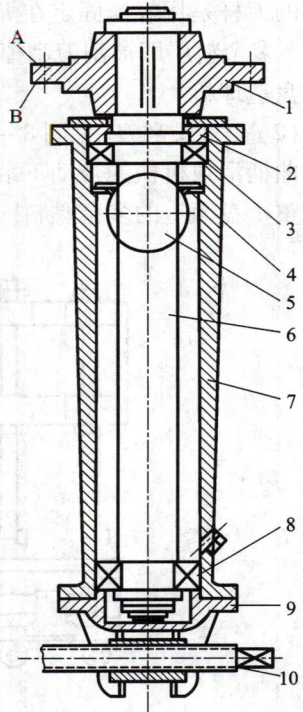

图 8-20　主轴系统

1—联结盘；2—密封环；3—上轴承；
4—贮油装置；5—耳轴；6—主轴；
7—轴套；8—下轴承；
9—端盖；10—调倾角装置

的长大速度。

合理配置刮刀，对提高生球的产量、质量会起到良好的效果。

刮刀一般布置在母球区和过渡区。成球区是不能布置刮刀的，否则会将已制成的生球破坏。

刮刀装置安装于固定在圆盘上方的钢管或型钢焊接的机架上，各刮刀的刀杆均垂直于盘面。刀头与盘面间的距离可按需要调整，整个装置可随圆盘倾角的调整而调整。目前，国内外圆盘造球机所用刮刀装置，有固定式、往复式、摆动式和回转式几种，除固定式不带驱动装置外，其余都带有自己的驱动装置。

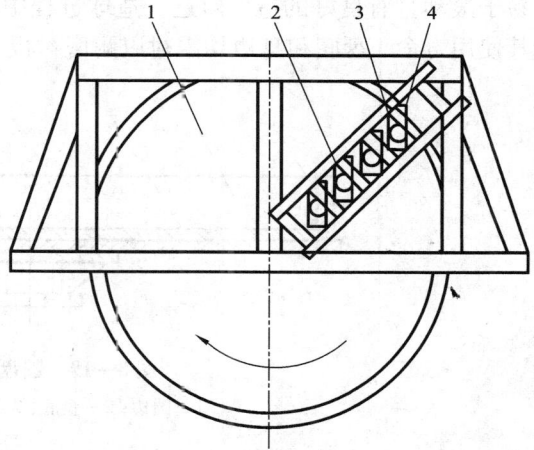

图 8 – 21　固定式刮刀装置

1—圆盘；2—刀架；3—刮刀片；4—刀杆

(1)固定式刮刀(见图 8 – 21)：这种刮刀的刀杆是用螺栓固定在焊接机架的横梁上。圆盘转动时刮刀不动。圆盘带着料层通过刮刀时，多余料层即被刮刀刮掉。这种装置结构简单，制造方便，但消耗功率较大。多用于小型圆盘造球机。

(2)往复式刮刀(见图 8 – 22)：该装置是将一排刮刀固定于一个附有滑块的拉杆上，拉杆在曲柄滑块机械的带动下沿固定在机架上的导向装置往复运动，刮除从圆盘中心到圆盘周边的整个盘面上的多余黏料。

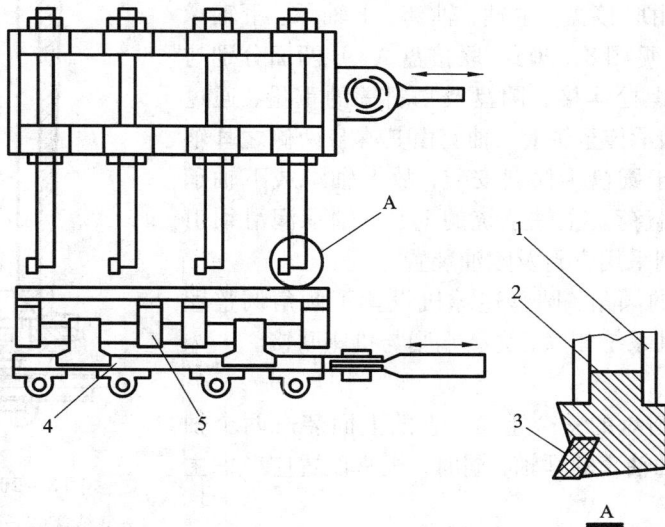

图 8 – 22　往复式刮刀装置

1—刀杆；2—刀头；3—刀刃(硬质合金)；4—导向装置；5—拉杆

（3）摆动式刮刀（见图8－23）：该装置是将刮刀装到扇形刀柄上，刀柄的中点由铰支座固定，另一端通过铰链与拉杆相连，拉杆则被曲柄连杆机构带动作往复运动，从而使扇形刀架带着刮刀不断地摆动。刮刀装置固定在机架上。

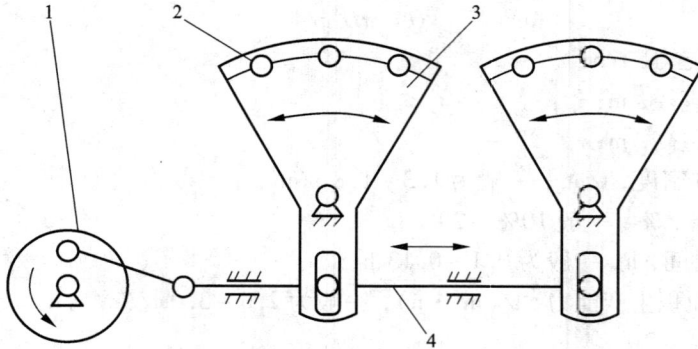

图8－23 摆动式刮刀装置

1—偏心轮；2—刮刀；3—扇形刀架；4—拉杆

（4）回转式刮刀（见图8－24）：又称旋转刮刀，是近年来国内才开始使用的一种新型刮刀装置，因其刮料阻力小而成为大型造球盘的理想选择，目前普遍应用于 $\phi 5.6 \sim 10.0\ m$ 的大型圆盘造球机。

该装置由带电动机的摆线针轮减速机驱动，整个装置安装在机架横梁上，刀盘圆周上均匀布置5－7把刮刀。刮刀刀杆端头上镶有硬质合金刀片，刀片能拆除更换。

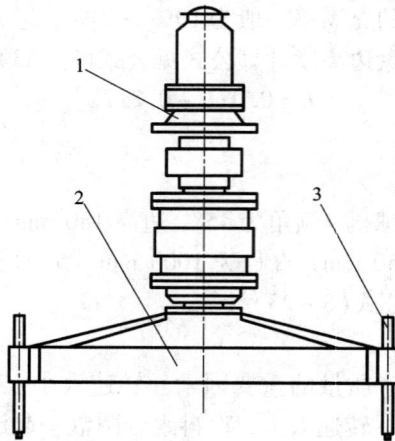

图8－24 回转式刮刀装置

1—摆线针轮减速机（带电动机）；2—盘式刮刀架；3—刀杆及刀头

8.3.1.3 圆盘造球机基本工艺参数

1. 生产率

圆盘造球机的生产能力除与其结构、工作参数有关外，还与原料的成球性、粒度组成、

混合料湿度、添加剂等因素有关。到目前为止，还没有一个包括所有影响因素并能适用于各种情况的生产率计算公式。因此圆盘造球机的生产能力只有通过实验室造球试验来确定，或按生产实践数据取。理论生产能力可按公式(8-21)式(8-22)计算。

$$Q = \pi D^2 H \zeta r / (4t) \tag{8-21}$$

$$Q = \pi D^2 q / 4 \tag{8-22}$$

式中：Q——生产能力，t/h；

D——圆盘直径，m；

H——圆盘边高，m；

r——物料堆密度，t/m^3，一般为 $1.3 \sim 1.8$ t/m^3；

ζ——填充率，$\%$，一般 $10\% \sim 20\%$；

t——成球时间，h，一般为 $0.1 \sim 0.13$ h；

q——单位面积生产能力，$t/(m^2 \cdot h)$，一般为 $2.0 \sim 3.0$ $t/(m^2 \cdot h)$。

2. 圆盘直径

圆盘直径决定着圆盘面积的大小，进而影响着生球产量，产量与圆盘面积或圆盘直径的平方成正比。

我国规定的造球机圆盘直径系列规格有 2000 mm、2500 mm、2800 mm、3200 mm、3500 mm、4000 mm、4500 mm、5000 mm、5500 mm、6000 mm 十种。国外的达 7500 mm。

3. 圆盘的倾角与边高

圆盘的倾角由造球原料的动休止角来确定，倾角必须大于原料的动休止角。如果倾角小于或等于原料的动休止角，则原料处于静止状态无滚动作用，达不到造球的目的。如果倾角过大，物料不能被提升到一定的高度，同样不利于造球。圆盘倾角一般为 $45° \sim 50°$。

圆盘的边高是随造球机的直径而定，直径增加，圆盘的边高也相应增加。边高是影响圆盘充满率的主要因素。造球机的充满率一般为 $10\% \sim 20\%$，超过此值就会影响造球物料运动轨迹。原西德鲁奇公司提出圆盘边高度计算公式见公式(8-23)。

$$h = 0.07D + 0.217 \tag{8-23}$$

式中：h——造球圆盘边高，m；

D——造球圆盘直径，m。

通常，直径 1000 mm 的造球机，倾角为 $45°$，边高 180 mm；直径 5000 mm 的造球机，倾角为 $45° \sim 47°$，边高为 $600 \sim 650$ mm；直径为 1000 mm ~ 5500 mm，可用插入法求倾角和边高。直径大于 5500 mm，可用公式(8-23)计算。

4. 圆盘转速

圆盘转速也是决定造球生产质量的重要因素。转速太小，造球物料带不到一定的高度，不能按照各自的运动轨迹滚动。转速太大，物料跟着圆盘一起滚动，破坏了造球物料运动轨迹。因此圆盘转速应有一定的范围，一般是最佳转速为临界转速的 $60\% \sim 75\%$。临界转速可根据公式(8-24)计算。

$$n_{临} = 42.4f \sqrt{\sin\alpha - \sin\phi} / \sqrt{D} \tag{8-24}$$

式中：D——圆盘直径，m；

α——圆盘倾角，$(°)$；

f——物料塑性指数；

ϕ——物料休止角。

临界转速也可按公式(8－25)计算。

$$n_{临} = 42.3 \ \sqrt{\sin\alpha}/\sqrt{D} \qquad (8-25)$$

5.功率

首先计算造球机轴功率(见公式(8－26))。

$$N_c = 0.2K_1 H n R^2 \rho / \eta \qquad (8-26)$$

式中：N_c——圆盘转动需要的轴功率，kW；

K_1——刮刀阻力系数，当用固定刮刀时，$K_1 = 1.5$；

H——圆盘边高，m；

R——圆盘半径，m；

n——圆盘转速，r/min；

ρ——造球物料堆积密度，t/m^3；

η——机械传动效率，一般取 $0.85 \sim 0.9$。

造球功率按公式(8－27)计算。

$$N = K_2 \cdot N_c \qquad (8-27)$$

式中：N——圆盘造球机功率，kW；

K_2——电动机容量备用系数，一般取 $1.2 \sim 1.5$，大造球机取低值。

8.3.2 圆筒造球机

8.3.2.1 圆筒造球机工作原理

圆筒造球机(如图 8－25 所示)是一个内壁光滑倾斜(3°～6°)的旋转圆筒，筒体内的上方安设有洒水管和刮刀，筒体上匝有矢圈和滚圈，滚圈与机架上的托轮接触以支撑筒体。齿圈与传动装置上的小矢轮啮合以实现圆筒的旋转。筒体前后端分别设有给料漏斗和排料漏斗。造球物料经给料漏斗进入圆筒造球机后，随着洒水管的加水和圆筒的旋转，物料便由散料状变成粒度不同的生球。

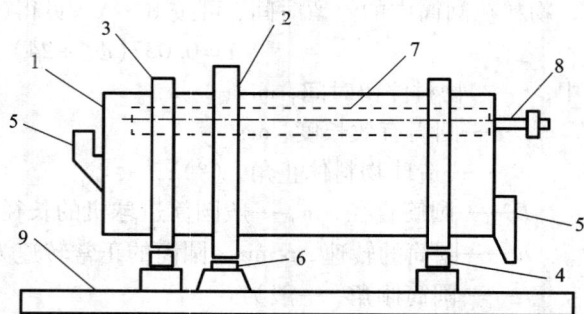

图 8－25 圆筒造球机示意图

1—圆筒；2—大齿轮；3—滚圈；4—托轮；5—下料管；
6—小齿轮；7—刮刀；8—水管；9—基座

为了保持圆筒造球机具有最大的有效容积，圆筒内常需要安设刮刀，将黏附在筒壁上的混合料刮落。刮刀和配水管一起支撑在造球机两端的支柱上。常见的刮刀有固定刮刀和可动刮刀两种。固定刮刀可用普通钢板和耐磨材料(如橡胶皮)制成。可动刮刀可做成螺旋状，用电气带动，每分钟 2～20 转，刀锋用耐磨材料。这种刮刀的优点是在圆筒壁和刮刀之间不会积料，所以避免了采用固定刮刀引起的大块突然崩落的现象。刮刀常安装在第Ⅰ象限(圆筒逆时针转动时)或第Ⅱ象限(圆筒顺时针转动时)之上部，刀口应往下稍作倾斜。

为了增大圆筒壁和物料的摩擦和保护筒壁，让筒壁黏附一层不太厚的底料，有利于生球的长大和紧密。

8.3.2.2 圆筒造球机主要参数

1. 生产率

与圆盘造球机一样,圆筒造球机的生产能力通过造球试验或生产经验确定。通常圆筒造球机的利用系数为 7~12 t/(m³·d)。

2. 圆筒转速

理想的圆筒转速,应该保证造球物料和球粒在圆筒内有最强烈的滚动,并且在物料处于滚动状态下把物料提升到尽可能高的高度。滑动和物料在最高处向下"抛落",对造球过程是不利的。由于圆筒内物料颗粒差异比较大,要使圆筒转速适应所有粒级要求是不可能的。实践表明,圆筒转速的适宜值是临界转速的 25%~35%。

圆筒临界转速可按公式(8-28)式计算。

$$n_{临} = 60\sqrt{\sigma g}/2\pi r = 42.3/\sqrt{D} \qquad (8-28)$$

式中:r——圆筒半径,m;

  g——重力加速度,m/s²;

  ρ——物料的堆密度,t/m³。

3. 停留时间

在其他条件不变的情况下,物料(生球)在圆筒内的停留时间由倾角确定,倾角愈小生球在圆筒内停留时间愈长,生球滚动时间愈长,生球强度大,但产量降低。

给料量愈大,物料(生球)在圆筒内的停留时间愈短,产量愈大,但强度会下降。

物料在圆筒中的停留时间,可按 R·A·贝得(Bayard)提出的计算公式(8-29)计算。

$$t = 0.037(\phi_m + 24) \cdot L/(nD\alpha) \qquad (8-29)$$

式中:t——物料停留时间,min;

  L——圆筒有效长度,m;

  ϕ_m——造球物料休止角,(°);

  D——圆筒直径,m,一般圆筒造球机的长径比为 2.5~3.0;

  n——圆筒的转速,r/min,圆筒的正常转速为其临界转速的 25%~35%;

  α——圆筒倾角,一般为 6°。

4. 填充率

填充率也是影响造球物料运动的重要参数之一。如果填充率太小,物料在造球机内产生梭式运动;填充率太大时,圆筒排料量增加,物料在圆筒内的运动受到破坏,生球粒度变小,强度降低,圆筒循环负荷增加。最佳的填充率为 3%~5%,最大允许值 10%~15%。

8.4 布料设备

8.4.1 竖炉布料设备

目前国内竖炉的布料设备都是采用复式布料车,它实际上是一条胶带运输机沿炉顶干燥床脊上来回运动,同时将生球布下。布料车行走速度应与胶带机相匹配,布料车上胶带速度一般为 0.6 m/s,根据小车的传动方式,布料车可分为钢丝绳和齿轮传动两种(见图 8-26 和

图 8 - 27)。小车行车速度为 0.2 ~ 0.3 m/s，钢丝绳传动布料车的传动装置位于地面上，由电动机经减速机，驱动卷筒缠绕钢绳，拖小车往复运动。

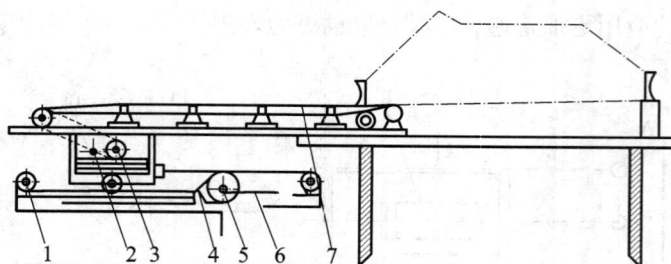

图 8 - 26 钢绳传动布料车

1—绳轮；2—电动机和减速机；3—链轮；4—电动机；5—减速机；6—钢丝绳；7—胶带

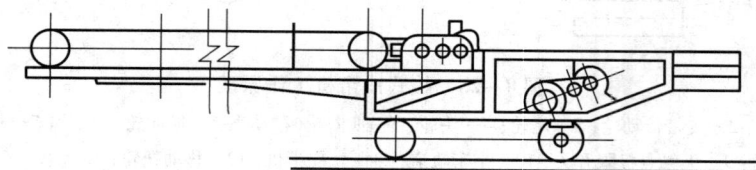

图 8 - 27 齿轮传动悬臂式布料车

8.4.2 带式焙烧机和链箅机 – 回转窑的布料设备

带式焙烧机的布料包括底料、边料和生球的布料。边、底料的布料装置类似烧结机的铺底料布料。生球的布料设备由梭式布料机(或摆式布料机)、宽胶带机和辊式布料机组成。

国外的链箅机 – 回转窑球团厂在 20 世纪 60—70 年代大都采用皮带布料机。目前新建的大型球团厂都使用梭式布料机(或摆布料机)、宽胶带机与辊式布料机组成的布料系统。

布料的流程是生球经梭式布料机(或摆式布料机)布到宽胶带机上，由宽胶带机给到辊式布料机上，再均匀地布到链箅机上或带式焙烧机上。

8.4.2.1 摆式布料机和梭式布料机

摆式布料机是由摆动的皮带运输机和液压传动两部分组成。可摆动的皮带运输机由电机带动，起输运物料的作用，整个机器安置在一个摆架上，由液压传动机构使摆架沿弧形轨道行走，起到均匀布料的作用。

梭式布料机实质上是一条往复运动的皮带输送机，是由皮带运输机及往复移动架组成(见图 8 - 28)，皮带运输机起运输物料的作用，往复移动架起均匀布料的作用。皮带运输机直接由电机带动，移动架是由液压系统经活塞杆、齿轮及上下齿条等机构，使移动架在轨道上作往复运动。

梭式布料机和摆式布料机的作用是将生球沿台车宽度方向铺开，以保证宽度方向布料均匀。从布料效果来看，梭式布料机布料效果优于摆式布料机，因而应用更为普遍。尤其是对于较宽的台车(4 m 以上)，摆式布料机容易因摆动幅度大而影响运行的平稳，梭式布料机的

优势更为明显。梭式布料机向宽皮带给料的方式有单向给料和双向给料。单向给料时梭式皮带机后退时将生球成斜向料线给到宽皮带上。双向给料时梭式皮带在前进和后退时都给料，但这样会在宽皮带上出现"Z"字形料线，生球在布料机上出现中间少两边多的现象。相比之下，单向给料方式的应用更加普遍，布料效果也更为理想。

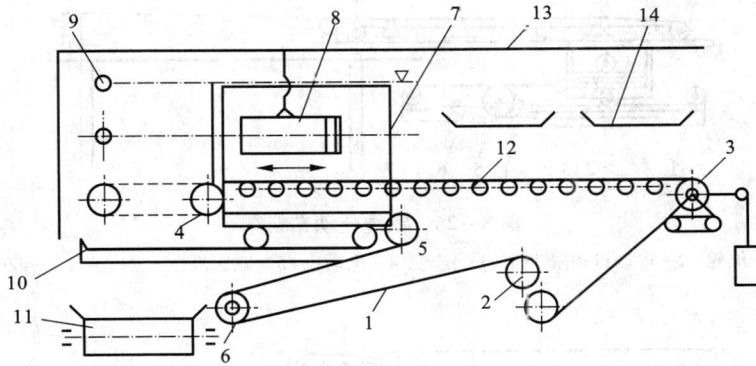

图 8 - 28 梭式皮带机工作原理

1—梭式皮带机；2—皮带传动轮；3—尾轮；4—头轮；5—换向轮(移动)；6—换向轮(固定)；7—往复行走小车；
8—往复式油罐；9—无触点极限开关；10—小车轨道；11—宽皮带机；12—移动托轮；13—罩；14—皮带布料器

(1)摆式皮带机宽度($B_{摆}$)由公式(8 - 30)计算。

$$B_{摆} = Q/[3600 \times v \times 0.8 \times (h + S)\rho] \qquad (8 - 30)$$

式中：Q——布料器生产能力，t/h；

v——皮带速度，m/s，运输生球时可取 0.5 ~ 1.0 m/s；

h——皮带机上生球层厚度，m，见公式(8 - 31)；

S——皮带槽深度，m，侧托辊倾角为30°时，可取 0.15 m；

ρ——生球堆积密度，t/m³。

(2)生球层厚度计算。

$$h = 0.8B \cdot \tan\alpha/4 \qquad (8 - 31)$$

式中：α——皮带上物料所形成的堆角(°)，$\tan\alpha = K_\alpha \tan\alpha_0$；

K_α——考虑物料性质和皮带机型的修正系数，取 0.5 ~ 0.6；

α_0——物料的自然堆角(°)，生球可取30° ~ 35°。

(3)梭式皮带宽度($B_{梭}$)计算。

$$B_{梭} = \sqrt{4Q/(3600 \times v \times 0.8^2 \times K_\alpha \tan\alpha_0 \times \rho)} \qquad (8 - 32)$$

式中符号意义同前。

(4)梭式布料机往返次数计算。

$$n_x = 60v_x/(2L_x) \qquad (8 - 33)$$

式中：n_x——梭式皮带往返次数，次/min；

v_x——梭式布料器移动速度，为使卸料均匀，可取皮带输送机的速度；

L_x——梭式布料器行程长度，m。

（5）宽皮带速度：宽皮带的输送速度 v_k 根据梭式皮带布料机的移动速度和在皮带上不间断地连续形成人字形生球层的条件（即步距约 0.5 m）来确定，计算公式为：

$$v_k = v_x \times 0.5/L_x \tag{8-34}$$

宽皮带的宽度等于或稍大于带式焙烧机的宽度。

8.4.2.2　辊式布料机

辊式布料机是目前链算机和带式焙烧机普遍采用的布料设备，它有两个主要优点：

（1）调整布料辊间隙，可起到小球辊筛的作用，筛除生球中的小球和粉料，从而改善料层透气性并增加气体分布的均匀性。

（2）生球经过进一步的滚动，可改善表面光洁度，减少表面磨脱产生的粉末，并可使生球得到进一步的紧密，从而提高了生球质量。

辊式布料机是由若干直径相同的不锈钢管排列组成。布料辊固定在支架上，两边装有挡料板，防止生球进入轴承而卡塞。布料辊可安装成水平或倾斜的，倾斜时倾角借可调螺杆来调节，但倾角不应小于 16°，有的布料辊安装在可移动的小车上。

辊式布料机的传动方式分为链传动与矢轮传动两种。图 8-29 所示为链转动的辊式布料机的工作原理图。这种传动借助安在辊轴上的星轮通过链条与星轮啮合而使辊子转动，在每根辊子的同侧轴上均装有固定和活动星轮各一个，而且相邻两辊的固定轮与活动轮是间隔相配的，一组传动辊可由电机

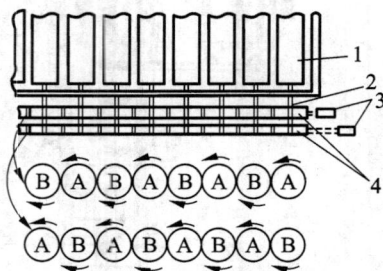

图 8-29　辊式布料机工作原理
1—辊子；2—轴；
3—电动机；4—固定活动齿轮

从中间带动，也可在首尾两端带动辊子。当电机带动传动链后，则带动主辊上 1 排的固定星轮转动，这一固定轮又与第二辊上活动齿相啮合，活动齿则带动第三轴上固定轮转动，且方向与第一固定轮相同。如此传动下去，便带动了一组辊子中的 1，3，5…单号辊以同速同方向运转。同理，另一电机则通过链传动带动双号辊子，从而使双号辊子 2，4，6…也与单号辊一样地同速同方向转动，这样就把生球运到下步工序。

辊式布料机的宽度应与链算机、带式焙烧机的宽度相匹配。

8.5　焙烧设备

8.5.1　竖炉

8.5.1.1　竖炉结构

1. 竖炉炉体

竖炉炉体是由燃烧室和炉膛两部分组成。炉体外侧是由钢板焊接而成的炉壳，钢板外面焊有钢结构框架，用以支撑和保护炉体，承受炉体的重力和抵御因炉体受热膨胀的推力。内侧为耐火砖砌筑而成的内衬。

燃烧室分为矩形和圆形两种（见图 8-30）。我国最初设计的竖炉均为矩形燃烧室，与炉

膛砌成一体，火道短，燃烧后热气体可以直接送入炉膛内。但这种燃烧室烧嘴多，操作麻烦，拱顶易烧穿。因此杭钢于1981年将燃烧室改为圆形。每个燃烧室设有两个烧嘴，安装在圆形燃烧室两端同一轴线的端板上。燃烧后的热气体通过通道进入火道口，喷入炉膛内。这种燃烧室结构强度好，两个烧嘴对吹，火焰相互冲击，燃料燃烧完全。自杭钢把矩形燃烧室改为圆形燃烧室以后，新建竖炉均采用圆形的燃烧室与炉膛通过火道口相连。

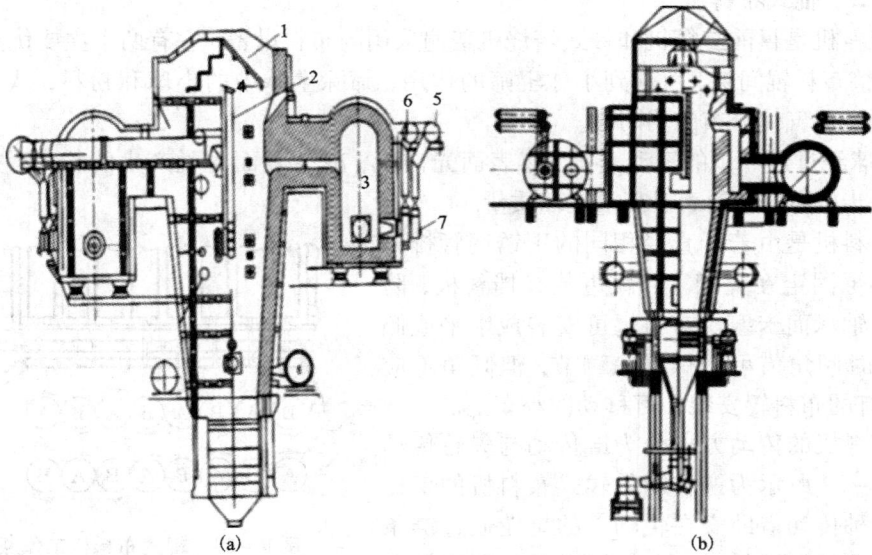

图 8 – 30　国内典型竖炉结构

a. 矩形燃烧室；b. 圆形燃烧室

1—干燥床；2—导风墙；3—燃烧室；4—火道口；5—煤气管；6—助然风管；7—烧嘴；8—冷却风管

2. 导风墙和干燥床

（1）导风墙：导风墙由砖墙和大水梁两部分构成，其结构如图 8 – 31 所示。导风墙墙体是用高铝砖砌成有多个通风孔的空心墙，通风孔的总面积根据所用的冷却风流量和导风墙内的气体流速来确定。导风墙中心线与竖炉长度方向中心线重合，整个墙体支撑在大水梁上。

大水梁是用来支撑导风墙的钢质横梁，由于作业温度高，需要水冷却，因而称为大水梁。大水梁两端支撑在竖炉炉墙和炉壳上，沿水梁中心线有若干个矩形垂直通风孔与砖墙的通风孔相通。通风孔将大水梁分成两侧，两侧梁内各有一排并行通水管道，两侧管道在水梁的一端两两相连，另一端分别为进水口和出水口。最初的大水梁是用大型工字钢和钢板焊接而成，由于焊逢易出现裂纹产生漏水现象，后来改为 8～10 根厚壁无缝钢管焊接成两排。

由于导风墙内通过的气流中，带有大量的尘埃，造成对砖墙的冲刷和磨损，加上砖外球料的磨擦，因而使用寿命较短。此外，大水梁长期处在高温状态下工作（1000～1200℃），条件恶劣，冷却效果不佳，容易变形。随着大水梁制作方法的改进及大块"工"字型与"回"字型导风墙砖的开发，大水梁与导风墙的同步使用寿命逐步提高到 12～18 个月甚至更长。

（2）干燥床：干燥床由水梁和干燥箅组成，在竖炉炉顶呈屋脊形布置，其结构如图 8 – 32 所示。干燥床水梁俗称炉箅水梁，一般有 5 或 7 根，用于支撑干燥箅子，因此要求在高温下具有足够的强度。早期的干燥床水梁是用角钢焊接的矩形结构，焊缝容易开裂漏水。现已改

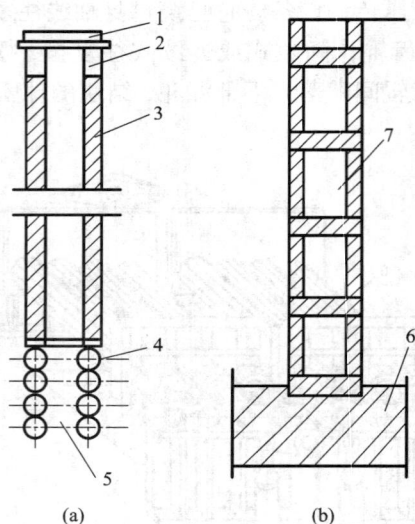

图 8 - 31　导风墙结构示意图

a.纵向截面；b.横向截面

1—盖板；2—导风墙出口；3—导风墙；4—大水梁；5—导风墙进口；6—炉墙砖；7—通风口

为厚壁无缝钢管，延长了使用寿命。

　　干燥箅普遍采用箅条式，也有的为百叶窗式，安装角度一般为 $36 \sim 40°$，其确定原则是要求稍大于生球的安息角，使生球在干燥床上保持相对均匀的厚度。箅条式干燥箅具有拆卸更换方便的优点，但箅子的缝隙易于堵塞不透气，需要经常清理和更换。百叶窗式的特点是不易堵塞，但实际通风面积比箅条式小。箅条材质目前有高硅耐热铸铁和高铬铸铁（含铬32%~36%）两种，前者价格成本低，但寿命较短，后者寿命较长，但价格高。

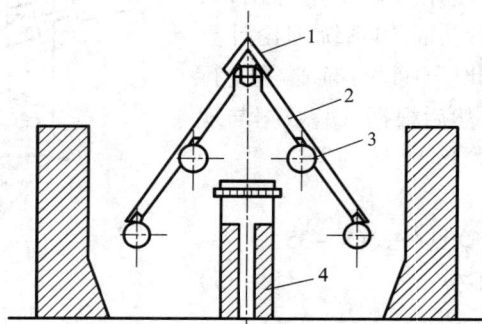

图 8 - 32　干燥床结构示意图

1—烘床盖板；2—烘床箅条；3—水冷钢管；4—导风墙

3. 排料设备

　　竖炉的排料设备应保证炉内球团矿均匀连续排出，料柱经常处于松散而活动的状态，以利炉内气流和温度均匀分布。同时如果遇到需要大量排料时也能相适应。竖炉的排料设备包括齿辊卸料器和电磁振动给料机两个部分。

齿辊是装在竖炉底部的液压传动设备。它是绕自身轴线往复摆动的一个活动炉底，见图8-33。根据竖炉生产情况，齿辊作间隙式或连续式往复摆，摆角度一般为30°~40°为宜。经过焙烧冷却的球团矿经过齿辊间隙落入下部漏斗，结块的球团矿在齿辊的剪切挤压作用下被破碎排出。

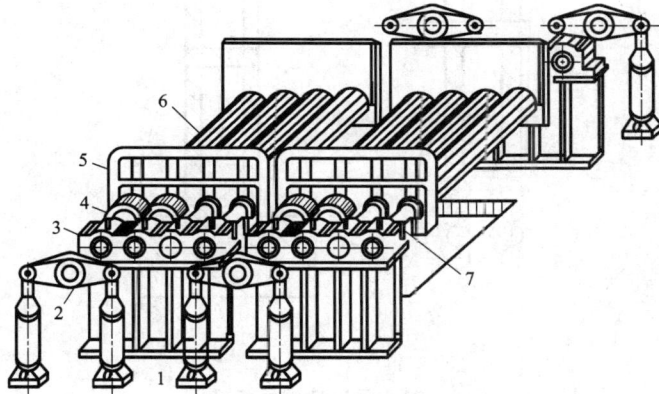

图8-33 球团竖炉用齿辊系统图

1—油缸；2—摇臂；3—轴承；4—齿轮；5—挡板；6—齿辊；7—密封装置

目前大多数竖炉均采用密封式电振给料机排料(见图8-34)。在齿辊卸料器下部沿竖炉长度方向有两个排料漏斗，各连接一个振动给料机。排料漏斗一方面给振动给料机导料的作用，另一方面起料柱密封的作用。

8.5.1.2 竖炉基本参数

虽然20世纪初就开始使用竖炉生产球团矿，但至今仍没有关于竖炉设计方面的系统理论计算公式及经验计算公式。因此竖炉设计前必须进行球团焙烧或竖炉模拟试验，然后根据试验数据与现有炉形相比较的办法进行设计。

1. 燃烧室尺寸

(1)竖炉燃烧室容积计算见公式(8-35)。

$$V_{燃} = Q_{耗} \cdot G/q \qquad (8-35)$$

式中：$V_{燃}$——燃烧室容积，m^3；

$\quad Q_{耗}$——球团矿单位耗热量，kJ/t；

$\quad G$——竖炉产量，t/h；

$\quad q$——燃烧室热强度，一般取6.28~8.37 kJ/($m^3 \cdot h$)。

(2)燃烧室的尺寸

矩形燃烧室的长度由于喷火口与竖炉之间的工艺配置关系，与炉子长度一致。

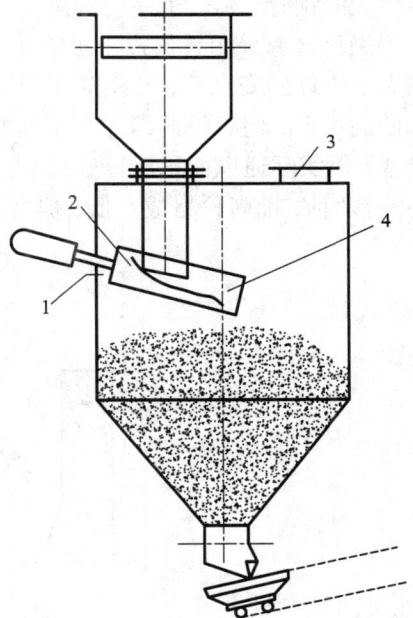

图8-34 电振给料机密封排料装置

1—迷宫式密封装置；2—电振给料机；

3—检修孔；4—挡料链条

燃烧室宽度主要考虑烧嘴喷出的火焰长度,其次要符合标准拱的尺寸。竖炉普遍采用环缝涡流烧嘴,并选用 1392 mm(或 1508 mm)的标准拱,则该尺寸即为燃烧室的宽度。

燃烧室的高度按公式(8-36)计算。

$$H = V_燃 / (2L \cdot b) \tag{8-36}$$

式中:H——燃烧室高度,m;

　　　L——燃烧室长度,m;

　　　b——燃烧室宽度,m。

根据上述计算求出燃烧室各部分尺寸之后,还要考虑工艺配置的合理性,作出适当调整后确定最终尺寸。

(3)火道尺寸

火道在炉膛的出口称为喷火口,其角度要以炉内球团不滚入喷火道为原则,由于球团在下降过程中的动安息角为 35°,所以喷火口的角度应小于 35°(见图 8-35)。

炉膛两侧的喷火口以均匀密布为最合理,其单侧喷火口的总面积可通过公式(8-37)计算。

图 8-35　喷火口角度示意图

$$f_总 = V_废 / (2w_0 \times 3600) \tag{8-37}$$

式中:$f_总$——炉膛单侧喷火口的总面积,m^2;8 m^2 竖炉一般 $f_总 = 0.5 \sim 0.6$ m^2;

　　　$V_废$——燃烧室废气量,m^3/h;

　　　w_0——火道废气流速,m/s。

燃烧室的热废气通过火道进入炉膛,火道内热废气流速的大小,直接影响穿入料层气流动能的大小,进而影响炉内横截面上的温度分布。气流速度过低,穿透能力小,炉膛断面温度分布不均匀。气流速度过大,气流阻力增加,燃烧室压力增大,燃烧室拱角及烧嘴四周出现漏火现象。一般认为火道内流速为 2.8 m(标)/s 为宜。

根据上述原则,考虑砌砖的具体情况,确定喷火口的个数,算出喷火口面积。在考虑喷火口数量时,就确定了喷火口的宽度和高度。

2. 炉膛尺寸

(1)炉膛宽度:炉膛宽度是根据燃烧室废气穿透能力确定的。废气穿透能力的实质是指炉横断面的温度分布均匀的问题。一般从炉膛边缘到炉膛中心存在着温差,这个温差允许值大小取决于球团焙烧温度区间。焙烧温度区间较宽,如磁铁精矿,炉膛宽度可大些,反之亦窄些。球团焙烧温度区间由试验确定。目前我国 8 m^2 竖炉多采用 1.6 m,也有 2.2 m 宽的。

(2)炉膛长度:当炉膛宽度确定之后,炉膛长度可由公式(8-38)计算。目前我国 8 m^2 竖炉,炉膛长度为 4.8 ~ 5.5 m。

$$L = S/b \tag{8-38}$$

式中:L——竖炉焙烧带炉膛长度,m;

　　　S——竖炉焙烧带截面积,m^2;

　　　b——竖炉焙烧带宽度,m。

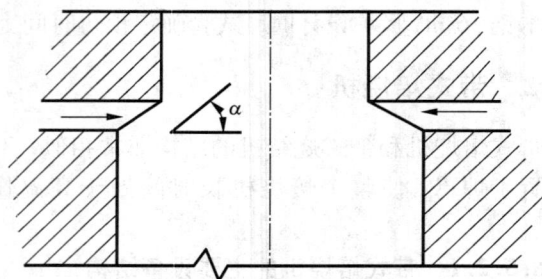

（3）炉膛高度：确定炉膛高度的原则是保证生球干燥、预热、焙烧、均热及球团矿冷却所需要的时间。对于不同的原料，完成球团焙烧全过程所需要的时间是不同的，所以在设计竖炉时，必须要有完整的球团焙烧试验报告。竖炉中球团下降速度是确定各带高度的主要参数，以试验中得到的各带停留时间为基础，同时还应考虑到竖炉内温度分布，球团矿下降速度不均匀等原因确定合理的炉膛高度。因此炉膛各带高度可按公式（8-39）计算后确定。

$$H = v_{下} \cdot t \tag{8-39}$$

式中：H——炉膛各带高度，m；

$v_{下}$——球团在炉内各带下降速度，m/min；一般取 0.030 ~ 0.025 m/min；

t——球团在各带停留的时间，min，由试验确定。

本钢 16 m² 竖炉设计时，试验确定预热时间为 15 min，焙烧时间 40 min，共计 55 min。

8.5.2　带式焙烧机

带式焙烧机和带式烧结机的结构非常相似，不同之处，带式焙烧机上方根据风流方向不同设置了炉罩，使整个焙烧机长时间处于高温作用下，因此带式焙烧机需要较多的合金材料。

8.5.2.1　带式焙烧机的主要设备结构

1. 焙烧机头部及其传动装置

焙烧机传动装置由调速马达、水平减速装置和大星轮组成（见图 8-36）。台车通过星轮带动被推到工作面上，沿着台车轨道运行。焙烧机各个部位的动作都由操纵室集中控制。头部设有散料漏斗和散料溜槽，收集回行台车带回的散料和布料过程漏下的少部分粉料。在散料漏斗和鼓风干燥风箱之间设有两个副风箱，以加强头部密封。

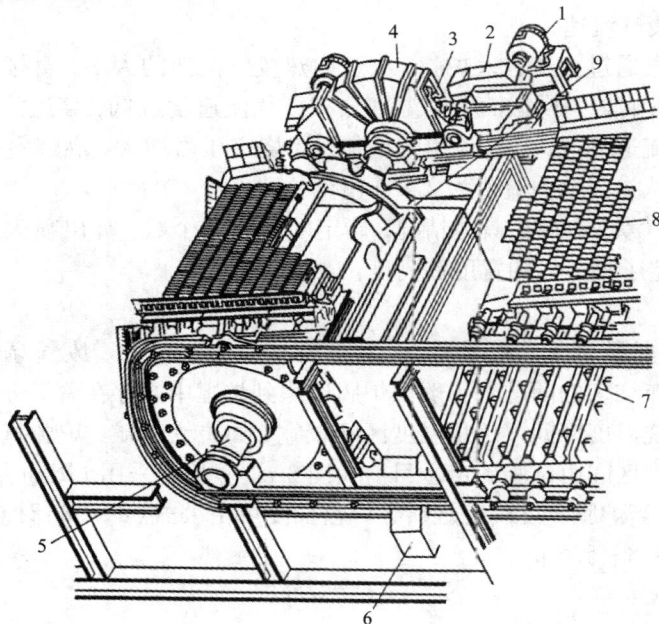

图 8-36　DL 带式焙烧机传动装置
1—马达；2—减速机；3—齿轮；4—齿轮罩；5—轴；6—溜槽；7—返回台车；8—上部台车；9—扭矩调节筒

2. 焙烧机尾部及星轮摆架

尾部星轮摆架有两种形式：摆动式和滑动式。DL 型焙烧机为滑动式（见图 8 - 37）。当台车被星轮啮合后，随星轮转动，台车从上部轨道渐渐翻转到下部回车轨道，在此过程中进行卸矿。当两台车的接触面达到平行时才脱离啮合。因此，台车在卸矿过程中互不碰撞和发生摩擦，接触保持了良好的密封且台车寿命延长。

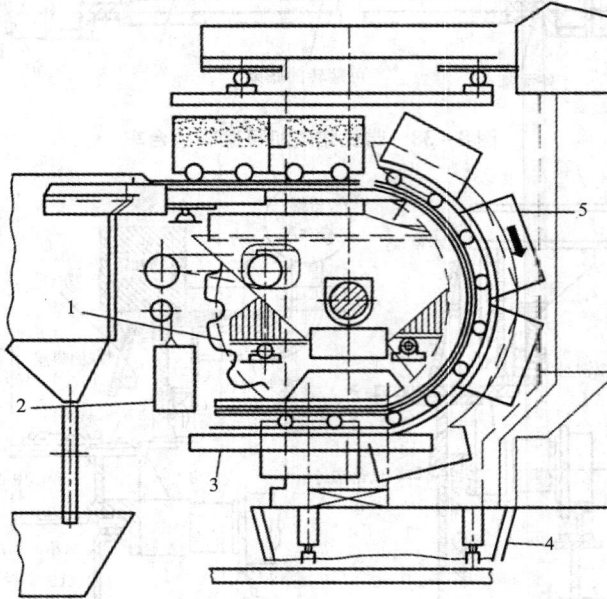

图 8 - 37　DL 型带式焙烧机尾部星轮摆架

1—尾部星轮；2—平衡重锤；3—回车轨道；4—漏斗；5—台车

当台车受热膨胀时，尾部星轮中心摆架滑动后移，在停机冷却后，由重锤带动摆架滑向原来的位置。卸料时漏下的散料由散料漏斗收集，经散料溜槽排出。

3. 台车和箅条

鲁奇公司制造的带式焙烧机的台车由三部分组成：中部底架和两边侧部分。边侧部分是台车行轮、压轮和边板的组合件，用螺栓与中部底架连成整体（见图 8 - 38）。中部底架可翻转 180°。当台车发生挠性变形后可翻转过来使用，以矫正变形，加上台车和箅条材质均为镍铬合金钢，所以台车和箅条寿命可大大延长。

4. 密封装置

带式焙烧机需要密封的部位有：头、尾风箱，台车滑动和炉罩与台车之间。头、尾风箱一般采用弹簧滑板密封。台车与风箱和炉罩之间的密封见图 8 - 39。

5. 风箱

带式焙烧机各段风箱分配比例是由焙烧制度所决定的。通过球层的风量、风速和各段停留时间，根据不同原料通过试验确定。当机速和其他条件一定时，这些参数主要取决于各段风箱的面积和长度，焙烧机风箱总面积是根据产量规模来确定的。

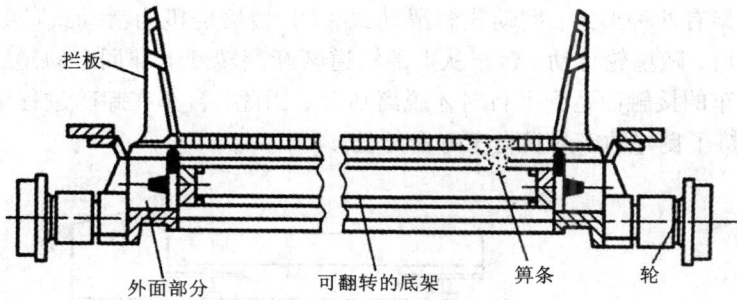

图 8-38　带式焙烧机可翻转的台车

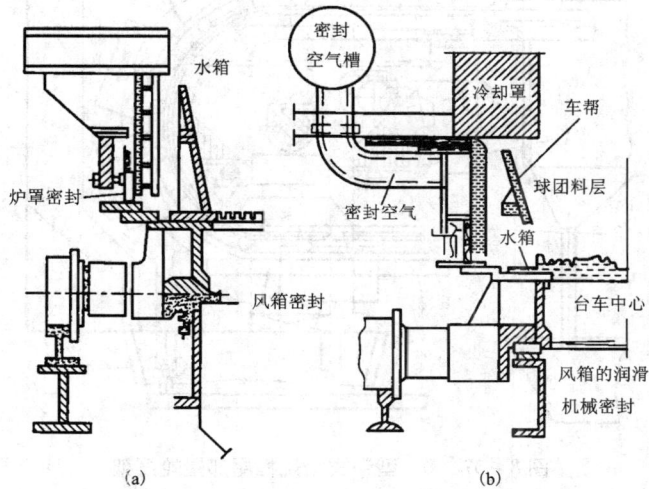

图 8-39　台车与风箱炉罩密封结构示意图

（a）台车与风箱和炉罩之间的密封；（b）鼓风冷却段炉罩的加气密封

6. 风机

带式焙烧机所需风机比其他焙烧设备的风机都多。按其用途分主要有 4 种：①废气风机，其作用是将鼓风冷却的热废气或风箱废气排放到大气中；②气流回热风机，这种回热风机把热气引入到炉罩内或引入助燃风系统，作回收热量之用；③鼓风冷却风机，将冷空气鼓到球层中并使球团矿冷却；④助燃风机。风机性能应满足焙烧设备各段风量、风压及温度的工艺要求。

8.5.2.2　带式焙烧机主要工艺参数

1. 带式焙烧机生产能力

带式焙烧机生产能力按公式（8-40）计算。

$$Q = q \cdot F \tag{8-40}$$

式中：Q——带式焙烧机生产能力，t/h；

　　　F——带式焙烧机面积，m^2；

　　　q——带式焙烧机利用系数，$t/(m^2 \cdot h)$；其计算见公式（8-41）。

$$q = 1/(\frac{1}{q_{干燥}} + \frac{1}{q_{焙烧}} + \frac{1}{q_{冷却}}) \tag{8-41}$$

式中：$q_{干燥}$、$q_{焙烧}$、$q_{冷却}$——干燥、焙烧、冷却段的利用系数，t/(m²·h)。

各段的利用系数按料层的热量和料层的供应速度确定，其计算见公式(8-42)。

$$q_n = 3600\omega/V \qquad (8-42)$$

式中：q_n——各段的利用系数，t/(m²·h)；

ω——各段热气流单位流过速度，m³/(m²·s)；

V——各段料层的单位热气流需要量，m³/t。

带式焙烧机利用系数与矿石种类有关(见表8-4)。

表 8-4 带式焙烧机利用系数

矿石种类	天然磁铁矿	赤铁矿	褐-赤铁矿	褐-人造磁铁矿
德腊伏-鲁奇公司, t/(m²·d)	25~30	20~25	15~20	10~15
我国规定, t/(m²·h)	20~30	18~24	—	—

2. 带式焙烧机面积

带式焙烧机面积按公式(8-43)计算。

$$F = F_干 + F_预 + F_焙 + F_均 + F_{冷1} + F_{冷2} \qquad (8-43)$$

式中：F——带式焙烧机面积，m²；

$F_干$——干燥段面积，m²；

$F_预$——预热段面积，m²；

$F_焙$——焙烧段面积，m²；

$F_均$——均热段面积，m²；

$F_{冷1}$——第一冷却段面积，m²；

$F_{冷2}$——第二冷却段面积，m²。

(1)干燥段面积的计算见公式(8-44)。

$$F_干 = 0.1Q_生 W\alpha/I_干 \qquad (8-44)$$

式中：$Q_生$——按生球计算的焙烧机生产能力，t/h；

W——生球水分，%；

α——干燥效率，%；第一干燥段(鼓风)取65%~70%，第二干燥段(抽风)取35%~30%；

$I_干$——干燥段干燥强度，kg/(m²·h)；

$$I_干 = 0.04075 \times 6V(1-m)w^{0.8}\phi(X_排 - X_{热汽})/[d(X_非 + 0.804)] \qquad (8-45)$$

式中：V——单位台车面积上的球团体积，m³/m²，料层厚度为0.3 m时，$V=0.3$ m³/m²；

m——料层孔隙率，m³/m²，计算时取0.45 m³/m²；

d——球团平均粒度，m，取0.013m；

w——热气流速度，m³/(m²·s)；

ϕ——算条阻力系数。

干燥段长度计算见公式(8-46)：

$$L_干 = F_干 / B \tag{8-46}$$

式中：$L_干$——干燥段长度，m；

　　　B——带式焙烧机宽度，m。

（2）预热段面积的计算见公式（8-47）

$$F_预 = B \cdot L_预 \tag{8-47}$$

式中：$L_预$——预热段长度，m，其计算见公式（8-48）。

$$L_预 = v \cdot t_预 \tag{8-48}$$

式中：$t_预$——生球在预热的停留时间，min；

　　　v——台车速度，m/min，其计算见公式（8-49）。

$$v = Q_生 / (60 H B \rho_生) \tag{8-49}$$

式中：H——带式焙烧机上料层厚度，m；

　　　$\rho_生$——生球堆积密度，t/m^3；

$$t_预 = (T_终 - T_开) / v_预 \tag{8-50}$$

式中：$T_开$、$T_终$——预热段起点和终点时的球团矿温度，℃；

　　　$v_预$——给定温度范围内料层的加热速度，℃/min，根据试验结果，$T_终$ 和 $T_开$ 分别为

　　　　　500℃和100℃时，$v_预 = 150$℃/min。

（3）焙烧段面积计算见公式（8-51）。

$$F_焙 = B \cdot L_焙 \tag{8-51}$$

式中：$L_焙$——焙烧段长度，m。

$$L_焙 = v \cdot (t_1 + t_2 + t_3) \tag{8-52}$$

式中：t_1、t_2、t_3——给定温度范围内球团矿停留时间，min。

$$t_1 = (1000 - T_1) / v_1 \tag{8-53}$$

式中：T_1——焙烧段起点的球团温度，℃；

　　　v_1——区间料层加热速度，在 500～1000℃ 温度内，$v_1 = 250 \sim 300$℃/min。

$$t_2 = (T_{max} - 1000) / v_2 \tag{8-54}$$

式中：T_{max}——焙烧段内球团矿最高温度，℃；

　　　v_2——区间料层加热速度，在 1000～1350℃ 范围内时，$v_2 = 125$℃/min；

　　　t_3——料层在最高温度下保持时间，根据试验数据取值 3～5 min。

（4）均热段面积的计算见公式（8-55）。

$$F_{均热} = B \cdot L_{均热} \tag{8-55}$$

式中：$L_{均热}$——均热段长度，m。

$$L_{均热} = v \cdot t_{均热} \tag{8-56}$$

式中：$t_{均热}$——均热段停留时间，min。

$$t_{均热} = H / v_{热波} \tag{8-57}$$

式中：H——生球料层厚度，mm；

　　　$v_{热波}$——热波移动速度，mm/min。

$$v_{热波} = 60 K w C_气 / [\rho_球 C_球 (1 - \phi)] \tag{8-58}$$

式中：K——球团热容与热气热容之比的比例系数，取 1.55；

　　　$C_球$——给定温度下球团单位质量比热容，J/(kg·K)；

　　　$C_气$——热气流的单位体积比热容，J/(m³·K)；

　　　w——气流流过速度，m³/(m²·s)；

　　　$\rho_球$——焙烧球团矿堆密度，t/m³；

　　　ϕ——料层孔隙率，取 0.45。

（5）冷却段面积见公式（8-59）。

$$F_冷 = B \cdot L_冷 \qquad\qquad (8-59)$$

式中：$L_冷$——冷却段长度，m，计算见公式（8-60）。

$$L_冷 = v \cdot t_冷 \qquad\qquad (8-60)$$

式中：$t_冷$——达到给定温度时的冷却时间，min。

8.5.3　链算机-回转窑

8.5.3.1　链算机-回转窑主要设备结构

1. 链算机的结构

如图 8-40 所示，链算机由封闭铸铁链子、算板、主动轮和上部风罩及下部风箱等主要部件组成。

（1）算板：算板是链算机上的主要承荷件（见图 8-41），承载球层并使气流通过。板面上设有宽 6 mm 的长孔，以降低气流通过的阻力，保证算板良好的通风，用小卡板螺栓连接以方便装卸。算板所用材料为耐热铸铁。

（2）侧挡板：设置侧板的目的是为了保证球层的高度和密封，侧板随链算机一起运动。为适应高温和更换方便，侧板制成上下两段。链板轴孔用长孔以保证上下窜动和转弯处灵便。

算板、链条和侧板用链板轴串连联接，算板轴外套套管，链带间用套管支撑，套管头有两个垫片和算子套管顶住，以防链带横向窜动。链板轴头用轴卡固定，保证算板、链条和侧板在链板轴上的应有空隙。

（3）烟罩：链算机上部设置罩子，烟罩和链算机之间有良好的密封，以保证热量充分利用。烟罩一般为金属构件，预热段因温度较高，内衬用耐火砖，过渡预热段和干燥段则浇注耐火水泥。为了避免链算机各段相互串风影响温度控制，用隔墙将它们彼此分开。干燥和过渡预热段隔墙材质为钢板，过渡预热段和预热段用空心钢板梁外砌耐火砖，再抹耐火材料，梁内通压缩空气冷却。有些链算机过渡预热段和预热段隔墙上留有连通孔，用来平衡两段的风量，并调整升温段的风温。

链算机烟罩至料面的净高应满足喉口处风速及检修要求，但不宜超过 2.2 m。每段应设检修门和观察孔。链算机炉罩外壳高温段温度应低于 120℃，低温段应低于 80℃。

（4）密封：链算机侧面的密封，在低温段上部用落棒密封，下部侧板与滑道间用干油润滑密封。高温段用耐热钢板和外罩做成曲折形的密封（见图 8-42）。

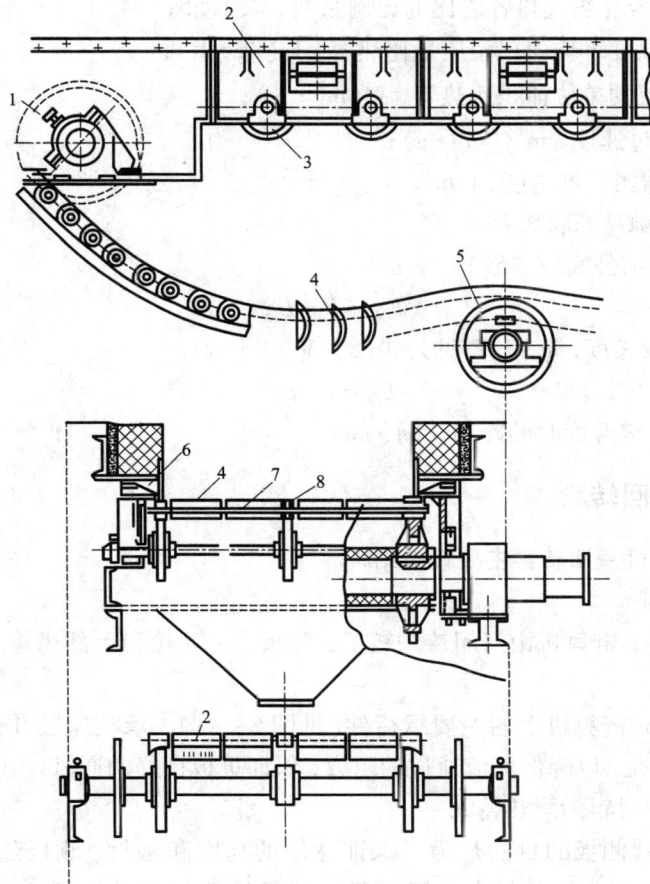

图 8 – 40 链箅机简图

1—传动链轮；2—侧挡板；3—上部托轮；4—链板；5—下部托轮；6—侧挡板；7—链板连接轴；8—连接板

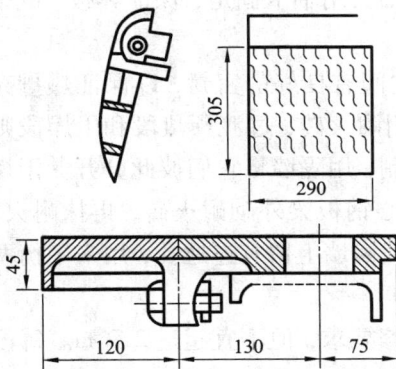

图 8 – 41 箅板示意图

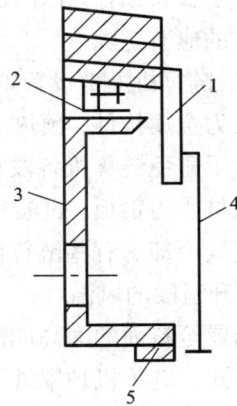

图 8 – 42 链箅机侧板密封

1—耐热钢板；2—落棒；3—侧板；

4—外罩；5—干油润滑

（5）风箱：风箱中散料经双层漏灰阀卸到链箅机空边下部漏斗返回处理。

（6）铲料板：链箅机尾部设有铲料板，为使铲料板与箅板面很好接触，保证既漏料又不把箅板顶起。铲料板头部曲线与箅板吻合。因为铲料板底部存在死料，所以铲料板的回转轴可选用普通钢作材料，不需强迫冷却。铲料板用重锤平衡，以保证铲料板在受磨损状况下仍能很好接触。

（7）传动装置：由于链箅机比较宽，主传动轴比较长，而且处于高温环境下工作，链箅机受热膨胀后容易引起变形，为此，链箅机不用齿轮传动而多用双边链轮传动。主动轴用中空风冷，以保证轴的正常运转。

铸铁链子将链箅机连成一体，并带动链箅机进行定向运动，因而是链箅机的连接和传动装置。

2. 回转窑的结构

回转窑是一个旋转圆筒体，它主要由窑体、托轮和滚圈、传动装置和密封装置等部分组成（见图 8-43）。由于回转窑内需要保持较高的温度和炉料在窑内的反复冲擦，所以要求回转窑必须十分坚固，各部分的热膨胀值也要相互适应，并且还应防止发生金属的过热现象。

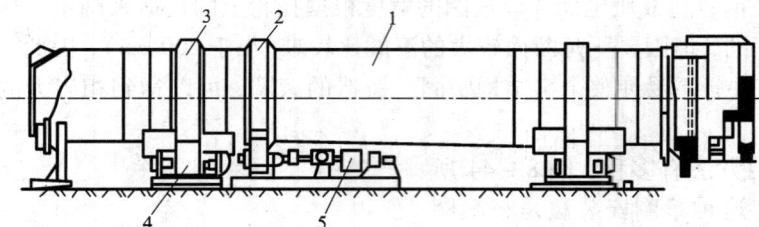

图 8-43　回转窑示意图
1—回转窑筒体；2—传动齿圈；3—滚圈；4—小托轮；5—电机

窑体是球团焙烧的反应器，托辊是回转窑的支撑装置，通过辊圈支撑着整个窑体及窑内球团的重量。

（1）窑体：回转窑的窑体是用钢板制成，外壳上箍有滚轮和大牙轮。窑体钢板过去多采用铆钉联接。虽然这种联接方式可以加强窑体的坚硬性，但因其加工费用较高，现在普遍采用焊接结构。

回转窑窑体安放在两组托轮上，在运转时承受了较大的弯曲。为此，窑体钢板的厚度和托轮间的距离要根据钢材承受弯曲的允许应力来决定。一般托轮间的距离随窑体直径的增大而增加。

窑体除承受弯曲应力之外，还受切应力的作用，托轮通过滚轮传递给窑体的作用力，在窑体的金属内部引起对窑体表面的切应力。该切应力进而传递到毗邻的窑断面上。如果滚轮紧紧箍在窑体上，没有缝隙，而窑内的衬料也紧贴在窑体上时，则上述切应力不能引起窑体的变形。只有当负荷分布不均衡时，切应力会有引起窑体变形的危险。例如，当上部窑体衬料间有空隙时，衬料的重量势必由窑的下半部来承受，从而就有发生窑体变形的危险。

为了减少变形现象的发生，可以增加窑体钢板的厚度，以使窑体纵断面的惯性力矩增强。例如，在其他条件相同的情况下，如果用 22 cm 厚的钢板代替 20 cm 厚的钢板，计算的变形率将降低 33%。但是，增强惯性力矩最适当的方法是增设加固圈。

加固圈可以提高窑体的强度，以致在物料和衬料的荷重分布极不均衡时，窑体也不易发生变形。因此，在窑体直径较大时，特别是对于高温操作区，首先应安设加固圈。加固圈的数目可根据窑体的直径、长度和高温特点而定。对于 2.5（2.2）×75 m 和 2.6（3.3）×150 m 回转窑，加固圈数目通常为 14～19 道。加固圈的高度可为 150 cm，厚度 20～30 cm。加固圈要用扁钢作成或将钢板截成扁形而焊接起来。装配加固圈时要特别注意将它和窑体紧紧压合然后焊接。

为防止衬料在窑内发生轴向串动，在回转窑体内应安装用角钢制成的卡砖圈。另外，为了安装检修方便，还应在窑体上设置相应的入孔。为了掌握窑内变化情况，在窑体的相应部位需要安设取样孔。

（2）托轮和滚圈：拖轮和滚圈共同构成回转窑的支撑结构，滚圈安放在托轮之上，当托轮转动时，便通过滚圈而将回转窑带动。由于工艺上的要求，托轮在基础上的安装应保证回转窑沿排料端作稍微的倾斜。回转窑的倾斜度一般为 3%～5%。

在安装滚圈的地方，窑体经受最大的切应力。此外，还受高温作用。因此，窑体的接头不应位于滚圈和大牙轮的下面，同时，也不得将托轮和滚圈置于高温区域。

滚圈是用硬钢铸造或压延而成。滚圈的宽度根据托轮上的负荷来确定。压延的滚圈，在质量上是比较好的，但因要压延断面较大的滚圈比较难（小于 200 cm），因此，这种滚圈的惯性力矩就不大，并且不易使整个窑结构坚固。铸造的滚圈，可以达到相当大的断面，因而惯性力矩也较大。

滚圈的安装方法有多种，图 8-44 所示为其中一种。这种滚圈安装法是将滚圈活动地安装在数十块铸铁座板上。这些座板又用螺栓固定在窑体上。考虑到窑体受热后会膨胀，特在滚圈和座板之间留有 2 cm 间隙，该间隙大小可通过装在窑体和座板之间的垫板调整。此外，靠近流通圈两侧需要焊接加固圈。

托轮是用比滚圈稍软或是同样硬度的钢材铸造或锻造而成。托轮皆置于盛满油的槽中。由于托轮的回转速度比滚圈的快数倍，所以托轮表面的磨损比较快。

托轮一般是加热后套在锻造的轴上，冷却后形成紧配合。也有将托轮和轴铸在一起。

托轮安装在焊接而成的机架上。当窑中心和两个托轮中心的连线之间的角度为 60° 时，则托轮承受的压力最小。每对托轮中心之间的距离，可由活动螺栓调节。托轮轴承装有水冷装置和润滑装置。

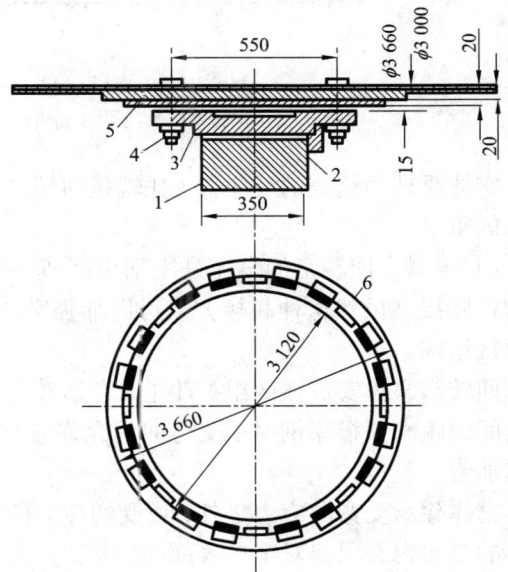

图 8-44 回转窑滚圈安装图
1—滚圈；2—垫板；3—座板；4—螺帽；5—垫板；6—窑体

（3）传动装置：回转窑传动应选择运转平稳、维护简单、操作方便的组合方式。最初的回转窑传动是皮带传动，而现在回转窑采用由减速机和大牙轮传动。图 8-45 为回转窑传动

装置系统图。

装在回转窑窑体上的钢制（少数也有铸铁铁的）大牙轮，通常由两半构成。若大牙轮直径大于 4 m 时，则大牙轮可考虑分成数块制造。大牙轮周边铣有与减速机上的小牙轮相啮合的齿牙。

大牙轮旁常设置有挡轮，挡轮的作用是控制大牙轮和小牙轮的相对位置。挡轮一般安装在可沿窑中心线前后移动的底座上，并带有润滑装置。

大牙轮和小牙轮是在大牙轮下部的四分之一处咬合。大小牙轮中心的连线与垂线成 40° ~ 45°。为了便于咬合，小牙轮可和它的轴承一起在底座上移动。

大牙轮的下部浸于油槽中，这样当大牙轮回转时，大小牙均可得到润滑。

（4）窑头和密封装置

回转窑的窑头结构有两种形式：一种是将活动窑头装在四个轮子上，轮子可在轨道上任意移动。窑头是用厚 10 cm 的钢板制成，里面砌有耐火砖。窑头正面有一插喷嘴管的圆孔，两个相对称的看火孔；一个扒除大块热料用的方口和一个入孔。另一种窑头是一个用滑车吊起并可以推动的盖板封着，有拉紧设备可将它紧紧压靠在窑上的窑头。

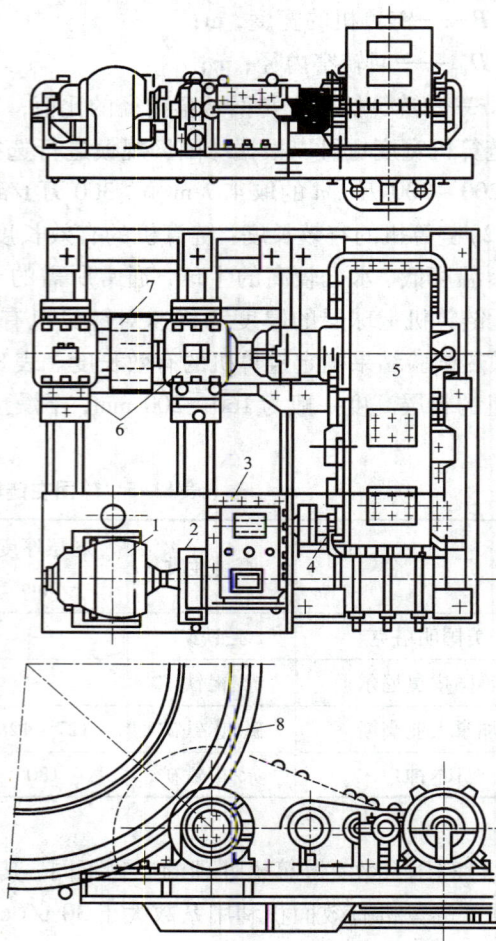

图 8 - 45 回转窑传动装置

1—电动机；2—联轴节；3—减速机；4—联轴节；
5—减速机；6—轴承；7—小牙轮；8—大牙轮

对于窑头结构来说，不管采用哪一种形式，窑头与窑体之间必须很好地进行密封，以免因漏风而影响热能的充分利用和生产过程的控制（回转窑内是负压操作）。目前，窑头、窑尾采用鳞片式密封装置，漏风率应小于或等于 1%。窑头、窑尾应设风冷装置和散料收集系统。

为了很好地利用回转窑的废热以提高总的热利用率，在回转窑尾部与收尘室之间也应设置密封装置。通常这部分的密封，可采用由两个相互靠紧的磨光翼圈构成的形式。这种密封方式是将一圈固定在窑体上，而另一圈镶在收尘器上。

8.5.3.2 链算机 – 回转窑主要工艺参数

链算机、回转窑、冷却机的规格和大小应合理匹配。环冷机的工艺参数可参考烧结生产的环冷机。

1.链算机

（1）链算机的宽度计算见公式（8 – 61）。

$$B = r \cdot D_{内}$$

式中：B——链算机的宽度，m；

$\quad D_内$——回转窑内径，m；

$\quad r$——链算机宽度与回转窑内径的比值，为 0.7～0.9。

链算机宽度也可以根据球团厂规模进行选择，一般规模 200 万 t/a 及以下的，算床宽取 4 m，200～300 万 t/a 的取 4.7 m 宽，300 万 t/a 以上的取 5.6 m 宽。

（2）链算机的有效长度：链算机的有效长度主要决定于不同物料的干燥、预热特性。对于爆裂温度低、水分较高的生球，通常所需的干燥时间较长，因而链算机有效长度要长些。另外，链算机上球层的厚度和机速对链算机有效长度的确定均有影响。所以，应该根据干燥、预热试验结果确定链算机的有效长度。表 8-5 为一些工厂的干燥预热时间。目前，我国链算机的料层高度一般为 160～200 mm，干燥预热时间根据试验确定，一般为 14～20 min。

表 8-5　球团在链算机上的停留时间

厂　名	原料性质	料层厚度/mm	停留时间/min		
			干燥	预热	合计
美国明塔克	磁铁矿	—	2.85	2.85	5.7
美国皮奥尼尔	赤/褐铁矿		15.4	6.6	22.4
加拿大亚当斯	磁/赤铁矿	127～128	6.5	4	10.5
日本神户	赤/褐铁矿	180	—	—	15

（3）利用系数：链算机处理的矿物不同，其利用系数也不同，大、中型球团工程中，对于赤铁矿，链算机有效面积利用系数大于 30 t/(m²·d)，磁铁矿大于 40 t/(m²·d)。

（4）有效面积

有效面积可以根据产量和利用系数（或各段利用系数）计算，见公式（8-62），也可以根据停留时间和算床速度计算，见公式（8-63）。

$$A_效 = Q/f \qquad (8-62)$$

式中：$A_效$——链算机有效面积，m²；

$\quad Q$——链算机产量，t/h；

$\quad f$——链算机有效面积利用系数，t/(m²·h)。

$$A_效 = V_算 \cdot t_算 \cdot B \qquad (8-63)$$

式中：$V_算$——算床速度，m/min，可根据生球量、算床宽度、料层厚度和生球堆密度计算；

$\quad t_算$——停留时间，min。

其他符号意义同前。

因为风箱设计采用标准模块，所以实际有效面积需要根据计算值和风箱数用 ROUND 函数修正。

2. 回转窑

回转窑的参数包括长度、直径、长径比、倾斜度、转速、物料在窑内停留时间、填充率

等。窑内高温处的温度一般为 1250 ~ 1380℃，窑内气体含氧量大于 12% 。回转窑生产率不仅与矿石种类、性质有关，也与窑型及工艺参数有关。

目前生产铁矿石球团的回转窑全部为直圆筒形，它与水泥生产和有色金属生产用的回转窑相比，是属短窑范畴的。

（1）长径比：长径比（L/D）的选择要考虑到原料的性质、产量和质量、热耗及整个工艺要求，应保证热耗低、供热能力大、能顺利完成一系列物理化学过程。此外还能提供足够的窑尾废气流量并符合规定的温度要求，以保证电除尘和预热的顺利进行。目前铁矿球团回转窑发展的方向都是"短胖型"，长径比为 6.5 ~ 7.0。长径比过大，窑尾废气温度低，影响预热，热量易直接辐射到筒壁，使回转窑筒壁局部温度过高，粉料及过熔球团黏于筒壁造成结圈。长径比适当小些，可以增大气体辐射层厚度，改善传热，提高产量、质量和减少结圈现象。

（2）内径和长度：美国爱里斯 – 哈默斯公司计算回转窑尺寸的方法是在回转窑给料处的气流速度设计时取 28 ~ 38 m/s，回转窑出口处气流速度一般要求小于 38 m/s，我国一般为 26 ~ 28 m/s。按此计算出给矿直径，加上两倍的回转窑球层的厚度，得出回转窑的有效内径。大型回转窑球层厚度取 672 mm。

具体的计算方法是先计算内半径 R，然后根据计算得出的 R 核算气体流速。内半径 R 按公式（8 – 64）计算。

$$R = \sqrt[3]{V/(2K \cdot \pi\phi)} \qquad (8-64)$$

式中：V——回转窑填充体积，m^3；

K——回转窑长径比；

ϕ——填充率。

回转窑的填充体积 V 按公式（8 – 65）计算。

$$V = t \cdot Q/\rho \qquad (8-65)$$

式中：t——球团在窑中停留时间，min；

Q——球团矿的产量，t/min；

ρ——球团矿的堆积密度，t/m^3。

回转窑出口气体流速按公式（8 – 66）计算：

$$v_{气} = Q_{干} M_{固气}/[\rho_{气}(\pi r^2)(1 \sim 0.15)] \qquad (8-66)$$

式中：$Q_{干}$——干球重量，t/min；

$M_{固气}$——固气质量比，kg/kg；

$\rho_{气}$——气体密度，废气温度按 1100℃ 考虑时，取 $0.257 \times 10^{-3} t/m^3$；

（1 ~ 0.15）——出口安全系数；

r——回转窑开口半径，$r = R - (h_1 + h_2)$，m；

h_1——台阶高度，年产 200 万 t 球团矿以上的大型回转窑，一般取 0.762 m；

h_2——料层高度，m，$h_2 = R(1 - \cos(\frac{\varphi}{2}))$；

φ——回转窑中填充物料所对的圆心角。当填充率为 8% 时，$\varphi = 86.08°$。

回转窑内径一般根据链算机算床宽度计算。

根据有效内径和选定的长径比即可求出有效长度。

（3）倾斜度、转速和窑内停留时间：回转窑的倾斜度和转速的确定主要是保证窑的生产能力和物料的翻滚程度。根据试验及生产实践经验，倾斜度一般为3%～5%，转速一般为0.3～1.0 r/min。转速高可以强化物料与气流间的传热，但气流带出的粉尘太多。物料在窑内停留时间必须保证反应过程的完成和提高产量的要求。当窑的长度一定时，物料在窑内停留时间取决于料流的移动速度，而料流的移动速度又跟物料粒度、黏度、自然堆角及回转窑的倾斜度、转速有关。物料在窑内停留时间一般为20～25 min。

球团在窑内停留时间也可按公式(8-67)式计算。

$$\frac{t \cdot n}{100} = C \left(\frac{\alpha}{100}\right)^{m_1} \left(\frac{\alpha}{D_{内}}\right)^{m_2} \left(\frac{d}{C}\right)^{m_3} \left(\frac{Q_{预} \cdot n}{DL\rho g} \times 10^6\right)^{m_4} \tag{8-67}$$

式中：t——停留时间，min；

α——回转窑倾角，(°)；

n——回转窑转速，r/s；

d——球团平均直径，m；

$D_{内}$——回转窑内径，m；

L——回转窑长度，m；

ρ——球团堆密度，t/m³；

g——重力加速度，m/s²；

$Q_{预}$——回转窑生产率，(按预热团计算)t/h；

C——系数，取 0.365×10^{-4}；

m_1、m_2、m_3、m_4——幂指数，分别取 1.075、0.119、0.873、0.099。

（4）填充率和利用系数：回转窑的平均填充率等于窑内物料体积与窑的有效容积之比。国外回转窑的填充率一般在6%～8%，我国回转窑的填充率为7%～9%。回转窑的利用系数与原料性质有关。一般处理磁铁矿时，利用系数较高，此外回转窑的规格对利用系数也有影响(见表8-6)。我国大、中型球团工程回转窑的容积利用系数一般大于9.5 t/(m³·d)。爱里斯-哈默斯认为回转窑利用系数用公式(8-68)计算更具代表性。

$$f = Q/(D_{内}^{1.5} \cdot L) \tag{8-68}$$

式中：f——回转窑利用系数，t/(m³·d)；

其他符号意义同前。

表8-6　不同原料的回转窑利用系数

厂　名	链箅机规格：长×宽，m	回转窑内径×长度，m	原料种类	利用系数,t/(m³·d)	
				设计	实际
阿达木斯	3.71×24.66	5.18×35.05	磁铁矿	5.2	5.8
享博尔特	2.84×21.64	3.06×36.58	镜铁矿	5.3	6.8
尔登工	5.66×64.21	7.62×48.77	假赤与赤铁矿	6.3	6.7

思考题

1. 简述润磨机的工作原理。

2. 简述高压辊磨机的工作原理。

3. 简述轮式混合机和强力混合机的特点。

4. 比较圆盘造球机和圆筒造球机的结构、工作特点。

5. 简述链算机－回转窑的布料设备和工艺。

6. 分析我国竖炉的结构特点。

7. 简述链算机的结构。

8. 简述链算机－回转窑工艺参数的计算方法。

9. 带式焙烧机的选择计算与带式烧结机有什么不同？

10. 选择球团焙烧设备的依据是什么？比较三种焙烧设备的优缺点。

11. 圆盘造球机的工作参数包括哪些？怎样确定这些参数？

12. 球团生产对混合设备有何要求？目前球团厂采用的混合设备有哪几种？

第9章 球团厂工艺建筑物布置与车间配置

9.1 球团厂工艺建筑物布置

球团厂在工艺建筑物布置时，应考虑以下问题：

(1) 球团工程应根据已合理选定的厂址条件进行总图运输设计。厂址可位于铁矿企业、矿石港口或钢铁厂内。

(2) 总平面布置应在满足工艺流程的前提下，做到物流短捷、布置紧凑、功能分区明确、整齐、总体布局合理美观、有利于环境保护。

(3) 除尘、电力、给水等辅助设施应靠近负荷中心布置，能合并的车间宜合并设置。对大、中型球团工程宜设由生产管理、生活设施、停车场等组成的厂前区。

(4) 厂区内应有通畅整齐的道路系统以满足运输、消防、卫生、安全、管线等方面的要求。对大型设备和物件应有足够的场地，以满足其运输、安装和检修的要求。厂内道路宜采用环形布置，宜与车间轴线平行，道路尽头段应设置回车场地。厂内道路宜采用城市型道路，其路面标高应低于道路两侧的场地标高。

(5) 竖向布置应与总平面布置统一考虑，并应与厂内外有关的铁路、道路、排水系统、厂区周围场地标高相适应。厂区宜布置在相同标高的一个平面上。当总平面布置在一个平面上明显不合理时，造球和焙烧系统应布置在同一标高平面，原料和辅助系统应布置在另一个平面，但厂区内不同标高的平面数量不宜超过三个。对负荷大的主要建筑物宜布置在土质均匀和地基承载力较高的地段。

(6) 厂区综合管线宜共沟、共架，相近性质的坦地管线宜共槽布置。

(7) 厂区排水设施应完好，应排水通畅，不得影响生产、生活。厂址位于海边的工程应有防潮设施；厂址位于低洼和大江、大河边的工程应有防洪、防涝设施。厂址位于山区的工程，应有截洪、排洪设施。

(8) 厂区总平面布置应有良好的绿化规划。

(9) 工程应配置厂内物料运输的专用车辆。

国内某些球团厂的平面建筑物系统图实例见图9-1至图9-4。

9.2 球团厂车间配置

9.2.1 原、燃料准备室

(1) 当采用多种铁矿粉生产球团矿时，应设铁矿粉的混匀设施。但铁矿粉的种类不宜超过三种。当采用两种及以上铁矿粉时，宜设预配料工艺；铁矿粉入厂后应有5~7天的储量。如采用进口铁矿粉则储量应有35天以上，并应设专用料场。

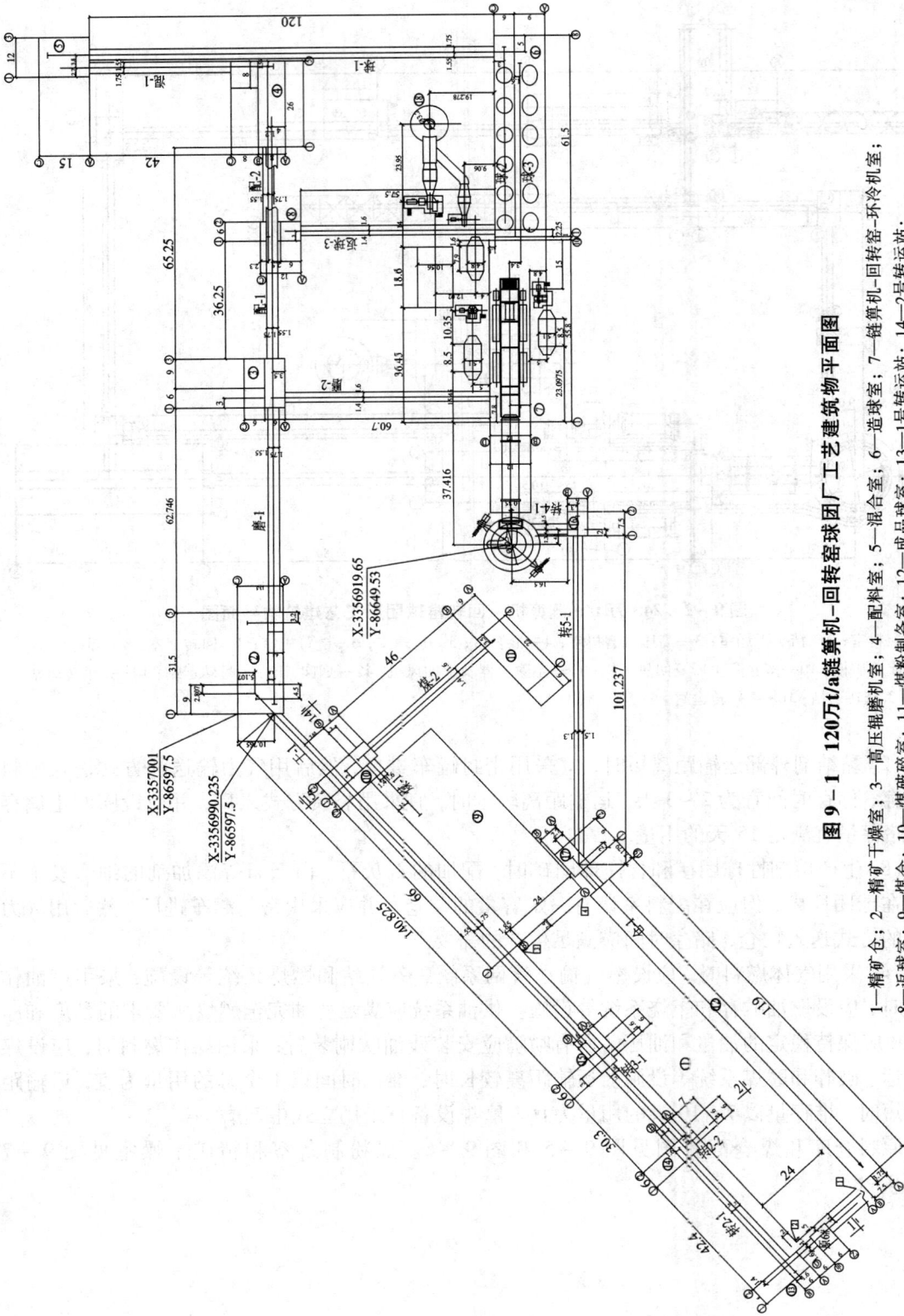

图 9-1 120万t/a链算机-回转窑球团厂工艺建筑物平面图

1—精矿仓; 2—精矿干燥室; 3—高压辊磨机室; 4—配料室; 5—混合室; 6—造球室; 7—链算机-回转窑-环冷机室;
8—返球室; 9—煤仓; 10—煤破碎室; 11—煤粉制备室; 12—成品球室; 13—1号转运站; 14—2号转运站;
15—3号转运站; 16—4号转运站; 17—5号转运站; 18—烟囱

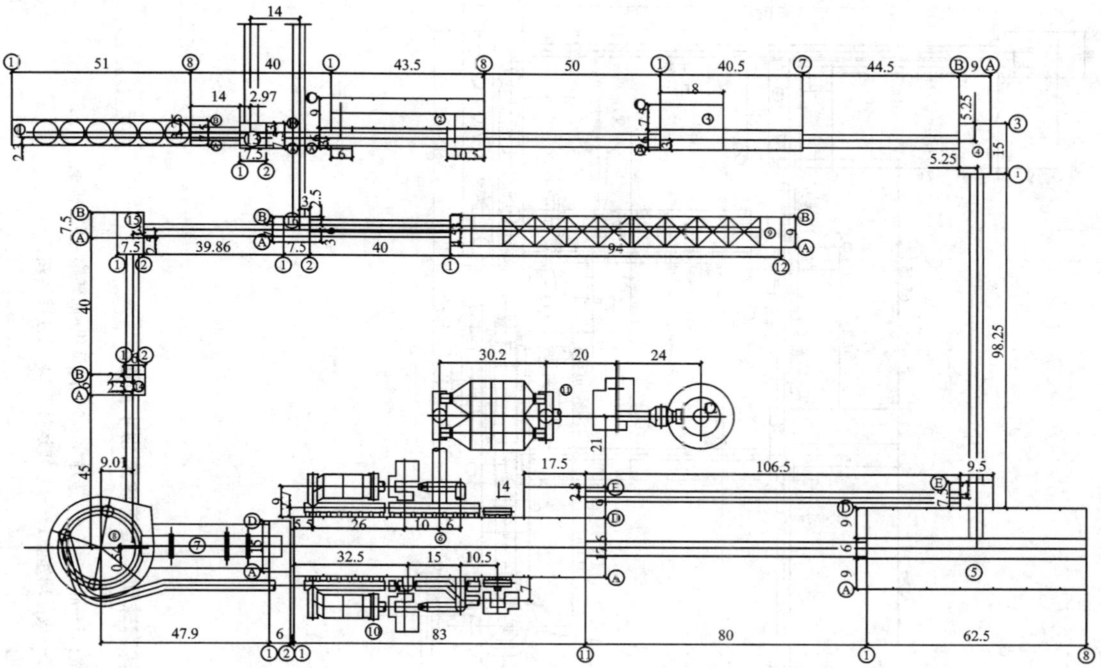

图 9 – 2 240 万 t/a 链算机 – 回转窑球团厂工艺建筑物平面图

1—配料室；2—精矿干燥室；3—高压辊磨机室；4—混合室；5—造球室；6—链算机室；7—回转窑室；8—环冷机室；9—成品矿槽；10—多管除尘器及回热风机；11—主除尘器及主抽风机；12—烟囱；13—1 号转运站；14—2 号转运站；15—3 号转运站；16—4 号转运站

(2)黏结剂外部运输距离短时，宜采用密封罐车进厂，然后用气力输送的方式送入配料仓储存，储存时间宜为 2~3 天；运输距离较远时，宜采用袋装方式入厂，并应设膨润土储存间，储存量宜满足 15 天的用量。

(3)生产熔剂性球团矿和含镁球团矿时，配加的石灰石、白云石等添加剂的细磨设施不宜设在球团厂内，但应在配料室设有一定容量的贮仓。并应采用密封罐车进厂，然后用气力输送的方式送入贮仓，储存时间应满足生产的需要。

(4)采用气体燃料时，应设燃气输送管网系统、燃气站和燃烧系统等设施；采用燃油作燃料时，应设燃油贮存和燃烧系统等设施。供油系统应满足燃油完全燃烧所要求的黏度和净度，并应保持稳定的油量和油压。所有喷嘴应安装残油吹刷装置；采用煤作燃料时，应设煤的贮运、破碎和磨煤系统等设施。运输距离较长时，堆存时间以 1 个月的用量为宜；运输距离较短时，堆存量以 7~10 天的用量为宜。磨煤设备宜采用立式中速磨。

原料仓库和煤仓配置图见图 9 – 5 和图 9 – 6。煤粉制备室和精矿干燥室见图 9 – 7 和图 9 – 8。

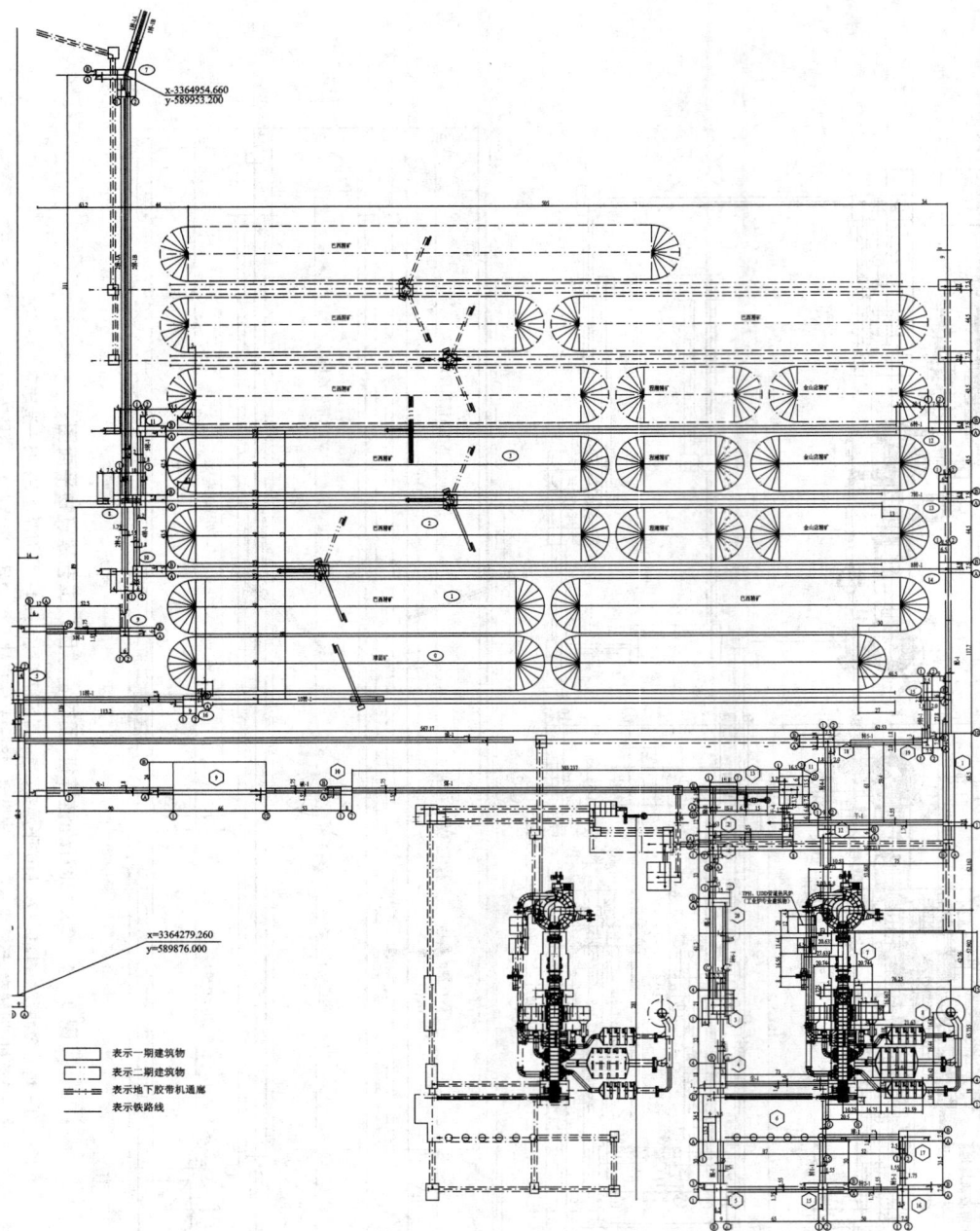

图 9 – 3　500 万 t/a 链算机 – 回转窑球团厂工艺建筑物平面图

料区：1—精矿料场 1 料条；2—精矿料场 2 料条；3—精矿料场 3 料条；4—成品球团矿堆场；5—地下受矿槽；6—成品装车矿仓；7—1 号转运站；8—2 号转运站；9—3 号转运站；10—4 号转运站；11—5 号转运站；12—6 号转运站；13—7 号转运站；14—8 号转运站；15—9 号转运站；16—10 号转运站；17—11 号转运站；

球区：1—精矿配料室；2—精矿干燥室；3—高压辊磨机室；4—膨润土配料室；5—混合室；6—造球室；7—链算机 – 回转窑 – 环冷机室；8—主烟囱；9—煤仓；10—煤破碎筛分室；11—煤粉制备室；12—大块储运间；13—精矿干燥收尘系统；14—精矿除尘室；15—1 号转运站；16—2 号转运站；17—3 号转运站；18—4 号转运站；19—5 号转运站；20—6 号转运站

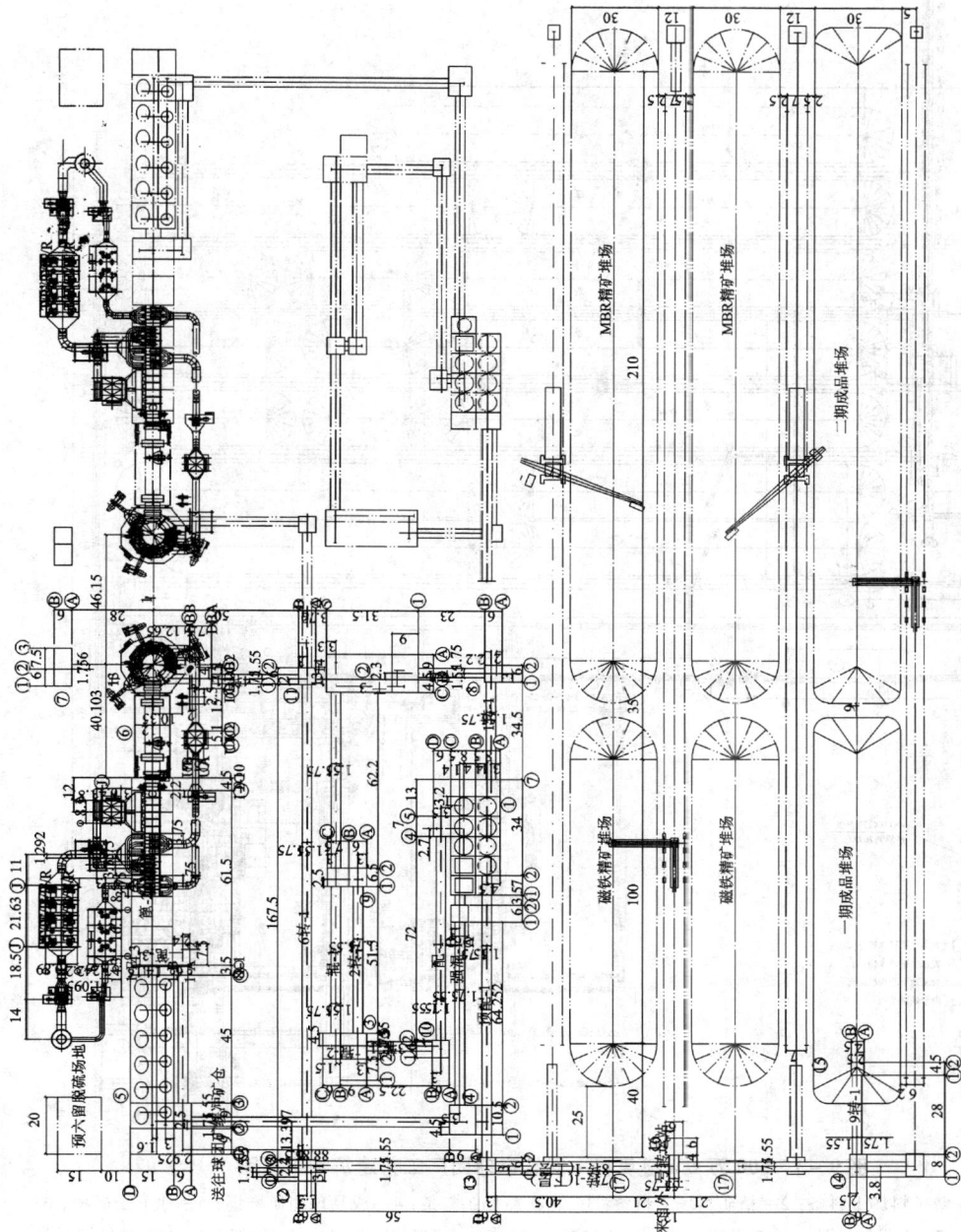

图 9-4　2×120万t/a链箅机-回转窑球团厂工艺建筑物平面图

1—精矿缓冲及配料室；2—精矿干燥室；3—高压辊磨机室；4—强力混合室；5—造球室；
6—链箅机-回转窑-环冷机室；7—制煤室；8—1号转运站；9—2号转运站；10—3号转运站；
11—4号转运站；12—6号转运站；13—7号转运站；14—8号转运站；15—9号转运站；16—10号转运站；17—精矿受料槽

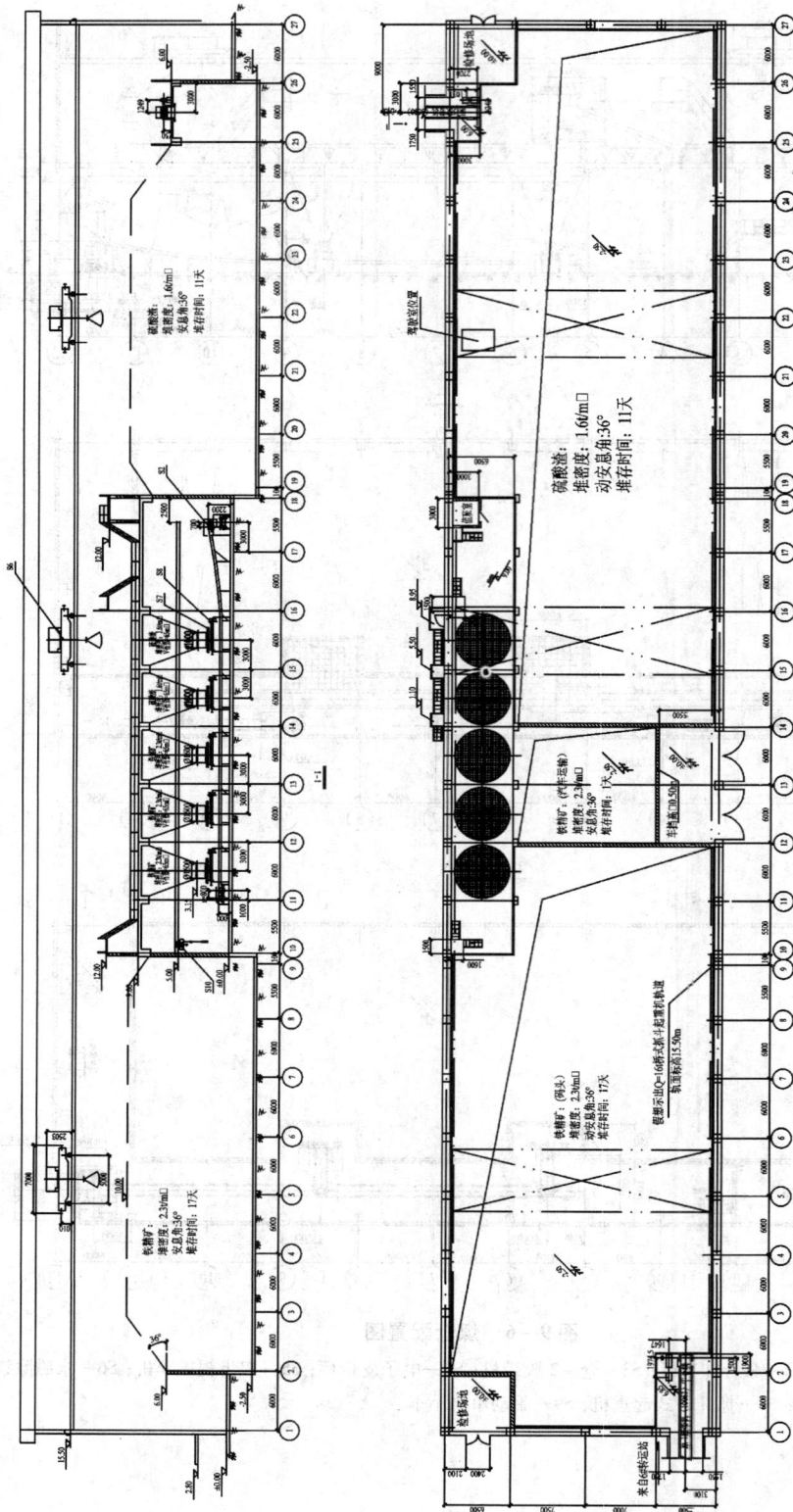

图 9-5　原料仓库配置图

S1—原-1皮带机；S2—原-2皮带机；S3—原-3皮带机；S4—原-4皮带机；S5—原-5皮带机；
S6—抓斗起重机；S7—圆盘给料机；S8—电子皮带秤；S9—电葫芦；S10—手动单轨机小车

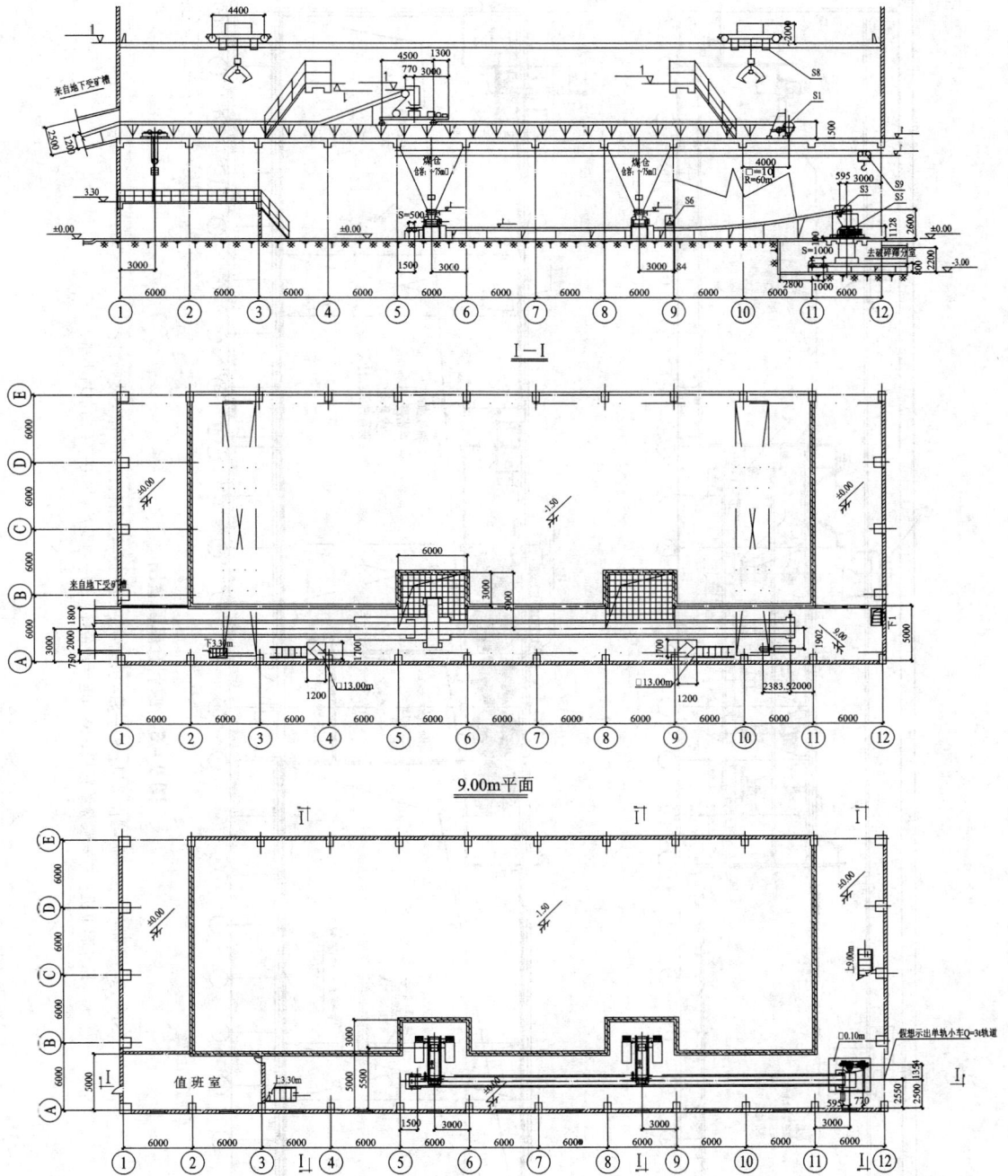

I—I

9.00m平面

图9-6 煤仓配置图

S1—仓-1胶带机；S2—联合卸车机；S3—仓-2胶带机；S4—电子皮带秤；S5—双齿辊破碎机；S6—永磁除铁器；
S7—振动防闭塞装置；S8—抓斗桥式起重机；S9—手动单轨小车

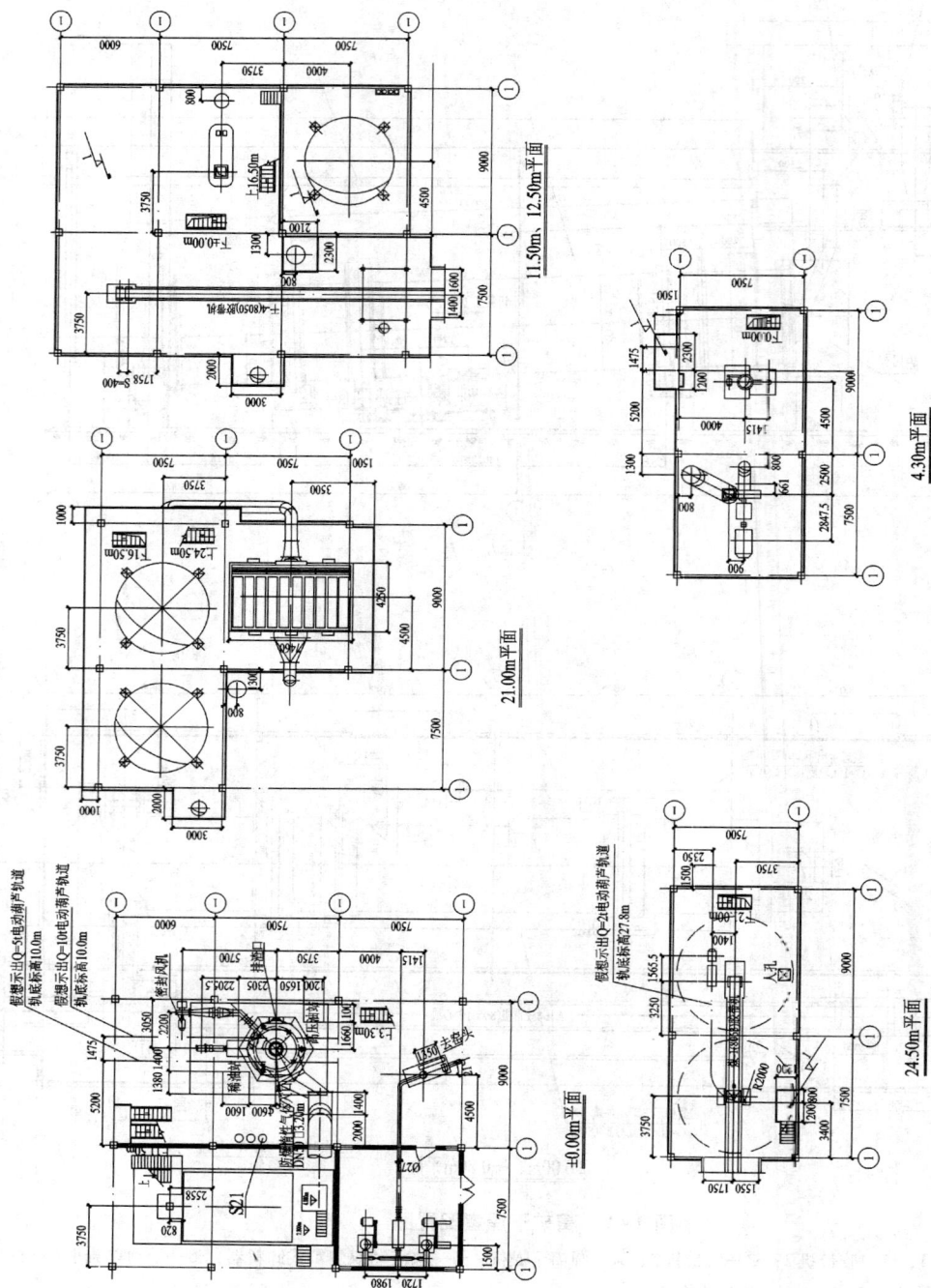

图 9 - 7　煤粉制备室配置图

S1—煤；S2—磨煤机；S3—给煤机；S4—脉冲袋式除尘器；S5—煤粉风机；S6—手动插板阀；S7—煤粉气力输送装置；S8—手动插板阀；
S9—插板阀；S10—气动阀门；S11—煤仓充气装置；S12—星型卸料器；S13—电液动双侧型式卸料器；S14—环状天平流量计量机系统；
S15—振动漏斗；S16—振动漏斗；S17—电动葫芦1；S18—电动葫芦2；S19—电动葫芦3；S20—灭火装置；S21—氮气瓶

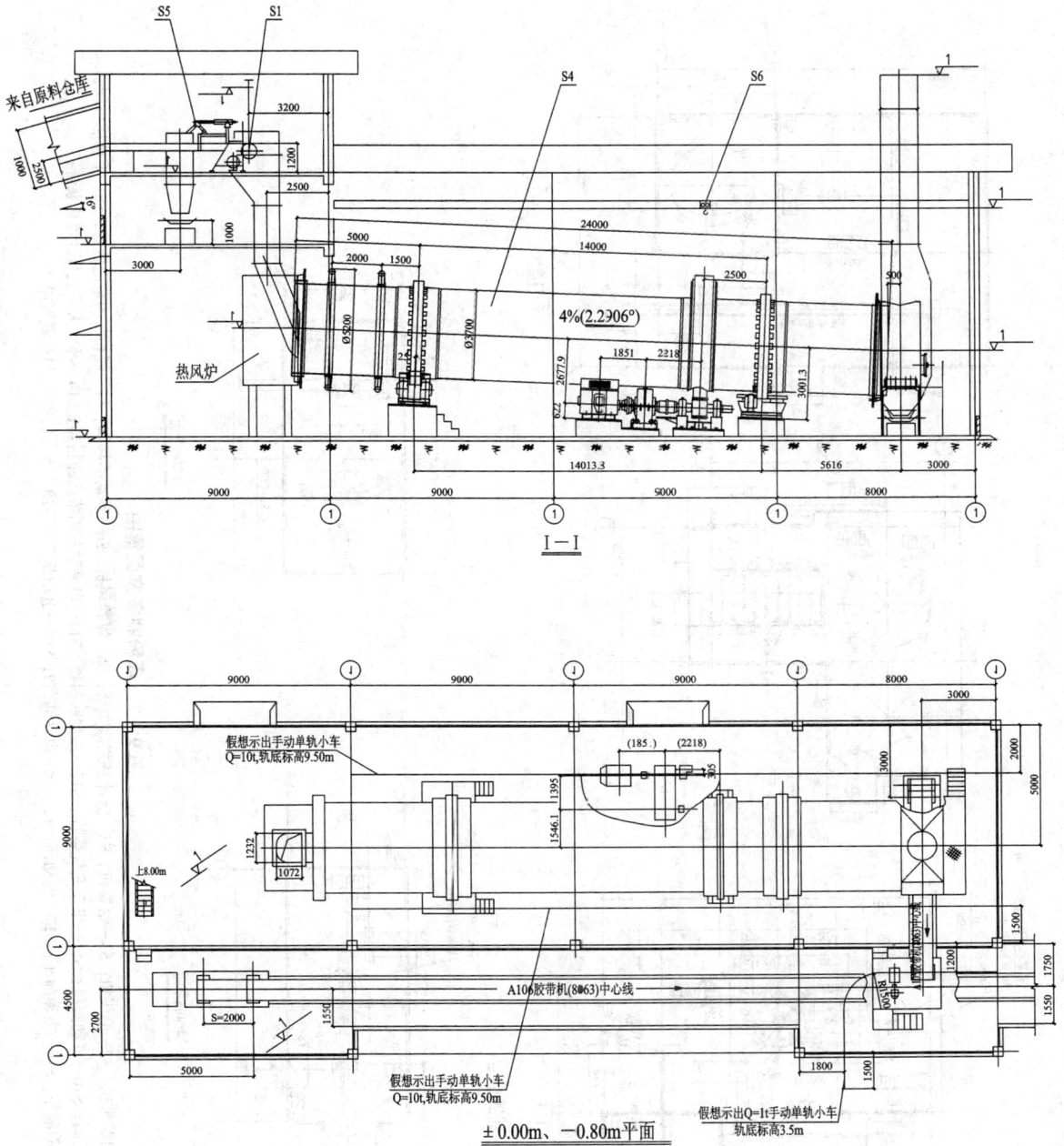

I—I

±0.00m、—0.80m平面

图9-8 精矿干燥室配置图

S1—胶带机1；S2—胶带机2；S3—胶带机3；S4—圆筒干燥机；S5—电液动双侧犁式卸料器；S6—手动单轨小车1；
S7—手动单轨小车2；S8—手动单轨小车3

9.2.2　配料室和混合室

9.2.2.1　配料室

（1）对大、中型球团工程，配料及相关的原料系统和焙烧系统宜实行一对一的配置方式，应避免分料工艺。

（2）所有参加配料的组分都应采用自动重量配料，并应集中配料；配料仓贮存各种参加配料的物料量应在 8 小时以上；主要含铁原料的配料仓个数不应少于三格，其他参加配料的物料应为每种两格，或采用一格仓下设两个下料口及配备两套配料设备。

（3）配料的下料顺序应为先铁精矿再黏结剂和燃料，最后是回收粉尘和添加剂。

（4）除铁精矿外，其他配入物料宜采用气力输送方式进入配料仓，仓上应设置密封性能良好的粉料收集装置；铁精矿的配料宜采用圆盘给料机和电子配料秤的组合，膨润土和添加剂等量少的物料配料宜采用电子秤或失重秤。

配料室的配置图如图 9 - 9 所示。

9.2.2.2　混合室

配合料的混合应采用强力混合工艺和设备。强力混合机的选择应不影响主机的作业率，且不宜设备用机。混合室的配置图如图 9 - 10 所示。

9.2.3　造球室

造球室的配置图如图 9 - 11 所示。

9.2.4　焙烧和冷却室

9.2.4.1　链箅机 - 回转窑 - 环冷机

（1）链箅机室上部应设顶盖，并设检修用起重设备。回转窑部分采用汽车吊等设施进行检修。

（2）链箅机室和电气楼应设有客货两用电梯。当电气楼靠近链箅机并有连接通道时，可只在链箅机室设电梯。

（3）回转窑支承装置基础墩竖向沉降和顶部横向位移均应小于或等于 4 mm；相邻支承装置基础墩竖向沉降差和顶部横向位移差均应小于或等于 1 mm，相邻支承装置基础墩顶部纵向位移差应小于或等于 6 mm；回转窑部分基础墩与相关固定部分的基础墩竖向沉降差应小于或等于 10 mm。

（4）回转窑宜露天设置，并应设有检修场地。

（5）环冷机设置在 ±0.00 平面以上。环冷机上应设回转窑中央烧嘴和主操作平台，其配置应方便操作和检修。环冷机的传动部分配置应紧凑且方便检修。环冷机内、外环均应设操作平台。

主厂房、链箅机、回转窑和环冷机室的配置如图 9 - 12 至图 9 - 15 所示。

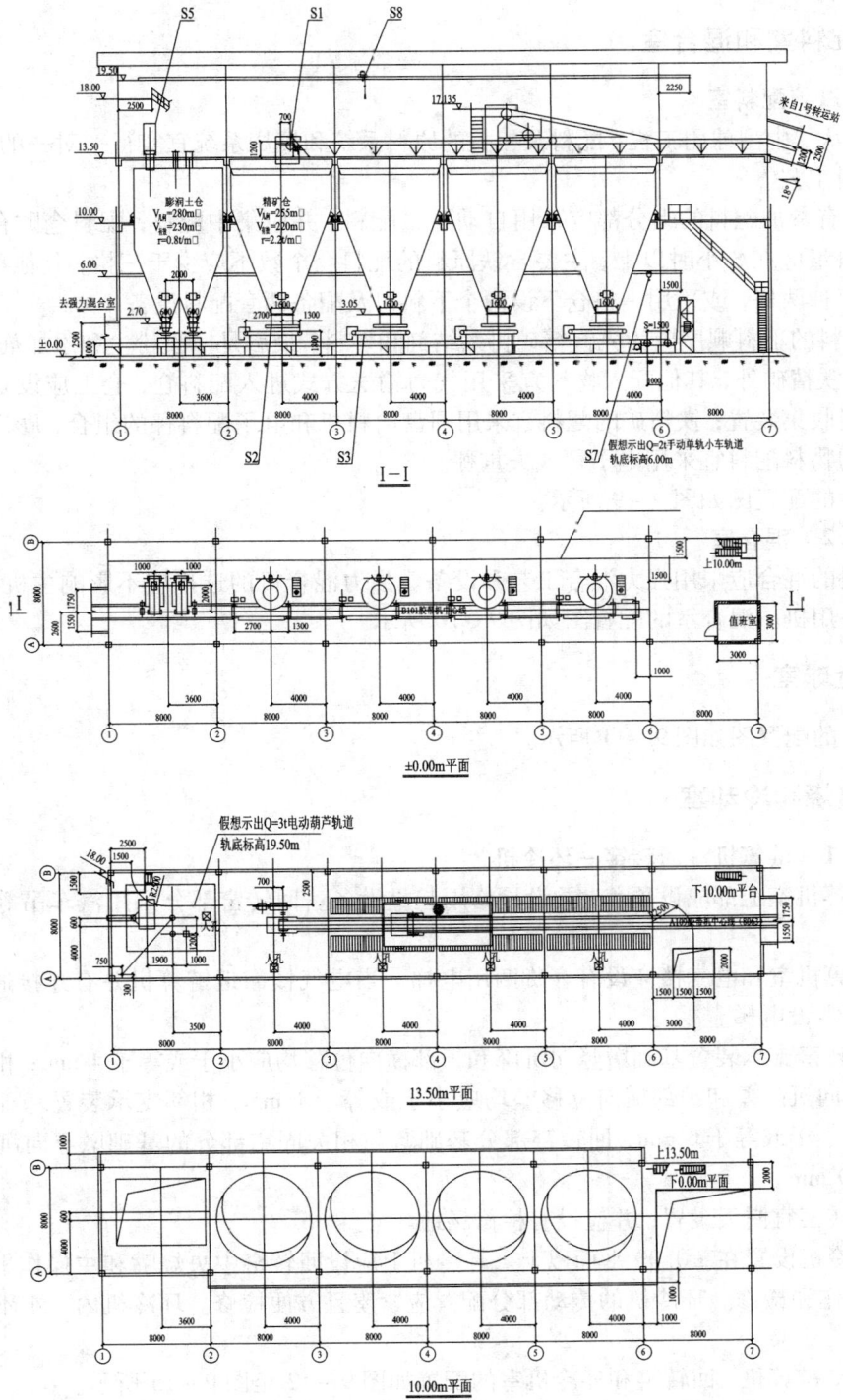

图 9 - 9　配料室配置图

S1—胶带机；S2—圆盘给料机；S3—铁精矿配料皮带秤；S4—膨润土定量给料机；
S5—膨润土气力输送装置；S6—振动防闭塞装置；S7—手动单轨小车；S8—电葫芦

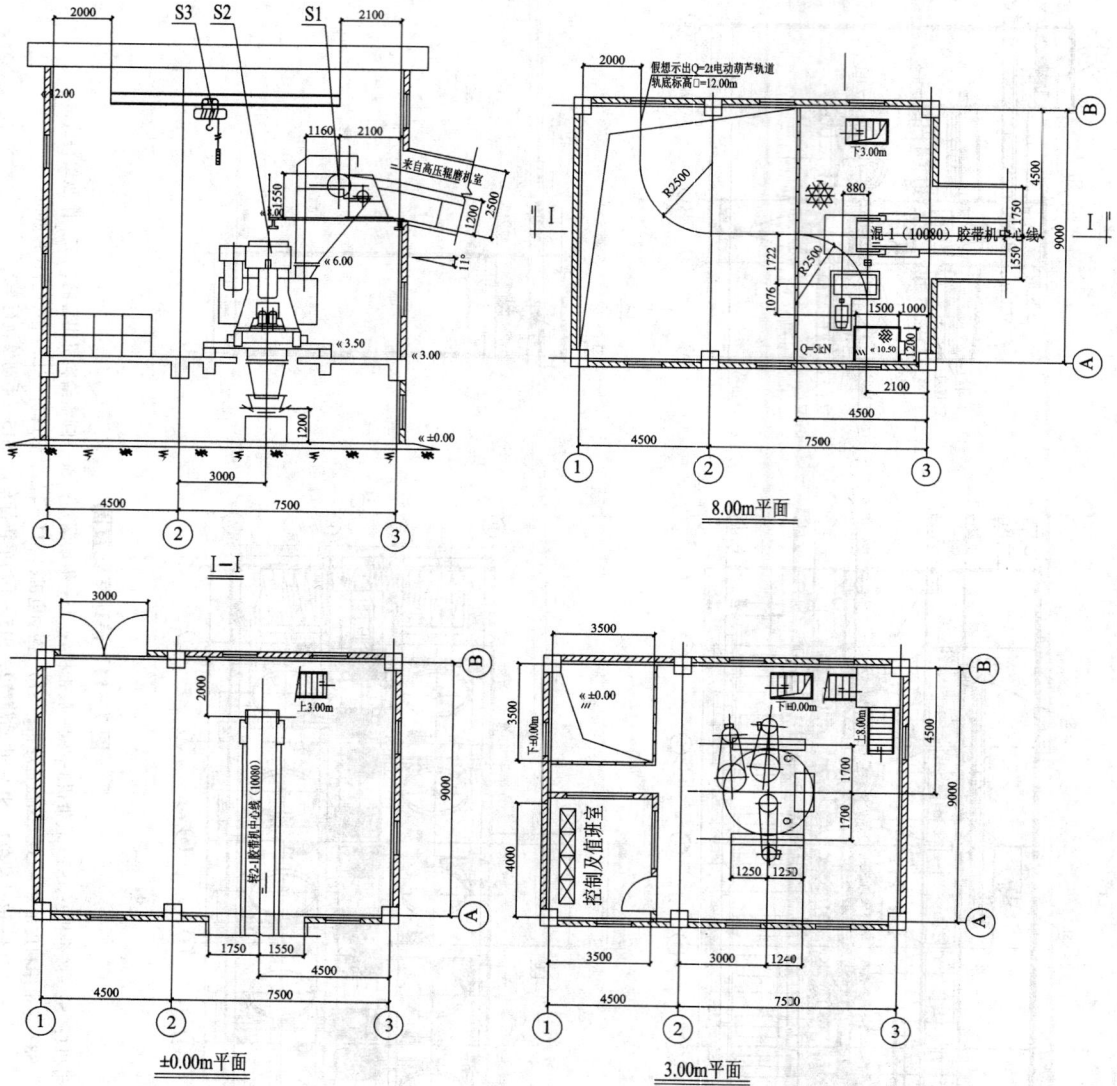

图 9 – 10　混合室配置图

S1—胶带机；S2—立式强力混合机；S3—电葫芦

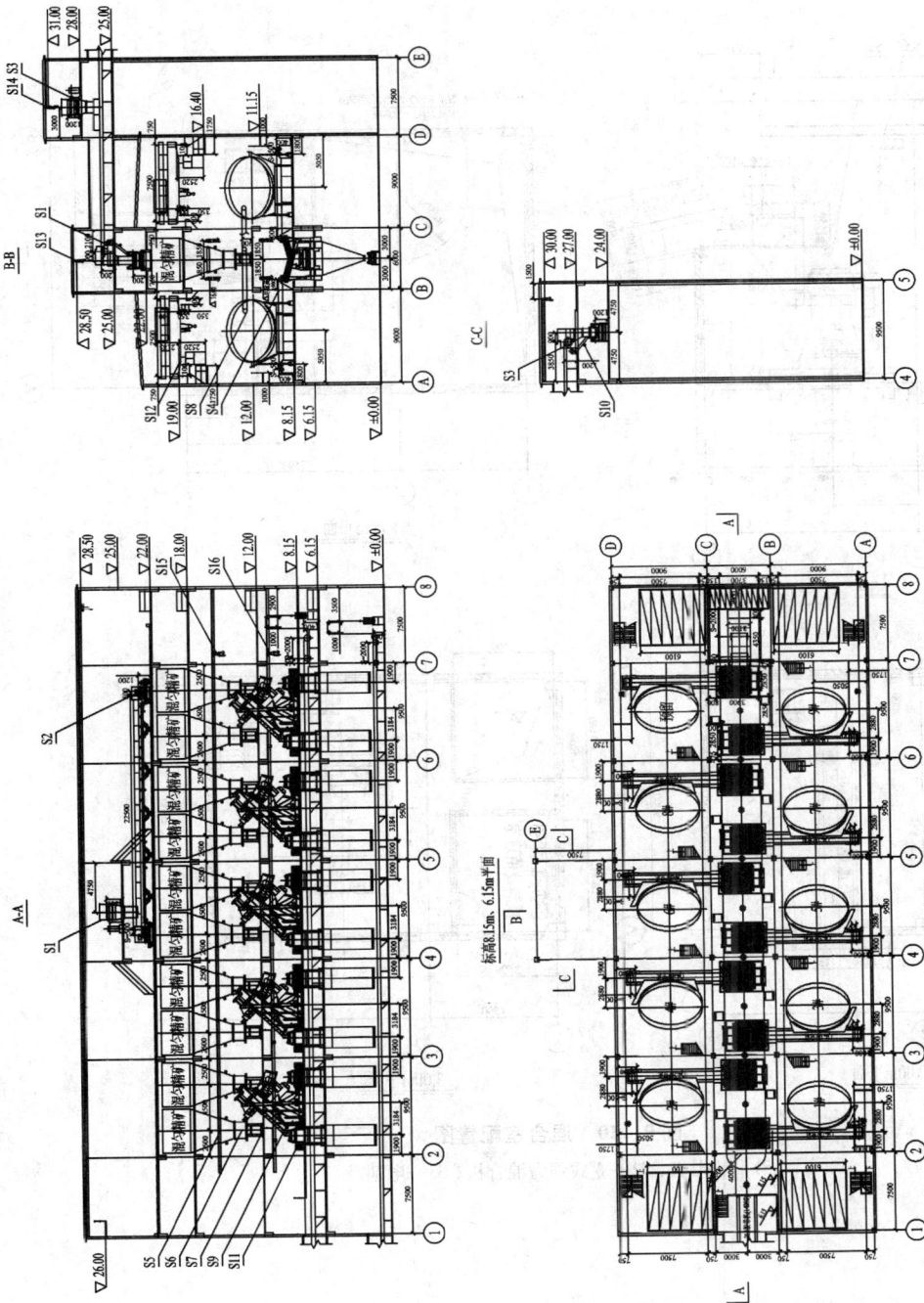

图 9 – 11　造球室配置图

S1—胶带机1；S2—胶带机2；S3—胶带机3；S4—胶带机4；S5—振动漏斗；S6—圆盘给料机；S7—圆盘给料机；
S8—定量给料皮带秤；S9—圆盘造球机；S10—振动电机；S11—箱式筛分机；S12—吊钩桥式起重机；
S13—电动葫芦1；S14—电动葫芦2；S15—手动单轨行车1；S15—手动单轨行车2

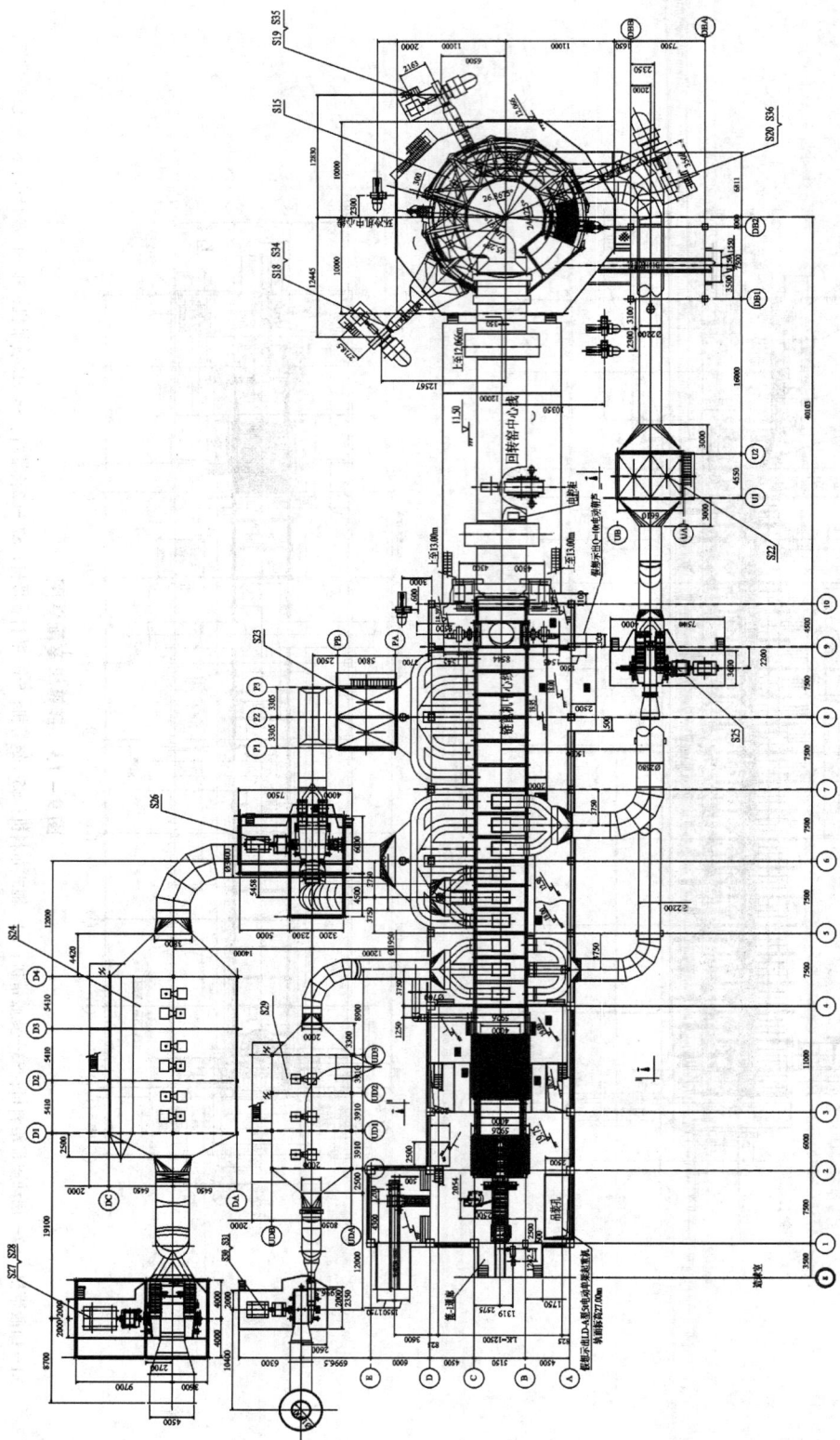

图 9－12 厂房（链算机-回转窑-环冷机）配置图

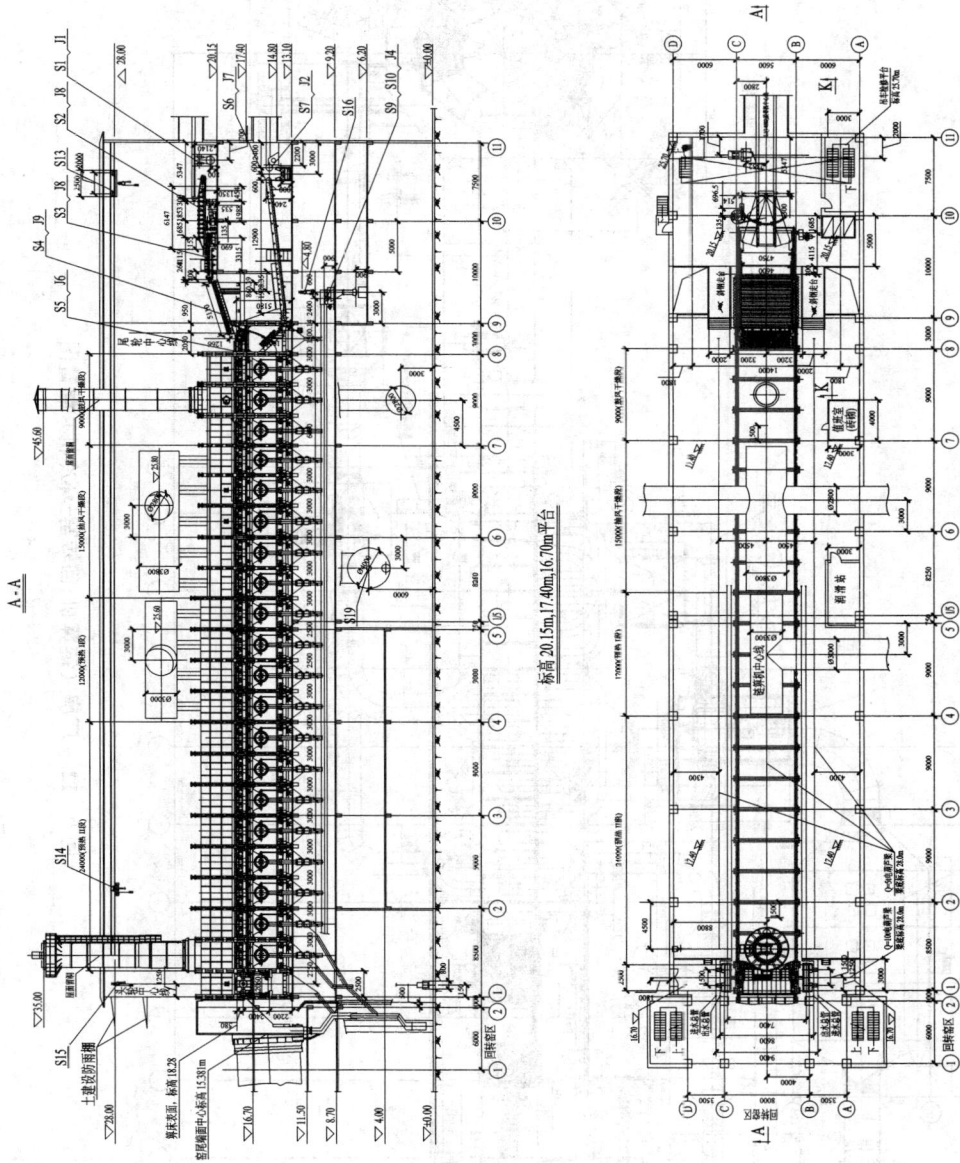

标高 20.15m,17.40m,16.70m平台

图 9－13　链箅机室配置图

S1—L1胶带机；S2—摆动皮带给料机；S3—宽胶带机；S4—辊式布料机；S5—链箅机；S6—散料胶带机；S7—L2胶带机；S8—L3胶带机；S9—L4胶带机；S10—L5胶带机；
S11—L6胶带机；S12—电液动三通分料器；S13—电动单梁悬挂起重机；S14—电动葫芦1；S15—电振给料机；S16—电动葫芦2；S17—电动葫芦4；S18—波纹膨胀节；
S19—冷风兑入阀；S20—电液动翻形闸门；S21—辊式生球筛粉碎机；S22—柱磨机；S23—电振给料机；S24—斗式提升机；S25—电动葫芦5

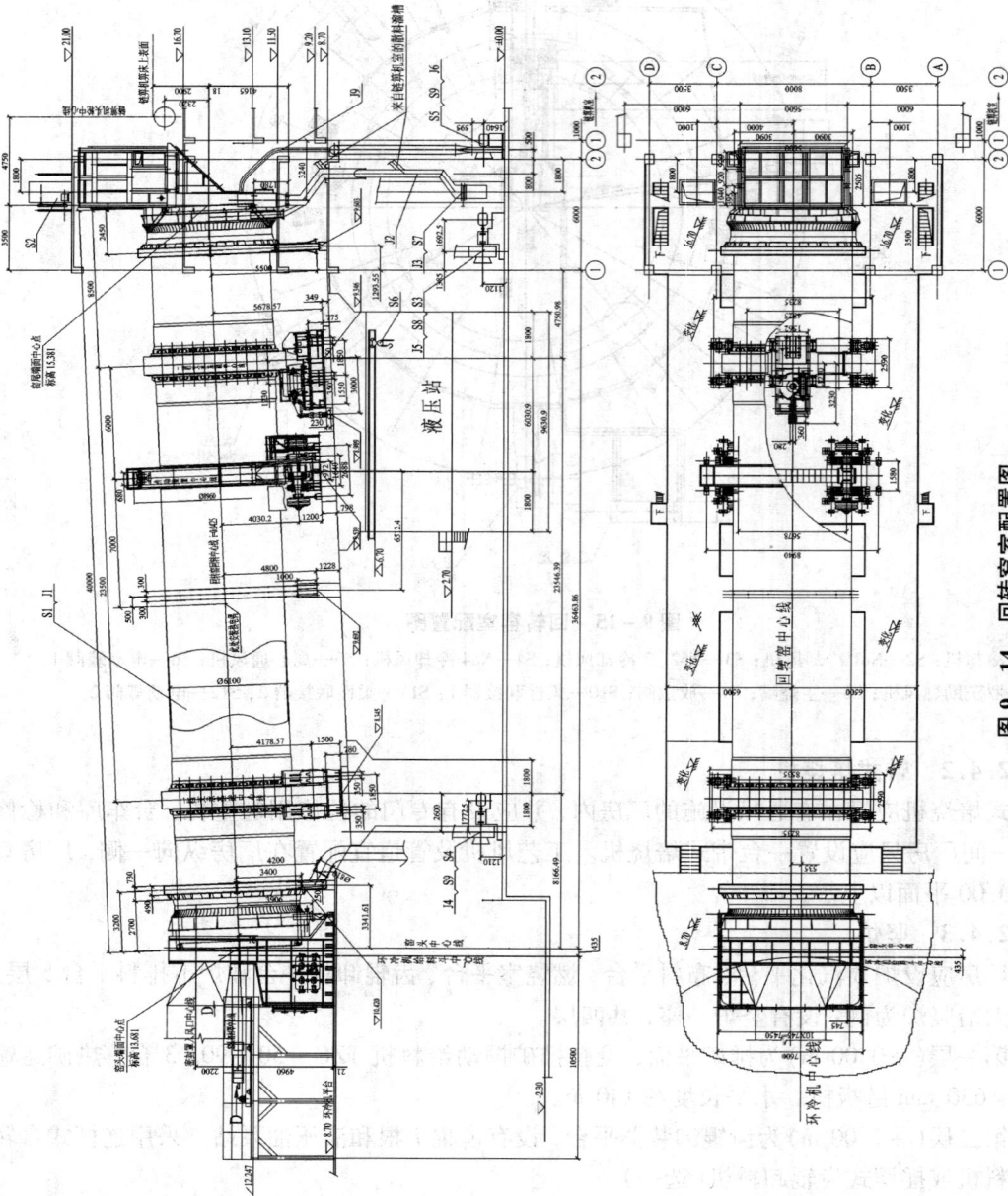

图 9-14 回转窑窑室配置图

S1—回转窑；S2—斗式提升机；S3—窑尾结构冷却风机；S4—窑头结构冷却风机；S5—窑尾结料溜槽冷却风机；
S6—手动单轨行车；S7—手动捅板阀；S8—电动蝶阀1；S9—电动蝶阀2

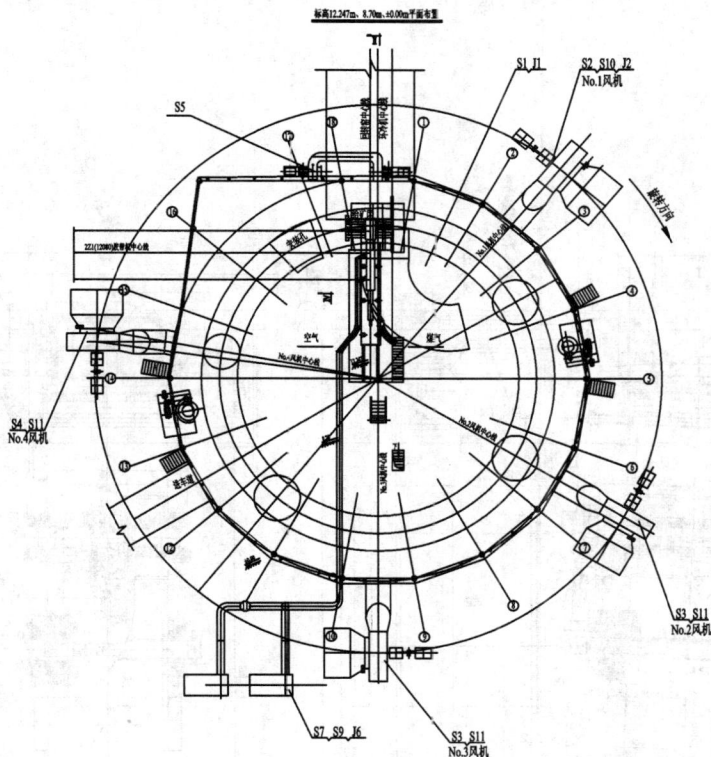

图 9-15　回转窑室配置图

S1—冷却机；S2—No1 冷却风机；S3—No2、3 冷却风机；S4—Nc4 冷却风机；S5—离心通风机；S6—电动蝶阀 1；
S7—罗茨助燃风机；S8—主烧嘴；S9—放散阀；S10—柔性联接器 1；S11—柔性联接器 2；S12—电动蝶阀 2

9.2.4.2　带式焙烧机

带式焙烧机应设在有通风设施的厂房内，并应设有专门的检修用起重机、台车库和检修间，且一间厂房只应设置一台带式焙烧机。工艺风机及管道宜配置在厂房纵向一侧，厂房宜设在 ±0.00 平面以上。

9.2.4.3　竖炉

主厂房应设炉顶汽化平台、布料平台、燃烧室平台、齿辊卸料平台和炉下排料平台 5 层。

以大冶竖炉为例：设有竖炉一座，共四层。

①第一层(±0.00 m)为排矿平面，设有排矿振动给料机 TZG-50-90，3 台，热矿运输采用 B=630 mm 链板机。水平长度约 140 m。

②第二层(+7.00 m)为齿辊卸装器平台，设有齿辊 7 根和液压油泵站。采用连杆式自转摆辊卸料机或摇摆式齿辊卸料机(选一)

③第三层(+15.90 m)为燃烧室平台，两个燃烧室分别位于竖炉两侧。每个燃烧室配有 15# 环涡流式烧嘴 2 只。

④第四层(+21.46 m)为布料及操作平台，竖炉布料车、上球皮带头部装置及竖炉操作，控制室在这层平台。

布料车皮带宽度为 800 mm，全长 12.5 m。

思考题

1. 球团厂工艺建筑物在平面布置时应考虑哪些问题？
2. 球团厂车间配置的一般要求和原则是什么？
3. 简述配料室的配置特点。
4. 混合室配置应注意什么？
5. 简述链算机 – 回转窑主厂房的配置特点。

第 10 章   烧结球团厂设计图纸绘制

10.1   设计图纸的一般规定

10.1.1   图纸幅面及格式要求

1. 图纸幅面

图纸基本幅面尺寸如表 10 – 1 所示。表中的符号示意见图 10 – 1 和图 10 – 2。

表 10 – 1   基本幅面及图框尺寸

幅面代号	A0	A1	A2	A3	A4
$B \times L$	841 × 1189	594 × 841	420 × 594	297 × 420	210 × 297
a	25				
c	10			5	
e	20		10		

设计绘图时优先采用基本幅面尺寸(见表 10 – 1),必要时,也可采用表 10 – 2 和表 10 – 3 所示的加长幅面,这些幅面的尺寸是由基本幅面的短边成倍数增加后得出的,如图 10 – 3 所示。图中粗实线所示的为基本幅面(第一选择),细实线所示的为表10 – 2所规定的加长幅面(第二选择),点线表示的为表 10 – 3 所示的加长幅面(第三选择)。

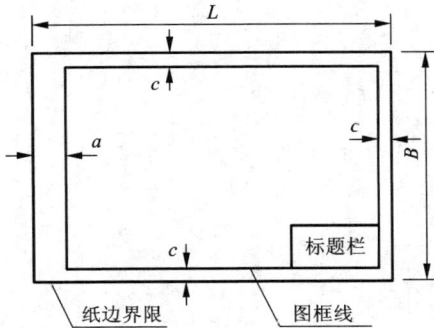

图 10 – 1   留有装订边框图样的图框

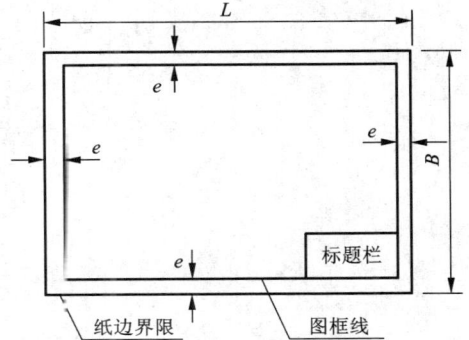

图 10 – 2   不留装订边框图样的图框

表 10 - 2　加长幅面之一

幅面代号	尺寸 $B \times L$/mm	幅面代号	尺寸 $B \times L$/mm
A3 ×3	420 × 891	A4 ×4	297 ×841
A3 ×4	420 ×1189	A4 ×5	297 ×1051
A4 ×3	297 ×630		

表 10 - 3　加长幅面之二

幅面代号	尺寸 $B \times L$/mm	幅面代号	尺寸 $B \times L$/mm
A0 ×2	1189 ×1682	A3 ×5	420 ×1486
A0 ×3	1189 ×2523	A3 ×6	420 ×1783
A1 ×3	841 ×1783	A3 ×7	420 ×2080
A1 ×4	841 ×2378	A4 ×6	297 ×1261
A2 ×3	594 ×1261	A4 ×7	297 ×1471
A2 ×4	594 ×1682	A4 ×8	297 ×1682
A2 ×5	594 ×2102	A4 ×9	297 ×1892

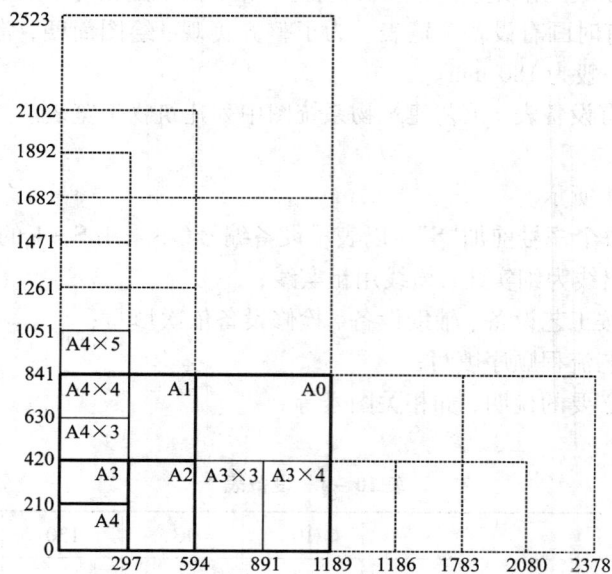

图 10 - 3　图纸幅面尺寸

2. 图框

图框是采用粗实线,给整个图(包括文字说明和标题栏在内)以框界。需要装订的图样,其框图格式如图 10 - 1 所示,不留装订边的图样,其框图格式如图 10 - 2。加长幅面的图框

尺寸，按所选用的基本幅面大一号的图框尺寸确定。

3. 标题栏和明细表

标题栏的作用，是标明图名、设计单位、设计人、制图人、审核人等的姓名(签名)、绘图比例和图号等。每张图样中均应有标题栏。标题栏的位置如图 10-1 和图 10-2 所示。

标题栏的格式有多种，学生设计用的标题栏建议用如图 10-4 所示的格式。

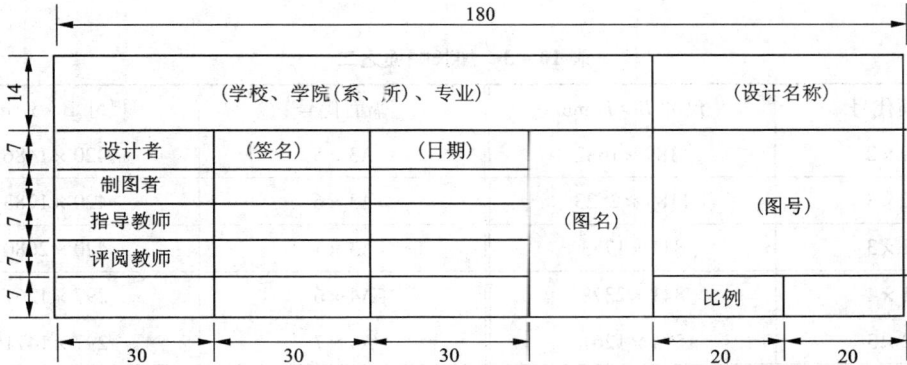

	(学校、学院(系、所)、专业)			(设计名称)	
设计者	(签名)	(日期)			
制图者				(图号)	
指导教师			(图名)		
评阅教师					
				比例	

图 10-4　设计标题栏示例

标题栏的文字方向为看图方向，即图样中图形安排、标注尺寸、符号及说明，都以标题栏的方向为准。所谓图纸的右上角或左下角，均以标题为准，而不是相对于图纸装订边而言。

在标题栏上边，有时画有设备一览表。为了整齐美观、绘图简便，常将这些表的长度与标题栏的长度取齐，一般为 180 mm。

车间配置图中列有设备表，工艺建筑物系统图中列建筑物一览表。

(1)设备表

设备表如表 10-4 所示。

①序号栏中，在每个序号前加"S"，以表示设备编号(不采用 S-1 的方式)，标号应写于引出线的横线上，引出线为细实线，横线用粗实线；

②设备编号顺序按工艺设备、辅助设备、检修设备依次填写；

③工艺设备按工艺流程顺序填写；

④备注栏中填写必要的说明，如相关图号等。

表 10-4　设备表

序号	名称、规格	数量	单重	共重	备注
S10		10	13	130	
...	...	...	...	...	...
S1		1	5	5	
			重量/t		

设备表　　总重：　t

（2）建筑物一览表

建筑物一览表如表 10 - 5 所示。

①序号中先编写主厂房，然后编写转运站；

②转运站按从原料到成品的方向填写；

③通廊不编入一览表，通廊名称按胶带机名称命名，并标注在图面上该通廊的上方；

④名称栏中，按工艺流程作业名称编厂房名称。转运站名称按"No.1 转运站……No. n 转运站"等表示。

表 10 - 5　建筑物一览表

n		
…	…	…
1		
序号	名称	备注

建筑物一览表

10.1.2　图纸比例

1. 比例的选用

烧结工艺各类图纸的比例按照表 10 - 6 选用。

表 10 - 6　比例选用表

图纸类型	常用比例	必要时可选用的比例
建筑物系统图	1：1000，1：500	1：200
配置图	1：100，1：50	1：200
大样图	1：20，1：10	1：40，1：50，1：30

属于下列情况者可例外：

（1）烧结工艺系统图、配置图的平剖面图在特殊情况下，允许采用不同的比例。例如，配置图的平面图采用 1：200，剖面图允许采用 1：100。

（2）管道系统图不按比例绘制，但图面布局要适当、美观。

（3）图内一些局部放大图，其比例可视具体情况决定，但不宜过大，以图面表达清楚及图形布局得当为原则。

2. 比例的表示方法

图形一定要注明比例，比例值必须用阿拉伯数字填写，例如：1：200、1：100 等。

3. 比例的注写位置

图名一般放在图形下面，并在图名的下面画粗、细线各一道，比例注写在细线的下面，例如：

$$-3.70；\pm 0.004；4.2米平面 \qquad A-A$$
$$\frac{}{1:50} \qquad \qquad \frac{}{1:100}$$

当整张图纸中只用一种比例时，则比例在图的标题栏内注出。当采用不同比例时，除在图的标题栏内注出主要比例外，其余均采用如上注写方式。

10.1.3 图线

1. 线型

线条的宽度包括 0.18 mm、0.25 mm、0.35 mm、0.5 mm、0.7 mm、1.0 mm、1.4 mm 和 2.0 mm 等几种。

各种线型采用型式如表 10-7。

一般粗实线的宽度 $b = 0.5 \sim 2$ mm，粗虚线、粗点画线、粗双点画线的宽度与粗实线的相同，即 b；

虚线为粗实线的二分之一左右，即 $b/2$；

细实线、细虚线、点画线、双点画线、折断线、波浪线的宽度为粗实线的三分之一或更细，即 $b/3$；

同图中的同类线宽度基本上一致，虚线、波浪线、点画线、长度、间距大致相同；

两条平行线之间(剖面线)间距不小于 $2b$，最小不小于 0.7 mm；

圆中心线交点在圆心，点画线首末线端，不是短画线。

2. 图纸线型规定

各类图纸线型规定如表 10-8 所示。

表 10-7 各种线型示意图

序号	图线名称	图线型式	图线宽度
1	粗实线(标准实线)		
2	粗虚线		b
3	粗点画线		0.5 ~ 2 mm
4	粗双点画线		
5	虚线		$b/2$ 左右
6	细实线		
7	细虚线		
8	点画线		$b/3$ 或更细
9	双点画线		
10	折断线		
11	波浪线		$b/3$ 或更细

表 10 -8　各类图纸线型规定

图纸类型	图形所表达的内容	可见轮廓线的线型
设备联系图	设备	粗实线
	连接指示线	细实线
工艺建筑物系统图	工艺建筑物	粗实线
	胶带输送机	细实线
配置图	设备、工艺结构件等	粗实线
	建、构筑物，通风除尘设施、供配电设备等	细实线

10.1.4　柱列线

1. 表示方法

柱列线采用点划线表示。柱列线编号的圆圈用单细实线，圆圈直径 8 ~ 10 mm。

2. 编号规定

柱列线的编号应与土建图纸一致，在长度方向的编号采用阿拉伯数字，在宽度方向的注号采用大写英文字母（或甲、乙、丙……）。具体标注形式见图 10 -5 所示的三种表示方法。

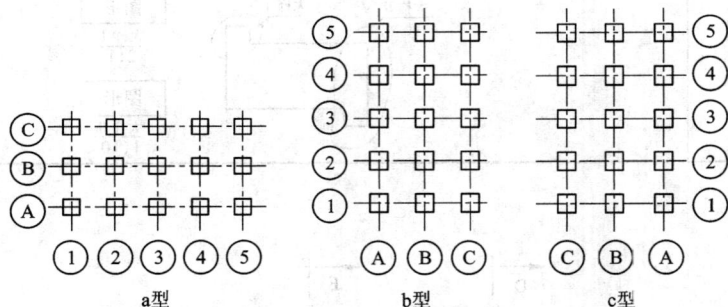

图 10 -5　柱列线编号的三种示例

3. 字母的采用

英文字母中 I、O、Z 三个字母不得用于柱列线编号，其他按英文字母顺序编写。

4. 柱列线的排列

柱列线的排列方向必须与建筑物系统图的排列方向一致。

10.1.5　剖切符号及剖面图例

1. 图面表示方法

剖视、剖面、向视及放大图的表示方法如表 10 -9 所示。当一张图中需要切取较多的剖面时，首先从上至下切取，然后再从左至右切取，如图 10 -6 所示。

表 10 – 9　剖视、剖面、向视、放大图样的表示方法

名　称	图　例
剖视图	 剖面符号用汉语或拼音或数字表示均可
剖面图	
向视图	
局部放大图	

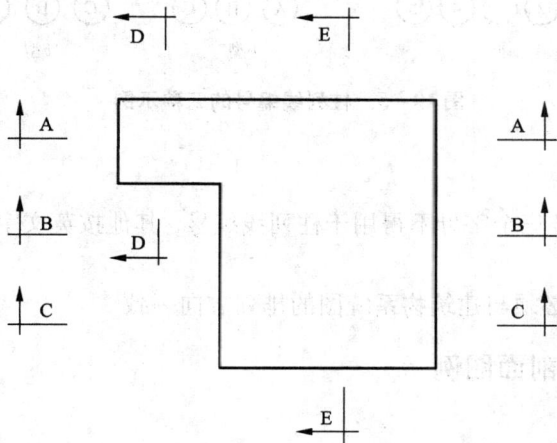

图 10 – 6　剖面切取顺序及切取方向图

2.符号的采用

剖视、剖面、向视图的剖切符号采用大写英文字母，也可采用数字表示。如：A－A、B－B、C－C、……或 1－1、2－2、3－3、……。在五个剖面以内的也可采用罗马数字，如：Ⅰ－Ⅰ、Ⅱ－Ⅱ、Ⅲ－Ⅲ、Ⅳ－Ⅳ、Ⅴ－Ⅴ等。

3.符号书写位置

剖切符号均写在图形的下方(见表 10－9)。

4.材料剖面

在图纸中经常使用的一些材料、建筑物的主要剖面按照表 10－10 中的图例表示。当剖面图例不够使用时，设计者可自行规定，但整个工程要统一，并要在图纸中注明图例。

表 10－10　剖面符号

剖面名称		图例	剖面名称	图例
金属	两线间距小于 2 mm	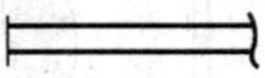	钢筋混凝土平台	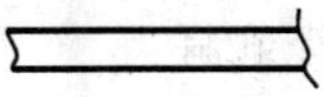
	两线间距大于 2 mm	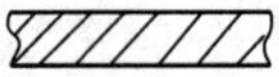	混凝土地坪	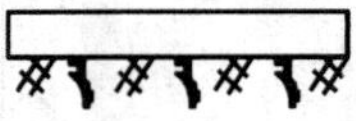
非金属材料(已有规定符号都除外)		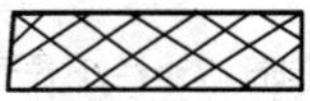	梁	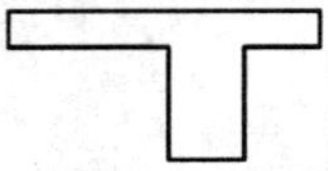
砖(配置图)		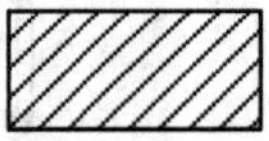	柱	
木材		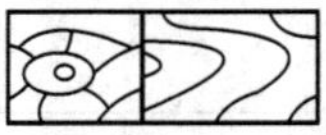	设备基础	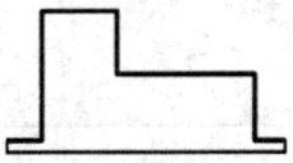
块石		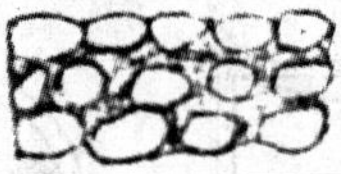	固体物料	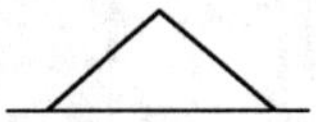
土壤		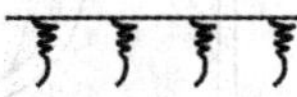	液体	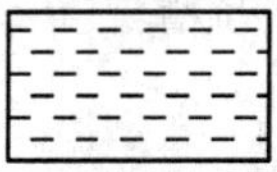
玻璃		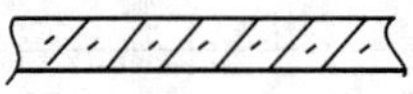	花纹钢板	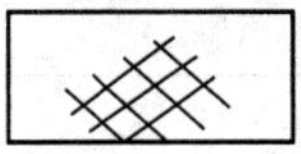
橡胶		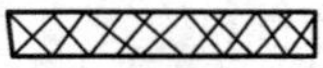		

10.1.6　孔洞、螺栓及钻孔的表示方法

1.孔洞的表示方法

图纸中各种孔洞的表示方法如表 10－11 所示。当表中图例不够使用时，设计者可自行规定，但整个工程要统一，并要在图纸中注明图例。

2. 螺栓、钻孔的表示方法

螺栓、钻孔的表示方法如表 10 – 12 所示。

表 10 –11　各种孔洞的表示方法

梯孔	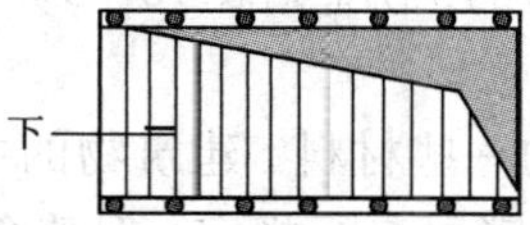
孔洞	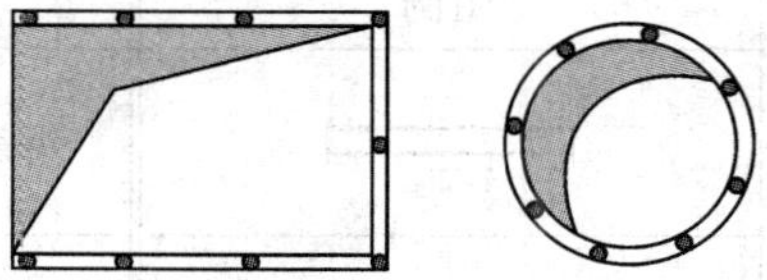
带活动盖板安装孔	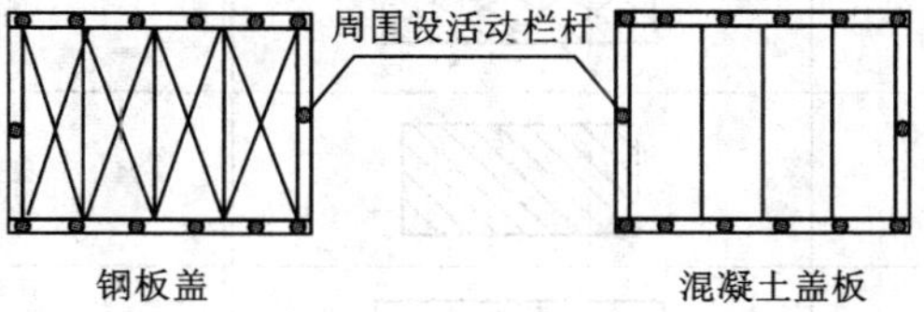
坑槽	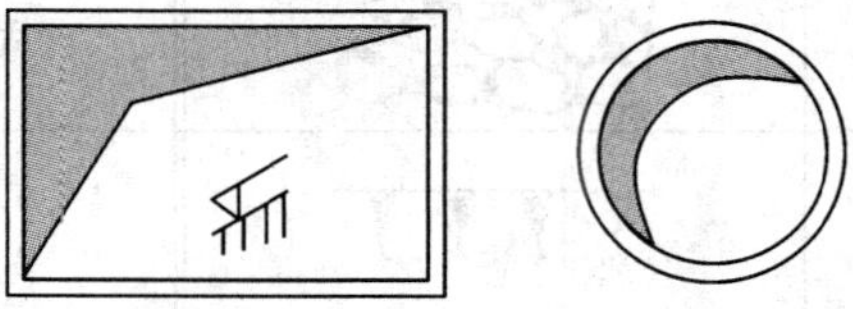
基础螺栓预留孔	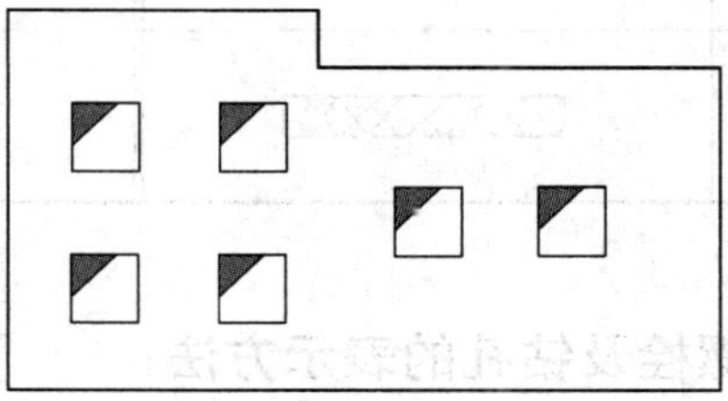

下

周围设活动栏杆

钢板盖　　混凝土盖板

表 10 – 12　螺栓、钻孔的表示方法

名　称	表示方法	图　例
基础螺栓	剖面图上用粗实线表示	
	平面图上用粗实线"＋"表示	
法兰连接螺栓	用粗实线表示	
法兰钻孔	按实际形状用粗实线表示	

10.1.7　尺寸和标高的标注

1.尺寸的标注

（1）尺寸单位：工艺建筑物系统图以"m"为单位，其余的单位一律为 mm，例如：工艺设备定位及设备与设备之间主要连接尺寸，平面尺寸标于平面图等。

（2）尺寸线的表示：尺寸线和尺寸界线均用细实线表示。尺寸线上的起止点采用倾斜45°的短线表示。尺寸数字应标注在尺寸线上方的中部；当尺寸界线距离较密时，最外边的尺寸数字可以标注在尺寸界线外侧；中部的尺寸数字可将相邻的数字在尺寸线上、下边错开标注，必要时也可用引出线（细实线）引出再标注。当图形尺寸不按比例时，应在所标注的尺寸数字下加画一粗实线，如图 10 – 7 所示。

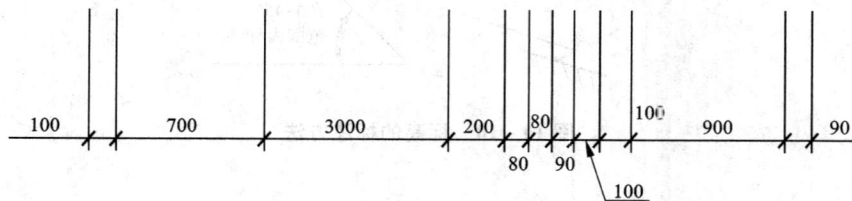

图 10 – 7　尺寸标注方法

（3）圆弧的直径、半径和角度均采用箭头表示，如图 10 – 8 所示。

（4）尺寸数字表示：尺寸数字按照图 10 – 9（a）所示方向填写，并应尽量避免在图示30°范围内标注尺寸。当无法避免时按图 10 – 9（b）左边所示的方法标注。

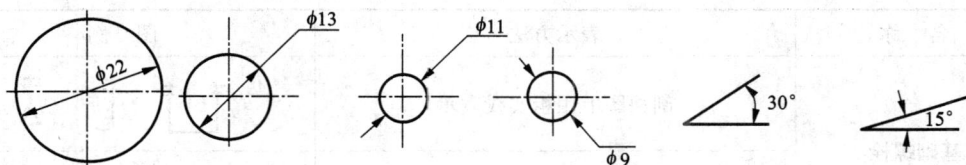

图 10 - 8　圆弧的直径、半径及角度表示方法

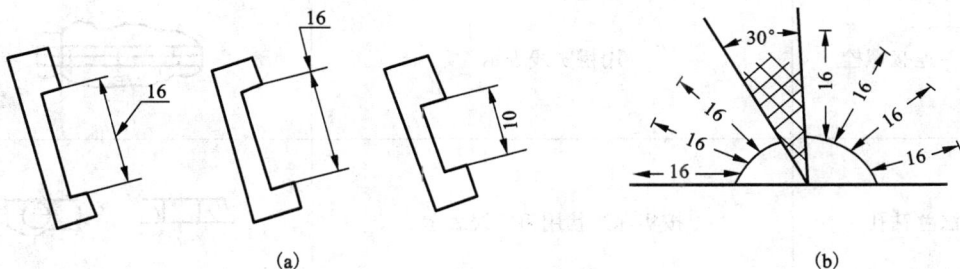

(a)　　　　　　　　　　　　　(b)

图 10 - 9　尺寸数字标注方法

2. 标高标注方法

(1) 标高单位：标高一律以"m"为单位，平台标高数字注到小数点后 2 位（即注到 cm 位）；通廊接点及设备安装标高注到小数点后三位（即注到 mm 位）。

(2) 标注方法：标高标注按照图 10 - 10 所示的方法表示。

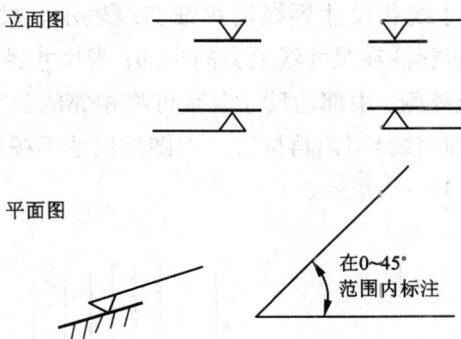

立面图

平面图

在 0~45° 范围内标注

图 10 - 10　标高的标注方法

(3) 标注规定：全厂平面标高相同时，厂内各车间的相对标高与绝对标高一致，此时在图面上说明相对标高与绝对标高关系，一次说明即可。

全厂平面标高不同时，对于单一车间，车间地坪标注相对标高 ±0.00 m，在说明中注明本车间 ±0.00 m 为相对标高，相对于绝对标高多少米，见图 10 - 11；两个车间 ±0.00 绝对标高不同时，连接两车间通廊接点的标高，除标注相对标高外，还要同时标注绝对标高，示在相对标高横线下括号内（见图 10 - 12）。

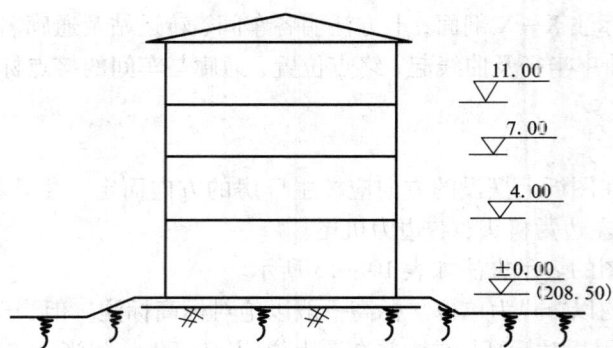

图 10 – 11　标高标注示例之一

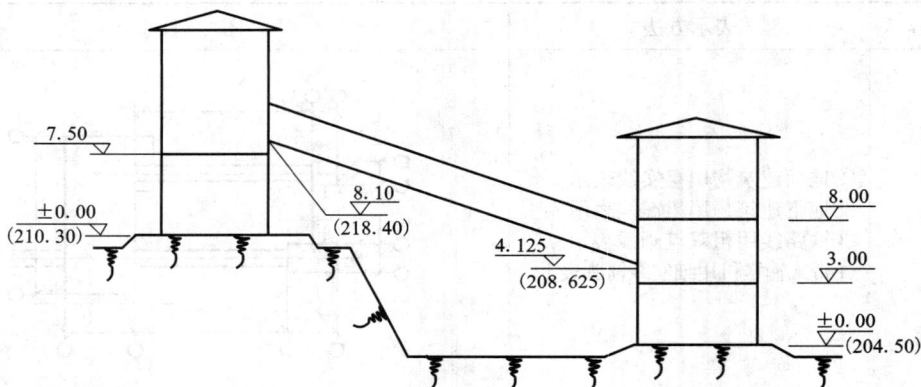

图 10 – 12　标高标注示例之二

10.2　工艺建筑物系统图

工艺建筑物系统图是表示各工艺建筑物之间相互联系的图样。

10.2.1　内容和深度

工艺建筑物系统图包括平面系统图和剖面系统图。用粗实线表示各建筑物的轮廓、地坪、通廊，用细实线并带箭头表示联系厂房的胶带输送机。

1.平面系统图的内容

（1）各车间的投影外形。

（2）各车间相互之间的定位。

（3）车间与车间相接通廊中胶带机的定位及通廊宽窄边的尺寸。

（4）各胶带输送机名称。

（5）各车间内胶带输送机的定位尺寸。

2.各剖面图的内容

（1）建筑物各层平台的标高。

（2）胶带机头、尾轮的定位尺寸及标高尺寸，中部胶带面的高度。

（3）剖面图下方标注 X—X 剖面，上方注明各车间、转运站及通廊名称。

（4）通廊角度、曲率半径及曲线起、终点位置，通廊与车间的接点标高。

10.2.2 画法

（1）平面系统图在图纸上摆设的方向应按主厂房的方向而定。主厂房应按横向布置在图纸上。一般主厂房的左边为机头，右边为机尾。

（2）建筑物系统图的表示方法如表 10 – 13 所示。

（3）图中的尺寸均以"m"为单位。标高一般以绝对标高标注。但当全厂的 ±0.00 m 均为同一绝对标高时，可用相对标高标注，并在图上说明 ±0.00 m 相当于绝对标高多少米。

表 10 – 13 工艺建筑物系统图例

内　容	表示方法	图　例
新设计的建筑物	①地面建筑物用粗实线表示。 ②地下建筑物用粗虚线表示。 ③铁路线用粗双点画线表示。 ④带式输送机用细实线箭头表示。	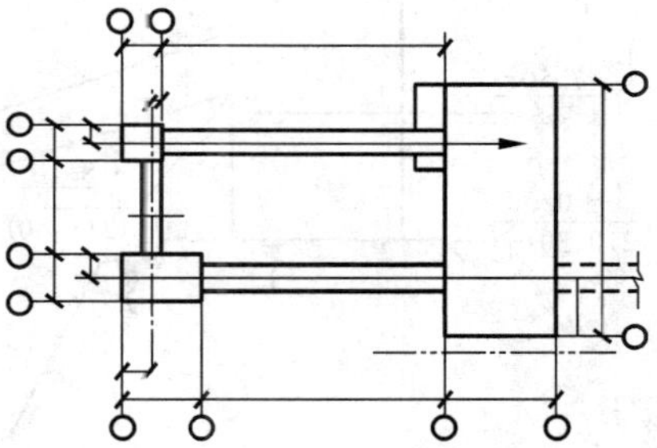
原有的建筑物	①原有建筑物用细实线表示，并在轮廓周围涂红色。 ②带式输送机铁路线等的表示方法与新设计相同。	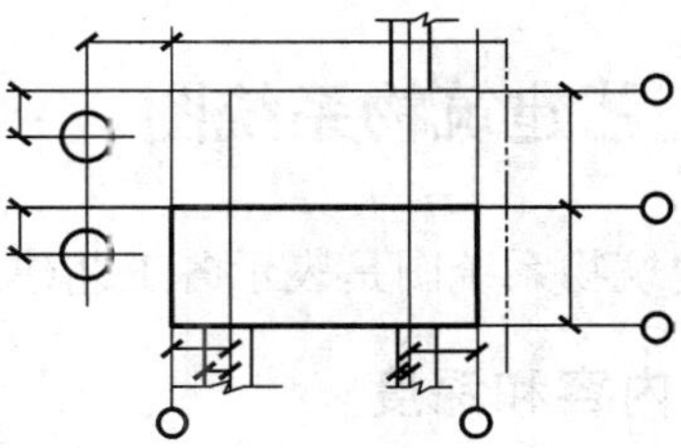
预留扩建的建筑物	预留扩建的建筑物用细双点划线表示	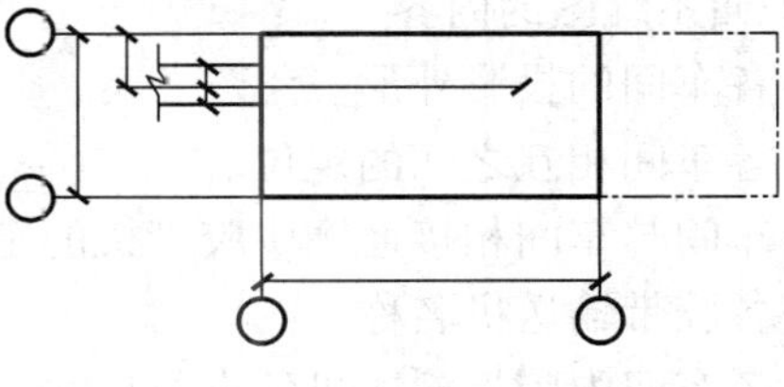

续表 10 - 13

内　容	表示方法	图　例
门形卸重机及带门形卸重机的露天料场	1. 轨道用粗双点画线表示并标出轨距。 2. 卸车机用双点画线表示。	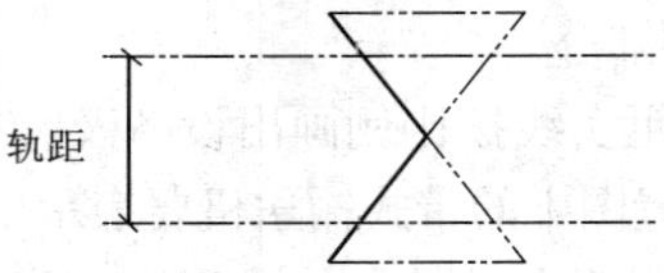 轨距
露天堆场	露天堆场用实线圈出其范围。	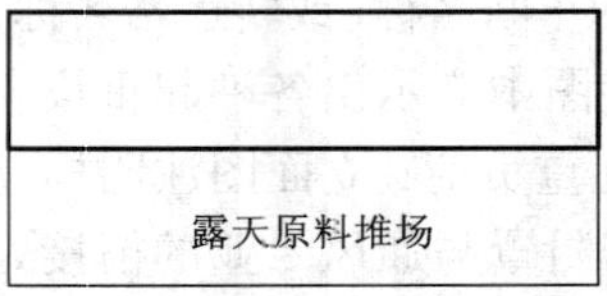 露天原料堆场

10.3　车间配置图

　　车间配置图是按工艺要求表示车间内工艺设备、辅助设备及金属结构件等总体布置关系的图样。它包括车间平面布置图、剖(截)面图和部分放大样图。

10.3.1　内容

　　(1)车间配置图应按比例绘出各工艺设备、辅助设备和金属结构件的外形尺寸和特征,并表示出其与车间配置的关系。

　　(2)配置图一般应包括主视图、俯视图(各层平台的)及侧视图。配置关系简单时取主视图与俯视图、侧视图即可,对配置关系复杂的可适当增加剖视图。

10.3.2　深度

　　1. 土建部分

　　混凝土楼面、操作台以及基础等的剖面应涂色,大面积的剖面只涂其轮廓周围即可;门窗楼梯、厕所等应按土建专业图纸规定,准确地按比例绘出,并标出跨距、柱距、各层平面及屋檐下的尺寸。具体的深度要求如下:

　　(1)柱子在剖面图中以细实线表示,在平面图中以方块或长方块表示,并以中心线连接。

　　(2)屋面以细实线表示,并示意坡度,平台、混凝土地坪以双细实线表示,并涂上颜色。

　　(3)梯子以所在的平台为基准,用箭头表示向上或向下,并标出所至平台的标高(如:"下至4.50")。

　　(4)一般要示出车间主梁,其他梁可不示出,但若厂房内梁的关系复杂时可在图中示出。

　　(5)表示出安装孔的大小及定位尺寸,并以符号表示带盖板(⊠)或不带盖板(▨),如有栏杆也要表示出。

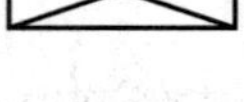

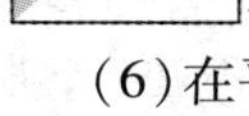

　　(6)在平面图中要示出门的位置,并简单示出墙皮及窗,全墙采用▨符号表示,半墙采用▨符号表示,窗采用▨符号表示。

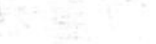

（7）车间内部的辅助设施构筑物如配电室、润滑室、值班室等要在图中以细实线示出其位置，并标注其名称。

（8）土建做的矿槽以细实线表示，说明其有效容积、堆存物料名称。

2. 工艺部分

（1）用粗实线按比例画出设备及金属构件的轮廓线。

（2）配置图中的带式输送机要表示出输送带、框梁、头尾轮及其支架（中部支架可不示出）、拉紧装置、漏斗密封罩。在平面图上注明带式输送机的名称规格及运行方向。剖面图上应示出胶带机来往的车间名称（或转运站名称）。皮带运输机采用粗实线，平面图用箭头表示。

（3）配置图中应示出各种起重设备，平面图中以粗双点画线表示其轨道，并标注轨面或轨底标高、起重负荷；立面图注明标高（梁），以及极限位置。

（4）在密封罩与通风专业的衔接处应标出接点法兰标高。

（5）同类设备只画一台，其余用中心线表示。

（6）与本图相关，但又不属本图工艺设备，用细实线画出。

（7）非安装设备的绘制，如车辆等，图形应按比例绘制，其图形绘制在经常停放的位置或通道上，图形数量可不与设备明细表上的数量相同；车间配电室、润滑室、值班室、休息室用细实线示出位置，并注明名称。

（8）图中需要说明相关图号，相对标高 ±0.00 m 所相当的绝对标高值。

（9）配置图中应按制图规定中的统一格式编设备表，按规定中设备编号顺序对设备进行编号。

（10）设备表中设备名称栏应写明设备全称、规格及性能，电机型号、功率、数量以及一些重要的参数。

3. 尺寸和标高

平面尺寸标于平面图中，单位为 mm；标高尺寸标注于主要立面图上，单位为 m。

（1）定位尺寸：工艺设备的定位尺寸（胶带机标出胶带机面离平台的高度），包括驱动装置与设备中心线的尺寸、设备与设备主要连接尺寸，设备与厂房的关系尺寸。

①设备一般由中心线定位，可用墙或柱轴线作为坐标，也可用已定位设备作为坐标。

②墙、柱子中心线，以已定位设备中心线为坐标。

③所有的平面尺寸不应重复。

（2）标高

①立面标高一般以地面作零标高（±0.00 m），高于地面为"正"，但不标"＋"，低于地面为"负"，必须标"－"；

②起重机跨度、轨道的定位尺寸和曲率半径。单轨起重机注明轨底标高，双轨吊车（桥式起重机）注明轨面标高，如平、剖面不在同一张图上时，应分别注明轨道标高。

③矿槽面及排料口标高。

④各层平台的相对标高、安装孔尺寸，车间内地坪和通廊进出口标高，通廊倾角及净空尺寸。

⑤各种工艺管道中心线标高（指管径大于 150 mm 以上的）。

⑥标高尺寸与设备的高度一致时，如标高尺寸已注明，可允许设备高度尺寸不注出，所有的标高尺寸不应重复。

（3）柱距与跨度

①柱距：按照土建要求，柱距一般都是 3 的倍数。在考虑主要工艺设备条件下，一般采用 6 m 或 9 m（宝钢为 8 m）。

②编号（相对于厂房）：纵向柱子编号是从左至右用阿拉伯数字编号，横向柱子编号是从下至上用大写英文字母（或甲、乙、丙……）编号。均编在轴线上，所编之号一般均注于下方及左边，编码写于细实线画的单圈内。

③平面：平面图名称以该平面的相对标高命名，图号写于图形的下方或上方。对于标注 ±0.00 m，应说明相对绝对标高多少。

10.3.3　画法

（1）车间配置图按比例绘制，各部分的轮廓线均按表 10 - 7 所规定的线型表示。

（2）定位轴线的编号及剖面切取原则按制图规定执行。

（3）车间配置图内起重设备表示方法见表 10 - 14 所示。

表 10 - 14　车间配置图内起重机表示方法

内容	表示方法	图　例
起重机	①应按比例绘制起重机的外形轮廓及特征。 ②在平面图上起重机用细双点画线表示。 ③在剖视截剖面图上起重机的轨道用粗实线。 ④在剖视截剖面图上绘出起重机吊钩在垂直和水平的极限位置。 ⑤图上注明： Q——起重量（t） L_K——跨度（m） H——起重高度（m）	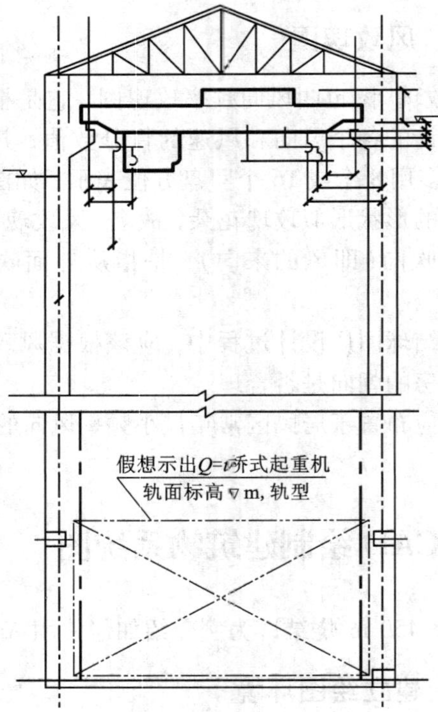 假想示出 $Q=$ 乔式起重机 轨面标高 ▽m，轨型

续表 10 - 14

内容	表示方法	图 例
单轨电葫芦等起重机	①剖视图中起重设备及轨道用粗实线。 ②在立面图中应标注轨底标高和最小吊钩高度。 ③平面图上轨道用粗点画线表示,起重设备用粗双点画线表示。	

10.3.4 风玫瑰图

"风玫瑰"图也叫风向频率玫瑰图,它是根据某一地区多年平均统计的各个风向和风速的百分数值,并按一定比例绘制,一般多用 8 个或 16 个罗盘方位表示,如图 10 - 13 所示,由于该图的形状形似玫瑰花朵,故名"风玫瑰"。玫瑰图上所表示风的吹向(即风的来向),是指从外面吹向地区中心的方向。

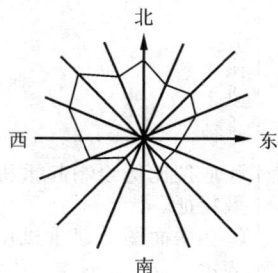

图 10 - 13 风玫瑰图

在烧结球团厂设计过程中,应该根据风玫瑰图确定总图布置和厂房的朝向是否合理。

厂址应布置于居民区常年最小频率风向的上风侧,并与居民区保持有关规定的卫生防护距离。

10.4 CAD 绘制建筑物系统图

以 $2 \times 450 \text{ m}^2$ 烧结厂为例介绍如何使用 AutoCAD 绘制建筑物系统图。

10.4.1 建立绘图环境

设置绘图环境是绘制一幅图的基础,绘图环境包括图形单位、绘图边界以及图层等内容。下面介绍具体设置步骤:

(1)设置绘图边界

选择"格式"|"图形界限"命令或直接调用"Limits"命令,根据命令行的提示,在命令行

中输入左下角点(0,0),按下回车键,在命令行中输入右上角点坐标(84100,59400),设置绘图比例为 1:100 的 A1 图形界限。

(2)设置图形单位

选择"格式"|"单位"命令或直接调用"Units"命令,弹出"图形单位"对话框(见图10-14),在对话框中对长度和角度的"类型"、"精度"进行设置,同时对插入比例和光源进行设置,具体设置见图 10-14。单击"方向"按钮,弹出如图 10-15 所示的"方向控制"对话框,在对话框里可以设置起始角度的方向。

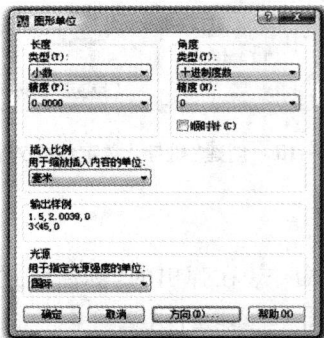

图 10-14　"图形单位"对话框

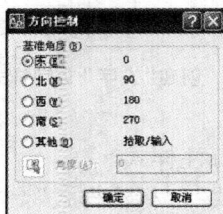

图 10-15　"方向控制"对话框

(3)设置图层

选择"格式"|"图层"命令或直接调用"Layer"命令,弹出"图层特性管理器"对话框,在对话框中创建"定位线"、"标注"、"绘图"、"文字序号"、"辅助线"等图层,并设置好图层颜色、线型等。设置完成的"图层特性管理器"对话框如图 10-16 所示。

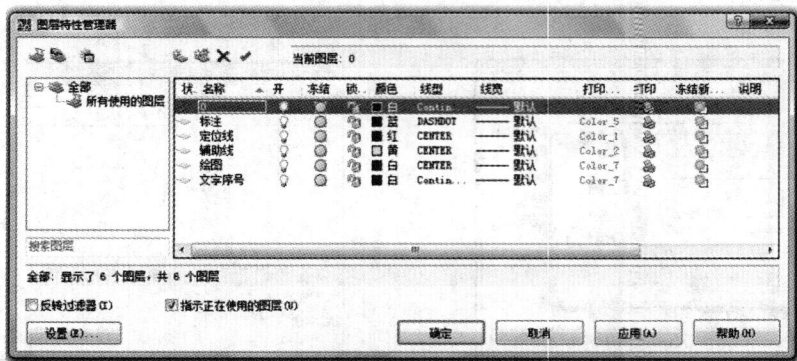

图 10-16　设置图层

(4)设置文字样式

选择"格式"|"文字样式"命令或直接调用"Style"命令,在弹出的"文字样式"对话框中,单击"新建"按钮,创建一个"文字"样式,具体的参数设置如图 10-17 所示。

采用同样的方法，再创建一个"数字"文字样式的对话框，具体参数设置如图 10 – 18 所示。

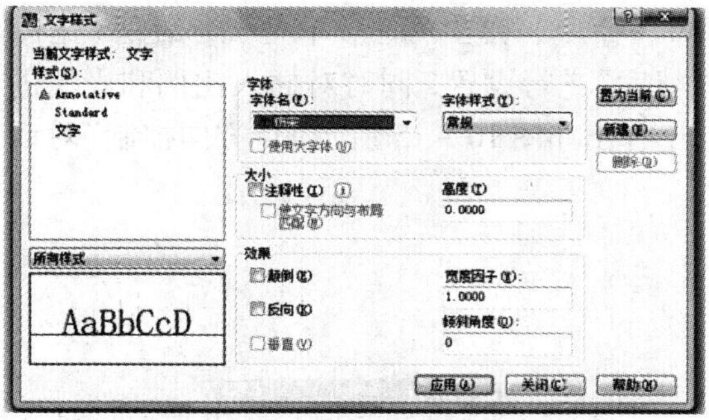

图 10 – 17　创建"文字"文字样式对话框 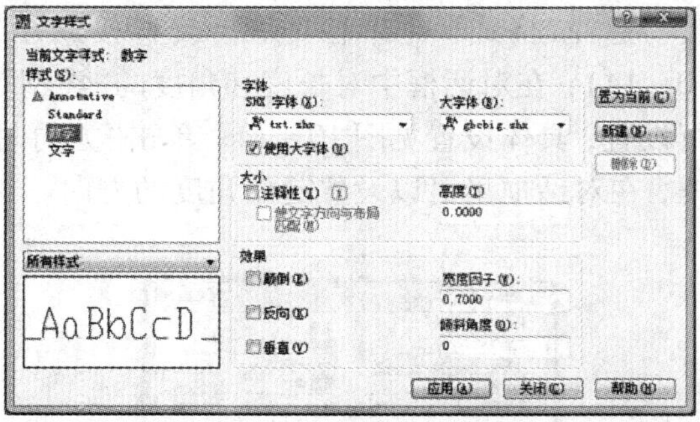　　　　图 10 – 18　创建"数字"文字样式对话框

（5）设置标注样式

选择"格式"|"标注样式"命令或直接调用"DimStyle"命令，在弹出的"标注样式管理器"对话框中，单击"新建"按钮，创建一个"1：100"样式，如图 10 – 19 所示。

单击图 10 – 19 中"创建新标注样式"对话框中的"继续"按钮，在弹出的"新建标注样式1：100"对话框中，单击"线"选项卡，将"超出尺寸线"设为 1，将"起点偏移量"设为 5。在"文字"选项卡中，"文字样式"选择"数字"；在"调整"选项卡中，"文字位置"选择"尺寸线上方，不带引线"、"使用全局比例"设为 100，"主单位"选项卡中，"小数点分隔符"选择"'．'句点"，得到如图 10 – 20 所示的标注样式。标注样式中各尺寸的含义如图 10 – 21 所示。

虽然在开始绘图前，已经对图形单位、界限、图层、文字样式、标注样式等进行了设置，但是在绘制图形的过程中，仍然可以对它们进行重新设置，这样就避免了用户在绘图时因设置不合理而影响绘图。

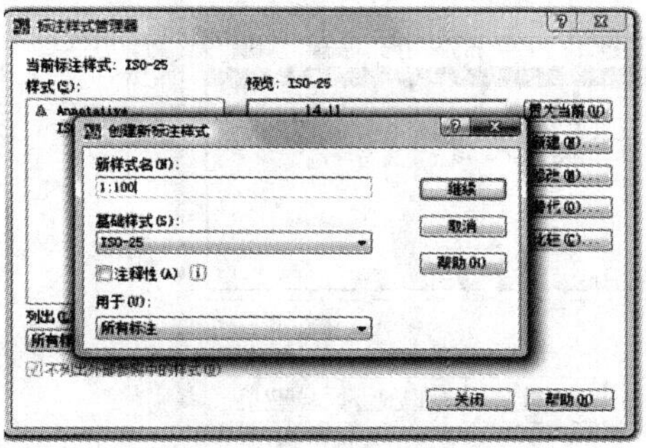

图 10 – 19　新建"1：100"标注样式对话框 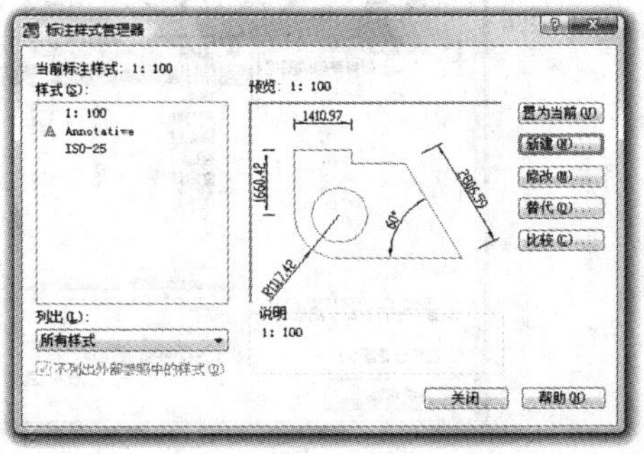　　　图 10 – 20　设置完成的 1：100 新标注样式

10.4.2　图形绘制

将绘图环境设置完成后，接下来需要调用二维绘图命令和二维编辑命令绘制设备联系图，具体操作步骤如下：

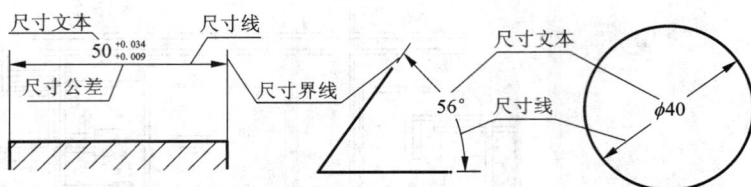

图 10－21　标注尺寸的含义

（1）单击"图层"工具栏中的下拉按钮，将"定位线"设置为当前层，如图 10－22 所示。

（2）调用"ZOOM"命令，在命令提示栏中选择"全部（A）"选项，将图形显示在绘图区域，单击状态栏中的"正交"按钮，打开"正交"辅助工具。

（3）调用"直线"命令绘制水平和竖直定位线，选择"修改" | "偏移"命令将水平线和竖直线按照已知的距离复制，如图 10－23 所示。

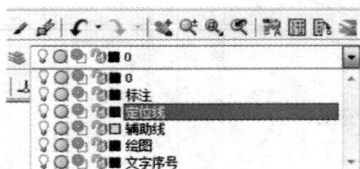

图 10－22　将"定位线"设置为当前图层

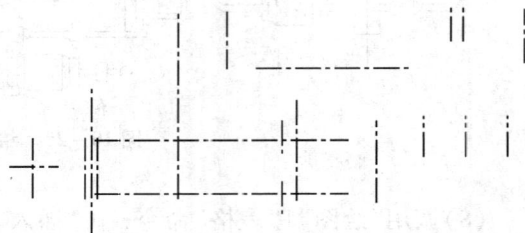

图 10－23　绘制定位线

（4）调用"矩形"命令绘制烧结机轮廓图，调用"移动"命令，选择矩形框，以矩形框的一边中点为基点，移动矩形框至基点与烧结机的定位线重合时按下鼠标左键，如图 10－24 所示。

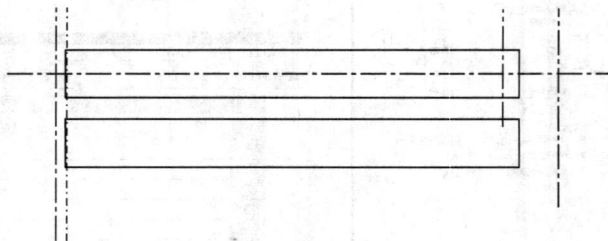

图 10－24　移动矩形框

（5）调用"MLine"（多线）命令绘制转运皮带，调用"矩形"命令绘制配料室、混合、筛分、除尘器、破碎、风机、烟囱等，调用"圆"命令绘制环冷。然后调用编辑命令，如"修剪"、"复制"、"镜像"、"删除"等命令对所绘制图形进行修改，结果如图 10－25 所示。

（6）选择"序号"图层，调用"Text"命令对建筑物进行编号。

（7）选择"标注"图层，调用"线性"命令标注尺寸。

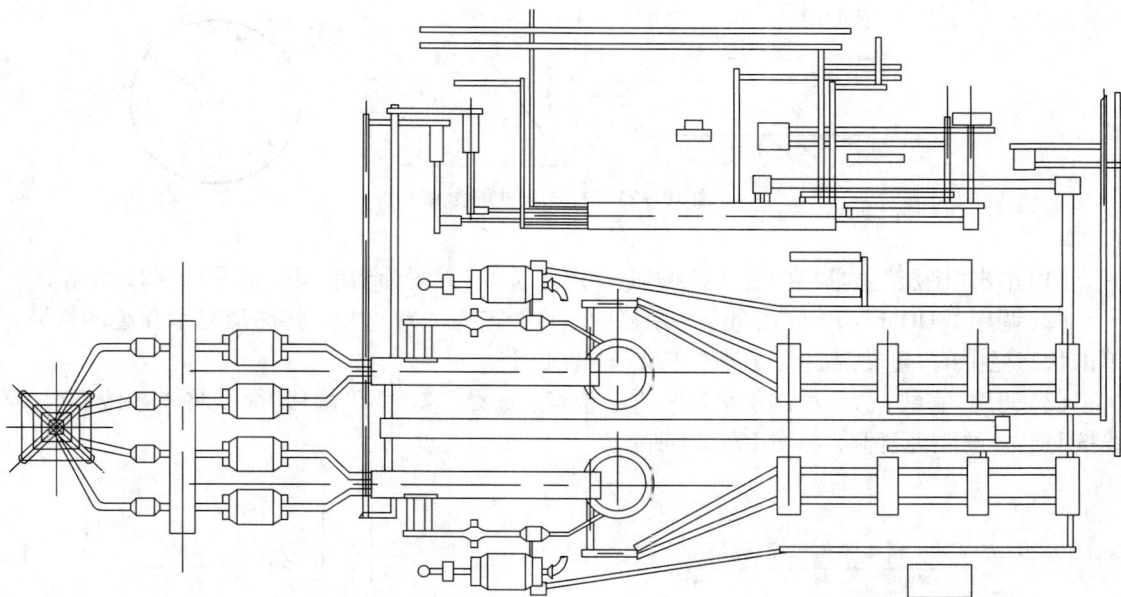

图 10 – 25　绘制建筑物系统图

　　(8)调用"绘图"|"表格"命令,在"插入表格"对话框(见图 10 – 26)中选择"插入选项"的"从空表格开始"创建一个空表格,设置表格样式,单击"确定"按钮,根据提示确定表格的位置,即可将表格插入到图形中。插入后 AutoCAD 弹出"文字格式"工具栏(见图 10 – 27),利用"文字格式"工具栏,可以对表格进行各种编辑,如插入行、删除行、插入列、删除列以及合并单元格等,具体操作与在 Microsoft Word 中对表格的编辑类似。用户还可以选择"自动数据链接"选项,根据提示链接已经创建好的 Excel 表格。

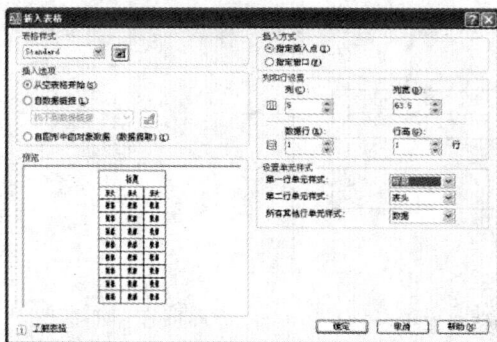

图 10 – 26　"插入表格"对话框

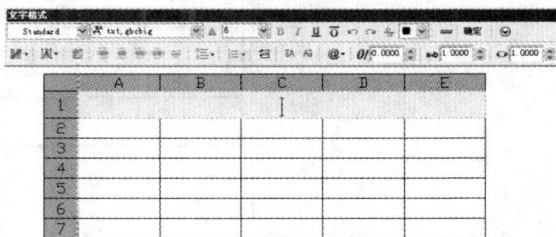

图 10 – 27　"文字格式"工具栏

　　绘制好的 $2 \times 450 \ m^2$ 烧结厂建筑物系统图如图 10 – 28 所示。

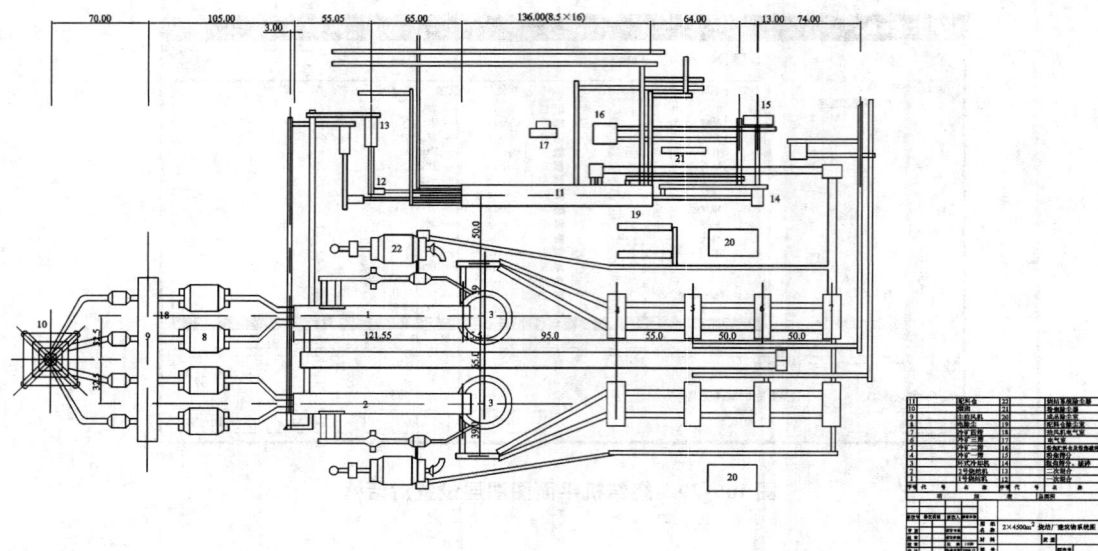

图 10 – 28　2×450m² 烧结厂建筑物系统图

10.5　CAD 绘制平面图

以 420 m² 烧结机为例介绍如何使用 AutoCAD 绘制烧结机平面图。

10.5.1　建立绘图环境

具体设置步骤如下：

（1）设置绘图边界

调用"Limits"命令，设置点(0，0)和点(118900，84100)，设置绘图比例为 1∶100 的 A0 图形界限。

（2）设置图形单位

调用"Units"命令设置长度和角度的"类型"、"精度"，以及起始角度的方向。

（3）设置图层

调用"Layer"命令，创建"台车"、"布料"、"点火""风箱"、"烟管"、"给料"、"破碎"、"降尘"、"辅助线"、"标注"等图层，并设置好图层颜色、线型等。设置完成的"图层特性管理器"对话框如图 10 – 29 所示。

（4）设置文字样式

调用"Style"命令，创建一个"文字"样式，字体大小 3000，其他具体的参数设置如图 10 – 17 所示。

采用同样的方法，再创建一个"数字"文字样式的对话框，具体参数设置如图 10 – 18 所示。

（5）设置标注样式

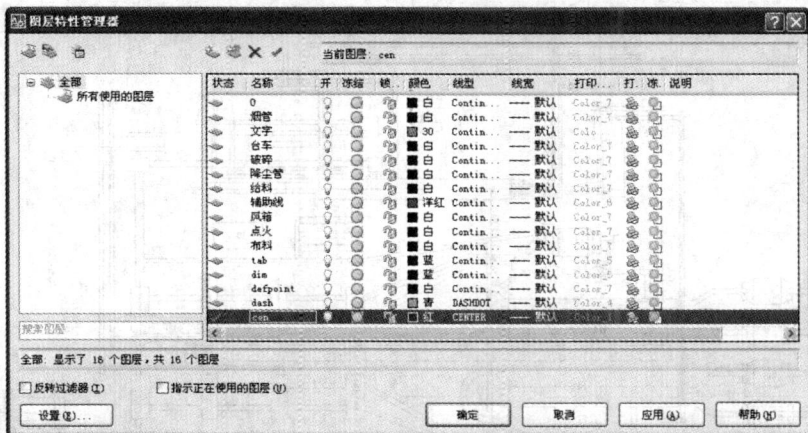

图 10 – 29　烧结机平面图图层设置对话框

　　调用"DimStyle"命令,在弹出的"标注样式管理器"对话框中,单击"新建"按钮,创建一个"1:100"样式,如图 10 – 19 所示。按上节设置标注样式步骤设置一个 1:100 的标注样式。

　　在绘图过程中还可以对已经设置好的绘图环境进行重新设置,避免用户在绘图时因设置不合理而影响绘图。

10.5.2　图形绘制

　　设置好了绘图环境后,下面就开始绘制烧结机平面图。

　1. 绘制辅助线

　　辅助线用来在绘图的时候准确定位,其绘制步骤如下:

　　(1)利用"ZOOM"命令中的"全部"选项将图形显示在绘图区域;

　　(2)单击状态栏中的"正交"按钮,打开"正交"辅助工具;

　　(3)将"中心线"图层设置为当前图层;

　　(4)利用"LINE"命令绘制水平和竖直基准中心线;

　　(5)利用"Offset"命令将水平线和竖直线按照固定的距离复制。

　　绘制好的定位中心线如图 10 – 30 所示。

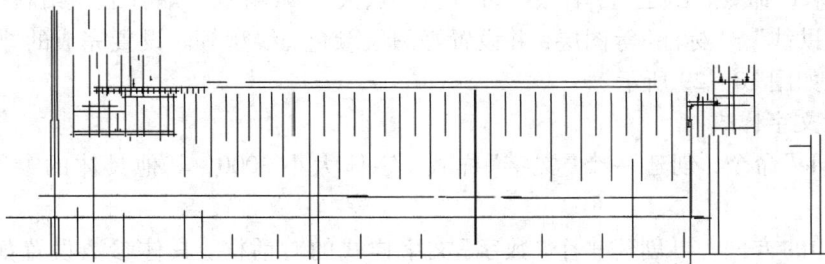

图 10 – 30　烧结机中心定位线

2. 绘制烧结机平面图

以铺底料给料装置(见图 10 – 31)为例介绍如何绘制烧结机平面图。

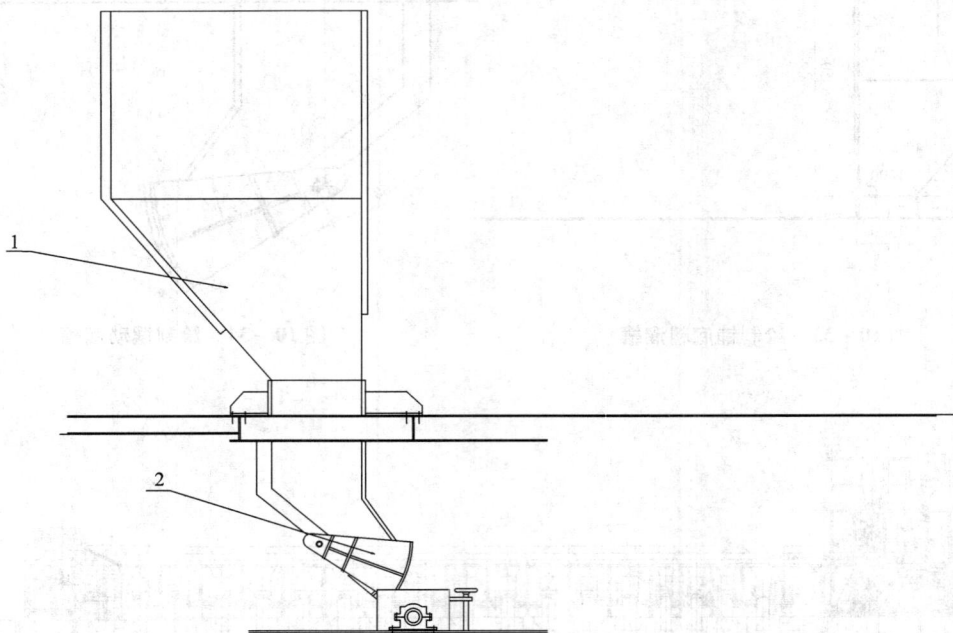

图 10 – 31   铺底料给料装置

1—铺底料溜槽;2—摆动溜槽

(1)将"给料"层设为当前层。

(2)调用"多线"命令,设置多线比例为 20,在 29.65 m 平面绘制铺底料溜槽与摆动溜槽联接位置。调用"复制"命令按距离 – 330 复制新绘制的双线,结果如图 10 – 32 所示。

(3)调用"直线"命令,以铺底料溜槽固定基座为对称绘制高 480,长 1300 的基座。再次调用"直线"命令,绘制高 5050,上开口宽 3320,下开口宽 1200,溜槽倾斜度 49°的溜槽,如图 10 – 33 所示。

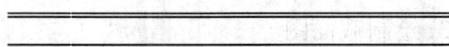

图 10 – 32   绘制联接位置

(4)调用"直线"和"圆弧"命令,绘制摆动溜槽。摆动溜槽圆弧半径 1280,夹角 29°,摆动溜槽与铺底料溜槽的固定点位于摆动溜槽中心线与铺底料溜槽下开口中心线偏移约 60 处,如图 10 – 34 所示。

(5)调用"直线"、"圆"和"圆弧"命令,绘制摆动溜槽传动装置,完成铺底料给料装置图,如图 10 – 31 所示。

依照铺底料给料装置绘制方法,利用 AutoCAD 二维平面绘图命令和图形编辑命令绘制烧结机其余各部件,绘制好的烧结机平面图如图 10 – 35 所示。

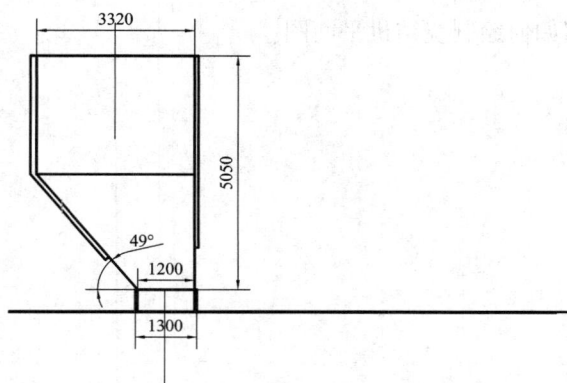

图 10-33　绘制铺底料溜槽

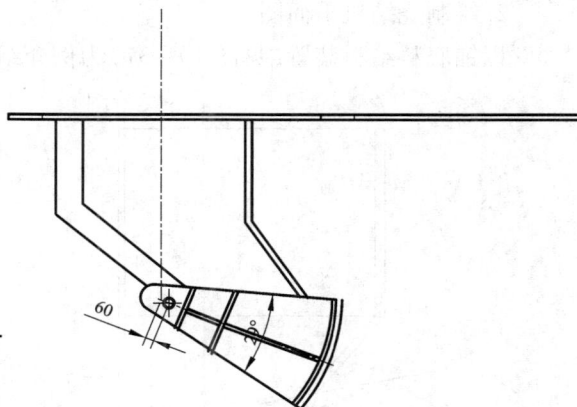

图 10-34　绘制摆动溜槽

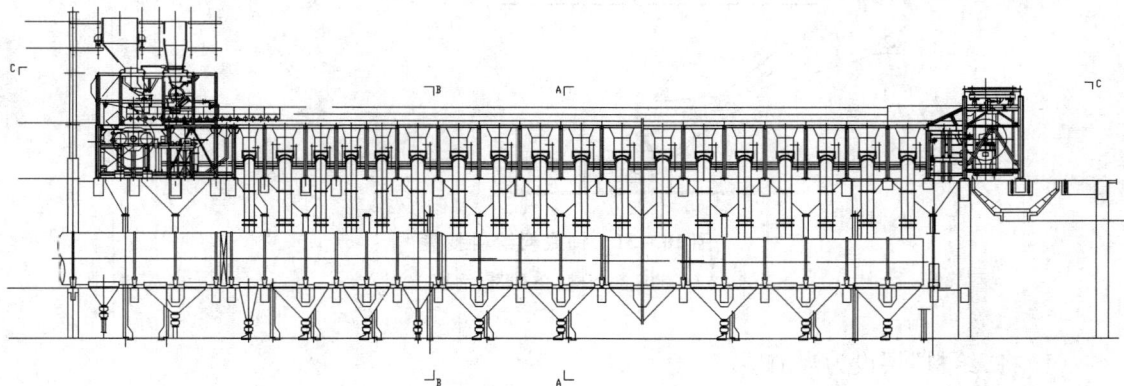

图 10-35　烧结机平面图

3. 绘制截面图

平面图中 A—A、B—B、C—C 各位置图如图 10-36 所示。

4. 标注尺寸

(1)设置引线样式

调用"样式"工具栏 或"多重引线"工具栏中的"多重引线样式控制"下拉列表框 ，在多重引线样式管理器(见图 10-37)中设置多重引线的样式。

(2)设置标高

标高是设备或建筑某一部分相对于基准面(标高的零点)的竖向高度，是施工和设备安装时定位的依据。按照所选取基准面的不同分为相对和绝对标高。相对标高可以根据工程需要自行选定工程的基准面。烧结厂设计中通常以建筑物一层的主要地面作为标高的零点。

标注标高要采用标高符号，标高符号是高大约 3 mm 的等腰直角三角形，用细实线绘制，如图 10-38 所示。

A-A

B-B

C-C

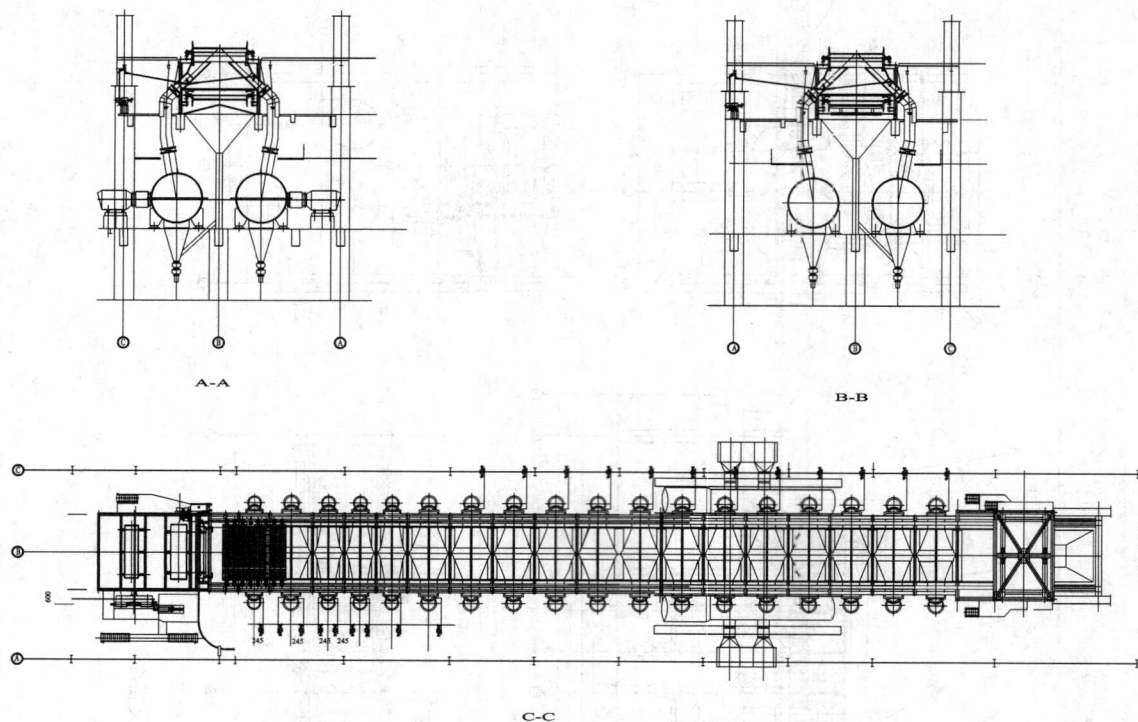

图 10 – 36　位置面图

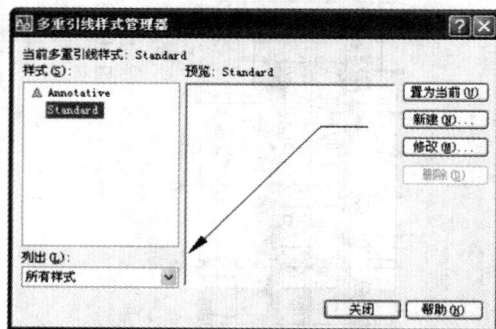

图 10 – 37　"多重引线样式管理器"对话框

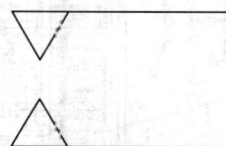

图 10 – 38　标高符号

（3）将"标注"置为当前图层，对图 10 – 35 的烧结机平面图和图 10 – 36 的位置剖面图标注标高及添加尺寸文字。添加尺寸标注、文字标注及标高后的烧结机及各个断面图分别如图 10 – 39 所示。

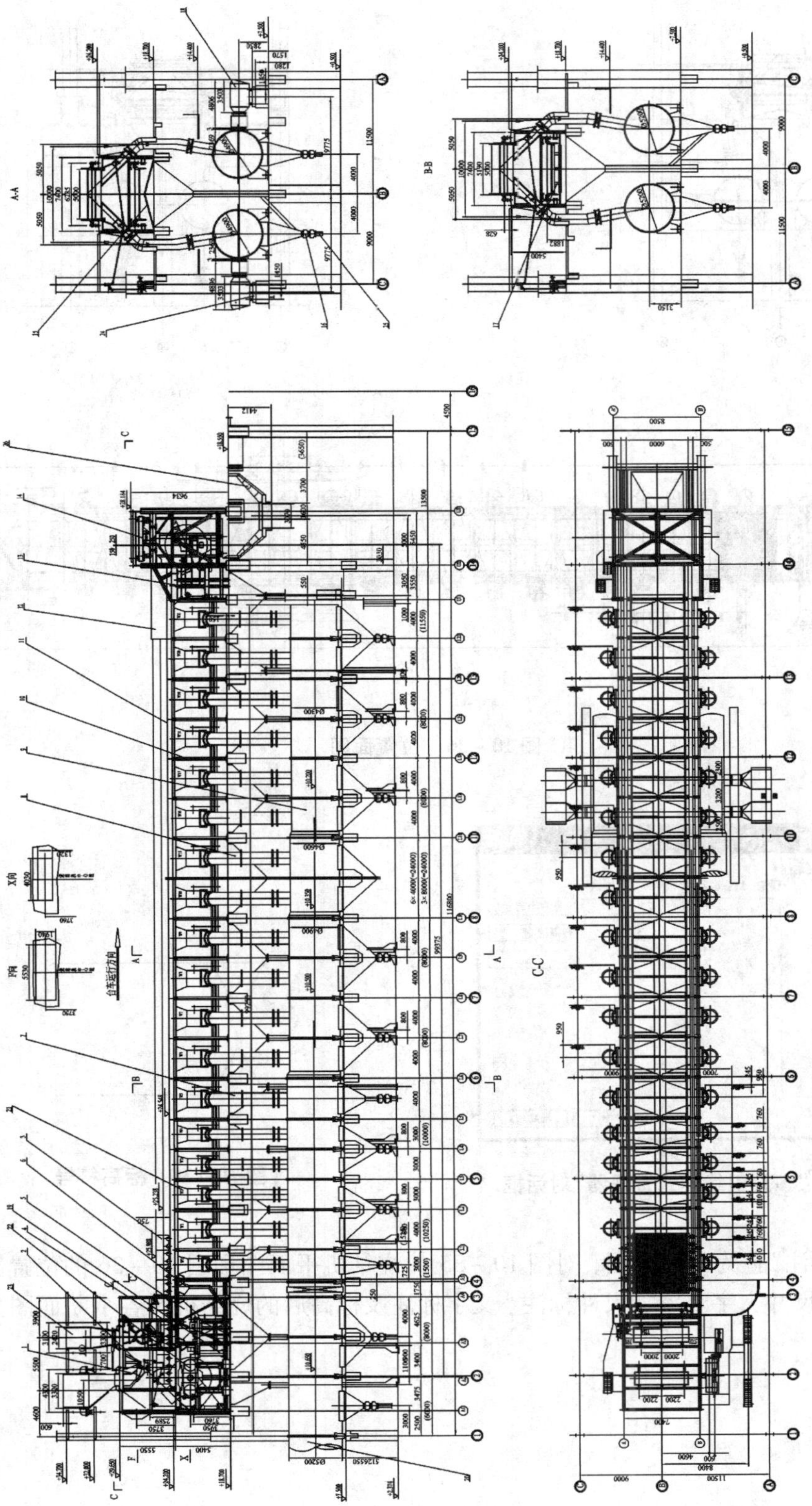

图 10-39 烧结机及各个断面

5. 添加图框

正规的烧结厂设计图纸必须要有图框。一般来说，在绘图时首先要制定图框，然后在图框内绘制图形。由于计算机绘图的灵活性和方便性，所以可以先绘制图形和标注，然后再插入图框。

将"图框"层设为当前图层，调用"矩形"命令以(0，0)和(118 900，84 100)为对角点绘制矩形图框。

由于标准图纸对图框和标题栏的要求基本一样，所以，可以把常用的图框和标题栏保存为专门的文件，在需要的时候作为一个块插入进去就可以了。下面以 A0 图纸为例讲述图框和标题栏绘制方法。

(1)新建一个绘图文件，将该图框文件保存为 A0.dwg。

(2)定制图幅。

命令：limits

重新设置模型空间界限：

指定左下角点或[开(ON)/关(OFF)]<0.0000,0.0000>:

指定右上角点<920.0000,297.0000>:120000,120000//指定图幅

命令：zoom

指定窗口角点，输入比例因子(nX 或 nXP)，或者

[全部(A)/中心点(C)/动态(D)/范围(E)/上一个(P)/tthl (S)/窗口(W)]<实时>:a

正在重生成模型。//显示当前绘图范围

(3)绘制图幅线。图幅线就是图纸的边缘，绘制图幅线的目的是为了便于观察和打印图形。A0 图纸的大小是 1189mm×841mm，采用足尺作图，比例1:100，图幅的大小是 118 900 ×84 100，可以采用一个矩形来绘制图幅线。

(4)绘制图框线。图框线是图纸上存在的图形。

(5)绘制标题栏。标题栏可调用"表格"命令绘制表格，也可采用先在 Microsoft Excel 中设计好表格后利用图 10-26"插入表格"中的"自动数据链接"进行很方便的链接。

(6)添加文字。在标题栏分别填充相应的文字，这样一个完整的图框和标题栏就绘制完成了。

添加文字后的标题栏如图 10-40 所示。

(7)保存文件，完成图框的绘制。现在来为烧结机平面图加上图框和标题，这幅图需要制作一个 A0 页面(长 1189mm，宽 841mm)的图框。具体步骤如下：

①将所绘制的图1039 烧结机平面图保存为"烧结机平面图.dwg"。

②新建一个文件并将其绘图区域设置为 A0 页面大小。

③将所绘制的 A0 图框按照1.0 的缩放比例插入到新建的文件中。

④将所绘制的建筑总平面图插入图框中。将比例设为1，选择适当的位置插入图形，如果不满意再利用"移动"命令调整。

完成后的烧结机平面图如图 10-41 所示。

序号	代号	名称	数量	材料	单件 质量(kg)	合计 质量(kg)	备注
29		标牌	1	0Cr18Ni9Ti			图中未示出
28		台车吊具	1				图中未示出
27		智能润滑系统	1				
26		卸矿斗	1				
25		双层卸灰阀连接短管	1				
24		冷风吸入装置支座	4				
23		给料料仓装置	1				
22		驱动装置	1				
21		风箱装置	1				
20		主排气管道（厂房外）	1				
19		一号灰斗	1				
18		冷风吸入装置	4				
17		台车粘料清除装置	1				
16		双层卸灰阀配置	1				
15		机下栅格	1				
14		尾部装置	1				
13		FWM-5000(T)风箱尾部密封	1				
12		尾部密封罩	1				
11		轨道装置	1				
10		骨架	1				
9		主排气管道（厂房内）	1				
8		机下灰斗	1				
7		风箱支管	1				
6		FTM-5000(T)风箱头部密封	1				
5		散料斗	1				
4		刮油装置	1				
3		烧结台车(B=5000,L=1500)	143				备用2件
2		头部密封罩	1				
1		给料装置	1				
序号	代 号	名 称	数量	材 料	单件 质量(kg)	合计 质量(kg)	备注
	明	细	表		总质量		

修改号	修改说明	修改人	修改日期	图纸 名称	420m^{2}烧结机(右式)		
审定		设计专业	机械				
组审		设计阶段	施工图	材料		质量	
校审		比 例	1:100				
设计		完成日期		图号		顺序号	

图 10-40　烧结机栏目表

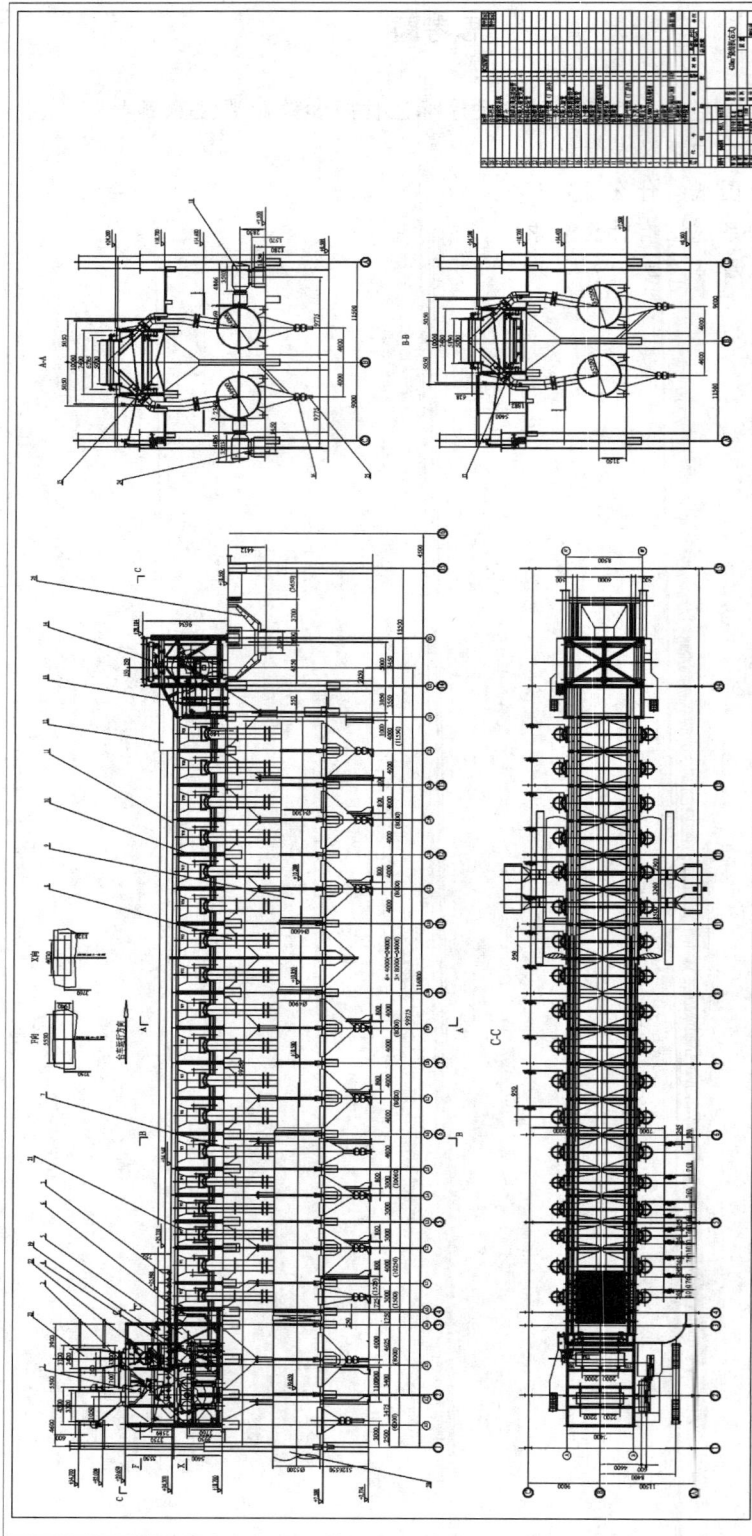

图 10 - 41　烧结机平面图

思考题

1. 车间配置设计规定中的线条画法、尺寸标注柱距和跨距要注意哪些?
2. 风玫瑰图的画法和意义是什么?
3. 对烧结厂设计图纸有什么规定?
4. 对工艺建筑物系统图有什么要求?
5. 对车间配置图有什么要求?

第 11 章　工程概算和技术经济评价

11.1　工程概算

工程概算是控制建设项目基建投资、提供投资效果评价、编制固定资产投资计划、筹措资金、施工招标等的主要依据，也是作为控制施工图预算的主要基础。

根据有关规定，初步设计编制概算，施工图设计编制预算，施工结束后编制决算。概算和预算由设计单位编制，决算由生产单位编制，设计单位参加。

编制工程概算要严格执行国家有关方针政策，如实反映工程所在地的建设条件和施工条件，正确选用材料单价、概算指标、设备价格和各种费率。

工程概算的编制包括工艺设备、金属结构、工艺管道、设备及管道保温、一般工业炉等五个部分。

1. 工艺设备概算的编制

设备及安装工程概算必须根据初步设计设备表和设备安装工程概算定额或安装费概算指标，以及机电产品出厂价格和非标准设备估价等资料来编制。工艺设备概算由设备价格及安装工程费两部分组成。

(1) 设备价格：由设备原价和设备运杂费两部分组成。

根据相关规定，分别确定国内设备、国外引进设备和非标准设备的价格。设备运杂费按占设备原价的百分比(运杂费率%)计算。

(2) 设备安装费和间接费：设备安装费包括设备由工地仓库搬运到安装地点，以及设备开箱检查、基础校对、清洗、研磨、装配、安装、找平、调整、二次灌浆、单独运转等费用；间接费指施工单位行政管理费和其他间接费。

2. 工艺金属结构及工艺管道概算的编制

工艺金属结构指工艺专业设计的漏斗、溜槽、设备支架、保温罩、梯子和平台等，其计算指标应包括制作费及安装费、刷油费、间接费、运输费。工艺金属结构拆除费按安装费的一定比例计算。

工艺管道概算依图纸计算出管道实长，按管径分别套用当地"工业管道概算指标"计算。如没有地区概算指标，可按原价加运杂费、安装费计算。直径在 300 mm 以上的阀门按设备计算。

3. 设备及管道保温概算的编制

设备及管道保温概算按保温材料工程量和保温材料价格计算。

4. 工业炉概算编制

(1) 点火用风机及高温回热风机按设备价格计算；

(2) 工业炉的蝶阀按材料(铸铁或钢板)重量计算，烧嘴按实际价格计算；

(3) 点火器金属骨架、各种金属管道，直径小于 300 mm 的各种阀门、法兰、三通、弯头、

盲板等管件按金属结构计算；

（4）砌筑工程按炉窑砌筑工程单价计算直接费用，间接费按砌筑工程总值的百分比计算。

11.2 投资及投资分析

投资需要了解以下几个方面：

（1）烧结、球团厂的总投资和单位投资；

（2）烧结（球团）、土建、水道、通风、电气、自动化、总图、机修、化验、电讯、大气监测、工业炉、燃气、热力等各专业的投资比例；

（3）熔剂（燃料）破碎室、配料室、混合室、烧结（球团）室、冷却室等主要车间的投资比例。

烧结球团工程基本建设和技术改造所需资金有银行贷款和自筹两个来源。贷款又分为基建贷款和银行贷款，此外还有临时周转贷款。

11.3 烧结球团技术经济指标

烧结、球团技术经济指标主要包括：①生产能力指标；②原料、燃料和动力消耗指标；③设备重量和电容量指标；④建筑材料用量指标；⑤生产成本及加工费指标；⑥工序能耗指标；⑦烧结（球团）厂占地面积指标；⑧质量指标；⑨职工定员指标等。这里只介绍部分内容。

11.3.1 生产能力指标

烧结、球团生产能力取决于烧结机（球团焙烧机）的利用系数和作业率。我国部分球团厂和烧结厂的利用系数和作业率见表11-1和表11-2。

表11-1 我国部分球团厂（链箅机-回转窑）利用系数和成品率

年度	指标	单位	球团厂1	球团厂2	球团厂3	球团厂4	球团厂5
2012	利用系数 日历作业率 成品率	t/(m³·d) % %	14.02 87.23 100	9.83 92.96 98.77	7.08 82.70 96.97	9.04 — 95.58	7.24 — 100
2011	利用系数 日历作业率 成品率	t/(m³·d) % %	14.05 81.93 100	10.00 90.40 98.13	7.42 — 90.11	9.04 90.11 93.24	7.90 82.63 100
2010	利用系数 日历作业率 成品率	t/(m³·d) % %	13.83 90.84 —	— — —	7.33 — 96.67	10.31 92.84 95	7.94 90.64 99.17

11.3.2 原、燃料和动力消耗指标

原、燃料消耗量由于矿石种类及产品品种的不同，按试验结果或类似厂的生产实践来确定。

生产1t烧结矿（球团矿）所消耗的原料、燃料、动力、材料等的数量叫消耗定额。我国部分烧结厂、球团厂的消耗指标实例见表11-3和表11-4。

表 11 – 2　2010—2012 年我国部分烧结厂利用系数和作业率

年度	指标	单位	烧结厂 1	烧结厂 2	烧结厂 3	烧结厂 4	烧结厂 5	烧结厂 6	烧结厂 7
2012	利用系数	t/(m²·h)	1.381	1.398	1.257	1.053	1.133	1.49	1.221
	日历作业率	%	97.51	96.02	91.42	96.401	96.84	93.12	96.55
	成品率	%	75.76	85.05	—		86.96	68.28	
	料层厚度	mm	712	700	700	695.7	828.53	678	719
	精粉率	%	—	—	44.58	57.43	2.75	38.98	48.22
	生石灰	kg/t	59.43	34	65	—	46.99	40.30	80.60
2011	利用系数	t/(m²·h)	1.344	1.445	1.172	1.072	0.964	1.422	1.272
	日历作业率	%	91.46	93.40	84.76	96.46	94.74	97.82	96.42
	成品率	%	73.58	84.18	—	—	88.24	74.77	
	料层厚度	mm	675	700	700	700	815.18	682	728
	精粉率	%	—	—	41.08	59.54	5.79	39.62	45.37
	生石灰	kg/t	49.83	34	80	42.73	48.73	46.5	73.81
2010	利用系数	t/(m²·h)	1.387	1.457	1.197	1.123	—	1.391	1.339
	日历作业率	%	98.55	93.67	91.24	93.55	—	97.63	95.93
	成品率	%	75.48	78.28	—	—	—	74.53	
	料层厚度	mm	681	700	700	700	—	600	733
	精粉率	%	—	—	34.35	60.963	—	36.18	48.86
	生石灰	kg/t	44.2	30	73	153.01	—	54.4	80.80

表 11 – 3　我国部分烧结厂消耗指标实例

年度	指标	单位	烧结厂 2	烧结厂 3	烧结厂 4	烧结厂 5	烧结厂 6	烧结厂 7
2012	一、原材料		1.0881	1.045	1.019	1.092	0.94971	1.05
	1. 铁料	t	0.8701	0.883	0.894	0.945	0.69871	0.93
	其中：精矿	t	0.0009	0.398	0.569	—	0.359	
	2. 熔剂	t	0.2180	0.162	0.125	0.149	0.25100	0.12
	其中：生石灰	t	—	0.065	0.037			0.081
	二、辅助材料							
	1. 炉箅条	kg	—	0.011				
	2. 胶带（单层）	m²	—	0.027				
	3. 润滑油	kg	—	0.020				
	三、燃料与动力							
	1. 电	kWh	47.289	38.65	63.96	42.97	47.97	32.05
	2. 水	t	0.093	0.195	0.156	0.012	0.328	0.009
	3. 高炉煤气	MJ	61	13	—	—		
	4. 焦炉煤气	MJ	—	68	74	40.51	56	73
	5. 压缩空气	m³	0.0004	—	0.017	0.024197	0.02138	0.00303
	6. 蒸汽	t	0.007	—	0.098	0.0216	0.01954	0.001
	7. 焦粉	t	0.031	0.054	0.045	0.0566	0.01748	0.045
	8. 煤粉	t	0.0378	—	0.012		0.01496	—

续表 11 – 3

年度	指标	单位	烧结厂2	烧结厂3	烧结厂4	烧结厂5	烧结厂6	烧结厂7
2011	一、原材料	t	1.156	1.061	1.055	1.086	0.74266	1.22
	1.铁料	t	0.9274	0.898	0.899	0.953	0.6209	0.934
	其中:精矿	t		0.369	0.544	—	0.36321	—
	2.熔剂	t	0.2286	0.163	0.155	0.133	0.12176	0.117
	其中:生石灰	t		0.08	0.033			0.074
	二、辅助材料							
	1.炉算条	kg	—	0.017	—			
	2.胶带(单层)	m²	0.0565	0.029	—			
	3.润滑油	kg	0.0198	0.018				
	三、燃料与动力							
	1.电	kW·h	49.3421	40.59	60.556	45.740	40.23	36.19
	2.水	t	0.1048	0.224	0.145	0.030	0.426	0.031
	3.高炉煤气	MJ	62.3	14	—			
	4.焦炉煤气	MJ	—	66	79	40.62	67	77
	5.压缩空气	m³	0.0004	—	0.015	0.016448	0.015	0.00264
	6.蒸汽	t	0.0048		0.082	0.019	0.02092	0.009
	7.焦粉	t	0.0348	0.058	0.044	0.048	0.09367	0.046
	8.煤粉		0.0385		0.013	—	0.0628	

表 11 – 4 我国部分球团厂(链算机 – 回转窑)消耗指标实例

年度	指标	单位	球团厂1	球团厂3	球团厂5	球团厂6	球团厂7
2012	一、原材料		—	1.0312	0.98698	0.974	—
	1.铁料	t	0.994	1.0092	0.968	0.953	—
	其中:精矿	t	0.994	1.0092	0.968	0.953	—
	2.黏结剂	t		0.022	0.01898	0.021	
	其中:膨润土	t	—	0.022	0.01898	0.021	—
	二、辅助材料						
	1.炉算条	kg	—	—	—	—	
	2.胶带(单层)	m²	—	—	—	—	
	3.润滑油	kg	—	—	—	—	
	三、燃料与动力						
	1.电	kWh	27.62	28.57	37.70	26.12	—
	2.水	t	0.070	0.301	0.530	0.167	—
	3.高炉煤气	MJ	—	—	3.82	—	—
	4.焦炉煤气	MJ	26.9	852.5	307.45	28	—
	5.压缩空气	m³	—	—	0.00405	0.006	
	6.蒸汽	t	—	—	0.00213		
	7.焦粉	t	—	—			
	8.煤粉	t			0.01692		

续表 11 −4

年度	指标	单位	球团厂1	球团厂3	球团厂5	球团厂6	球团厂7
2011	一、原材料		—	1.035	1.0064	—	0.948389
	1. 铁料	t	0.989	1.009	0.985	0.968	0.927696
	其中: 精矿	t	0.989	1.009	0.985	0.968	0.927696
	2. 黏结剂	t	—	0.026	0.0204	—	0.020693
	其中: 膨润土	t	—	0.026	0.0204	—	0.020693
	二、辅助材料						
	1. 炉箅条	kg					
	2. 胶带(单层)	m²					
	3. 润滑油	kg					
	三、燃料与动力						
	1. 电	kWh	27.229	32.86	32.04	25.693	33.19
	2. 水	t	0.07	0.315	0.40	0.131	0.13
	3. 高炉煤气	MJ	—		5.27	—	90.27
	4. 焦炉煤气	MJ	25	818.35	367.96	—	727.15
	5. 压缩空气	m³	—		3.09	0.006	8.15
	6. 蒸汽	t			0.00174	—	—
	7. 焦粉	t					
	8. 煤粉	t			0.01477		

11.3.3　生产成本及加工费指标

生产成本是指生产 1t 烧结矿(球团矿)所需的费用,由原料费和加工费两部分组成。

加工费是指生产 1t 烧结矿(球团矿)所需的加工费用(不包括原料费),包括辅助材料费(如燃料、润滑油、胶带、炉箅条、水、动力费等),工人工资,车间经费(包括设备折旧费、维修费等)。

表 11 −5 和表 11 −6 列出了我国部分烧结厂和球团厂的生产成本。

11.3.4　工序能耗指标

烧结(球团)工序能耗是衡量烧结(球团)生产能耗高低的一项重要技术经济指标,是生产 1t 烧结矿(球团矿)所需的总能耗(包括固体燃料、点火用气体或液体燃料、电力、水、蒸汽、压缩空气和氧气)。工序能耗使用单位是 kg 标准煤(ce)。

烧结工序能耗计算范围应为从熔剂、燃料破碎开始,到成品烧结矿输出至高炉料仓为止的全过程的能耗量,应包括原燃料加工与准备,配料、混合与制粒,布料、点火与烧结,烧结抽风与烟气净化,烧结矿冷却与整粒筛分等工艺设施的能源消耗量,并应扣除回收利用的能源量。烧结工序能耗设计指标见表 11 −7。

球团工序能耗计算范围应为从原、燃料准备开始,到成品球团矿输出为止这一全过程的能量消耗,应包括铁精矿干燥与再磨、煤粉制备、配料、混合、造球、生球干燥、预热与焙烧,球团矿冷却与筛分等工艺设施的能源消耗量。球团工序能耗设计指标见表 11 −8。

表 11-5　我国部分烧结厂的生产成本/元·t⁻¹

年度	指标	烧结厂1	烧结厂2	烧结厂3	烧结厂4	烧结厂5	烧结厂6	烧结厂7
2012	一、原材料	920.79	945.41	769.22	589.17	775.64	391.35	958.27
	1.铁料	890.12	916.85	743.9	556.23	747.79	364.4	899.49
	其中:精矿	—	0.79	338.3	337.57	—	158.20	—
	2.熔剂	30.67	28.56	25.32	32.94	27.85	26.95	31.02
	其中:生石灰	—	—	19.50	13.07	—	—	28.21
	二、辅助材料	1.11	4.56	0.98	—	3.01	52.71	1.13
	1.炉算条	—	—	0.13	—	—	50.79	0.11
	2.胶带(单层)	—	—	0.65	—	—	1.66	0.13
	3.润滑油	—	—	0.20	—	—	0.26	0.72
	三、燃料与动力	91.36	102.32	48.26	80.58	92.578	45.81	58.10
	1.电	25.44	26.68	19.33	31.34	17.46	27.34	22.25
	2.水	0.59	0.11	0.39	0.16	0.098	0.65	0.04
	3.高炉煤气	—	2.53	0.14	—	—	—	—
	4.焦炉煤气	7.76	—	6.80	1.91	0.97	0.45	3.69
	5.压缩空气	—	0.04	—	1.45	2.19	2.14	0.26
	6.蒸汽	0.17	0.22	—	2.95	2.23	0.2	0.11
	7.焦粉	57.4	27.90	21.60	32.14	69.63	15.03	31.72
	8.煤粉	—	44.84	—	10.53	—	13.24	—
	四、工资	1.06	8.7	2.9	6.14	3.83	7.13	7.17
	五、职工福利费	0.09	—	0.5	—	—	—	—
	六、制造费用	36.1	19.91	32.80	46.02	59.69	18.09	24.95
	1.折旧费	—	9.2	—	—	6.63	15.83	—
	2.修理费	—	—	—	—	6.74	2.26	—
	3.其他	—	10.71	—	5.09	—	—	—
	七、生产成本	1050.5	1080.9	854.66	724.27	926.66	708	1049.61
2011	一、原材料	1111.07	1089.16	802.28	593.72	937.07	265.35	845.14
	1.铁料	1080.4	1060.54	773.3	562.22	906.69	239.5	816.19
	其中:精矿	—	—	295.2	321.35	—	115.21	—
	2.熔剂	30.67	28.62	28.98	31.5	30.38	25.85	28.94
	其中:生石灰	—	—	24	12.74	—	—	25.83
	二、辅助材料	1.11	5.57	1.08	—	2.93	9.24	1.56
	1.炉算条	—	—	0.20	—	—	4.24	0.11
	2.胶带(单层)	—	2.39	0.70	—	—	1.16	0.37
	3.润滑油	—	0.39	0.18	—	—	2.87	0.95
	三、燃料与动力	103.46	110.36	47.73	74.97	66.98	141.36	57.7
	1.电	25.33	24.67	20.30	27.25	19.03	20.12	20.93
	2.水	0.50	0.11	0.45	0.15	0.28	0.85	0.12
	3.高炉煤气	—	2.56	0.15	—	—	—	—
	4.焦炉煤气	8.71	—	3.63	2.06	0.97	0.54	3.90
	5.压缩空气	—	0.03	—	1.17	1.51	1.4	0.24
	6.蒸汽	0.12	0.14	—	2.45	1.97	0.21	0.19
	7.焦粉	68.8	34.84	23.20	31.08	43.22	78.05	3.32
	8.煤粉	—	48.01	—	10.81	—	40.19	—
	四、工资	0.93	—	2.80	5.44	3.17	8.87	6.60
	五、职工福利费	0.07	8.07	0.60	—	—	—	—
	六、制造费用	42.54	24.26	36.00	45.31	65.22	—	24.72
	1.折旧费	—	10.00	—	11.77	7.84	13.99	—
	2.修理费	—	5.66	—	—	6.02	6.32	—
	3.其他	—	8.60	—	4.44	—	—	—
	七、生产成本	1205.93	1237.42	890.49	721.35	1069.27	785	935.72

表 11 - 6 我国部分球团厂(链算机 - 回转窑)的生产成本/元·t^{-1}

年度	指标	球团厂3	球团厂5	球团厂6
2012	一、原材料	728.65	972.96	1054.27
	1. 铁料	716.02	954.82	1041.94
	其中: 精矿	716.02	954.85	1041.94
	2. 黏结剂	12.63	18.11	12.33
	其中: 膨润土	12.63	18.11	12.33
	二、辅助材料	11.24	—	—
	1. 炉算条	—	—	—
	2. 胶带(单层)	—	—	—
	3. 润滑油	—	—	—
	三、燃料与动力	76.83	49.56	43.2
	1. 电	15.26	23.11	15.62
	2. 水	0.19	0.18	0.20
	3. 高炉煤气		0.06	
	4. 焦炉煤气	61.38	6.90	26.69
	5. 压缩空气		0.61	0.69
	6. 蒸汽		0.19	
	7. 焦粉	—		—
	8. 煤粉	—	18.32	
	四、工资	18.08	3.7	4.15
	五、职工福利费		2.03	0.05
	六、制造费用	32.11	46	9.15
	1. 折旧费		14.77	3.71
	2. 修理费		20.23	
	3. 其他	2.20	11	
	七、生产成本	869.12	1074.25	1209.01
2011	一、原材料	880.71	890.34	—
	1. 铁料	866.77	873.21	1136.09
	其中: 精矿	866.77	873.21	1136.09
	2. 黏结剂	13.94	17.13	
	其中: 膨润土	13.94	17.13	
	二、辅助材料	12.51		
	1. 炉算条			
	2. 胶带(单层)			
	3. 润滑油	—	—	—
	三、燃料与动力	78.27	41.81	14.42
	1. 电	15.78	18.53	13.64
	2. 水	0.14	0.14	0.12
	3. 高炉煤气	—	0.09	
	4. 焦炉煤气	62.35	6.88	
	5. 压缩空气		0.44	0.64
	6. 蒸汽		0.16	
	7. 焦粉			
	8. 煤粉	—	15.57	—
	四、工资	22.66	—	3.86
	五、职工福利费	47.10	—	0.05
	六、制造费用		35.7	16.95
	1. 折旧费	—	10.44	11.69
	2. 修理费		14.77	
	3. 其他	6.40	10.49	
	七、生产成本	1041.25	967.85	1209.01

表 11 –7　烧结工序能耗设计指标

机组类型	工序能耗	
	MJ/t	kgce/t
≥300m² 大型烧结机	≤1756(≤1550)	≤60(≤53)
(180~300)m² 中型烧结机	≤1870(≤1610)	≤64(≤55)

注：①表中指标系按电力折标等价值0.404kgce/kW·h计算；括号内数据为按当量值0.1229kgce/kW·h计算指标。
　　②烧结机市场准入的使用面积不应小于180m²。
　　③原料稀土矿比例每增加10%，烧结工序能耗指标应增加1.5kgce/t矿。
　　④表中工序能耗指标不包括烧结脱硫的能耗。

表 11 –8　球团工序能耗设计指标

机组类型	原料条件	工序能耗	
		MJ/t	kgce/t
链算机 – 回转窑	100% 磁铁矿	≤850(≤585)	≤29(≤20)
	50% 磁铁矿、50% 赤铁矿	≤1085(≤790)	≤37(≤27)
	100% 赤铁矿	≤1345(≤1055)	≤46(≤36)
带式焙烧机	100% 磁铁矿	≤995(≤700)	≤34(≤24)
	50% 磁铁矿、50% 赤铁矿	≤1200(≤910)	≤41(≤31)
	100% 赤铁矿	≤1435(≤1140)	≤49(≤39)

注：①表中指标系按电力折标等价值0.404kgce/kW·h计算；括号内数据为按当量值0.1229kgce/kW·h计算指标。
　　②当赤铁矿用量不在表中所列值时，可用内插法计算。

11.3.5　质量指标

高炉对烧结矿和球团矿质量指标的规定见表1 –1和表1 –3。

11.4　经济评价方法

经济评价原则上有两种基本方法，一种是确定比较效果，进行最佳方案的选择；另一种是确定总效果，权衡建设烧结厂(球团厂)的预期效果，二者应结合考虑。即不仅是建与不建，改与不改之间的比较，还应该通过对炼铁精料效果的评价反映建设烧结厂(球团厂)的总效益。

烧结厂(球团厂)有新建与改、扩建之分，就建设方式上又有单独建设或与炼铁厂同步建设两种。因此，应尽可能地避免重复评价。在与炼铁厂同步建设的条件下，原则上不对其进行单独经济评价，仅提供工程所需的投资，烧结矿(球团矿)成本及质量等有关的指标数据，由炼铁设计单位统一进行评价(在设计进度无法配合等特殊情况下，需在炼铁经济评价的基础上进行调整补充)。单独建设的工序项目(不论是新建或改建)需要单独进行经济评价。

　　烧结厂(球团厂)经济评价通常采用静态法及综合指标法,以投资回收期作为重要判别指标,权衡经济效益。同时根据产量的变化、能源的节约以及成本(或加工费)的变化,从不同方面来分析项目的经济效益。

11.4.1　精料收益计算

　　1. 计算收益的基准条件

　　(1)新建工程在一般情况下可以(或假设)按全部块矿入炉作为对比收益的基准条件(实际上是建与不建的比较),计算使用烧结矿(球团矿)后炼铁主要技术经济指标得到改善后增加的收益。

　　(2)改、扩建项目在一般情况下可将改建前的实际生产水平(如主观原因未能充分发挥其生产能力,则应以可能达到的生产水平计)作为计算收益的基准条件,计算炉料改善后炼铁所增的收益。

　　2. 收益计算

　　(1)计算烧结矿(球团矿)成本,如果成本系统按出厂量计算的,应折算为入炉烧结矿(球团矿)的单位成本。

　　(2)评价精料对高炉主要技术经济指标的影响(见表11-9)。

表 11-9　精料对高炉主要指标的影响

变化因素	变动量	焦比变化	产量变化	备注
熟料率	±10%	±2~4%	±>2%~4%	烧结矿代替赤铁矿
烧结矿 FeO 量	±1%	±1.5%		
石灰石入炉量	±100kg/t	±25~35kg/t		
烧结矿含铁量	±1%	±1.5%~2%	±3%	按扣除 CaO 后的含铁量计
混匀矿含铁量波动	±0.1%	±0.46%	±0.56%	

　　表中所列参考数据是在其他条件相对稳定时取得的,实际上影响因素很多,为使评价建立在可靠的基础上,在选用时宜按下限,甚至略低于下限。

　　3. 折算生铁成本(按计算可比费用)变化

　　(1)按照矿比和熟料率的变化、烧结矿(球团矿)的入炉成本,计算主要含铁原料费用的变化。

　　(2)按精料后的焦比计算燃料费用的变化。

　　(3)为便于计算,动力费、生产工人工资及福利费、车间经费、企业管理费等可视为固定费用(实际上动力费、车间经费中运输费是可变的),但随产量的提高而相对降低,需进行折算。

　　(4)扣减回收中应考虑因焦比降低而减少的煤气发生量的影响。

　　(5)在推算生铁成本时,不同方案的价格应调整为同一价格体系,应注意其可比性,收益计算与投资估算的时间范围应一致。

4.收益计算范围

收益计算的范围一般算到生铁为止。

(1)在按推算生铁成本计算的条件下,将增产生铁中商品生铁部分按规定的生铁销售价格计算销售收入,扣除生产成本、销售税金后作为收益;其余自用部分不计算税金,仅扣除生产成本后作为收益计算。对非增产部分(相当于改造前的生铁产量),仅计算因成本降低所增加的收益。

(2)在只计算可比费用条件下,以改造后比改造前的可比费用的差额作为收益,或者仅计算增产生铁、节约焦炭、降低冶炼加工费等三项效益,但应扣除使收益减少的因素(如因焦比降低而可供回收的煤气量相应减少,因改扩建而带来的停产损失等)。

11.4.2 回收期计算

回收期指投资(或贷款)与正常年份收益之比,可以采用两种方式计算。

(1)列表推算法:将贷款、流动资金以及两者的利息作为优先偿还的资金,自筹资金也作为应回收的资金,以收益和可用于偿还的基本折旧基金作为偿还能力,逐年分别推算出贷款偿还期、投资回收期、全部投资回收期。

(2)按公式(11-1)、(11-2)和(11-3)分别计算偿还期及回收期,回收期包括建设期。

$$贷款偿还期(年) = \frac{贷款额 + 建设期货贷款利息}{年总收益 + 年平均基本折旧费} \qquad (11-1)$$

$$投资回收期(年) = \frac{基建投资 + 建设期货贷款利息}{年总收益 + 年平均基本折旧费} \qquad (11-2)$$

$$贷全部投资回收期(年) = \frac{贷款额 + 建设期货贷款利息 + 流动资金}{年总收益 + 年平均基本折旧费} \qquad (11-3)$$

参考文献

[1] 中华人民共和国国家标准《烧结厂设计规范》（GB50408—2015）. 北京　中国计划出版社, 2015.

[2] 中华人民共和国国家标准《球团厂设计规范》（GB50491—2009）. 北京　中国计划出版社, 2009.

[3] 郝素菊, 蒋武锋, 方觉. 高炉炼铁设计原理. 北京：冶金工业出版社, 2003.

[4] 张树勋. 钢铁厂设计原理. 北京：冶金工业出版社, 2003.

[5] 刘道德等. 大学生毕业设计指导教程（冶金、选矿、化工分册）. 长沙：中南大学出版社, 2004.

[6] 冶金工业部长沙黑色冶金矿山设计研究院. 烧结厂设计手册. 北京：冶金工业出版社, 2008.

[7] 习乃文, 黄天正, 谢良贤. 烧结技术. 昆明：云南人民出版社, 1993.

[8] 傅菊英, 朱德庆. 铁矿氧化球团基本原理、工艺及设备. 长沙：中南大学出版社, 2005.

[9] 李欣. 高压辊磨工作机理研究及磨辊强度有限元分析［硕士学位论文］. 吉林大学, 2004.

[10] 傅菊英, 姜涛, 朱德. 烧结球团学. 长沙：中南工业大学出版社, 1995.

[11] 肖琪. 团矿理论与实践. 长沙：中南工业大学出版社, 1989.

[12] 唐贤容, 王笃阳, 张清岑. 烧结理论与工艺. 长沙：中南工业大学出版社, 1992.

[13] 闻邦椿, 刘凤翘, 刘杰. 振动筛、振动给料机、振动输送机的设计与调试. 北京：化学工业出版社, 1989.

[14] 谭皓, 张电吉. Auto CAD 2009 建筑制图. 北京：中国电力出版社, 2009.

[15] 高靖斌, 黄材厂. Auto CAD 建筑制图教程. 北京：清华大学出版社, 2006.

[16] 邵振国. Auto CAD 2008 中文版实用教程. 北京：科学出版社, 2007.

[17] 王祎. 铁矿氧化球团链算机 – 回转窑模拟模型和控制指导专家系统的研究［博士学位论文］. 长沙：中南大学, 2012.

[18] 孙时元. 中国选矿设备实用手册（上册）. 北京：机械工业出版社, 1992.

[19] 中华人民共和国国家标准《钢铁企业节能设计规范》（GB50632—2010）. 北京：中国计划出版社, 2011.